国家出版基金项目
NATIONAL PUBLICATION FOUNDATION

"十四五"时期国家重点出版物出版专项规划项目

中国能源革命与先进技术丛书

储能科学与技术丛书

储能与新型电力系统前沿丛书

中长时储能技术

耿学文	贺 徙	徐 超	刘 凯	王鸿腾	姜 彤	闫 苏	
冀天阳	张 鲁	李 明	越云凯	母昌程	孟 鹏	刘生洲	
崔 岩	贾传坤	董娅楠	廖志荣	黄冬平	张 琦	周 捷	
侯文会	李一鸣	朱耿志	于博旭	张振涛	张光强	王渊博	编著
王 占	曹仲然	胡明月	郝佳豪	王 磊（华电电科院）			
董偌怡	郑平洋	郭晨旭	孙 峻	张家俊	刘 婷	李亚南	
王 磊（烟台大学）		杨 成	许传博	刘建国			

机械工业出版社

未来在以可再生能源为主体的新型电力系统中,可再生能源的比例将超过50%,这对储能设施提出了具备十几小时乃至几天的储能时长的新需求,以满足 GW 级别的可再生能源并网和长时间削峰填谷的需求。本书旨在向储能行业从业者及对此行业感兴趣的读者提供中长时储能技术系统性的介绍。本书共 10 章,涵盖了长时储能综述、抽水蓄能、锂离子和钠离子储能、压缩空气储能、液流储能、氢储能、热储能、重力储能、移动长时储能及二氧化碳储能等行业内技术路线,系统而详尽地剖析了各技术路线的理论基础、关键技术、应用分类、经济性分析、政策支持、工程项目案例等,每章通过对产业链现状及未来各技术路线深入浅出的介绍,浅析国内外电力行业环境下各技术路线的优势及未来发展方向,探讨了中长时储能的必要性、前瞻性及可广泛部署性。

本书适合广大电力系统、新能源及储能专业从业者和高校师生阅读。

图书在版编目（CIP）数据

中长时储能技术/耿学文等编著.—北京：机械工业出版社，2024.4
（储能科学与技术丛书.储能与新型电力系统前沿丛书）
ISBN 978-7-111-75244-8

Ⅰ. ①中… Ⅱ. ①耿… Ⅲ. ①电力系统–储能–研究 Ⅳ. ①TM715

中国国家版本馆 CIP 数据核字（2024）第 049162 号

机械工业出版社（北京市百万庄大街22号 邮政编码100037）
策划编辑：吕 潇 责任编辑：吕 潇 杨 琼
责任校对：张慧敏 李 杉 封面设计：马精明
责任印制：张 博
北京建宏印刷有限公司印刷
2024年4月第1版第1次印刷
169mm×239mm·25.25印张·489千字
标准书号：ISBN 978-7-111-75244-8
定价：150.00 元

电话服务 网络服务
客服电话：010-88361066 机 工 官 网：www.cmpbook.com
         010-88379833 机 工 官 博：weibo.com/cmp1952
         010-68326294 金 书 网：www.golden-book.com
封底无防伪标均为盗版 机工教育服务网：www.cmpedu.com

储能与新型电力系统前沿丛书

编 审 委 员 会

前　言

　　人类社会正步入"碳中和"时代，其典型特征是在全球范围内"新能源占比或渗透率不断提高的低碳和零碳电力"逐渐取代石油等化石能源成为现代能源体系的中心，可再生能源在全球电力结构中所占比重不断提高。我国在此领域走在国际前列，2021 年就提出了《2030年前碳达峰行动方案》、"构建以新能源为主体的新型电力系统"，党的二十大报告又提出"加快规划建设新型能源体系"，新型储能作为典型的新质生产力，是实现电力系统脱碳、安全稳定、经济运行不可或缺的重要支撑。在此背景下，市场需要新的储能技术或市场业态作为新的灵活性资源筑牢底层支撑保障，大容量中长时储能技术应运而生，将成为储能产业技术创新的迫切需求，并将成为未来电力系统发展的关键驱动力，特别是长时储能，其规模化发展也因此成为各国政府和组织新一轮优先布局的市场阵地。

　　美国于 2021 年 9 月发布了《长时储能攻关计划》，旨在 10 年内大幅降低长时储能成本。同年 11 月，在《联合国气候变化框架公约》第二十六次缔约方大会（COP26）上，BP、比尔·盖茨投资公司领衔，成立了全球长时储能理事会（LDES），预测从 2025 年到 2030年是长时储能"市场增长"阶段，到 2040 年全球可能需要 85～140TW·h 的长时储能。2022 年 2 月，我国发布《"十四五"新型储能发展实施方案》，明确提出：到2025 年氢储能、热（冷）储能等长时间尺度储能技术取得突破；针对新能源消纳和系统调峰问题，推动大容量、中长时间尺度储能技术示范；重点试点示范压缩空气、液流电池、高效储热等日到周、周到季时间尺度储能技术，以及可再生能源制氢、制氨等更长周期储能技术，满足多时间尺度应用需求。2023 年 8 月，中关村储能产业技术联盟牵头成立全国首个长时储能技术专业委员会，重点关注抽水蓄能、压缩空气储能、重力储能、储热、液流电池、钠流电池和氢储能等长时储能技术路线。以河北、内蒙古、新疆、西藏为代表的国内地方政府近两年政策频出，明确储能长时趋势，鼓励 4h 以上配储。从技术、政策和市场综合来看，4h 以上的新型长时储能技术将逐步进入商业化应用，满足电力系统长时储能的服务需求，长时储能的发展前景可期。

目前国际上对于长时储能没有明确的定义，以"持续放电时间不低于 4h 的储能技术"的解读居多，为力求涵盖内容范围、描述边界尽可能准确并与未来技术和产业发展的概念兼容，本书中将"持续放电时间不低于 4h 的储能技术"（对于锂离子电池、钠离子电池等电化学储能，一些应用场景下可扩展至持续放电时间不低于 2h 的中时间尺度）定义为"中长时储能"并确定为书名，在书中实际行文以"长时储能"作为术语统一代表。目前国内外相关专业书籍极少，国内许多单位在这一领域做出了卓有成效的技术成果和产业化探索，本书以多名国内工作在第一线的优秀中青年工作者的工作为基础，系统性地介绍了国内外主流和前沿相关技术、应用现状及商业模式，既有理论分析，也有丰富的实验结果或实践案例，对未来长时储能的技术创新和规模化应用有着很重要的作用。

本书区别于目前学术界根据物理特性将长时储能分为机械长时储能、长时储热和电化学长时储能三大类的做法，根据技术发展和商业应用成熟度，参考了国内外相关团队的研究报告及文献，分 10 章展开论述，介绍了 9 种近期具有良好应用前景的中长时储能技术。每种技术可以独立成篇章，针对性地介绍了各种技术基本运行原理、主要技术路径、当前发展现状、未来研究和应用趋势，并辅以应用场景或典型案例分析，力求深入浅出，使读者有更直观的认识，兼顾了学术界和产业界读者的不同阅读需求。其中，鉴于专为长时储能市场打造的千安时级超大容量电池已经面市，可以满足野外家用、商用及应急使用，本书针对这一市场需求，单设了"移动长时储能"章节；鉴于"液态二氧化碳储能"虽然源于压缩空气储能，但又是明显具有自己独特技术和商业优势的一种新兴前沿技术，且已有典型示范项目建成运行，本书中也将"二氧化碳储能"独立成章；其余技术如"抽水蓄能""压缩空气储能"等区别于传统介绍方式，关注点更侧重于该领域最新前沿技术研究进展和应用创新。

第 1 章"长时储能综述"介绍了长时储能的综述，向读者分享本书的写作目的，长时储能的发展历程及战略意义。该章由中国电力国际发展有限公司耿学文、贺徙、母昌程、张琦、张光强撰写。

第 2 章"抽水蓄能"分析了长期以来在长时储能中占比过半的储能技术路线——抽水蓄能，包括其从 20 世纪开始的发展历程，到目前的技术现状。该章由华电电力科学研究院有限公司王鸿腾、孟鹏、周捷、王渊博、王磊、郭晨旭撰写。

第 3 章 "锂离子和钠离子储能" 着重介绍了电化学储能中常见的锂、钠离子储能路线，从电池关键材料，到相关政策解读与市场研判，对锂离子电池进行深入浅出的分析，并对钠离子电池的未来发展进行展望。该章由清华大学刘凯、侯文会，清华大学合肥公共安全研究院刘生洲、王占，中国电力国际发展有限公司耿学文、贺徙撰写。

第 4 章 "压缩空气储能" 介绍了压缩空气储能技术，包括压缩空气储能的基础原理、关键技术、气体存储技术、蓄热及热交换技术，并列举全球成功项目案例，进一步对压缩空气储能技术的角色进行深度剖析。该章由华北电力大学姜彤、崔岩、李一鸣、曹仲然，中国电力国际发展有限公司耿学文、贺徙撰写。

第 5 章 "液流储能" 探讨了液流储能技术，包括液流电池的概述、基于不同技术原理的电池分类、电池结构与组成、关键材料，并描述当前液流电池具备的应用场景及案例。该章由长沙理工大学闫苏、贾传坤，中国电力国际发展有限公司耿学文撰写。

第 6 章 "氢储能" 围绕氢储能技术，针对目前储氢的必要性进行分析，并对氢能制取、储存、运输和发电四方面的技术现状进行详细介绍，提出合理政策建议。该章由华北电力大学冀天阳、董娅楠、胡明月、董偌怡、孙峻、刘婷、杨成、许传博、刘建国，中国船舶重工集团国际工程有限责任公司朱耿志，烟台大学王磊撰写。

第 7 章 "热储能" 介绍了热储能技术，包括不同储热技术对比，以及热储能与其他储能路线的结合应用路径，并详细分析了各种储热技术的经济性、未来发展趋势及发展规模。该章由华北电力大学徐超、廖志荣、于博旭，中国电力国际发展有限公司耿学文撰写。

第 8 章 "重力储能" 介绍了重力储能技术，包括基于各种物理形态及空间条件的不同技术路径，并汇集我国针对重力储能领域的相关政策解读，针对其未来发展进行展望。该章由哈尔滨工业大学张鲁、中国电力国际发展有限公司耿学文撰写。

第 9 章 "移动长时储能" 梳理了移动长时储能技术的现状，在与供电协同运行中面临的问题，针对大圆柱磷酸铁锂电池进行了详细介绍。该章由山东中惠仪器有限公司李明、东莞市小龙虾电子科技有限公司黄冬平撰写。

第 10 章 "二氧化碳储能" 基于最典型自然工质的二氧化碳储能技术，阐述二氧化碳在不同形态下的工作原理，其应用所需的关键设备，进一步分析集成应用技术，为二氧化碳储能技术的工程示范和产业化推广奠定基础。该章由中国科学院理化技术研究所张振涛、郝佳豪、郑平洋、李亚南，北京博睿鼎能动力科技有限公司越云凯、张家俊，中国电力国际发展有限公司耿学文、贺徙撰写。

　　全书由耿学文、贺徙负责统筹，耿学文、徐超、刘凯统一定稿，哈尔滨工业大学寇宝泉和首航高科能源技术股份有限公司齐志鹏在概念讨论方面、中关村储能产业技术联盟副秘书长岳芬在资料收集方面提供了一定的帮助。

　　本书可作为高等院校储能科学与工程专业本科生参考教材和培训教材，也可作为相关产业领域的企业管理者、工程技术人员和科研工作者的参考用书。本书涉及的众多内容为当前十分活跃的研究和产业方向，技术迭代和商业模式创新不断涌现，限于编著者水平，书中的内容可能会存在疏忽或不足之处，敬请各位专家、读者批评指正或前来交流。

编著者

目　　录

第1章

长时储能综述

1.1 电力储能

1.1.1 电力储能发展史

储能是指通过介质或设备把能量储存起来，在需要时再释放的过程。电力储能，即通过各种途径将电能转化为不同形式的能量进行储存，并在需要时再将电能释放出来的过程。

随着可再生能源的深入发展，全球能源消费结构向清洁低碳加速转变，新能源渗透率显著提高，电力系统在实际运行过程中增加了诸多影响电网稳定的因素。由于电力系统具有即发即用的特性，发电出力要与用电负荷功率保持即时的平衡，所以，供需平衡是电力系统调度控制运行的本质。因此，大规模、系统性的储能设备，作为已有发电形式的备用系统涌入电力市场。储能系统的加入，在一定程度上弥补了新能源发电间歇性和波动性，有利于电网调节解决发电量与用电量之间的供需矛盾，保障电力系统动态平衡。

目前，全球主流的储能方式有抽水蓄能、电化学储能、蓄热蓄冷、压缩空气储能等，应用场景为电网侧配储、电源侧辅助服务、新能源配储、用户侧削峰填谷等。同时，市场对储能放电时长的要求与日俱增。

1. 储能市场发展历程

储能的兴起可以追溯到 140 年前，1882 年，全球第一座抽水蓄能电站在瑞士苏黎世诞生。瑞士苏黎世奈特拉电站装机容量为 515kW，利用落差 153m，汛期将河流多余水量（下库）抽蓄到山上的湖泊（上库），供枯水期发电用，是一座季调节型抽水蓄能电站。

在 21 世纪以前，抽水蓄能是最主要甚至唯一的储能方式。早在 1950 年底，全世界就已经建成抽水蓄能电站 31 座，总装机容量约为 1300MW，抽水蓄能电站从最初的四机式（水轮机、发电机、水泵、电动机）过渡到三机式（水轮机、发电-电动机、水泵），最后发展到两机可逆式水泵水轮机组；从配合常规水电的丰枯季调节到配合火电、核电运行，逐渐转变为配合新能源运行，从定速机组发展到交流励磁变速机组和全功率变频机组。

20世纪60~70年代，我国抽水蓄能电站建设拉开序幕。1968年，河北岗南水库电站安装了一台容量为11MW的进口抽水蓄能机组。20世纪70年代和80年代为全世界抽水蓄能发展黄金时期，年均增长率分别达到11.26%和6.45%。到1990年底，全世界抽水蓄能电站装机容量增至86879MW，已占总装机容量的3.15%。进入20世纪90年代后，抽水蓄能电站建设年均增长率从20世纪80年代的6.45%猛降至2.75%，到2000年全世界抽水蓄能电站装机容量达到114000MW。同时间段，我国为配合核电、火电运行及作为重点地区安保电源，在华北、华东、南方等地区相继建成十三陵、广蓄、天荒坪等一批大型抽水蓄能电站，到2000年底总容量达到5520MW。

进入21世纪，其他形式的储能开始发展起来，其中电化学储能是主力军。电化学储能可以通俗地理解为用"电池"储存电能，电池的起源非常早，根据电极材料和电解液的不同，电池分为多种类型，如铅酸电池、镍镉电池、镍铁电池、镍氢电池、锂离子电池、钠离子电池、固态电池等。铅酸电池是最早发明的蓄电池。1801年，法国化学家戈特罗就开始了铅酸电池的尝试；1899年，瑞典发明家容纳发明了镍镉电池；1899年，容纳发明了镍镉电池后，尝试用不同比例的铁代替镉，发明了镍铁电池。锂作为电池材料的研究起步要晚得多，20世纪50年代方才开始，1973年，日本松下公司研发出以氟化石墨为正极材料的金属锂原电池；1973年，美国埃克斯石油公司研究员惠廷厄姆构建了第一个可充电锂电池的原型，他也因这项成果获得了2019年诺贝尔化学奖；1991年，索尼公司推出了面向市场的第一款锂离子电池。

然而，电池在21世纪前从未用于大规模的电力储能。在2000—2010年，世界各地开启了电化学储能的技术验证阶段，开展基础研发和技术验证示范；2011—2015年，通过示范项目的开展，储能技术性能快速提升、应用模式不断清晰，电化学储能的应用价值被广泛认可；2016—2020年，随着政策支持力度加大、市场机制逐渐理顺、多领域融合渗透，电化学储能装机规模快速增加、商业模式逐渐建立。直到最近几年，电化学储能才真正迎来了发展的高峰期。2021年以后，电化学储能项目广泛应用、技术水平快速提升、标准体系日趋完善，形成较为完整的产业体系和一批有国际竞争力的市场主体，储能成为能源领域经济新增长点。

总的来说，2020年以后，储能热度持续提升，各种储能技术形式如雨后春笋般发展。飞轮储能、超级电容器储能、重力储能、氢储能等储能方式开启了技术验证和小规模的示范项目应用，未来将会有更多形式的储能填补抽水蓄能和电化学储能的剩余空间。

2. 储能政策演变过程⊖

近十年，国家根据市场发展的需求推出了系列储能政策，促进储能技术的发展。我国在储能产业的战略布局可以追溯至 2005 年出台的《可再生能源产业发展指导目录》，氧化还原液流储能电池、地下热能储存系统位列其中。2010 年储能行业发展首次被写进法案。彼时出台的《可再生能源法修正案》第十四条中规定电网企业应发展和应用智能电网、储能技术。在此法案指引下，深圳、上海、江苏、湖南、甘肃以及河北等地，开始制定储能相关政策，推动储能行业发展。2011 年，储能被写入"十二五"规划纲要。

2017 年 10 月 11 日，我国大规模储能技术及应用发展的首个指导性政策《关于促进储能产业与技术发展的指导意见》正式发布，意见指出，我国储能呈现多元发展的良好态势，技术总体上已经初步具备了产业化的基础。未来 10 年内分两个阶段推进相关工作，第一阶段（主要为"十三五"期间）实现储能由研发示范向商业化初期过渡；第二阶段（主要为"十四五"期间）实现商业化初期向规模化发展转变。2021 年《关于加快推动新型储能发展的指导意见（征求意见稿）》发布，明确 3000 万 kW 储能发展目标，实现储能跨越式发展，储能产业战略已经到发展的黄金时期，配套政策将更加完善。

1.1.2　储能的战略意义

1. 储能与双碳战略⊜

"双碳"愿景下，可再生能源发电成为节能减排重要推手。我国首次明确提出碳达峰、碳中和是在 2020 年 9 月份的第七十五届联合国大会一般性辩论上。国家主席习近平向全世界承诺了我国二氧化碳（CO_2）排放力争于 2030 年前达到峰值，努力争取 2060 年前实现碳中和的宏远目标。"3060"双碳目标已经上升到国家战略和行动方案。而分部门看，我国能源相关 CO_2 排放主要来自工业部门和电力部门，其中电力部门占据我国能源相关 CO_2 排放约 40%，是重点减排领域之一。尽管随着风能、太阳能等新能源快速发展，我国可再生能源发电装机占比越来越高，但目前电源装机结构仍以煤电为主，2021 年火电装机占比近55%。单位发电燃烧煤炭产生的二氧化碳是石油的 1.3 倍，以火电为主的发电结构导致我国发电侧碳排放形势严峻。电力系统深度脱碳需要以新能源和可再生能源为主体的安全、可靠和可持续的能源体系支撑。为实现"3060"目标，需快速发展以风电、光伏发电为主的可再生能源发电技术，发挥水电的基础保障作

⊖　北极星储能网. 我国储能发展历程及储能政策法规梳理. 2018 年 9 月.
⊜　前瞻产业研究院. "双碳"及可再生能源发电背景下长时储能迎来爆发机遇. 2022 年 4 月.

用，减少对火电的依赖，逐步淘汰落后煤电产能。根据 IEA《中国能源体系碳中和路线图》及相关政策规划，在承诺目标情景中，我国可再生能源在一次能源需求总量中的比重将从 2020 年的 12% 跃升到 2060 年的 60% 左右。未来，可再生能源将成为最主要的一次能源，到 2060 年，太阳能和风能的需求将接近总需求的四成。由于电力部门为能源需求的主力，因此风电和光伏发电将成为电力行业转型的重要趋势。

储能系统针对光伏、风电的间歇性实现能量时移，需求快速上升。在实际应用中，光伏发电功率受阳光强度、角度影响，且阳光与气候、季节、区域强烈相关，甚至一日内的变化也极度明显，随机性强。风力发电则受风速影响大，自然风不是恒定的，导致风力发电输出的电能也具有间歇性的特点。此外，风力发电具有逆调峰特性，即风力发电功率大的时段是用电负荷低的时段，进一步增加了电网的调峰难度。2020 年，尽管我国弃风率和弃光率总体实现双降，但是以新疆、内蒙古（蒙西）、甘肃为代表的西北地区弃光率、弃风率仍然较高。2020 年全国弃风率超过 5% 的省份（地区）有 4 个，其中新疆高达 10.3%；弃光率超过 5% 的省份（地区）有 2 个，其中西藏高达 25.4%。可见我国新能源消纳能力仍有待提高。

储能系统能平抑、消纳、平滑新能源发电的输出。将光伏、风电发电系统与储能系统并网，可以合理安排储能电池的充放电、光伏电池和风机的出力，从而达到最大限度延长并网供电时间的目的。例如针对光伏发电弃光的问题，需要将白天发出的剩余电量进行储存以备晚上放电，实现可再生能源的能量时移，提高风、光资源的利用效率。而针对风电，由于风力的不可预测性，导致风电的出力波动较大，需要监控其运行负荷，将其出力进行平滑。随着新能源发电在整体能源结构中的占比不断提升，发电侧的储能建设需求将实现快速增长。

2. 储能与能源安全⊖

绿色低碳、节能减排已成为世界能源发展的方向，世界各国在积极发展可再生能源，其中很大部分可再生新能源用于发电。与此同时，"能源安全"的范畴与重心将有所转移，即从 20 世纪以石油安全为主逐步转向 21 世纪以电力安全为主，这种转变将带来新的挑战。石油市场的供需相对简单，而电力由于不易储存，电力市场将面临更为复杂的供需平衡挑战。此外，电力市场的供应侧将呈现多种发电技术并存的现象，随着越来越多的不稳定新能源电力（大型水电和生物质发电除外）的引入，电网的供电安全性受到威胁，防范与避免"绿色大停电"将是电力市场面临的一个新任务。

发展新能源电力为常规电力机组的变负荷能力提出新要求：1）与"原用电负荷"曲线相比，"剩余负荷"曲线的斜率更大，即要求电力机组具备更快的变

⊖ 常乐，张敏吉，梁嘉，等. 储能在能源安全中的作用 [J]. 中外能源，2012, 17 (2): 29-35.

负荷调节能力。2）风功率的不确定性导致"剩余负荷"曲线形状更加随机，电力机组变负荷目标的不确定性增大。3）"剩余负荷"曲线的峰谷差距比"原用电负荷"更大，意味着电力机组负荷调节范围将更大，而当用电负荷降低到一定程度时，将导致基荷机组运行于部分负荷工况，影响机组的发电效率和经济性。

儲能可作用于电力系统的不同环节，总体的作用是实现新能源电力上网、保持电网高效安全运行和电力供需平衡。针对不同环节，储能的作用有所区别：1）在大规模新能源发电环节，储能系统有利于削峰填谷，使不稳定电力平滑输出；储能系统通过功率变换装置，及时进行有功/无功功率吞吐，保持系统内部瞬时功率的平衡，维持系统电压、频率和功角的稳定，提高供电可靠性。2）在常规能源发电环节，储能系统可替代部分昂贵的调峰机组，实现调峰的功能，还能解脱被迫参与调峰的基荷机组，提高系统效率。3）在输配电环节，储能系统能起到调峰和提高电网性能的作用。在电网环节设置合适规模的储能站，可以增强电网的抗冲击能力，提高调解幅度，更好地实现供需平衡。4）设置于终端用户的储能系统则通过电力储放来提高供电可靠性，尤其在发生非预期停电等事故情况下；可进行需求侧管理，即在分时计价的地区，在低价"谷电"时刻买入网电充入储能设备，在高价"峰电"时刻释放储能设备中的电力，实现既节约用户电费花销，又能削峰填谷、平滑用电负荷，在一定程度上可缓解电网调节压力。常规的终端用户只是电力的消费者，而随着分布式能源系统的推广，未来的终端用户也是电力的供应者，用户和电网之间存在双向能量流动。当终端用户存在剩余电力上网时，也会出现大型新能源发电机组的电力波动问题，因此，设置于终端用户的储能系统还将起到提高分布式电源电能上网质量、平滑输出等作用。

在电力系统中引入储能模块，在不同时间点进行电能吞吐，相当于在电力系统中添加了一个可调节维度，最终实现整个系统的高效、低成本和可靠运行。此外，电力储能在离网孤岛终端的使用也是其重要的应用场合，通过设置适当规模的电力储能装置，在用电低谷时充电、用电高峰时放电，会降低离网孤岛终端所需匹配的发电能力/容量，同时使发电机组维持运行在稳定工况，提高整个系统的能量效率和经济性能，从而确保能源安全。

1.2　长时储能概览

1.2.1　长时储能的概念

2021 年 1 月，美国桑迪亚国家实验室发布的《长时储能简报》认为，长时储能是持续放电时间不低于 4h 的储能技术。美国能源部 2021 年发布支持长时储能的相关报告,把长时储能定义为持续放电时间不低于 10h,且使用寿命在 15~20 年的储能技术。更有学者在期刊发文,把长时储能定义为跨日至跨季节的储能技术。而为了区别于我国目前大规模建设的 2h 储能系统,也有从业人员将 4h 及以上的储能技术归为长时储能。

综合学界对长时储能的界定,本书认为,**长时储能**(long-duration energy storage)**一般指 4h 以上的储能技术**。长时储能系统是可实现跨天、跨月,乃至跨季节充放电循环的储能系统,以满足电力系统的长期稳定。可再生能源发电渗透率越高,所需储能时长越长。可再生能源发电具有间歇性的特点,主要发电时段和高峰用电时段错位,存在供需落差。随着渗透率的上升,平衡电力系统的负荷要求增加。相较于短时储能,长时储能系统可更好地实现电力平移,将可再生能源发电系统的电力转移到电力需求高峰时段,起到平衡电力系统、规模化储存电力的作用⊖。

1.2.2 为什么要发展长时储能

未来在以可再生能源为主体的新型电力系统中,可再生能源的比例将超过50%,这必然会要求储能设施具备十几个小时乃至几天的储能时长,以满足 GW级别的再生能源并网和长时间削峰填谷的需求⊜。然而,在目前的储能电池技术水平下,锂离子电池储能时长以 2h 居多,部分已经提升至 3~4h,但要达到 6h及以上的储能时长则会面临成本与产品安全等方面的诸多挑战。因此,低成本、长时储能电池的发展将成为电力系统转型的关键⊜。长时储能在调节新能源发电波动作用上优势明显,可实现跨天、跨月,乃至跨季节充放电循环。随着光能风能不断深入,其发电的间歇性对电网负面影响将愈发严重,部分水电站也面临着生态系统破坏后越来越长的枯水期,无法保证出力。而要解决这个问题,光靠建造更多输电网络远远不够。长时储能可凭借长周期、大容量特性,在更长时间维度上调节新能源发电波动,在清洁能源过剩时避免电网拥堵,负荷高峰时增加清洁能源消纳。

1. 美国发展长时储能的必要性

储能设备削峰填谷功能凸显,以 4h 为代表的长时储能设备具有发展必要性。根据 CAISO 数据绘制 2021 年美国加利福尼亚州夏季单日电池储能设备的充放电曲线显示(见图 1-1),储能设备在白天以高功率储存电能,在晚间用电高峰高功率放电,高峰放电持续时间超 4h。为平衡太阳能发电,需要在白天存储 8~

⊖ 光大证券.《长时储能:百舸争流,谁主沉浮?》. 2022 年 8 月.

⊜ Net-zero power and Long-duration energy storage for a renewable grid, Mackinsey, 2022.

⊜ 张新波. 长时电网储能电池 [J]. 中国科学基金, 2022, 36 (3):435-436.

12h 的电能，晚间存储调度量也将增加，最多时需连续放电 12h，长时储能发展不可或缺[一]。

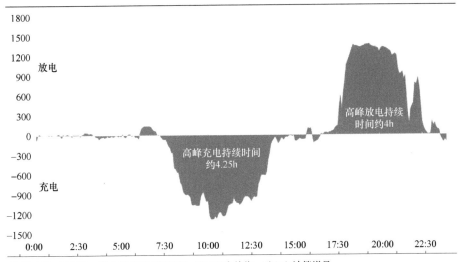

资料来源：CAISO，光大证券研究所整理；以MW为单位，以5min计算增量

图 1-1　2021 年美国加利福尼亚州夏季单日电池储能设备充放电曲线

2. 我国现行长时储能发展的短板

当前国内新能源配套储能项目时长集中在 1~2h，未来长时储能需求有望逐步显现。在新能源发电占比相对较低的阶段，储能在电力系统中主要起到辅助的作用，用于解决短时间、小范围的供需不平衡，目前国内大多数省份新能源配套储能项目的时长集中在 1~2h。而随着风光大基地建设的持续推进，整体来看需要配套的储能时长也将随之提升，目前国内部分大型独立/共享储能项目的时长已达到 4h，预计未来国内中长时储能的需求将持续提升[二]。部分省份 2021 年新能源竞配项目储能配套要求见表 1-1。

表 1-1　部分省份 2021 年新能源竞配项目储能配套要求

省份	风光项目竞配规模/GW	配套储能功率/GW	配套储能容量/（GW·h）	具体储能配套要求
湖北	12.28	2.54	5.37	10%，2h
湖南	—	1.50	3.00	风电 15%，光伏 5%，2h

⊖　光大证券.《长时储能：百舸争流，谁主沉浮？》. 2022 年 8 月.

⊜　安信证券.《大型清洁能源基地建设加速，长时储能需求渐显》. 2022 年 9 月.

（续）

省份	风光项目竞配规模/GW	配套储能功率/GW	配套储能容量/(GW·h)	具体储能配套要求
河南	4.69	0.78	1.55	10%~20%，2h
河北	21.82	2.64	10.55	10%~20%，4h
山西	11.90	0.33	—	部分地区10%或15%
内蒙古	10.65	2.90	5.80	15%，2h
山东	15.95	1.60	3.19	10%，2h
广西	10.27	1.15	2.29	陆上风电20%，光伏15%，2h
安徽	6.00	1.56	1.56	光伏14%~35%，风电40%~98%，1h
青海	42.13	5.20	11.03	10%，2h
甘肃	12.00	0.92	1.85	5%~10%，2h
天津	2.99	0.25	—	光伏10%，风电15%
江苏	—	—	—	8%~10%，2h
宁夏	4.00	0.40	0.80	10%，2h
辽宁	—	—	—	10%
海南	—	—	—	光伏10%
江西	14.05	1.69	1.69	10%~15%，1h
新疆	5.41	—	—	将储能配置纳入竞争配置参考评分内容
福建	0.32	0.03	0.06	10%，2h
浙江	—	—	—	部分地区10%
吉林	8.17	—	—	将储能配置纳入竞配参考评分标准
贵州	27.32	—	—	送出消纳受限区域10%
总计	209.95	23.49	48.75	

资源来源：各省能源局，安信证券研究中心。

1.2.3 长时储能的技术特点

总体来看，新型长时储能技术具有一些鲜明的特点：
1）储存能量的边际成本很低。
2）长时储能技术可以存储的能量与其能量吸放速率脱钩。

3）具有广泛的可部署性和可扩展性，没有地理位置要求，不依赖于稀有元素。

4）与输配电电网升级和扩建相比，交货时间相对较短。

1. 规模化优势和成本优势

长时储能在优化系统规模和控制成本方面具有显著优势，包括较低的储能容量资本支出和解耦能力。在不影响充放电循环设计的情况下，能够以较低的增量成本扩展储能容量。因此，这些长时储能系统可以长时间提供电力，并且通常不需要叠加多个服务来收回投资。长时储能的使用寿命可能非常长，大约 30 年才需要进行重大升级。而一些长时储能系统即使在高水平运行的情况下，其储能容量退化率也非常低。作为模块化储能解决方案，锂离子电池储能系统的装机容量和储能容量是密切关联的，这种特性限制了它们经济可行地提供长期服务的能力。因此，电池储能系统可以通过降低放电率或降低放电容量（即提供低于额定功率）来长时间保持输出。重要的是，一些长时储能技术的装机容量可以独立于储能容量进行设计，这突出了它们的多功能性和对具有不同供应和负载曲线的生态系统的适应性。

2. 适配优势和广泛部署优势

长时储能系统可以提供额外的运营和部署优势，例如与电网升级和扩展具有更短的交付周期，以及更少的大规模部署限制。

（1）与输配电电网升级和扩建相比，交货时间更短

从历史上看，升级现有电力线路来解决发电厂与受限电网的连接问题是比较常规的方案。但通过电网的扩容来降低拥塞风险，这是一个需要长期规划的资本密集型过程。而且，随着分布式发电计划的激增以及项目连接变得不太确定，电网稳定运营变得越来越困难；此外，输电网项目的复杂性和许可要求导致近 20% 的输电项目被推迟或取消。与之相比，长时储能是一种经济高效的输电优化解决方案，可提高电网利用率和虚拟电网容量，同时推迟电网升级。长时储能技术的平均建设时间为一年，与电网升级相比，其许可要求更宽松。

（2）可广泛部署和可扩展

大多数新兴的长时储能技术几乎没有部署限制。例如，这些长时储能系统没有特定的地理位置要求，并且每个装机容量的占地面积较小。有些安全风险低的长时储能系统还可以建在地下或非常靠近人口稠密的地区。许多储能系统具有模块化架构，允许以更短的持续时间或更小的装机容量实施长时储能系统的初始部署，并且可以根据需求扩大规模。

长时储能还可以为现有发电设施重新供电或扩大规模，这将随着可再生能源发电量的增加而变得越来越重要。一些长时储能技术为重新利用可能搁浅的化石

燃料发电设施提供了机会。例如，废弃矿场可以用于压缩空气储能系统，或者可以将煤炭和天然气发电厂转换为储热设施。热储能解决方案可以通过耦合热力和电力部门，并支持依赖于最终用途的脱碳来提供额外的灵活性。

在实用性方面，一些长时储能技术依赖于现有的供应链，其中大部分使用大量可用的储量丰富的材料，无论是在核心技术还是工厂平衡系统中。这可以防止锂离子电池（例如采用镍、锰和钴的三元锂离子电池）未来潜在的供应链短缺。

1.2.4 长时储能的发展现状

1. 长时储能的发展阶段

对于长时储能而言，最重要的是为电力系统的灵活性调节提供支撑。概括而言，在电力系统中，灵活性资源的需求方主要是风力、光伏发电设施；电力系统的灵活性主要来自于两个方面，一方面是原有发电机组的灵活发电，另一方面就是储能设施的配置。我们在分析推进节奏时，将灵活性提供方简化为三部分：存量机组；成熟的储能方式——抽水蓄能；新型储能技术。通过这种方式，可大致勾勒出随着风光发电量占比的逐步提升，储能的推进节奏。具体可分为三个阶段：

阶段1：风光发电量10%左右的水平（对应中国2021年前后所处的阶段）：新型长时储能技术发展的战略窗口期。

在此阶段，存量的发电机组（煤电、气电）可以进行改造，提供更多的灵活性资源支持；传统的储能方式抽水蓄能由于建设周期较长（6~8年），需尽快规划上马；新型储能项目成本仍然过高，但是如果仍存在灵活性缺口，需要新型储能项目尽快补足。

阶段2：风光发电量20%左右的水平（对应我国2025年前后所处的阶段）：新型长时储能技术产业化降本的决战期。

在此阶段，存量的发电机组改造基本完成，无法提供更多的增量灵活性；抽水蓄能项目逐渐落成，与存量机组一同成为灵活性调节主力；而此时，对于新型储能的需求量也进一步提升。

阶段3：风光发电量30%左右的水平（对应我国约2030年所处的阶段，对应美国加州约2020年所处的阶段）：成本最优的长时储能技术装机量快速增长期。

在此阶段，存量机组无改进空间且逐步淘汰；抽水蓄能受限于地理资源约束无法继续上量；只能依靠新型长时储能技术提供增量的灵活性资源。

2. 国内外长时储能现状

自2019年以来，世界各地的长时储能项目吸引了政府和企业超过580亿美元的资金投入，如果这些项目都进展顺利，其装机量可达到 57GW，相当于 2022 年部署的全球储能容量的 3 倍。目前全球还有价值 300 亿美元的长时储能项目正在建设或运营中[⊖]。

但目前大多数长时储能技术仍处于初期阶段，其技术开发商很难在未来 10 年内以经济高效的方式扩大规模。近年来只有抽水蓄能这一仍占全球储能装机量 90% 以上的传统技术已实现大规模部署，预计在 2030 年之前，抽水蓄能将继续主导储能市场。相比之下，大多数其他技术，包括使用由钒和其他材料（如锌溴和铁）制成的电解质的液流电池，仍处于试点和示范阶段。

长时储能市场的发展存在明显的地域差异。在亚太地区，中国和日本已经宣布了至少 30 个长时电化学储能项目，主要采用液流电池和金属阳极电池的组合。中国也在大力推进全钒液流电池和压缩空气储能的布局，2022 年，世界上最大的氧化还原液流电池储能系统［100MW/400（MW·h）］在中国大连并网，张家口市也迎来了全球最大的 100MW/400（MW·h）压缩空气储能项目投运。从这些行业里程碑可以看出，中国钒电池储能和压缩空气储能都进入了 GW·h 时代。

在欧美地区，美国、西班牙和德国报告的装机容量和项目数量最多。美国部署的长时储能系统大多是机械储能、热储能和电化学储能项目，约占全球长时储能总装机容量的 30%。西班牙的大多数长时储能项目（占全球长时储能总装机容量的 20%）都是热储能系统。德国还有两个超过 200MW 以上的压缩空气储能系统，占全球长时储能总装机容量的 10%。相比之下，欧洲剩余的大部分国家对推进长时储能的发展则没有太大热情。

1.3 经济测算与发展展望

1.3.1 长时储能的发展促进政策

4h 储能概念在国内的首次提出是在 2021 年 7 月，国家发展改革委、国家能源局发布《关于鼓励可再生能源发电企业自建或购买调峰能力增加并网规模的通知》，鼓励市场化并网新能源项目按照装机容量 15%~20% 配建时长 4h 以上调峰能力。2022 年 3 月 4 日，新疆自治区发展改革委发布《服务推进自治区大型风电光伏基地建设操作指引（1.0 版）》，对新建项目和增容改造老旧风场项目均提出按照新建/新增容量 25% 配置 4h 储能的要求；3 月 7 日，内蒙古自治区政府发布《关于推动全区风电光伏新能源产业高质量发展的意见》，要求新建项目配

⊖　伍德麦肯兹（Wood Mackenzie）公司.《2022 年长时储能报告》. 2022 年 12 月.

建储能比例不低于装机容量 15%，保障性并网项目储能时长在 2h 以上，市场化并网项目储能时长在 4h 以上[⊖]。

《"十四五"新型储能发展实施方案》提出，推动多时间尺度新型储能技术试点示范。针对新能源消纳和系统调峰问题，推动大容量、中长时间尺度储能技术示范。国家科技部发布在《"十四五"国家重点研发计划》安排了"储能与智能电网技术"重点专项，围绕"中长时间尺度储能技术"（含"超长时间尺度储能技术"）等技术方向强化攻关，连续多年提供研发资金支持，重点项目包括：吉瓦时级锂离子电池储能系统技术、百兆瓦时级钠离子电池储能技术、有机储能电池、大规模先进压缩空气储能技术、新一代液流电池储能技术、宽液体温域高温熔盐储热技术等，涵盖基础前沿、共性关键技术。同步，《"十四五"国家重点研发计划》安排了"氢能技术"重点专项，连续多年重点支持"氢能绿色制取与规模转存体系、氢能安全存储与快速输配体系"两大技术方向（含氢能面向电力领域的应用），涵盖基础前沿、共性关键技术。

1.3.2 长时储能竞争力分析和经济测算

这一部分将根据当前时点的情况，统一测算抽水蓄能、压缩空气储能、锂离子电池储能、钠离子电池储能、液流电池储能五种技术在长时储能场景下的经济性。

1. LCOE：储能度电角度的成本指标

LCOE（Levelized Cost of Energy）指的是平准化度电成本[⊖]。为体现投资的时间价值，采用净现值法计算储能电站的收益。净现值是评估储能项目的净现金流量的指标，它通过将项目的现金流量（包括投资、运营成本和收益等）折现到当前时间，计算出项目的净现值，即未来资金（现金）流入（收入）现值与未来资金（现金）流出（支出）现值的差额。对于储能项目，现金流入为放电电量的电费收入和其他来源收入。令 NPV 等于 0 的放电电量电价即为全生命周期储能度电成本。

$$\text{NPV} = \sum_{n=1}^{a} \frac{\text{收入}_n - \text{成本}_n}{(1 + \text{折现率})^n} \qquad (1\text{-}1)$$

令 NPV = 0，得到上网电价，即度电成本。

（1）收入计算方法

第 n 年的收入 = 第 n 年的上网放电电量×上网电价+第 n 年的其他收入来源

（其中，年上网电量与储能容量、自放电率、循环衰退率、年循环次数和放

⊖ 中国储能网新闻中心.《长时储能的发展挑战及展望》. 2022 年 5 月.

⊖ 光大证券.《长时储能：百舸争流，谁主沉浮？》. 2022 年 8 月.

电深度有关。）

（2）成本测算方法

第 0 年的成本＝初次投资成本

第 n 年的成本＝年维护运营成本＋替换成本＋充电成本＋回收成本（$n \geqslant 1$）

细分成本结构如下：

1）初始投资成本，指储能系统建设时投入的总成本。

2）年维护运营成本，指储能系统每年运行和维护过程中产生的费用，可拆解为容量维护成本、功率维护成本和人工运营成本。

3）替换成本，指由于储能系统组件寿命等因素，需要按照指定的时间间隔进行更换，在替换组件过程中所产生的费用。

4）回收成本，指储能系统在使用寿命终止时项目拆除所产生的费用和设备二次利用带来的收入之差，若拆除成本大于二次利用带来的收入，则回收成本为正值；反之则回收成本为负值。

2. LCOE 核心假设：基于当前时点的技术与成本情况

在计算储能技术全生命周期成本之前，本书做出如下假设$^{\ominus}$：

1）假设储能电站仅依靠调峰获利，每年其他收入为 0。

2）假设抽水蓄能和压缩空气储能技术的储能时间为 5h，电站的使用寿命分别按 50 年和 30 年设计，在生命周期内无需进行设备更换。

3）假设锂离子电池、液流电池和钠离子电池的储能时间为 5h，电站的使用寿命均按 20 年设计，电池的循环寿命分别按 8000 次、20000 次和 3500 次计算。当电池达到使用寿命时，更换电池部分，其他设备无需更换。根据电化学性质决定，液流电池的循环寿命>锂离子电池的循环寿命>钠离子电池的循环寿命。

4）假设抽水蓄能和压缩空气储能的装机功率分别为 100MW、60MW，锂离子电池、液流电池和钠离子电池储能的装机功率均为 10MW。

5）假设抽水蓄能、压缩空气储能、锂离子电池、液流电池和钠离子电池的储能效率分别为 76%、60%、88%、75%、80%。

6）假设抽水蓄能和压缩空气储能的放电深度均为 100%，锂离子电池、液流电池和钠离子电池的放电深度均为 90%。

7）假设抽水蓄能、压缩空气储能、锂离子电池、液流电池和钠离子电池自放电率均为 0%。

8）假设抽水蓄能和压缩空气储能无循环衰退，锂离子电池、液流电池和钠离子电池的循环衰退率分别为每次 0.004%、0.002%、0.004%。

⊖ 文军，刘楠，裴杰，等. 储能技术全生命周期度电成本分析［J］. 热力发电，2021，50（8）：24-29.

9）假设上述 5 种储能技术均不考虑回收成本（即使用寿命到期时，残值为0），等效充放电次数均按 1 天 1 次循环，年循环 330 次计算。

10）考虑充电电价为 0.288 元/（kW·h）。

11）以收益较好的光伏电站的 IRR 为参考，取折现率为 8%。

全生命周期成本计算的核心假设见表 1-2。

表 1-2　全生命周期成本计算的核心假设⊖

项目	抽水蓄能	压缩空气储能	锂离子电池储能	液流电池储能	钠离子电池储能
储能容量/（MW·h）	500	300	50	50	50
装机功率/MW	100	60	10	10	10
单瓦时成本/［元/（W·h）］	1.6	1.4	1.7	3	2
初次投资成本/万元	79000	42000	8500	15000	10000
年运行维护成本/万元	1840	450	275	275	275
单位容量替换成本/［元/（W·h）］	—	—	0.9	—	1
报废成本率	0	0	0	0	0
折现率（%）	8	8	8	8	8
储能效率（%）	76	60	88	75	80
放电深度（%）	100	100	90	90	90
自放电率（%）	0	0	0	0	0
循环寿命/次	—	—	8000	20000	3500
使用寿命/a（日历）	50	30	20	20	20
循环衰退率（%/次）	0	0	0.004	0.002	0.004
年循环次数 N_y/（次/年）	330	330	330	330	330
充电电价/［元/（kW·h）］	0.288	0.288	0.288	0.288	0.288

3. 初始投资成本、储能效率与循环寿命是三大核心因素

（1）最便宜的长时储能：抽水蓄能、压缩空气储能、锂离子电池储能

在考虑充电成本的情况下，抽水蓄能和压缩空气储能技术最为经济，而锂离

⊖ 文军，刘楠，裴杰，等. 储能技术全生命周期度电成本分析［J］. 热力发电，2021，50（8）：24-29.

子电池储能为现阶段度电成本最低的电化学储能技术，钠离子电池和液流电池度电成本较高。五种储能形式的全生命周期度电成本见表1-3。

表1-3　五种储能形式的全生命周期度电成本⊖

项目	抽水蓄能	压缩空气储能	锂离子电池储能	液流电池储能	钠离子电池储能
考虑充电电价 [0.288元/(kW·h)] 时度电成本	0.882	0.902	1.157	1.455	1.409
不考虑充电电价（利用弃风弃光充电）时度电成本	0.503	0.422	0.793	1.093	1.026
不考虑充电电价且折现率为0时度电成本	0.207	0.187	0.481	0.609	0.682

（2）压缩空气：效率提升至65%时，经济性有望超过抽水蓄能

随着储能效率的提升，压缩空气储能技术的度电成本将持续下降，有望超过抽水蓄能，成为最经济的大规模储能技术。进行敏感性分析（见表1-4），初始投资成本为1.4元/(kW·h)时，假设储能效率提升至70%、75%和80%，考虑充电电价的度电成本可下降至0.834元/(kW·h)、0.806元/(kW·h)和0.782元/(kW·h)。目前，张家口100MW/400（MW·h）先进压缩空气储能系统的设计效率已达到70.4%，后续可持续观测其运营情况。

表1-4　压缩空气储能中，"度电成本"对初始投资成本、
储能效率的敏感性分析 [元/(kW·h)]⊖

		初始投资成本/[元/(W·h)]			
		1.4	1.3	1.2	1.1
储能效率	65%	0.865	0.838	0.812	0.785
	70%	0.834	0.807	0.78	0.753
	75%	0.806	0.779	0.752	0.726
	80%	0.782	0.755	0.728	0.702

（3）锂离子电池：锂价回落后，仍是比较经济的长时储能方案

随着产业化进程的加速和原材料价格的回落，锂离子电池储能初始投资成本

⊖　文军，刘楠，裴杰，等. 储能技术全生命周期度电成本分析［J］. 热力发电，2021，50（8）：24-29.（随着储能原材料价格、系统性能等因素的变化，储能系统的相关经济指标可能产生明显波动，故测算结果仅供读者参考。后同）

有望逐步下降，将提升其储能经济性。进行敏感性分析（见表1-5），储能效率为88%时，假设10MW/50（MW·h）锂离子电池储能系统的初始投资成本降至1.5元/（W·h）、1.2元/（W·h）和1.0元/（W·h）时，考虑充电电价的度电成本为1.081元/（kW·h）、0.966元/（kW·h）和0.890元/（kW·h）。

表1-5 锂离子电池储能中，"度电成本"对初始投资成本、
储能效率的敏感性分析［元/（kW·h）］⊖

		初始投资成本/［元/（W·h）］			
		1.7	1.5	1.2	1.0
储能效率	88%	1.157	1.081	0.966	0.890
	90%	1.149	1.072	0.958	0.882
	92%	1.141	1.065	0.950	0.874
	95%	1.130	1.054	0.939	0.863

（4）液流电池：初始投资成本和储能效率是两大制约因素

随着产业化进程的加速，液流电池储能的初始投资成本有望下降，其储能效率逐步上升，将进一步改善液流电池的度电成本。进行敏感性分析（见表1-6），储能效率为75%时，假设10MW/50（MW·h）液流电池储能系统的初始投资成本降至2.5元/（W·h）、2.0元/（W·h）和1.5元/（W·h）时，考虑充电电价的度电成本将下降为1.293元/（kW·h）、1.132元/（kW·h）和0.971元/（kW·h）。

表1-6 液流电池储能中，"度电成本"对初始投资成本、
储能效率的敏感性分析［元/（kW·h）］⊖

		初始投资成本/［元/（W·h）］			
		3.0	2.5	2.0	1.5
储能效率	75%	1.455	1.293	1.132	0.971
	79%	1.437	1.275	1.113	0.952
	83%	1.420	1.258	1.097	0.935
	87%	1.405	1.243	1.082	0.920

（5）钠离子电池：大幅度降本后，可作为比较经济的长时储能方案

随着产业化进程的加速，钠离子电池储能初始投资成本有望逐步下降，可大

⊖ 文军，刘楠，裴杰，等.储能技术全生命周期度电成本分析［J］.热力发电，2021，50（8）：24-29.

幅提升其储能经济性。进行敏感性分析（见表1-7），储能效率为80%时，假设10MW/50（MW·h）钠离子电池储能系统的初始投资成本降至1.6元/（W·h）、1.3元/（W·h）和1.0元/（W·h）时，考虑充电电价的度电成本为1.263元/（kW·h）、1.153元/（kW·h）和1.044元/（kW·h）。当初始投资成本下降至1.3元/（W·h）时，度电成本将低于当前锂离子电池。

表1-7　钠离子电池储能中，"度电成本"对初始投资成本、
储能效率的敏感性分析 ［元/（kW·h）］$^{\ominus}$

		初始投资成本/［元/（W·h）］			
		2.0	1.6	1.3	1.0
储能效率	80%	1.408	1.263	1.153	1.044
	83%	1.395	1.249	1.139	1.030
	86%	1.382	1.236	1.127	1.017
	89%	1.370	1.224	1.115	1.005

4. LCOS：储能系统侧的经济测算指标

上文使用的平准化度电成本（LCOE），是对项目生命周期内的成本和发电量先进行平准化，再计算得到的发电成本，即生命周期内的成本现值/生命周期内的发电量现值。相类似地，储能的全生命周期成本即平准化储能成本（Levelized Cost of Storage，LCOS）可以概括为一项储能技术的全生命周期成本除以其累计传输的电能量或电功率，反映了净现值为零时的内部平均电价，即该项投资的盈利点。平准化储能成本量化了特定储能技术和应用场景下单位放电量的折现成本，考虑了影响放电寿命成本的所有技术和经济参数。具体而言，平准化储能成本为投资成本、运营维护、充电成本三者之和除以投资期间的总放电量，对于平准化储能成本，它更具体地涉及电力储存，而不是发电本身，不包括与循环效率和其他损失无关的储能充电成本。

在静态条件和类似操作中分析平准化储能成本有助于确定长时储能可以竞争的持续时间。平准化储能成本从技术成本和整体系统的角度，提供了影响储能系统生命周期成本的所有技术和经济因素的价值。平准化储能成本可以成为评估长时储能解决方案在不同持续时间的成本竞争力的第一个有效指标。通过一致的假设和利用率，长时储能可以通过平准化储能成本比较，把持续时间较短的锂离子电池储能系统和持续时间较长的氢能设施进行比较。

与短时的锂离子电池储能系统相比，长时储能系统可在6h以上的持续时间

　⊖　文军，刘楠，裴杰，等. 储能技术全生命周期度电成本分析 ［J］. 热力发电，2021，50（8）：24-29.

内具有平准化储能成本竞争力，在 9h 以上具有明显优势。假设每年的利用率保持在 45%（模型反映的平均实际存储利用率），到 2030 年，在需要超过 9h 持续时间的应用中，长时储能的平准化储能成本将低于锂离子电池储能系统，为 80~95 美元/（MW·h）。在持续时间少于 6h 的储能应用中，与锂离子电池储能系统的竞争力更具挑战性，因为锂离子电池储能系统在装机容量的支出成本较低，所以推动了较短时间的低价。由于锂离子电池储能系统和长时储能之间的成本曲线相当，长时储能技术与锂离子的相对成本竞争力在 2035 年之前不太可能发生显著变化。

在峰值容量应用中，长时储能很可能在连续放电持续时间少于 150h 的情况下在平准化储能成本方面与氢能设施进行竞争。一些长时储能已经与天然气峰值发电厂的运行情况相匹配。对于类似的用例，长时储能预计将在 100h 以下持续时间内显示出与氢涡轮机相比的成本竞争优势，如果能够匹配天然气峰值发电厂的运行状况。在该分析中，假设氢能设施的容量因数为 15%，对应于与天然气峰值发电厂资产相关的最大利用率。随着假设装机容量利用率的增加，长时储能系统作为天然气峰值发电厂的潜在替代品的作用会降低。

资产利用率和生命周期平均充电成本将是主要的运营盈亏平衡部分。平准化储能成本高度依赖于边界条件（包括特定的市场条件、地理位置和最终应用），将塑造技术的竞争力。结合起来，电价和储能利用率对平准化储能成本的影响最大。例如，30 美元/（MW·h）的充电电价和 70% 的利用率导致 70 美元/（MW·h）的平准化储能成本。如果长时储能的利用率为 45%，并且在 8~24h 长时储能中的充电电价为 15 美元/（MW·h），则获得相同的平准化储能成本在 24h 或更长时间的长时储能中。充放电效率是平准化储能成本计算中的一个影响变量（具有一对一的相关性），因为它影响充电和放电要求；然而，与能源资本支出相比，它对长时储能竞争力和价值的影响是有限的。从平准化储能成本敏感性的角度来看，储能容量资本支出将直接影响系统的设计储能容量及其利用率。其充放电效率的改进通常受到技术限制的影响。

1.3.3　长时储能的发展展望

储能作为"双碳"背景下构建低碳电网的关键组成部分，跨天、跨月乃至跨季节的长时电网储能系统的发展迫在眉睫。目前长时储能技术仍处于百家争鸣的中早期研发示范阶段，孰胜孰劣尚未揭晓。其中，抽水蓄能面临着一定的地理资源约束；锂离子电池储能和全钒液流电池储能面临着一定的矿产资源约束；熔盐储热面临着一定的应用场景制约；电化学储能由于动力电池产业的推动，不受地理环境的制约，暂时处于比较有利的竞争地位。未来电网储能系统的发展需要以模型数据开源、学术产业结合等方式集思广益，在"经济、可靠"两大前提下确定持续优化的电源储能配置方案，形成多能互补的，新能源+储能的电力系统，为实现"双碳"目标提供强有力的支撑[⊖]。

1. 长时储能的市场空间展望

到 2040 年，长时储能的潜在市场规模可达到 1.5~2.5TW，随着电力系统向碳中和靠拢，长时储能将在提供灵活性方面发挥主导作用。

长时储能可能从 2025 年开始大规模部署（30~40GW 或 1TW·h），随着可再生能源渗透率的提高，到 2030 年部署量将加速增长（150~400GW 或 5~10TW·h）。到 2025 年，95% 以上的部署将由非大容量电网应用推动，例如孤岛电网、远程电网、不可靠的电网以及企业的可再生能源购电协议。然而，随着 2030 年后可再生能源渗透率在大容量电力系统中的提升（60%~70%），长时储能的装机容量可能在 2040 年加速达到 1.5~2.5TW。

在未来五年，全球需要大量投资来促进长时储能的大规模部署，并实现低成本的脱碳。据估计，到 2025 年，全球将需要投资 500 亿美元来部署数量足够的试点项目和商业化项目。总体而言，到 2040 年实现部署所需的累计投资预计将在全球范围内达到 1.5 万亿~3 万亿美元。虽然这一金额很惊人，但这个数字只是与全球每 2~4 年对输配电网络的投资相当。如果成本预测按预期展开，长时储能可能会占产能组合的很大一部分，例如在美国，到 2040 年长时储能可以存储 10%~15% 的总发电量。

2. 长时储能将为电网创造巨大价值

（1）能源转移、容量提供和输配电优化

预计大容量电力系统的能源转移、容量提供和输配电优化将导致最大比例的部署（2040 年为 80%~90%）；其他应用也可以在确保电力系统完全脱碳的同时增加显著价值。此外，预计 2025 年的市场发展将受到偏远/离网或不可靠电网（50GW）行业的供应优化、购电协议（30GW）和孤岛电网优化（15GW）的推动。

（2）为电网偏远或不可靠的行业优化能源

长时储能对于启用现场可再生能源和确保在需要的地方（例如在工厂生产线中）持续供电至关重要，尤其是对于需要清洁、可靠、具有成本效益的电力供应的相关用户，其中包括大型离网用户（如矿山、农业综合企业和军事基地）和电网可靠性较低的工业用户（如经济条件较差的化工厂和钢铁厂）。在这些场景下，长时储能在更短的交货时间和更少的地理限制方面比电网扩展具有优势。

总体而言，到 2030 年，为相关应用部署的长时储能累计容量可能达到 60GW（储能容量为 1.5TW·h），到 2040 年将达到 110GW（4TW·h）左右。

⊖　张新波. 长时电网储能电池［J］. 中国科学基金，2022，36（3）：435-436.

而长时储能创造的价值（减少化石燃料消耗、增加运营正常运行时间，替换化石燃料发电设施等），到 2030 年可能达到 200 亿~300 亿美元，到 2040 年约达到 1200 亿美元。

（3）孤岛电网优化

长时储能可以支持离网或微电网设施（包括孤岛运行的电力系统）供电的稳定和安全。例如，这些技术可以通过最大限度地减少对柴油发电机和化石能源的依赖，来帮助岛屿和偏远社区实现碳中和。此外，连接到孤岛运行电力系统的社区也可以从长时储能惯性提供和其他服务中受益。

到 2030 年，构建孤岛电网的长时储能累计装机容量可达 15GW（150GW·h）；到 2040 年，这可能会增加到 90~100GW（大约 3TW·h）。长时储能的潜在价值来自化石燃料和碳排放的成本节约，到 2040 年将节省 300 亿美元。

（4）确定可再生能源购电协议

长时储能允许保护具有特定基本负载要求的电力采购协议。私营公司和公共组织越来越有兴趣使用可再生能源的电力，以此来降低运营成本、降低波动的化石燃料价格和碳排放成本以及实现企业环境目标。而雄心勃勃地承诺减少碳排放的企业通常依赖可再生能源原产地保证（通常集成到电力采购协议中）来获取零排放电力。然而，可再生能源购电协议通常不足以使其电力脱碳；因此，企业经常使用在碳排放市场上购买的碳信用额来抵消剩余的排放量。长时储能使企业能够将其实际可再生能源供电增加到接近 100%，同时为电网运营提供弹性。同样，公用事业公司可以使用长时储能向其客户提供此类 100% 可再生能源购电协议。

到 2025 年，全球用于固定可再生能源购电协议的长时储能系统累计部署 10GW（0.5TW·h），到 2040 年将增加到 40GW（2TW·h），在可再生能源和碳信用方面的成本节约累计价值高达 100 亿美元。该应用主要被视为近期机会，因为到 2030 年之后，大容量电网中的可再生能源渗透率将显著增加，以全天候提供可再生能源电力。届时企业为确定可再生能源购电协议支付储能储溢价的意愿可能会下降。为确保近 100% 的可再生能源的电力供应，这一应用所需的持续放电时间预计将超过 24h。

长时储能与短时储能相比，其最大优势就是容量边际成本，长时储能技术需要功率和容量解耦合，其功率和容量可以相对独立扩展，容量部分成本越低则越有利于长时储能发展应用。多种长时储能技术都有不同的研究和发展，但目前还没有一种技术能同时满足长寿命、安全、经济、效率高、大规模储能等多项指标。合理测算长时储能的经济效益，甄选电源储能配置方案就显得非常必要。未来储能支撑下的新型电力系统将是面临跨区域、多种发电类型、市场与计划双轨并行、分布式集中式混合的复杂电力系统，电力规划分析模型中需要考虑更多持续性极端天气，给储能设定合理的经济技术参数，进行持续模拟，并通过与实际运行环境中呈现效果和价值表现的不断比对，实现迭代和优化，才能甄选出最经济可靠的电源储能配置方案[⊖]。

参 考 文 献

［1］ PAUL A, JOSEPH S M, SCOTT L. Long-Duration Electricity Storage Applications, Economics, and Technologies ［J］. Joule, 2020, 4（1）: 21-32.

［2］ BRUNO C, LAWRIE S, JAMES R, et al. Short-, Medium-, and Long-Duration Energy Storage in a 100% Renewable Electricity Grid: A UK Case Study ［J］. Energies, 2021, 14（24）: 1-28.

［3］ DEPARTMENT FOR BUSINESS, Energy & Industrial Strategy of UK Government. Benefits of Long Duration Electricity Storage ［R］. 2022.

［4］ DEPARTMENT FOR BUSINESS, Energy & Industrial Strategy of UK Government. Longer Duration Energy Storage Demonstration competition: cross-cutting guidance ［R］. 2021.

［5］ JACQUELINE A D, KATHERINE Z R, TYLER H R, et al. Role of Long-Duration Energy Storage in Variable Renewable Electricity Systems ［J］. Joule, 2020, 4（9）: 1907-1928.

［6］ UDI H, BEN K, JOSEPH S. Development of Long-Duration Energy Storage Projects in Electric Power Systems in the United States: A Survey of Factors Which Are Shaping the Market ［J］. Frontiers in Energy Research, 2020, 8.

［7］ CHAD A H, MICHAEL M P, EVAN P R, et al. Techno-economic analysis of long-duration energy storage and flexible power generation technologies to support high-variable renewable energy grids ［C］. International Symposium on Low Power Electronics and Design, 2021, 5（8）: 2077-2101.

［8］ JACQUELINE A D, NATHAN S L. Long-duration energy storage for reliable renewable electricity: The realistic possibilities ［J］. Bulletin of the Atomic Scientists, 2021, 77（6）: 281-284.

［9］ JESSE D J, NESTOR A S. Long-duration energy storage: A blueprint for research and innovation ［C］. International Symposium on Low Power Electronics and Design, 2021, 5（9）: 2241-2246.

［10］ WILLIAM J M, VALERIO D, RAYMOND H B, et al. Long-duration energy storage in a decarbonized future: Policy gaps, needs, and opportunities ［J］. MRS Energy and Sustainability, 2022, 9（2）: 142-170.

［11］ SUSAN M S, WILLIAM V H. Long-vs. short-term energy storage technologies analysis : a life-cycle cost study : a study for the DOE energy storage systems program ［R］. 2003.

［12］ NESTOR A S, JESSE D J, AURORA E, et al. The Design Space For Long-Duration Energy Storage In Decarbonized Power Systems ［J］. Nature Energy, 2021, 6（5）: 506-516.

［13］ RUI S, JEREMIAH R, SERGIO C, et al. Evaluating emerging long-duration energy storage

---

⊖ 《长时储能的发展挑战及展望》, 中国储能网新闻中心. 2022 年 5 月.

technologies ［J］. Renewable and Sustainable Energy Reviews, 2022, 159: 112240.

［14］ JIAZI Z, OMAR J G, JOSHUA E, et al. Benefit Analysis of Long-Duration Energy Storage in Power Systems with High Renewable Energy Shares ［J］. Frontiers in energy research, 2020, 8.

［15］ UDI H, BEN K, JOSEPH S. Development of Long-Duration Energy Storage Projects in Electric Power Systems in the United States: A Survey of Factors Which Are Shaping the Market ［J］. Frontiers in Energy Research, 2020, 8.

［16］ 周喜超. 电力储能技术发展现状及走向分析 ［J］. 热力发电, 2020, 49 (8): 7-12.

［17］ 刘阳, 滕卫军, 谷青发, 等. 规模化多元电化学储能度电成本及其经济性分析 ［J］. 储能科学与技术, 2023, 12 (1): 312-318.

［18］ 李小平, 曾少华, 李晓东, 等. 改善偏远地区电能质量的移动式储能技术分析 ［J］. 自动化应用, 2023, 64 (6): 186-188.

［19］ 张玮灵, 古含, 章超, 等. 压缩空气储能技术经济特点及发展趋势 ［J］. 储能科学与技术, 2023, 12 (4): 1295-1301.

［20］ 张金平, 周强, 王定美, 等. 储能在高比例新能源电力系统中的应用及展望 ［J］. 内燃机与配件, 2023, 380 (8): 97-99.

［21］ 王佳晶. 2031 年欧洲储能市场规模将达到 45 吉瓦 ［N］. 中国石化报, 2022-07-22 (6).

［22］ 李小松. 储能蓝海 ［N］. 中国石油报, 2022-08-23 (8).

第2章

抽水蓄能

2

2.1 抽水蓄能概述

2.1.1 什么是抽水蓄能

抽水蓄能是一种储能技术。即利用水作为储能介质，通过电能与势能相互转化，实现电能的储存和管理。抽水蓄能电站是利用电力负荷低谷时的电能抽水至上水库，在电力负荷高峰期再放水至下水库发电的水电站，又称蓄能式水电站。可将电网负荷低时的多余电能，转变为电网高峰时期的高价值电能。抽水蓄能电站具有调峰、填谷、调频、调相、储能、事故备用和黑启动等多种功能，是建设现代智能电网新型电力系统的重要支撑，是构建清洁低碳、安全可靠、智慧灵活、经济高效新型电力系统的重要组成部分。

2.1.2 抽水蓄能的特点

抽水蓄能主要有以下特点：一是功能显著。抽水蓄能电站具有调峰、调频、调相、储能、系统备用和黑启动六大功能，机组运行灵活、反应快速、调节性能好，适用于日、周长时间尺度的电网调峰及电力平衡。二是技术相对成熟。抽水蓄能各产业链技术成熟，东电、哈电等主要设备厂家已掌握机组的设计、制造核心技术，电建、能建集团在抽水蓄能电站的建造、设备安装及调试方面积累了丰富的经验。三是使用寿命长。抽水蓄能电站坝体使用寿命可达 100 年以上，机械及电气设备寿命在 50 年以上，到期更换后可继续使用，循环次数仅受设备性能限制，可达上万次。四是能量转换效率较高。受水轮机（水泵）设备损耗、外部输电线路损耗及水库蒸发等因素影响，其能量转换效率为 70%~80%。纯抽水蓄能电站抽水和发电的综合效率一般在 75% 左右，最高可以达到 80%；混合式抽水蓄能电站通过优化水库运行方式转换效率可达 88%~95%。五是装机容量大，持续放电时间长。抽水蓄能电站适合大容量开发，装机容量可达 1GW 以上，持续放电时间可达 6~12h。六是对选址要求高，建设周期长。电站选址对地质、地形条件及水环境有较高要求；电站施工工程量大，建设周期一般达 3~5 年。

2.2　国内外抽水蓄能发展历程

2.2.1　国外发展历程

1882 年全球第一座抽水蓄能电站诞生于瑞士苏黎世，抽水蓄能电站首次较大规模的开发始于 20 世纪 50 年代，国际上的抽水蓄能电站发展可以总结为四个阶段。

第一个阶段，20 世纪上半叶，此阶段抽水蓄能电站发展缓慢，建设抽水蓄能电站的主要目的是蓄水，汛期将河流多余水量（下库）抽到山上的湖泊（上库），供枯水期发电用，也就是汛期蓄水，枯水期发电，以调节常规水电站发电的不平衡性。

截至 1950 年底，全世界建成抽水蓄能电站 31 座，总装机容量约为 1300MW，主要分布在瑞士、意大利、德国、奥地利、捷克、法国、西班牙、美国、巴西、智利和日本。其中，最早采用可逆式机组的是西班牙于 1929 年建成的乌尔迪赛电站，装机容量为 7.2MW。

此阶段抽水蓄能电站从最初的四机式（水轮机、发电机、水泵、电动机）过渡到三机式（水轮机、发电-电动机、水泵），最后发展到两机可逆式水泵水轮机组；从配合常规水电的丰枯季调节到配合火电、核电运行逐渐转变为配合新能源运行，从定速机组发展到交流励磁变速机组和全功率变频机组。

第二个阶段，20 世纪 60~80 年代，从第二次世界大战后经济复苏期结束到 1973 年世界石油危机前，美欧日等发达国家经历了长达 20 余年的经济高速增长期，随着工业化时代的来临，电力负荷迅速增长；家用电器普及化，电力负荷的峰谷差也迅速增加。

在此期间，美国、西欧、日本等国家和地区陆续建造了大量核电站，带来了较大的调峰需求。为配合核电运行，这一时期建设了较多的抽水蓄能电站，两者的建设近似保持"同步"的节拍。因此，这是抽水蓄能建设蓬勃发展的黄金时期，抽水蓄能电站主要承担调峰和备用功能。全世界抽水蓄能电站装机容量年均增长率比总装机容量增长率高一倍左右，1990 年达到 8600 万 kW，占总装机容量的 3.15%，30 年内装机容量增长近 23 倍，占总装机容量比重增长了 4 倍。

第三个阶段，进入 20 世纪 90 年代后，抽水蓄能电站发展走向成熟，增长速度开始放缓，并非是合适的水文资源开发殆尽，而是发达国家经济增长速度有所放慢，导致电力负荷增长放慢。同时，天然气管网迅速发展，液化天然气和液化石油气电站数量快速增加，也挤占了抽水蓄能电站的发展空间，抽水蓄能电站建设年均增长率从20世纪80年代的6.45%猛降至2.75%。到2000年全世界抽水蓄能电站装机容量达到114000MW。

第四个阶段，21世纪初至今，随着新能源的快速发展，抽水蓄能电站因其灵活调节特性成为保障风电、太阳能等不可控新能源发电的重要手段，抽水蓄能电站的规划建设又一次进入各主要国家决策者视野。如美国、德国、法国、日本等国家都正在兴建或计划兴建一批抽水蓄能电站。国际可再生能源署（IRENA）的相关研究也反映了各国的抽水蓄能建设意向，IRENA展望报告《电力储存与可再生能源：2030年的成本与市场》的基本预测情景中提出，到2030年，抽水蓄能装机增长幅度为40%~50%。

抽水蓄能是目前最成熟、最可靠、最安全、最具大规模开发潜力的储能技术，对于维护电网安全稳定运行、构建以新能源为主体的新型电力系统具有重要支撑作用。全球抽水蓄能累计装机规模不断增长，2020年全球抽水蓄能累计装机规模达172.5GW，同比增长0.88%。

2.2.2 主要国家抽水蓄能电站发展现状

总体来看，目前国外在运的抽水蓄能电站中，欧美80%以上是在20世纪60~90年代之间投产的，主要功能是配合核电运行。21世纪以来，欧洲抽水蓄能的发展略有增长，主要为应对20世纪90年代和21世纪初能源需求的增加，以及风电、光伏等波动性电源的高速发展。

1）日本：在日本，电网充分利用抽水蓄能机组实现削峰填谷，抽水蓄能电站的调峰、调频、填谷、紧急事故备用以及经济性蓄水等性能都得到了较好的发挥。截至2019年底，日本抽水蓄能装机规模为27.6GW，位居世界第二。

2）英国：在英国的能源结构中，抽水蓄能发电已有一百多年历史，其技术成熟、经济且发电量大，是目前英国普遍应用的储能技术。英国抽水蓄能电站相对于燃气电站容量较小，主要承担尖峰负荷、容量备用等任务。目前英国已经形成发、售电市场全面竞争体制，已建成较为成熟的电力交易市场，因此其抽水蓄能电站无需被动接受电网公司调度指令，可以自由参与市场交易竞争。

3）美国：美国大部分抽水蓄能电站建设于1960—1990年之间，至今仍在运行的抽水蓄能电站中近一半建于20世纪70年代。近几年，美国对抽水蓄能建设的兴趣显著增长。如今，美国多个州正在关注发展抽水蓄能的可能性，2026年前加州将新增约1GW的抽水蓄能或类似的长期储能资源。此外，美国抽水蓄能电站的地域范围也在不断扩大，宾夕法尼亚州、弗吉尼亚州、怀俄明州、俄克拉荷马州、俄亥俄州、纽约州都在探索新项目[1]。

2.2.3 我国发展历程

1. 我国抽水蓄能发展历程

与欧美、日本等发达国家和地区相比，我国抽水蓄能电站的建设起步较晚，在20世纪60年代后期才开始研究抽水蓄能电站的开发，于1968年和1973年先后建成岗南和密云两座小型混合式抽水蓄能电站，标志着我国抽水蓄能电站建设起步。

但由于调度和机组质量问题，加之水头低、容量小，这些机组并未受到电网的重视，直到1992年投产的潘家口抽水蓄能电站在电网中发挥了重要作用，抽水蓄能电站首次得到电网的认可和重视，同时拉开了我国大力发展抽水蓄能电站建设的序幕。

为配合新增如大亚湾核电、秦山核电以及火电运行，作为重点地区安保电源，在华北、华东、南方等地区相继建成十三陵（800MW）、广蓄（2400MW）、天荒坪（1800MW）等一批大型抽水蓄能电站，到2000年底总容量达到5520MW。该阶段电站装机容量、装机规模已达到较高水平。同时培养了一批设计、施工、监理和业主高素质工程建设人才，为下一步抽水蓄能电站的迅速发展积累了经验。

从1999年起，一批共11座抽水蓄能电站陆续开工建设，建设规模达到11220MW。从惠州、宝泉和白莲河3座电站开始，机组国产化的步伐大大加快。截至2010年底，随着张河湾、西龙池、桐柏、泰安、宜兴、琅琊山等一批大型抽水蓄能电站相继投产，全国抽水蓄能电站装机容量达到14510MW。

进入21世纪，随着国家经济增长速度提升，电力需求旺盛，对抽水蓄能电站的需求增加迅猛，2000年，日本、美国和欧洲合计占全球抽水蓄能储能容量的80%以上。然而从21世纪初开始，中国迅速成为抽水蓄能的主要建设者，其新增项目数量超过了世界其他地区的总和（见图2-1）。我国目前拥有和运营的抽水蓄能设施的装机容量在全球领先，在2015年超过美国，2017年超过日本。

"十二五""十三五"期间，为适应新能源、特高压电网快速发展，抽水蓄能发展迎来新的高峰，相继开工了吉林敦化、河北丰宁、山东文登、山东沂蒙、安徽绩溪等抽水蓄能电站。

2017年我国抽水蓄能电站装机容量达到28490MW，成为全世界抽水蓄能电站规模最大的国家。截至2020年底，全国运行抽水蓄能电站32座31490MW。

我国经济进入新常态以来，由高速发展阶段转为中低速发展，经济增长由外延型增长转变为内涵式增长，国内经济对电力的需求减缓。一批抽水蓄能电站建成后一直处于亏损状态，引起运营公司的警惕。抽水蓄能电站建设进入谨慎发展阶段。

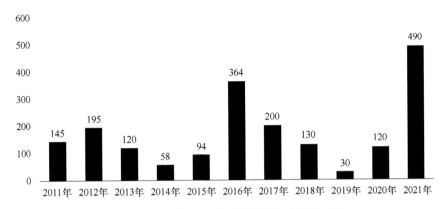

图 2-1　我国历年抽水蓄能新增装机容量（MW）

然而在新型电力系统建设的大背景下，随着 2021 年 9 月国家能源局发布《抽水蓄能中长期发展规划（2021—2035 年)》，提出抽水蓄能 2030 年和 2035 年的装机目标，抽水蓄能发展将进入新阶段，即将迎来爆发式增长。

2. 国内在运和在建抽水蓄能情况

截至 2021 年底，我国抽水蓄能电站在运项目 40 座，装机容量为 3639 万 kW，在建项目 48 座，装机容量为 6153 万 kW。2021 年，安徽绩溪、河北丰宁、吉林敦化、浙江长龙山、黑龙江荒沟、山东沂蒙、广东梅州和阳江、福建周宁等抽水蓄能电站项目部分机组投产发电，新增投产装机规模为 490 万 kW；新核准黑龙江尚志、浙江泰顺和天台、江西奉新、河南鲁山、湖北平坦原、重庆栗子湾、广西南宁、宁夏牛首山、广州梅州二期、辽宁庄河等抽水蓄能项目，核准装机规模为 1370 万 kW；超过 2 亿 kW 的抽水蓄能电站正在开展前期勘测设计工作。目前已建、在建抽水蓄能项目主要分布在华东、华中、华北、南方、东北电网。截至 2021 年底中国抽水蓄能电站建设情况见表 2-1。

表 2-1　截至 2021 年底中国抽水蓄能电站建设情况

序号	省份	在运	在建	装机容量/万 kW
1	北京	十三陵		80
2	河北	张河湾、潘家口、丰宁	尚宁、易县、丰宁、抚宁	867
3	山西	西龙池	浑源、垣曲	390
4	内蒙古	呼和浩特	芝瑞	240
5	辽宁	蒲石河	清原、庄河	400
6	吉林	白山、敦化	敦化、蛟河	240

（续）

序号	省份	在运	在建	装机容量/万 kW
7	黑龙江	荒沟	荒沟、尚志	
8	江苏	溧阳、宜兴、沙河	句容	395
9	浙江	天荒坪、仙居、桐柏、溪口、长龙山	长龙山、宁海、磐安、缙云、衢江、泰顺、天台	1518
10	安徽	响水涧、琅琊山、绩溪、响洪甸	金寨、桐城	596
11	福建	仙游、周宁	永泰、厦门、云霄	680
12	江西	洪屏	奉新	240
13	山东	泰安、沂蒙	沂蒙、潍坊、泰安二期、文登	700
14	河南	宝泉、回龙	洛宁、鲁山、天池、五岳	612
15	湖北	白莲河、天堂	平坦原	267
16	湖南	黑麋峰	平江	260
17	广东	惠州、广州、清远、深圳、梅州、阳江	阳江一期、梅州一期、梅州二期	1088
18	广西		南宁	120
19	海南	琼中		60
20	重庆		蟠龙、栗子湾	260
21	陕西		镇安	140
22	宁夏		牛首山	100
23	新疆		阜康、哈密	240
24	西藏	羊卓雍湖		9
25	台湾	明潭、明湖		260

根据《抽水蓄能产业发展报告》预测，2022 年，预计安徽宁国、江苏连云港、浙江建德、广东三江口、贵州黔南、河北徐水、河南龙潭沟、湖北宝华寺、湖南安化、江西洪屏二期、辽宁大雅河、内蒙古乌海、青海哇让、陕西富平等项目将核准建设，核准规模将超过 5000 万 kW。2022 年，预计吉林敦化、黑龙江荒沟、浙江长龙山、山东沂蒙、山东文登、河北丰宁、广东梅州、广东阳江、福建周宁、福建永泰、安徽金寨、河南天池、重庆蟠龙等在建抽水蓄能电站部分

机组将投产发电，投产规模约为 900 万 kW。而截至 2022 年底，抽水蓄能电站总装机容量达到 4500 万 kW。

2.3　抽水蓄能技术现状

电力的生产、输送和使用是同时发生的，一般情况下又不能储存，而电力负荷的需求却瞬息万变。一天之内，白天和前半夜的电力需求较高（其中最高时段称为高峰）；下半夜大幅度地下跌（其中最低时段称为低谷），低谷有时只及高峰的一半甚至更少。鉴于这种情况，发电设备在负荷高峰时段要满发，而在低谷时段要压低出力，甚至需暂时关闭，为了按照电力需求来协调使用有关的发电设备，需采取一系列的措施。

抽水蓄能电站就是为了解决电网高峰、低谷之间供需矛盾而产生的，是间接储存电能的一种方式。

2.3.1　基本原理与工作特性

1. 基本原理

抽水蓄能电站是先用其他能源发出的电能，把水从下面的湖泊抽到"位于高处"的水库中储存起来，然后供此种水电厂在适当的时候发电。它是根据一天之中用户对电量需求变化不定的特点来运行，在用电低谷时，一般是在后半夜几个小时内用核电站或火电站过剩的电力将水从下水库抽到高位水库，待到第二天用电高峰时，把上水库的水放下来发电，用来补充用电高峰所需的部分电能。抽水蓄能电站是间接储存电能的一种方式，被誉为国家的"电力粮库"。

在整个运作过程中，虽然部分能量会在转化间流失，但相比之下，使用抽水蓄能电站仍然比增建煤电发电设备来满足高峰用电而在低谷时压荷、停机这种情况来得便宜，效益更佳。除此以外，抽水蓄能电站还能担负调频、调相和事故备用等动态功能。因而抽水蓄能电站既是电源点，又是电力用户；并成为电网运行管理的重要工具，是确保电网安全、经济、稳定生产的支柱。

抽水蓄能电站主要由上水库、下水库、压力管道、地下厂房等九个部分组成，抽水蓄能电站的机组兼具水泵和水轮机两种工作方式，在电网负荷低谷时段作水泵运行，利用火电与新能源机组发出的多余电能将下水库的水抽到上水库储存起来，在电网负荷高峰时段作水轮机运行，利用上水库中的水发电，以达到调峰填谷、满足电网负荷需求的目的。抽水蓄能电站结构简化示意图如图 2-2 所示。

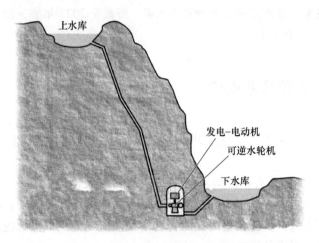

图 2-2　抽水蓄能电站结构简化示意图

2. 工作特性

（1）抽水蓄能工作特性

抽水蓄能电站利用夜间（通常 0—5 时）电网低谷时刻的低价电能将下库的水抽至上库，在白天（10—12 时）和晚上（19—21 时）用电高峰时放水发电，起到削峰填谷的作用。在一次抽水和发电的循环运行过程中，其抽水的用电量 E_P 和发电量 E_T 可以表示为

$$E_P = \int_{t_{p_1}}^{t_{p_2}} P_P \mathrm{d}t = \frac{V_X H \eta_P}{367.2} \tag{2-1}$$

$$E_T = \int_{t_{T_1}}^{t_{T_2}} P_T \mathrm{d}t = \frac{V_S H \eta_T}{367.2} \tag{2-2}$$

式中　V_S、V_X——上水库或下水库的蓄能库容，单位为 m^3；

H——抽水工况的平均扬程或发电工况的平均水头，单位为 m；

P_P、P_T——抽水工况消耗的功率和发电工况的发电功率，单位为 kW；

η_P、η_T——抽水工况和发电工况的运行效率；

t_{p_1}、t_{p_2}——抽水工况的起始时间和结束时间，单位为 s；

t_{T_1}、t_{T_2}——发电工况的起始时间和结束时间，单位为 s；

367.2——能量单位换算系数。

由式（2-1）和式（2-2）可知，当抽水蓄能电站的发电量 E_T 一定时，上、下水库的高程差 H 越大，所需要的蓄能库容就越小，也就是说，水库和输水管道的建设投资越节省。因此，抽水蓄能电站应向高水头方向发展。对于常规抽水蓄能电站来说，抽水工况消耗的功率一直保持额定抽水功率，不可调节；而发电工况时的发电功率可根据电网调频和调峰的需求实时进行调节。近几年，随着电力电子技术的发展，新研发的基于双馈感应式电机的变速抽水蓄能机组可以同时实现抽水工况和发电工况下的功率调节，进一步提高了抽水蓄能电站运行的灵活性。

抽水蓄能电站是在用电低谷时将电能转换成水的势能，在用电高峰时将水的势能转换成电能，经过了两次电能和势能之间的能量转换，在能量转换过程中必然伴随着能量的损失。显而易见，在一个循环周期内抽水的用电量 E_P 大于发电量 E_T。抽水蓄能电站的综合效率 η，又称为周期效率，主要是指抽水过程供给上水库的总水量和发电过程中从上水库的总取水量相等时，发电工况所生产的总电量 E_T 与抽水工况所消耗的总电量 E_P 之比，可表示为

$$\eta = \frac{E_T}{E_P} = \eta_T \eta_P \tag{2-3}$$

而发电工况时的效率 η_T 等于输水管道、水轮机、发电机以及变压器等设备效率的乘积；抽水工况时的效率 η_T 等于变压器、电动机、水泵以及输水管道等设备效率的乘积。现代化中大型抽水蓄能电站的综合效率通常在 75% 左右，即平时所说的 4kW·h 电换 3kW·h 电，随着抽水蓄能电站各项相关技术的不断提高，综合效率也逐步提升。目前，有的新建抽水蓄能电站的效率可达 80% 以上。另外，虽然抽水蓄能电站的发电量低于用电量接近 1/4，但是发出来的电量是用电高峰时的高价电量，其经济价值远高于消耗的低谷时的低价电量。因此，抽水蓄能电站运行具有很好的经济性。

抽水蓄能机组和输水系统，既要发电运行，又要抽水运行，其水轮机和发电机双向旋转，输水系统内的水双向流动。在机组和输水系统的设计和建设时，必须满足不同工况的需求。

抽水蓄能机组起动迅速、运行灵活、工作可靠，能够应对电网负荷的快速变化，从备用状态转为满功率发电状态通常需要 3min，由抽水状态转为发电状态通常需要 7min，其起动、运行状态转换，以及功率调节的速度远快于常规机组。因此，抽水蓄能电站适宜于承担电网的调峰、调频、事故备用等任务，对电网的安全经济运行能够发挥重要的作用。

（2）与常规水电站比较

与常规水电站相比，抽水蓄能电站在结构特点和运行方式上存在着很多的共同点，同时也具有诸多的不同之处，其独特之处具体表现为以下几个方面。

1）设备结构复杂。由于抽水蓄能电站比常规电站增加了抽水和抽水调相等工况，因此在电气方面存在换相和水泵工况起动问题，从而增加了实现机组反转的换相设备和变频起动装置，起动母线等设备相应的二次保护和控制系统也更加复杂，同时为了适应机组双向旋转和高水头的要求，在机械方面也应做出相应的

设计，因为设备的数量和复杂程度的增加，电站检修维护和运行巡检工作量也会有所增加。

2）地形条件和结构布置特殊。抽水蓄能电站需要设置上下水库，水库之间的高程差要满足一定的需求，因此对地形有特殊的要求，水工建筑物也要比常规水电站复杂。

由于需要兼顾发电和抽水的需要，对机组水轮机的淹没深度有一定的要求，并考虑到设备的合理布局和成本的节约，主设备（机组和主变压器）大都布置在上体内，同时考虑到运行的方便，往往将中央控制室布置在地面。在日常生产过程中，机组的开停机操作主要在重要控制室内进行，而设备的巡检操作和检修维护等工作大都需要在地下厂房进行，从工作环境上看较为分散，对运行值班人员的配置和值班方式也提出了新的要求。

3）机组运行工况多且开停机及工况转换频繁。常规水电站的机组一般只进行发电和调相运行，而抽水蓄能机组除了发电和发电调相工况外，还增加了抽水和抽水调相工况，部分抽水蓄能电站还增设了热备用、黑启动、抽水紧急转发电等特殊工况。对于电力系统来说，由于抽水蓄能机组开机时间短，响应速度快，因此，在满足负荷的快速变化、稳定电网频率等方面具有显著优势，能够提高电网运行的可靠性。抽水蓄能电站俯瞰图如图 2-3 所示。

图 2-3 抽水蓄能电站俯瞰图

2.3.2 抽水蓄能电站分类

抽水蓄能电站可按照天然径流条件、水库座数及其位置、发电厂房形式、布置特点、水头高低、机组型式及水库调节规律分类。

1. 按天然径流条件分类

按天然径流条件或厂房内机组组成与作用，可分为纯抽水蓄能电站、混合式抽水蓄能电站和调水式抽水蓄能电站三类（见图2-4）。

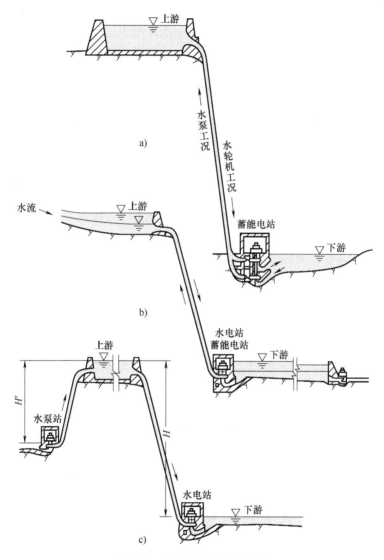

图 2-4　抽水蓄能电站类型图

a）纯抽水蓄能电站　b）混合式抽水蓄能电站　c）调水式抽水蓄能电站

（1）纯抽水蓄能电站

纯抽水蓄能电站没有或只有少量的天然来水进入上水库（以补充蒸发、渗漏损失），而作为能量载体的水体基本保持一个定量，只是在一个周期内，在上、下水库之间往复利用；厂房内安装的全部是抽水蓄能机组，其主要功能是调峰填谷、承担系统事故备用等任务，而不承担常规发电和综合利用等任务。

（2）混合式抽水蓄能电站

上水库有天然径流来源，既可利用天然径流发电，又可利用由下水库抽蓄的水发电。上水库一般建在江河上，另建的下水库用于抽水蓄能发电。这种混合式抽水蓄能电站可建在综合利用的水库电站中或常规水电站中。有的混合式抽水蓄能电站，抽水蓄能机组与常规水轮发电机组同装设在一个厂房里，如我国 1992 年投入运行的潘家口抽水蓄能电站，同一厂房内安装 1 台常规机组和 3 台抽水蓄能机组。由于抽水蓄能机组的水轮机吸出高度（H_s）负值比常规机组大，因此厂房布置较为复杂。也有的是常规机组和抽水蓄能机组分别装设在各自的厂房内，如法国的大屋抽水蓄能电站，设 2 个厂房，在布置上互不影响，但造价要高些。有时在下水库坝下还设一小型水电站。

（3）调水式抽水蓄能电站

从位于一条河流的下水库抽水至上水库，再由上水库向另一条河流的下水库放水发电。这种蓄能电站可将水从一条河流调至另一条河流，它的特点是水泵站与发电站分别布置在两处。

2. 按水库座数及其位置分类

（1）两库式抽水蓄能电站

这类抽水蓄能电站一般由上、下两座水库组成，上、下水库有时也称上、下池，按工程习惯，容积较大的称库，较小的称池。混合式抽水蓄能电站多采用上水库与下水池的组合形式，纯抽水蓄能电站则多采用上水池与下水库的组合。

（2）三库式抽水蓄能电站

这类抽水蓄能电站有三座水库，其中两座可以是相邻水电站梯级的两座水库，第三座水库可修建在附近较高山地上，利用水泵将上游梯级水库中的水抽入山地水库，通过蓄能机组泄放到下游梯级水库发电。有时，也可利用相邻流域的两座水电站水库和山地水库实现跨流域抽水蓄能。

（3）地下式抽水蓄能电站

这类电站通常利用地面上的湖泊为上水库，而在地下修建一个下水池，或利用废弃矿井坑道改建成下水池，这种电站占地少，从环境保护的角度是可取的。这一类型电站多采用地下式厂房。

3. 按发电厂房形式分类

抽水蓄能电站可按照厂房形式分为地面式、地下式和半地下式三种。

4. 按布置特点分类

1）首部式：厂房位于输水道的上游侧。

2）中部式：厂房位于输水道的中部。

3）尾部式：厂房位于输水道的末端。

5. 按水头高低分类

（1）低水头抽水蓄能电站

凡水头在 100m 以下的抽水蓄能电站归为低水头类。如我国的密云、岗南、潘家口等混合式抽水蓄能电站均为低水头电站。

（2）中水头抽水蓄能电站

水头在 100~700m 之间的抽水蓄能电站，属于中水头类。如我国的广州、十三陵和天荒坪抽水蓄能电站，都是中水头电站。

（3）高水头抽水蓄能电站

水头在 700m 以上者，属高水头抽水蓄能电站。电站单位千瓦造价通常随水头的增高而降低。近十几年，抽水蓄能电站正朝着高水头方向发展。

6. 按机组型式分类

（1）分置式（四机式）抽水蓄能电站

在这种电站中，水轮发电机组与由电动机带动的水泵机组分开布置，而输水管路系统和输、变电设备共用，水轮机和水泵均可在高效区运行。这种布置型式因机械设备昂贵，厂房占地面积大，现已不采用。但抽水站与发电站分别设置在分水岭上水池两侧的方式，仍时有采用。

（2）串联式（三机式）抽水蓄能电站

这种电站的水泵和水轮机共用一台发电-电动机，水泵、发电-电动机、水轮机三者置于同一轴上。水泵、水轮机分别按照要求设计，因此，能够保证各自高效率运行，同时，水泵和水轮机都向同一方向旋转，在工况转换时不需停机，增加了机组的灵活性。

（3）可逆式（两机式）抽水蓄能电站

这种电站的水泵与水轮机合为一体，与发电-电动机连在同一轴，这是当前最常见的类型。两机式机组向一个方向旋转为水轮机工况，向另一个方向旋转为水泵工况，它的主要优点是结构简单、造价低。

7. 按水库调节规律分类

（1）日调节抽水蓄能电站

这种电站以一日为运行周期，夜间负荷处于低谷时抽水 6~7h（中午低荷时也可短时抽水），日间峰荷时发电 5~6h，所需调节库容根据一日内的峰荷出力确定，纯抽水蓄能电站（特别是大中型）多为日调节。

（2）周调节抽水蓄能电站

这种电站运行周期为 1 周，主要利用周末的 48~60h 低荷时间抽水蓄能，所需库容比日调节电站的大些，应满足电力系统一周之内对调峰的需求。

（3）季调节抽水蓄能电站

这种电站以季为调节周期，尽可能将汛期多余水量抽蓄到上水库，供枯水期增加发电量用。季调节所需库容比日、周调节大得多。在西欧一些国家，早期抽水蓄能就是从季调节性蓄水开始的。在汛期利用多余电能把河水抽到山上的水库蓄起来，枯水季节放下来发电。

（4）年调节抽水蓄能电站

这类电站绝大多数为混合式抽水蓄能电站，它通过丰水期（如夏季）连续抽水蓄能，于高峰负荷的枯水期（如冬季）连续发电。电站上水库为能满足数月蓄水要求的年调节水库，下水库容积可根据电网调峰要求和地形条件确定，一般够蓄存几个小时的入流量即可，但其来水量应能满足连续抽水的需要。显然，高调节性能的电站，能同时进行较低性能的调节。

2.3.3 抽水蓄能电站枢纽布置

抽水蓄能电站的主要建筑通常由上水库、下水库、输水系统、电站厂房、开关站及其他临时设施组成。

1. 上、下水库

上、下水库有时也称上、下池，按工程习惯，容积较大的称库，较小的称池。上水库要有较高的位置和合适的库盆地形地质条件，因此，一般抽水蓄能选点阶段进行站址选择首先就是要选择一个合适的上水库，并在附近布置配套的下水库，以便利用较短的输水道获得较大的水头差。也有工程利用现有的水库作为抽水蓄能电站下水库，在下水库附近找合适的上水库。水库的选择需要结合工程实际，视地形而定。

2. 输水系统

输水系统连接上、下水库，由引水系统和尾水系统两部分组成。引水系统建筑物包括上水库进/出水口、引水事故闸门井、引水隧洞、引水调压室、高压管道（包括主管岔管和支管）。尾水系统建筑物包括尾水支管、尾水事故闸门室、尾水混凝土岔管、尾水调压室、尾水隧洞、尾水检修闸门井和下水库进出水口等。

抽水蓄能电站机组有发电和抽水两种运行工况，且转换频繁，输水系统的布置应满足各种工况下过渡过程的要求，并在结构设计上留有余地。

3. 电站厂房

抽水蓄能电站的厂房可分为地面式、半地下式和地下式三种类型。除了一些低水头抽水蓄能电站采用普通型式的地面厂房以外，多数电站由于吸水高度的要求，厂房的相当一部分要建在地面以下，有的则全部建在地面以下，故通常称为地面厂房的实际是半地下厂房。

在具备地质条件和技术条件时，修建地下厂房更为有利。虽然开挖成本较高，但是地下厂房的布置不受地形的限制，施工不受天气的影响，厂房安全性好。

以丰宁抽水蓄能电站为例，地下厂房由主机间、安装场和 1 号、2 号主副厂房组成，呈"一"字形布置，两期工程主厂房洞总开挖尺寸为 414.0m×25.0m×55.5m（长×宽×高，下同），安装场布置在主厂房洞中部，长为 75m，1 号主副厂房布置在主厂房右侧，长为 20m，2 号主副厂房布置在主厂房左侧，长为 20m。一期、二期工程主机间内共安装 12 台 300MW 立轴单级混流可逆式水栗水轮机组，一期机组安装高程为 967.0m，二期机组安装高程为 966.5m。主厂房顶拱开挖高程为 1008.5m，一期底板开挖高程为 954.0m，二期底板开挖高程为 953.5m。主机间分五层布置，分别是发电机层、母线层、水轮机层、蜗壳层和尾水管层。主厂房采用锚喷支护型式和岩壁吊车梁结构。

2.3.4 抽水蓄能电站设备

前文提到，抽水蓄能电站机组型式可分为有分置式（四机式）、串联式（三机式）、可逆式（两机式）。随着技术的进步，可逆式机组明显具有较大的优越性，是目前主流结构。因此，本节主要介绍目前主流的可逆式抽水蓄能电站设备组成，主要设备包括以下系统设备：发电-电动机、可逆式水泵水轮机、调速系统、静止变频起动装置、励磁系统、进水阀系统、计算机监控系统、机组发变保护系统、主变压器及其附属设备、发电电压设备、消防系统、电站公用设备等。

1. 发电-电动机

发电-电动机是既可用作发电机也可用作电动机的同步电机。主要由定子、转子、上机架、下机架、推力轴承、导轴承、制动系统、高压减载装置、冷却系统等部分组成。

作发电机用时，其运行原理如下：当励磁绕组通以直流电源后，电机内就会产生磁场。水轮机带动转子转动，则磁场与定子线棒之间有相对运动，就会在定子线棒中感应出交流电势。这些线棒联成三相绕组，则可在绕组出线端产生交流电动势。

作同步电动机运行时，则在定子三绕组加以交流电，三相交流电流通过定子绕组时就会在电机内产生一旋转磁场，当转子上的励磁绕组加上励磁电流，旋转磁场就带动转子，并按旋转磁场的转速来旋转。

由于水泵水轮机两种运行工况的水流方向相反，所以发电-电动机两种运行工况旋转方向必须相反。因此应使电动机运行时其旋转磁场的旋转方向与发电机运行时的旋转磁场的旋转方向相反，这就需改变三相绕组相序排列，所以发电-

电动机需加装相应的换相设备（换相刀闸）。

2. 可逆式水泵水轮机

可逆式水泵水轮机把水轮机和泵合成一台机器，向一个方向旋转为水轮机，向另一个方向旋转为泵，由此可以大大缩小机组尺寸，使机械设备和电站建筑的投资都得以降低。

水泵水轮机的组成包括水泵水轮机本体、调速器、球阀等附属设备和冷却水系统、高压气系统等辅助设备。

水泵水轮机本体由以下几大部件构成：转轮、主轴密封、水导轴承、导水机构、导叶、水轮机轴、中间轴、蜗壳、座环、顶盖、底环、尾水管等。

抽水蓄能电站需要在水泵工况起动和机组调相运行时将转轮室水面压到一定水位，以降低水泵工况起动电流和减少损耗。因此需要设置可靠的调相压水系统。水泵水轮机的调相运行系统分为压水系统、水环排水系统、蜗壳排气系统和尾水水位测量系统。

3. 调速系统

调速系统是抽水蓄能机组频率及出力控制的主要部件，负责完成机组启停、工况转换、运行调节、事故保护等功能。系统由调速器电气部分、油压装置、机械液压部分和执行机构组成。

4. 静止变频起动装置

静止变频起动装置是抽水蓄能电站特有的一种重要电气设备之一，其功能是在可逆机组转子建立磁场以后，逐渐通过调整可逆机组定子绕组的电流频率，让产生的电磁力矩使发电机逐渐提升转速，直到可逆机组上电网运行。静止变频起动装置具有对电网和发电机危害小、起动迅速、可靠等诸多优点。

5. 励磁系统

励磁系统作为抽水蓄能电站的重要设备之一，其作用有以下四点：向发电机转子提供直流电源使得发电机机端电压与所连接的电网电压保持一致；对机组的无功功率进行调节；提高系统的各项稳定性指标；提高继电保护的稳定性。

励磁系统总体由功率单元和调节单元两个部分组成，功率单元主要负责为发电电动机提供直流电流，调节单元根据发电电动机的状态对功率单元做出进一步的调整。

6. 计算机监控系统

水电站计算机监控系统是水电站重要的控制系统之一，是水电站生产和管理的中枢。自20世纪70年代计算机开始应用于水电站，水电站计算机监控系统经历了从低级到高级，从顺序控制到闭环调节控制，从局部控制到全厂控制，从单一电站监控到全流域监控的发展过程。20世纪80年代，抽水蓄能电站也开始采用计算机监控系统进行全面监视和控制。

　　抽水蓄能机组的控制由于其工况转换复杂，机组操作频繁等特点，要求计算机监控系统具有更高的安全性、可靠性。

　　目前，抽水蓄能电站计算机监控系统一般采用分层分布式结构，以光纤搭建主干网络，由现地控制层设备、厂站控制层设备和网络设备组成。某抽水蓄能电站计算机监控系统结构图如图 2-5 所示。

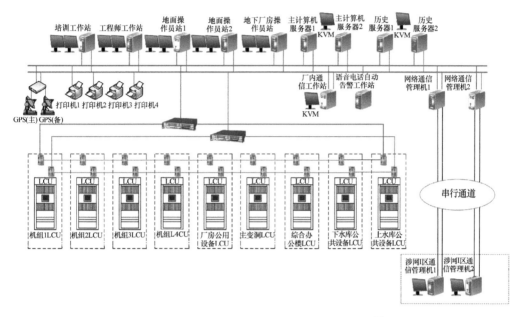

图 2-5　某抽水蓄能电站计算机监控系统结构图[2]

2.4　我国抽水蓄能方面的政策

2.4.1　总体环境介绍

　　抽水蓄能是目前应用最为广泛的大规模、大容量的储能技术，主要解决发电、输电、用电不匹配问题，将过剩的电能以水的位能的形式储存起来，在用电的尖峰时间再用来发电。在全球碳中和目标下，清洁能源将逐步替代化石能源，风电、光伏发电将成为清洁能源的绝对主力，装机量持续高增。但是，新能源发电具有不稳定性、随机性、间歇性的问题，对电网频率控制提出了更高的要求，随着新能源发电占比的提高，对储能系统提出了更高的要求，抽水蓄能以技术优、成本低、寿命长、容量大、效率高等突出优点占据着重要地位。

随着新型储能技术快速发展以及成本快速下降，抽水蓄能在储能中的占比逐年下降，由 2017 年的 98.6% 下降为 2021 年的 86.3%，下降了 12.3 个百分点。但由于抽水蓄能电站优势突出、更适宜规模化建设，特别是随着电价机制的逐步落实，抽水蓄能电站在"十四五""十五五"时期将迎来快速发展，预计在储能结构中将长期处于主力地位。截至 2021 年底，我国已投运电力储能项目累计装机规模为 46.1GW，占全球市场总规模的 22%，同比增长 30%。其中，抽水蓄能的累计装机规模最大，为 39.8GW，同比增长 25%，所占比重与去年同期相比再次下降，下降了 3%。2021 年，我国新增投运电力储能项目装机规模首次突破 10GW，达到 10.5GW，其中，抽水蓄能新增规模 8GW，同比增长 437%。抽水蓄能新增装机如图 2-6 所示，抽水蓄能在新增水电装机中的占比如图 2-7 所示。

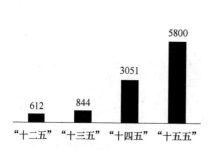

图 2-6 抽水蓄能新增装机（万 kW）

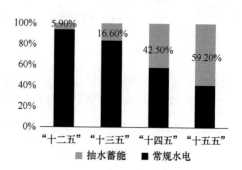

图 2-7 抽水蓄能在新增水电装机中的占比（MW）

在规划发展方面，从"十四五"规划开始，我国正式开启碳中和元年，相继出台了多项政策推动抽水蓄能行业的持续发展。其中，2021 年 9 月 17 日，国家能源局发布《抽水蓄能中长期发展规划（2021—2035 年）》，提出了坚持生态优先、和谐共存，区域协调、合理布局，成熟先行、超前储备，因地制宜、创新发展的基本原则。在全国范围内普查筛选抽水蓄能资源站点的基础上，建立了抽水蓄能中长期发展项目库。发展目标提出，"到 2025 年，抽水蓄能投产总规模 6200 万 kW 以上；到 2030 年，投产总规模 1.2 亿 kW 左右；到 2035 年，形成满足新能源高比例大规模发展需求的，技术先进、管理优质、国际竞争力强的抽水蓄能现代化产业，培育形成一批抽水蓄能大型骨干企业。"

在电价机制方面，2021 年 5 月国家发展改革委下发《关于进一步完善抽水蓄能价格形成机制的意见》，进一步明确抽水蓄能两部制电价，电量电价方面主要覆盖运行成本，容量电价主要覆盖投资成本，并确保一定的收益率。一是在电量电价方面，对于存在现货市场的地方，抽水蓄能电站抽水价格、上网电价按照现货市场价格及规则结算，不执行输配电价、不承担政府性基金及附加，对于不存在现货市场的地方，抽水蓄能抽水电价按煤炭发电基准价的 75% 执行，抽水电量由电网提供，鼓励委托电网企业通过竞争性招标方式采购，上网电价按煤炭发电基准价执行，上网电量由电网企业收购；二是在容量电价方面，容量电价体现抽水蓄能电站提供调频、调压、系统备用和黑启动等辅助服务的价值，抽水蓄能电站通过容量电价回收抽发运行成本外的其他成本并获得合理收益，容量电价纳入输配电价回收。

在辅助服务方面，辅助服务市场机制及价格补偿机制不断健全。2021 年国家能源局发布新的《电力并网运行管理规定》《电力辅助服务管理办法》，扩大电力辅助服务新主体，丰富电力辅助服务新品种，完善用户分担共享新机制，深化电力辅助服务市场机制建设。根据《南方区域电力辅助服务管理实施细则》中的抽蓄补偿机制，电力调度机构应根据系统需要优先调用抽水蓄能机组提供辅助服务，能力用尽方可调用其他辅助服务资源，抽水蓄能机组当年抽发累计利用小时数超过 $2700 \times H_1$ 小时且抽水累计利用小时数超过 $1550 \times H_2$ 小时后，超出部分可纳入辅助服务补偿。抽水蓄能机组不参与起停调峰、冷备用、旋转备用、稳定切机和稳定切负荷辅助服务补偿。抽水蓄能机组参与其他辅助服务时，已明确补偿标准的按规定执行，未明确补偿标准的参照水电机组执行。

2.4.2　国家政策

近年来，我国出台了一系列政策推动抽水蓄能行业的发展。其中，2021 年 9 月 17 日，国家能源局发布《抽水蓄能中长期发展规划（2021—2035 年)》，提出了坚持生态优先、和谐共存，区域协调、合理布局，成熟先行、超前储备，因地制宜、创新发展的基本原则。在全国范围内普查筛选抽水蓄能资源站点的基础上，建立了抽水蓄能中长期发展项目库。2022 年 3 月国家发展改革委、国家能源局印发的《"十四五"现代能源体系规划》明确，要加快推进抽水蓄能电站建设，推动已纳入规划、条件成熟的大型抽水蓄能电站开工建设，完善抽水蓄能价格形成机制。推进抽水蓄能电站投资主体多元化，要吸引更多的社会资本参与到抽水蓄能电站建设。近年来国家层面抽水蓄能相关政策见表 2-2。

表 2-2　近年来国家层面抽水蓄能相关政策

发布时间	政策名称	发布机构	要点
2021 年 3 月 12 日	《中华人民共和国国民经济和社会发展第十四个五年规划和 2035 年远景目标纲要》	十三届全国人大四次会议	构建现代能源体系，推进能源革命，建设清洁低碳、安全高效的能源体系，提高能源供给保障能力。推进煤电灵活性改造，加快抽水蓄能电站建设和新型储能技术规模化应用

（续）

发布时间	政策名称	发布机构	要点
2021 年 5 月 7 日	《关于进一步完善抽水蓄能价格形成机制的意见》	国家发展改革委	意见提出，将以竞争性方式形成电量电价。发挥现货市场在电量电价形成中的作用。预计 2030 年，我国抽水蓄能装机将达到 1.2 亿千瓦，可新增消纳新能源 5000 亿度以上，推动能源转型和绿色发展，服务碳达峰、碳中和
2021 年 5 月 25 日	《国家发展改革委关于"十四五"时期深化价格机制改革行动方案的通知》	国家发展改革委	持续深化燃煤发电、燃气发电、水电、核电等上网电价市场化改革，完善风电、光伏发电、抽水蓄能价格形成机制，建立新型储能价格机制。平稳推进销售电价改革，有序推动经营性电力用户进入电力市场，完善居民阶梯电价制度
2021 年 8 月 10 日	《国家发展改革委 国家能源局关于鼓励可再生能源发电企业自建或购买调峰能力增加并网规模的通知》	国家发展改革委、国家能源局	鼓励可再生能源发电企业与新增抽水蓄能和储能电站等签订新增消纳能力的协议或合同，明确市场化调峰资源的建设、运营等责任义务。签订储能或调峰能力合同的可再生能源发电企业，经电网企业按程序认定后，可安排相应装机并网
2021 年 9 月 17 日	《抽水蓄能中长期发展规划（2021—2035 年）》	国家能源局	到 2025 年，抽水蓄能投产总规模达到 6200 万千瓦以上；到 2030 年，抽水蓄能投产总规模较达到 1.2 亿千瓦左右；到 2035 年，形成满足新能源高比例大规模发展需求的，技术先进、管理优质、国际竞争力强的抽水蓄能现代化产业，培育形成一批抽水蓄能大型骨干企业
2021 年 9 月 22 日	《中共中央 国务院关于完整准确全面贯彻新发展理念做好碳达峰、碳中和工作的意见》	中共中央、国务院	积极发展非化石能源，加快推进抽水蓄能和新型储能规模化应用

（续）

发布时间	政策名称	发布机构	要点
2021 年 10 月 24 日	《国务院关于印发 2030 年前碳达峰行动方案的通知》	国务院	制定新一轮抽水蓄能电站中长期发展规划，完善促进抽水蓄能发展的政策机制。加快新型储能示范推广应用。提出：到 2025 年，新型储能装机容量达到 3000 万千瓦以上。到 2030 年，抽水蓄能电站装机容量达到 1.2 亿千瓦左右，省级电网基本具备 5% 以上的尖峰负荷响应能力
2022 年 1 月 28 日	《关于加快建设全国统一电力市场体系的指导意见》	国家发展改革委、国家能源局	鼓励抽水蓄能、储能、虚拟电厂等调节电源的投资建设
2022 年 2 月 10 日	《关于完善能源绿色低碳转型体制机制和政策措施的意见》	国家发展改革委、国家能源局	提出要加快抽水蓄能电站建设，完善抽水蓄能、新型储能参与电力市场的机制，以更好地发挥相关设施的调节作用
2022 年 3 月 12 日	《2022 年政府工作报告》	国务院	加强抽水蓄能电站建设，提升电网对可再生能源发电消纳能力
2022 年 3 月 18 日	《关于开展抽水蓄能定价成本监审工作的通知》	国家发展改革委	明确在 31 家在运抽水蓄能电站进行成本监审，通知明确监审范围和期间
2022 年 3 月 21 日	《"十四五"新型储能发展实施方案》	国家发展改革委、国家能源局	加大力度发展电源侧新型储能，建立"风光水火储一体化"多能互补模式
2022 年 3 月 22 日	《"十四五"现代能源体系规划》	国家发展改革委、国家能源局	提出到 2025 年，抽水蓄能装机容量达到 6200 万千瓦以上、在建装机容量达到 6000 万千瓦左右
2022 年 4 月 2 日	《"十四五"能源领域科技创新规划》	国家能源局、科学技术部	研发并示范特高压直流送出水电基地可再生能源多能互补协商控制技术，研究基于梯级水电站的大型储能项目技术可行性及工程经济性，适时开展工程示范
2022 年 4 月 13 日	《闽西革命老区高质量发展示范区建设方案》	国家发展改革委	支持规划抽水蓄能电站项目，加快新型储能产业发展

（续）

发布时间	政策名称	发布机构	要点
2022年4月24日	《电力可靠性管理办法（暂行）》	国家发展改革委	发电企业应当做好涉网安全管理，加强蓄水管控，制定水库调度运行计划。建立新型储能建设需求发布机制，增强电力系统的综合调节能力
2022年6月1日	《关于印发"十四五"可再生能源发展规划的通知》	国家发展改革委	积极推进大型水电站优化升级，发挥水电调节潜力

2.4.3 地方政策

在国家大力推动下，河北、山西、内蒙古、吉林、黑龙江、江苏、浙江、安徽、福建、江西等多个地区也出台了推进抽水蓄能开发，加快抽水蓄能电站建设，促进抽水蓄能和新型储能规模化应用等相关政策，并且多地明确了"十四五"期间抽水蓄能的具体目标（见图2-8）。其中，陕西省重点实施项目包括富平、车辐峪、佛坪等12个抽水蓄能电站以及安康混合式抽水蓄能电站，项目装机容量为1545万kW。山西省"十四五"期间开工建设总装机容量为910万kW，共8个抽水蓄能电站。浙江省到"十四五"末，抽水蓄能累计装机容量为798万kW。福建省规划到2025年，全省抽水蓄能装机规模为500万kW，占总装机规模的5.9%。安徽省规划到2025年，全省累计建成抽水蓄能电站装机容量为468万kW；到2030年，全省累计建成抽水蓄能电站装机容量为1000万kW以上。山东省规划到2025年，抽水蓄能电站装机达到400万kW，需求响应能力

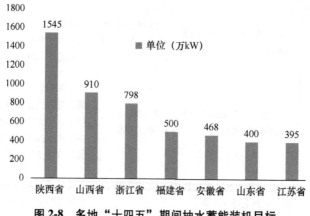

图2-8 多地"十四五"期间抽水蓄能装机目标

达到最高负荷的 2% 以上。江苏省规划到 2025 年底，全省抽水蓄能装机达到 395 万 kW。近年来各地方抽水蓄能相关政策见表 2-3。

表 2-3　近年来各地方抽水蓄能相关政策

发布时间	地区	政策名称	要点
2021 年 1 月	江苏	《江苏省"十四五"可再生能源发展专项规划征求意见稿》	加快省内抽水蓄能资源普查和选点规划工作，综合考虑地形地质、水文气象等条件以及电力系统负荷分布等情况，统筹抽水蓄能发展与电源建设，合理规划布局抽水蓄能电站，确保电网安全稳定运行。积极推进句容抽水蓄能电站建设，加快连云港抽水蓄能电站前期工作并开工建设，开展句容石砀山铜矿抽水蓄能电站前期工作。到 2025 年底，全省抽水蓄能电站装机规模力争达到 395 万千瓦
2021 年 12 月	宁夏	《宁东能源化工基地"十四五"发展规划》	积极推动源网荷储一体化和多能互补发展示范工程、太阳能光热发电+储能和集中供热一体化开发示范工程，探索开展废弃矿井井下和井上抽水蓄能电站工程示范
2022 年 1 月	宁夏	《宁夏回族自治区人民政府关于加快建立健全绿色低碳循环发展经济体系的实施意见》	积极推进抽水蓄能、化学储能等储能规模化应用
2022 年 6 月	宁夏	《宁夏重大基础设施项目建设行动方案》	分步实施青铜峡牛首山等 6 个抽水蓄能电站和电网主网架及配电网工程
2021 年 3 月	陕西	《陕西省国民经济和社会发展第十四个五年规划和二〇三五年远景目标纲》	建成镇安抽水蓄能电站，推进第二抽水蓄能电站前期工作
2022 年 2 月	陕西	《关于印发陕西省抽水蓄能中长期发展实施方案的通知》	陕西省 13 个抽水蓄能电站被列入"十四五"重点实施计划，项目装机容量 1545 万千瓦；3 个抽水蓄能电站被列入"十五五"重点实施计划，项目装机容量 180 万千瓦
2021 年 11 月	贵州	《关于印发贵州省扩大有效投资攻坚行动方案（2021—2023 年）的通知》	加强可再生能源电力基础设施建设，推进贵阳石厂坝、黔南黄丝等百万级抽水蓄能电站项目建设
2021 年 1 月	西藏	《西藏自治区国民经济和社会发展第十四个五年规划和二〇三五年远景目标纲要》	水电建成和在建装机容量突破 1500 万千瓦，加快发展光伏太阳能、装机容量突破 1000 万千瓦，全力推进清洁能源基地开发建设，打造国家清洁能源接续基地

（续）

发布时间	地区	政策名称	要点
2021 年 2 月	河北	《河北省"十四五"新型储能发展规划》	到 2025 年，在大力发展煤电灵活性改造、燃气调峰电厂、抽水蓄能电站的基础上，综合考虑我省电力安全供应、系统调节能力、电网支撑和替代、用户侧等需求情况，全省布局建设新型储能规模 400 万千瓦以上，实现新型储能从商业化初期向规模化发展转变，具备规模化商业化应用条件
2021 年 8 月	河北	《保定市人民政府关于建立健全绿色低碳循环发展经济体系的实施意见》	加快推动易县抽水蓄能电站建设，力争 2025 年建成投产；推动阜平抽水蓄能电站前期工作开展
2021 年 2 月	江西	《江西省国民经济和社会发展第十四个五年规划和二〇三五年远景目标纲要》	坚持"适度超前、内优外引、以电为主、多能互补"的原则，加快构建安全、高效、清洁、低碳的现代能源体系。积极稳妥发展光伏、风电、生物质能等新能源，力争装机达到 1900 万千瓦以上。强化电力调峰能力建设，大力发展抽水蓄能，在有条件的地方加大项目选址和前期工作力度
2022 年 4 月	江西	《关于支持江西省电力高质量发展的若干意见》	推进奉新、洪屏二期等纳入国家规划的抽水蓄能项目建设。开展抽水蓄能规划滚动调整，充分挖掘省内优质抽水蓄能资源。推动抽水蓄能多元化发展，探索小型、混合式抽水蓄能电站
2022 年 5 月	江西	《江西省"十四五"能源发展规划》	建设抽水蓄能电站 4 座以上，并为中长期发展储备批站址资源
2021 年 2 月	重庆	《重庆市国民经济和社会发展第十四个五年规划和二〇三五年远景目标纲要》	统筹抽水蓄能电站、天然气发电、煤电灵活性改造、电力需求侧响应和储能等供需措施，不断增强电力系统运行调节和调峰能力
2022 年 6 月	重庆	《重庆市能源发展"十四五"规划（2021—2025 年)》	建设重庆电厂环保迁建 500 千伏送出工程、綦江蟠龙抽水蓄能电站 500 千伏送出工程
2021 年 2 月	云南	《云南省国民经济和社会发展第十四个五年规划和二〇三五年远景目标纲要》	到 2025 年，全省电力装机达到 1.3 亿千瓦左右，绿色电源装机比重达到 86% 以上。规划建设 31 个新能源基地，装机规模为 1090 万千瓦，新能源装机共 1500 万千瓦

（续）

发布时间	地区	政策名称	要点
2021 年 2 月	新疆	《新疆维吾尔自治区国民经济和社会发展第十四个五年规划和二〇三五年远景目标纲要》	建设国家新能源基地。建成准东千万千瓦级新能源基地，推进建设哈密北千万千瓦级新能源基地和南疆环塔里木千万千瓦级清洁能源供应保障区，建设新能源平价上网项目示范区。推进风光水储一体化清洁能源发电示范工程，开展智能光伏、风电制氢试点。建成阜康 120 万千瓦抽水蓄能电站，推进哈密 120 万千瓦抽水蓄能电站、南疆四地州光伏侧储能等调峰设施建设，促进可再生能源规模稳定增长
2022 年 7 月	新疆	《自治区贯彻落实国发〔2022〕12 号文件精神推进经济稳增长一揽子政策措施》	加快抽水蓄能电站建设，加快推动纳入国家抽水蓄能中长期规划的抽水蓄能站点前期工作，力争年内完成"十四五"重点实施项目投资主体竞争优选工作
2021 年 2 月	天津	《天津市能源发展"十四五"规划》	加强电力应急调峰能力建设，按照国家部署要求，推进蓟州抽水蓄能电站前期工作，鼓励发电企业参与深度调峰，提升电力系统调节能力
2021 年 3 月	福建	《福建省国民经济和社会发展第十四个五年规划和二〇三五年远景目标纲要》	能源发展重大工程：周宁、永泰、厦门、云霄抽水蓄能电站
2022 年 6 月	福建	《福建省"十四五"能源发展专项规划》	到 2025 年，全省抽水蓄能装机规模 500 万千瓦，占 5.9%
2021 年 3 月	海南	《海南省国民经济和社会发展第十四个五年规划和二〇三五年远景目标纲要》	到 2025 年，在清洁能源产业领域投入 800 亿元，新增可再生能源发电装机约 500 万千瓦，清洁能源消费比重达 50% 左右，清洁能源发电装机比重达 82%
2021 年 4 月	广东	《广东省国民经济和社会发展第十四个五年规划和 2035 年远景目标纲要》	有序建设抽水蓄能电站，合理发展气电，合理接收省外清洁能源。抽水蓄能方面，建设阳江、梅州、惠州、云浮、肇庆抽水蓄能电站项目
2021 年 4 月	安徽	《安徽省国民经济和社会发展第十四个五年规划和 2035 年远景目标纲要》	建成绩溪、金寨抽水蓄能电站，续建桐城抽水蓄能电站，推进宁国、岳西、石台、霍山等抽水蓄能电站适时开工建设，争取太湖、休宁等一批抽水蓄能电站纳入国家新一轮中长期规划

（续）

发布时间	地区	政策名称	要点
2022 年 5 月	安徽	《抽水蓄能中长期发展规划（2021—2035 年）安徽省实施方案》	"十四五"期间，核准抽水蓄能电站项目 9 个，装机容量 1080 万千瓦。到 2025 年、2030 年和 2035 年，全省累计建成抽水蓄能电站装机容量分别达到 468 万千瓦、1000 万千瓦以上和 1600 万千瓦以上
2022 年 11 月	安徽	《安徽省人民政府关于印发稳住经济一揽子政策措施实施方案的通知》	加快阜阳南部 120 万千瓦风光基地项目和金寨、桐城抽水蓄能电站建设进度，压缩抽水蓄能电站前期工作时间，年底前开工建设宁国抽水蓄能电站，霍山、石台抽水蓄能电站完成核准
2021 年 4 月	辽宁	《辽宁省国民经济和社会发展第十四个五年规划和二〇三五年远景目标纲要》	加快抽水蓄能电站建设和新型储能技术规模化应用，积极推进清原一期工程，开工建设庄河和兴城抽水蓄能电站，加快推进桓仁大雅河、清原二期和阜新海州露天矿等抽水蓄能电站前期工作
2021 年 4 月	广西	《广西壮族自治区国民经济和社会发展第十四个五年规划和 2035 年远景目标纲要》	建设大藤峡水利枢纽、以龙滩水电站扩建为主的红水河干流水电梯级扩机工程、八渡水电站、南宁抽水蓄能电站、广西第二座抽水蓄能电站为重点项目
2022 年 9 月	广西	《广西可再生能源发展"十四五"规划》	加快建设南宁、灌阳、贵港、玉林、防城港、钦州、来宾、百色等抽水蓄能电站，积极推进柳州、武鸣、梧州等抽水蓄能电站前期工作争取 7 座共计 840 万千瓦抽水蓄能电站开工建设，力争南宁抽水蓄能电站（4×30 万千瓦）首台机组投产
2021 年 4 月	山西	《山西省国民经济和社会发展第十四个五年规划和 2035 年远景目标》	重点建设运城垣曲、大同浑源抽水蓄能电站项目；推进国网时代大同集中式独立储能项目，隆基"光伏+储能"平价示范项目，启迪清能云冈矿压缩空气储能项目等
2022 年 3 月	山西	《阳泉市 2022 年新能源和可再生能源工作计划》	将新增盂县上社抽水蓄能电站列入规划。同时，抓紧推进中小型抽水蓄能项目、小微型抽水蓄能示范项目和水电梯级融合改造项目摸底调研

（续）

发布时间	地区	政策名称	要点
2021年8月	山东	《山东省能源发展"十四五"规划》	加快沂蒙、文登、潍坊、泰安二期等抽水蓄能电站建设，积极推动枣庄山亭抽水蓄能电站建设前期工作，开展青州朱崖、莱芜船厂、威海乳山等抽水蓄能电站研究论证；鼓励储能推广应用，提升需求侧响应能力，建立源网荷储灵活高效、协调互动的电力运行体系。到2025年，抽水蓄能电站装机达到400万千瓦，需求响应能力达到最高负荷的2%以上
2021年3月	湖南	《湖南省国民经济和社会发展第十四个五年规划和二〇三五年远景目标纲要》	争取平江抽水蓄能电站投产，开工建设安化抽水蓄能电站
2022年10月	湖南	《湖南省电力支撑能力提升行动方案（2022—2025年)》	加快平江抽水蓄能电站建设，力争2025年投产1台机组、2026年全部投产。推动安化等13项已纳入国家抽水蓄能中长期规划"十四五"重点实施的抽水蓄能电站开工建设。研究常规水电站梯级融合改造技术，探索新建混合式抽水蓄能可行性。抽水蓄能电站装机规模2030年达到2000万千瓦，助推全省碳达峰碳中和目标如期实现
2022年5月	浙江	《浙江省可再生能源发展"十四五"规划》	到"十四五"末，力争我省水电装机达到1500万千瓦以上，新增装机在350万千瓦以上。其中，抽水蓄能累计装机798万千瓦
2021年11月	南方电网	《南方电网"十四五"电网发展规划》	按照"十四五"规划，积极开展抽水蓄能站点资源储备工作，与多个地方政府签订抽蓄项目开发协议或达成合作意向，"十四五"期间计划投产720万千瓦抽水蓄能和200万千瓦新型储能，不断提升电网调峰调频能力。预计2030年蓄能电站容量可突破3000万千瓦
2021年12月	内蒙古	《加快推动新型储能发展的实施意见》	乌海抽水蓄能电站项目获得自治区能源局核准批复。内蒙古乌海抽水蓄能电站位于乌海市海勃湾区，项目总装机120万千瓦，建设4台30万千瓦可逆式水泵水轮机，总投资86.11亿元

（续）

发布时间	地区	政策名称	要点
2022年2月	内蒙古	《内蒙古自治区人民政府办公厅关于印发自治区"十四五"能源发展规划的通知》	加快建设赤峰芝瑞抽水蓄能电站，推进包头美岱、呼伦贝尔牙克石、兴安盟索伦、乌兰察布丰镇、乌海等抽水蓄能电站前期工作
2021年12月	黑龙江	《黑龙江省建立健全绿色低碳循环发展经济体系实施方案》	2022年底前荒沟抽水蓄能电站建成投产，加快推进尚志、依兰等地7个总装机950万千瓦的抽水蓄能电站前期工作，发展新型储能
2021年12月	甘肃	《甘肃省"十四五"能源发展规划》	国网甘肃省电力公司配合省发展改革委开展抽水蓄能电站需求调研和布局规划，促成甘肃省27个站点纳入国家中长期规划，总装机规模3350万千瓦，其中11个站点1300万千瓦装机列入"十四五"重点实施项目
2022年2月	青海	《青海省"十四五"能源发展规划》	哇让、南山口、共和、同德、龙羊峡储能（一期）、玛沁、大柴旦、大柴旦鱼卡、德令哈、格尔木那棱格勒10个抽蓄站点纳入国家"十四五"抽水蓄能核准计划，项目装机总容量1790万千瓦
2022年2月	北京	《北京市"十四五"时期能源发展规划》	到2025年，新增能源消费优先由可再生能源替代，可再生能源消费比重力争提高4个百分点，达到14.4%以上；力争外调绿电规模达到300亿千瓦时，可再生能源供热占比达到10%以上
2022年3月	四川	《四川省"十四五"能源发展规划》	四川省"十四五"重点实施、"十五五"重点实施和项目储备合计纳入规划的共有16个站址，合计规模近2000万千瓦，包括负荷中心大邑等9个站址、电源侧道孚等7个站址。初步测算，四川省"十四五""十五五"期间实施项目投资近600亿元
2022年5月	四川	《四川省"十四五"可再生能源发展规划》	规划明确四川省"十四五"新增水电装机约2400万千瓦，推进大邑（180万千瓦）、道孚（180万千瓦）及一批条件较为成熟的抽水蓄能项目建设

2.5 抽水蓄能技术发展趋势

在全球储能需求激增的刺激下，抽水蓄能未来也将迎来爆发式增长，为此，除了保证传统抽水蓄能技术健康有序发展，抽水蓄能新技术的研究与应用也将迎来"百花齐放"的盛景。

2.5.1 可变速抽水蓄能技术

20 世纪 60 年代，可变速水力机组逐渐进入人们的视野，苏联在 1972 年首次将交流励磁调速技术用于水电机组中。20 世纪 80 年代初，开始逐渐研究交流励磁调速技术在抽水蓄能电站机组中的应用，在 20kW 和 4000kW 机组上进行了模型试验，并在 1987 年初首台交流励磁调速技术应用在实用机组，同年 4 月投入商业运行。

1. 机组类型

可变速抽水蓄能机组是一个水机电控耦合的系统，主要由可逆式水轮机、发电-电动机、励磁控制系统及辅助控制系统等部分所组成。机组类型主要分为两大类型。一类是交流励磁类型，其采用双馈异步电机，与普通抽水蓄能机组所用的同步电机差别主要在于转子与励磁系统，定子侧和凸级同步电机的定子侧相同。转子上有对称的三相绕组，通过变频器和电网相连接，由励磁调节器控制变频器输出电压的幅值、相位和频率，通过控制变频器提供给三相绕组的交流励磁电流频率来调节转子转速，实现对电机转速、有功和无功的控制。当装有三相绕组的转子线圈通过三相交流电时，转子周边会产生旋转磁场。假设这一旋转磁场的旋转速度为 n_2，转子的机械速度为 n_r，则从定子侧看，转子旋转磁场的速度为 n_1：

$$n_1 = n_2 + n_r \tag{2-4}$$

当 n_1 保持同步转速不变时，调节转子磁场的速度 n_2，就可以实现转子机械转速 n_r 的调整。由可逆式水轮机组的特性可知，随着水轮机转子转速 n_r 的变化，输入功率会形成 3 次幂关系的变化，由此达到大幅调节功率的目的。

交流励磁机组的变速系统较为复杂，需要考虑的设备较多，维护费用较高。对于交流励磁变速方案，若转速变化范围为 ±4%~8%，则交流励磁变频器的容量一般不会超过 20% 机组额定容量。然而若要求交流励磁机组具有良好低电压穿越能力以满足入网标准，则变频器额定功率需提高到机组额定功率的 30%。此外，还必须利用撬棒实现复杂的转子过电流过电压保护控制。

另一类是全功率变频类型，全功率变频类型的可变速抽水蓄能机组在发电-

电动机定子与电网之间连接了 1 个与发电-电动机功率相同的变流器。发电模式时将发电机发出的电压、频率不同的电能，经过变频器后，变成与电网电压、频率相同的电能，输入电网。反之，电动模式时则作为电动机，功率流向相反，电机从电网吸收电能。结构上全变频变速系统采用同步电机，与传统定速系统较为相似，较交流励磁类型的抽蓄机组结构更加简单。全功率变频器连接主变压器与同步电机，通过改变同步电机三相频率来改变转速。由于变频器能产生非常大的转矩电流，所以电机在发电及电动模式下均能实现从零到额定转速的变化，起动快速、无需离水。同时，机组在电动与发电模式间切换时，电机可一直保持与电网的连接，模式转换时间非常快，无需定子短路开关。变频器可以产生/吸收无功功率，具有非常好的低电压穿越（Low Voltage Ride Through，LVRT）能力，在非常严重的电网扰动时，可以极大地支持电网的稳定性。另外，当同步电机不工作时，变频器可以保持与电网的连接，充当静止同步补偿器，给电网提供无功支撑。两种可变速抽水蓄能机组技术对比见表 2-4。

表 2-4   两种可变速抽水蓄能机组技术对比

序号	机组类型	交流励磁机组	全功率变频机组
1	变频器容量	电机容量的 15%~30%	等于或略高于电机容量
2	发电电动机	双馈异步电机	传统同步电机
3	调速范围	±4%~8%	受限于转轮稳定性
4	运行范围	较小	较大
5	运行效率	较定速机组有所提升	较定速机组有所提升
6	系统复杂度	结构复杂，新增设备类型较多	系统配置相对简单
7	运行模式转换时间	起动较慢，需 120~150s，模式转换时间需 150~300s	起动较快，只需 20~30s，整体模式转换时间小于 60s
8	低电压穿越性能	取决于变频器容量	能够实现非常好的电网支撑
9	无功功率	由电机作同步调相机运行，为提供电网无功支撑	在电机转速为零时可发出无功，具有更大无功补偿能力

2. 可变速抽水蓄能机组控制方式

可变速抽水蓄能电站存在两套控制系统，即转速、功率两个可调节的变量，因此整体控制可变速抽水蓄能机组的方法有两种，分别是快速功率控制和快速转速控制。快速功率控制方式是通过大功率自动变换器调节电动机输出功率，而水轮机调速器通过调整导叶开启程度调节电机速度；快速转速控制方式则是大功率自动变换器调节电机速度，水轮机调速器调节功率。可变速机组在发电或抽水工况运行时，转速优先控制可减少导叶运动次数，会减少轴系磨损和水压脉动，减少换流器容量，而功率优先控制方式所需励磁调节容量相对较大，所以可变速机组在发电工况可采用功率优先控制和转速优先控制两种方式，在抽水工况时采用转速优先控制方式。机组电动工况时转速与水泵输入功率的三次方成正比，所以通过转速控制，能够大范围内调整电动工况下的输入功率，而在发电工况时，有功功率的响应速度要尽可能得最大化，所以发电工况应采用功率优先控制方式，在电动工况应采用转速优先方式。

2.5.2　海水抽水蓄能技术

海水抽水蓄能电站是抽水蓄能电站的一种新型式，我国海水抽水蓄能资源站点共 238 个，主要集中在东部沿海五省（辽宁、山东、江苏、浙江、福建）和南部沿海三省（广东、广西、海南）的近海及所属岛屿区域。总装机容量为 4209 万 kW，其中近海为 3745 万 kW，岛屿为 464 万 kW。海水抽水蓄能电站集中分布统计见表 2-5。

表 2-5　海水抽水蓄能电站集中分布统计

省份	海南	广西	广东	福建	浙江	江苏	山东	辽宁
近海站点数/个	17	3	31	51	46	2	14	10
岛屿站点数/个	2	2	26	5	25	1	3	0
装机总量/万 kW	562	103	1146	1057	918	65	235	123

海水抽水蓄能电站以大海作为下水库，在地理位置和地形合理的海岸山地上修建上水库。海水抽蓄电站不仅与常规抽水蓄能电站一样，启停迅速、运行灵活，还可在电网中承担调峰、调相、调频、事故备用等任务。且具有不需要建设下水库、水量充沛、水位变幅小、有利于可逆式水轮机的稳定运行等有利条件，同时海水抽蓄修建在电力需求较大的沿海负荷中心附近，有利于整个电力系统的运行及输电成本的降低。

利用海水抽水蓄能发电虽然优点很多，但由于海洋环境的特殊性，海水抽水蓄能电站也存在海水的腐蚀、侵袭、生物、环境等问题。另外电站工程建设，设备的设计制造安装等问题也需要根据具体厂址情况进行考虑。1）海水由于化学性质较活跃，对水轮机等设备会造成腐蚀，可能会缩短其使用寿命，同时增加维护费用。另外可逆式水轮机要承受海水超高流速，对材料的防蚀性能提出更高的要求。2）海水中的有机物和海洋生物容易附着在管道中和机组叶片上，可能会降低发电和抽水效率及导致输水发电系统管路堵塞。3）海水有可能从上水库渗透进土壤中，导致地表或地下水污染。上水库泄漏的海水中的盐分可能会对周围的动植物产生不利影响。4）在较恶劣的天气和海况下，大浪会影响进水口和尾水系统运行的稳定性。海水抽水蓄能技术存在的问题及相关措施见表2-6。

表2-6　海水抽水蓄能技术存在的问题及相关措施

问题	海水的渗透、飞溅	海水对结构物、机器的腐蚀	海洋生物附着	海洋环境下的发电运行
目标	伴随着电站发电运行对周边环境无影响	对结构物、机器不会造成损坏，有和淡水抽蓄相同的耐久性	对结构物不会造成结构性损坏。有和淡水抽蓄相同的耐久性，不会造成明显的发电损失	即使在高海浪等海洋环境下，也能够进行安全稳定的发电运行
土木设施	利用EPDM橡胶模全面防水；采用大坝漏水检测系统；采用海水复水系统	采用耐海水腐蚀材料-水压管道FRP（M）管；采用海洋混凝土规格	采用耐海洋生物附着材料-水压管道FRP（M）管-排水管道防污涂料	消波块设置
电气设备	—	采用耐海水腐蚀材料-转轮、导叶、改良型奥氏体不锈钢；防腐涂层；电气防蚀法	对于转轮流水面、海水辅助设备及配备管道，通过预实验确定仅有少量海洋生物附着	排水口水位变动的平滑化处理

2.5.3　矿井抽水蓄能技术

传统抽水蓄能电站的建立选址要求较高，最主要的就是需要上下水库具有高度差，但随着抽水蓄能电站数量的不断增加，合适的电站选址数量越来越少。其次建立在高山上的水库需要较高的安全性，由于当抽水蓄能电站上水库在建造过程中水库内外边坡较单薄时，电站运行中坝墙会出现岩体崩塌渗流现象，对周边环境以及生活区造成很大影响。地下式抽水蓄能电站设计方法的提出，解决了传统抽水蓄能电站选址困难以及水库安全性问题。与传统抽水蓄能电站相比，地下式抽水蓄能电站的主要组成结构与之相似。不同之处在于上下水库的位置，地下式抽水蓄能电站将下水库建造在地下或者是将上下水库均建造在地下，据此可将其分为半地下式和全地下式。并且地下式抽水蓄能电站具有很多优势，例如节省地面土地资源、减少蒸发损失水量以及不受地形地貌影响等。

废弃矿井抽水蓄能电站本质上与传统电站相似，运行机理是利用水泵水轮机将电能和水的势能相互转换达到储能、消耗能量。其优势主要体现在以下几个方面。一是生态环境方面，利用废弃地下空间作为储水库可以很大程度地缓解水量蒸发损失问题，提高电站运行效率。储水水库位于地下，电站选址地区的绿色植被不会被大面积破坏，如果水资源处理方法得当，还可以利用储水库和地下水系的水力交换改善当地气候、水土环境，使该矿区重新转变为耕地或绿植区。煤矿开采之后，由于采空区结构不再具备支撑能力，矿区上方地表经时间作用可能会发生塌陷等危险情况，如果将水体填充到采空区后，会有助于缓解地面塌陷下沉。二是资源利用方面，空间资源，可以利用地下废弃空间和矿区上方因采煤生产活动以及生活、办公所需地表空间。水资源，由于开采煤矿过程中会遇到地下含水层，矿井关闭后，大量水资源填充进矿井巷道，水体中矿物混合后经过化学反应可能会产生有害物质，造成周围地区水源严重污染，而建造抽水蓄能电站可以重新治理这些矿井水资源用于生产生活。如果将废弃矿井抽水蓄能、风能、太阳能等能量系统进行联合储存、消耗能量，将会很大程度地解决电力供求问题。三是经济发展方面，随着我国减碳政策的推广，煤矿减产去能化趋势会逐渐增加，也意味着关闭矿井数量会持续增加。若利用这些关闭矿井建设抽水蓄能电站项目，可以带动地区经济发展。不同形式废弃矿井抽水蓄能电站示意图如图 2-9 所示。

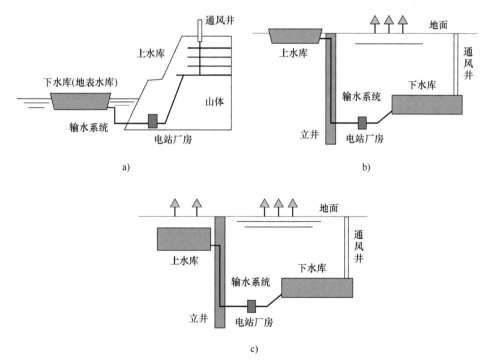

图 2-9　不同形式废弃矿井抽水蓄能电站示意图

a）地上式废弃矿井抽水蓄能电站示意图　b）半地下式废弃矿井抽水蓄能电站示意图

c）全地下式废弃矿井抽水蓄能电站示意图

废弃矿井抽水蓄能电站的主要组成包括上水库、输水系统、电站厂房、水泵水轮机组、调压室、下水库，并且还具有非常重要的排风系统，如通风井等。

1）上、下水库。对于地上式废弃矿井抽水蓄能电站，上水库可选择在矿山内部硐室、巷道、采空区等，下水库可选择在矿山附近河流湖泊、山谷或人工建造水库。对于半地下式废弃矿井抽水蓄能电站，上水库可选择利用矿区附近天然湖泊、河流。因矿区开采地表出现的塌陷坑或人工建造水库，下水库可利用废弃矿井巷道、硐室、采空区等。对于全地下式废弃矿井抽水蓄能电站，因两个水库均布置在地下，则可选用不同开采水平矿井巷道、硐室或采空区作为上、下水库。

2）输水系统。废弃矿井抽水蓄能电站输水系统包括引水隧洞、高压管道、引水/尾水调压室以及尾水隧洞等。输水线路设计应当综合考虑各方面因素，例如隧洞线路与周围岩体、软弱带以及构造断面的走向之间有较大夹角时，其夹角不宜小于30°。隧道洞线与岩石层间结合较疏松的高倾角薄岩层有较大夹角时，其夹角不宜小于45°。自下而上开挖斜井隧洞时，洞身段纵坡坡度一般在42°~55°。

3）电站厂房。半地下式或全地下式的废弃矿井抽水蓄能电站应使用全地下式电站厂房，其主要构成包括主/副厂房以及变压器室等。如果无地形环境因素限制，厂房主要洞室建筑可直接由废弃矿井井底车场改建而成；若因地层条件或是巷道布置等受到限制，厂房可通过人工开挖洞室进行建造。以机组相对位置作为比较，全地下式厂房的优势包括节约建筑材料，减低工程前期投资成本，厂房可选位置较多，能适应机组淹没深度变化，使用年限较长，维修费用较低，节约地表资源，保护环境。

4）水泵水轮机组。水泵水轮机组是抽水蓄能电站进行水体势能和电能相互转换的关键设备，类型可分为组合式和可逆式。组合式机组由抽水机组和发电机组组合而成，但是由于设备过多，近些年来在中低水头范围内逐渐被可逆式水泵水轮机所取代。可逆式水泵水轮机具有组成结构简单、造价低廉、土建工程量小等优点。

5）通风井。利用废弃矿井巷道及新掘辅助巷道作为储水库和输水隧洞，其中的水体流动行为与传统储水库有很大区别，废弃矿井巷道作为较为封闭的地下空间，其中会存在空气等气体，当水体被排至巷道内，水体会推动空气流动，在这个过程中如果储水巷道内的空气不能被及时排出，空气则会被持续压缩到某个空间。由于力的作用是相互的，被压缩的空气反过来会挤压水体导致水体流速降低、减少储水空间，还会影响水泵水轮机运行稳定性以及电站运行安全性。通风井的设计是必不可少的，在废弃矿井遗留设施中，采区风井就可以改造作为电站的通风井。当储水巷道设计范围内风井不适宜改造时，也可以通过新掘立井作为通风井使用。

2.6 抽水蓄能电站成本分析

2.6.1 固定成本

抽水蓄能电站初始建设成本主要包括枢纽工程投资：①施工辅助工程、建筑工程、环境保护专项工程、机电设备及安装工程、金属结构设备及安装工程等；②建设征地移民补偿费；③独立费用：项目建设管理费、生产准备费、科研勘察费、其他税费等。

电站建设成本与项目选址密切相关，电站间单位容量定价成本较大，如图 2-10 所示，2021 年我国核准抽水蓄能电站平均单位静态造价为 5367 元/kW，但是最低与最高相差 2400 元/kW，机电设备及安装工程费用占比居首。混合式抽水蓄能单位千瓦投资更低，如白山混合式抽水蓄能电站单位千瓦投资仅 2700 元。

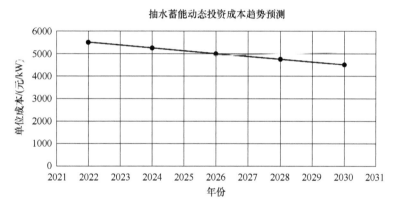

图 2-10 2022—2030 年成本趋势图

未来抽水蓄能成本由于施工费用、移民征地费用、环境保护限制等影响，电站建设成本难以下降。按照抽水蓄能电站使用寿命约 50 年，每天抽放一次，系统能量成本在 120 万~170 万元/(MW·h)，电站运维成本约 120 万元/(MW·h)，其他成本为 20 万元/(MW·h)，系统能量效率为 76%，年运行比例约为 90%，测算得到抽水蓄能的度电成本为 0.21~0.25 元/(kW·h)。

2.6.2 变动成本

变动成本主要是抽水蓄能电站抽发损耗电费，即抽水蓄能电站消耗的抽水成本与所发电能收益之间的差额。

在竞争的电力市场中，抽水蓄能水电站以普通发电厂或公司存在，参与各种市场如电能市场、备用市场和辅助服务市场等的竞标。由于抽水蓄能电站必须利用来自市场的电能向水库抽水或补充水量，并使其保持在最优运行水位，因此抽水蓄能电站的可变生产成本主要来自浮动的市场电价。可变生产成本直接影响发电的边际成本，如在市场电价较低的时段内抽水，而在市场电价较高的时段内不抽水，则可降低抽水成本，从而降低总生产成本。抽水蓄能电站的最优运行目标就是抽水机组和发电机组之间的协调运行，使总生产成本达到最小。

2.7 电价/商业模式分析

我国抽水蓄能发展始于 20 世纪 60 年代后期的河北岗南电站，通过广州抽水蓄能电站、北京十三陵抽水蓄能电站和浙江天荒坪抽水蓄能电站的建设运行，夯实了抽水蓄能发展基础。随着我国经济社会快速发展，抽水蓄能发展加快，项目数量大幅增加，分布区域不断扩展，相继建设了泰安、惠州、白莲河、西龙池、仙居、丰宁、阳江、长龙山、敦化等一批具有世界先进水平的抽水蓄能电站，电站设计、施工、机组设备制造与电站运行水平不断提升。目前我国已形成较为完备的规划、设计、建设、运行管理体系。

1. 装机规模显著增长

截至 2021 年底，我国已投产抽水蓄能电站总规模为 3249 万 kW，主要分布在华东、华北、华中和广东；在建抽水蓄能电站总规模为 5513 万 kW，约 60% 分布在华东和华北。已建和在建规模均居世界首位。

2. 技术水平显著提高

随着一大批标志性工程相继建设投产，我国抽水蓄能电站工程技术水平显著提升。河北丰宁电站装机容量为 360 万 kW，是世界在建装机容量最大的抽水蓄能电站。单机 40 万 kW 的广东阳江电站是目前国内在建的单机容量最大、净水头最高、埋深最大的抽水蓄能电站。浙江长龙山电站实现了自主研发单机容量为 35 万 kW、750m 水头段抽水蓄能转轮技术。抽水蓄能电站机组制造自主化水平明显提高，国内厂家在 600m 水头段及以下大容量、高转速抽水蓄能机组自主研制上已达到了国际先进水平。

3. 全产业链体系基本完备

通过一批大型抽水蓄能电站建设实践，基本形成涵盖标准制定、规划设计、工程建设、装备制造、运营维护的全产业链发展体系和专业化发展模式。

2.7.1　抽水蓄能电站的运营模式、优化调度与电价机制

1. 运营模式

目前,我国抽水蓄能电站的经营模式有独立经营、租赁经营以及电网统一经营三种模式。在独立经营模式下,抽水蓄能电站业主具有独立法人资格,电站根据国家规定的电价政策,通过向电网提供电力服务获取利润,浙江天荒坪抽水蓄能电站和溪口抽水蓄能电站,是我国独立经营抽水蓄能电站的代表。在租赁制模式下,抽水蓄能电站的经营权和所有权分离,电网公司通过支付给抽水蓄能电站业主一定的租赁费用,获得电站的经营权,按系统需要调用抽水蓄能电站,从而可以充分发挥抽水蓄能电站的调节功能,电站业主拥有所有权,通过与电网签订合约,能获得稳定的租赁费用。电网统一经营模式是抽水蓄能电站最传统的一种经营模式,采用此模式的抽水蓄能电站主要包括两种类型:一是电网全权投资建设并负责运营的抽水蓄能电站,如湖北白莲河抽水蓄能电站、北京十三陵抽水蓄能电站;二是原先由发电企业投资运营,但因亏损较为严重而转手给电网运营的抽水蓄能电站,如深圳抽水蓄能电站、湖南黑麋峰抽水蓄能电站。在该模式下,抽水蓄能电站的运营权和所有权均归属电网公司。电网公司以全系统收益最优为目标,按需调用抽水蓄能机组,有利于抽水蓄能机组充分发挥自身的辅助服务功能。抽水蓄能电站的运营模式见表2-7。

表 2-7　抽水蓄能电站的运营模式

运营模式	运营特征	典型代表
独立经营	抽水蓄能电站业主具有经营权和所有权	浙江天荒坪抽水蓄能电站和溪口抽水蓄能电站、福建周宁抽水蓄能电站
租赁经营	抽水蓄能电站业主具有所有权	广州抽水蓄能电站
电网统一经营	电网企业具有经营权和所有权	湖北白莲河抽水蓄能电站、北京十三陵抽水蓄能电站

2. 优化调度

目前,在大力发展风电、光伏清洁能源发电的大背景下,抽水蓄能电站作为灵活性调节电源,高效的调度运行方式对解决新能源远离复核中心、难以就地消纳的问题具有重要的作用。合理的抽水蓄能调度模式不仅可以最大化抽水蓄能电站的运行收益和系统效益,有效激励抽水蓄能电站在系统中发挥作用,还可以实现其与火电机组的高效协调运行,从而有效促进新能源消纳。

在美国,抽水蓄能的调度模式有自调度、全调度和半调度三种。下面分别介绍这三种调度模式。

自调度模式是指只申报电量不申报电价的发电投标对应的机组调度模式，由抽水蓄能机组运营商自行确定日前出力曲线，报送给系统运营商，不再参与优化。运行时按照自定的功率曲线执行，并根据日前市场电价进行结算。自调度模式是以抽水蓄能电站的收益最大化为目标。由于抽水蓄能日前的出力曲线完全由运营商自行确定，未参与优化，使得这种调度模式无法实现社会效益的最大化，并且电能量价格预测的准确性会对抽水蓄能机组收益和整个系统运行成本产生较大影响。

全调度模式是指通过联合优化常规火电和抽水蓄能机组，能够充分发挥抽水蓄能机组的削峰填谷作用，实现全社会效益最大化。系统运营商以火电机组总发电成本最小为目标统一优化出清，得到抽水蓄能机组的日前出力曲线，并按日前市场电价进行日前结算。但是这一调度模式集中考虑了全社会效益最大化，而未专门考虑抽水蓄能机组自身的运行收益。在全调度模式下，抽水蓄能的电能量出力与负荷预测曲线具有高度的相关性。通过在负荷高时发电，在负荷低时抽水，有效发挥了削峰填谷的作用，但在降低峰谷差的同时，也减少了通过峰谷电差获得的收益。

半调度模式是介于自调度模式和全调度模式之间的一种调度模式，既允许了运营商自行优化抽水和发电情况，又通过设置抽水报价和发电报价的形式将抽水蓄能机组和火电机组联合优化，实现总成本最小的目标。半调度模式与自调度模式相比，更有助于实现社会效益最大化，同时也降低了对抽水蓄能机组自身效益的侧重。半调度模式与全调度模式相比，抽水蓄能机组的收益更高，但系统的运行效率较低。半调度模式由于抽水蓄能机组的发电、抽水报价并不能够反映真实的成本，因此优化得到的最小成本不代表系统实际的最小发电成本。

目前，我国抽水蓄能电站主要由电网投资运营，少部分由电网租赁运营，由电网企业安排抽发行为，进行统一调度。优化调度目标为整个电力系统综合效益最大或整个电力系统总运行成本最小。系统负荷特性和电源构成对优化调度有较大影响，一方面需要考虑系统运行费用、启停损失等成本最小，另一方面要结合电力供需保证清洁能源发电量最大，并考虑系统安全、平稳运行。

由于调度模式取决于市场机制的成熟度，随着电力市场的逐步成熟，抽水蓄能电站将更多以独立主体参与电力市场竞争获得相应收入，在较为完善的电力市场机制下，抽水蓄能可采用全调度或半调度模式实现较高的运行和系统效益。

日前能量市场与日前辅助服务市场的出清一般有依次出清和联合出清两种方式。依次出清容易操作，但存在网络堵塞问题，难以实现全局优化资源配置。联合出清交易难度较大，但可以克服依次出清的弊端。

3. 电价机制

（1）国内外抽水蓄能电站电价机制

全球抽水蓄能电站中约85%的电站采用内部核算制（电网统一经营）或租

赁制形式解决投资回报问题，采用内部核算制的主要有法国、日本以及美国的一些州，其没有独立的抽水蓄能电价。租赁制形式是由第三方投资，由电网来租赁，相关费用纳入电网统一核算，再通过销售电价一并疏导。其余 15% 的情况是抽水蓄能电站参与市场竞争，典型代表是英国和美国一些地区，但这些电站通过市场竞争来参与电能量和辅助服务市场获得的收入仅占到收益的 20%~30%，其他绝大部分还是通过补偿的方式获取。

内部核算制：在电网统一经营核算模式下，抽水蓄能电站的运行成本以及合理回报等一并计入电网公司销售电价中，通过销售电价回收成本。日本电力公司是发、输、配、售一体的体系结构，其拥有大量发电资产，包括抽水蓄能电站。由于已按总资产核定了电力公司总收入，电站作为电力公司内部下属单位，实行的是内部核算模式。法国抽水蓄能电站由法国电力公司统一建设、管理、考核和使用。美国各州电力体制和改革进程不同，在未实行"厂、网分开"的地区，抽水蓄能电站仍由原发、输、配一体化公司统一运营。

租赁制：在租赁制付费模式下，抽水蓄能电站由所有权独立的发电公司建造，电网公司为抽水蓄能电站支付租赁费，电网公司获得电站使用权，并在使用期间对电站进行考核奖惩，按期支付租赁费。日本一些电力公司和政府合资组建国营的发电公司，只负责建设抽水蓄能电站，不负责运行管理，所建电站租赁给当地的电力公司，租赁费是按成本原则，以电站建设费作为基价的固定电费制度。

两部制电价：两部制电价由容量电价和电量电价构成，由国家政府价格主管部门核定。两部制电价模式可以明确抽水蓄能电站在电网中的重要作用，计算出抽水蓄能电站在电网中的价值。目前，中国浙江天荒坪、湖北天堂、江苏沙河抽水蓄能电站均采用两部制电价。

参与电力市场竞价：在市场成熟期，抽水蓄能电站可参与电能量市场，通过"低买高卖"获得收益，可参与自动发电控制（AGC）、常规备用的市场竞争，提供响应服务，获得市场效益。另外，可将黑启动、紧急事故备用等服务出售给系统安全管理机构，通过基于成本的费率方式获得费用补偿。全球抽水蓄能电站中约 4% 处于完全竞争的电力市场中，这些电站主要分布在美国区域输电组织（RTO）和独立系统运营商（ISO）所覆盖区域，以及英国、德国、瑞士等国。

固定收入+变动竞价：由于抽水蓄能机组的技术特性和在电网中的特殊作用，英国电力市场中采取了抽水蓄能机组的竞价模式和电价机制，明确抽水蓄能电站收入由两部分组成。固定收入来源于抽水蓄能电站在系统中提供的电网辅助服务的补偿，以及机组参与调峰填谷时保障基荷机组平稳运行、提高基荷机组经济效益得到的补偿。变动竞价收入由抽水蓄能电站参与电力平衡市场交易获得，随着不同时段和报价而变动，由市场需求决定。

（2）我国抽水蓄能电价机制

1）现阶段抽水蓄能电站价格机制。

现阶段，我国抽水蓄能电站价格机制主要实行两部制电价，由电量电价和容量电价组成。

2014 年，国家发展改革委发布的《关于完善抽水蓄能电站价格形成机制有关问题的通知》（发改价格〔2014〕1763 号）（简称"1763 号文"）指出，在电力市场形成前，抽水蓄能电站实行两部制电价。容量电价按照弥补抽水蓄能电站固定成本及准许收益的原则核定；电量电价体现其通过抽发电量实现调峰填谷效益，电价水平按当地燃煤机组标杆上网电价执行。对于电费回收方式，1763 号文提出：电力市场化前，抽水蓄能电站容量电费和抽发损耗纳入当地省级电网（或区域电网）运行费用统一核算，并作为销售电价调整因素统筹考虑。

随着电力市场化改革的加快推进，国家逐步建立完善抽水蓄能电价形成机制，2021 年 4 月 3 日，国家发展改革委发布《关于进一步完善抽水蓄能价格形成机制的意见》（发改价格〔2021〕633 号），明确了抽水蓄能电站价格机制和成本疏导方式，延续了抽水蓄能电站成本不得计入输配电定价成本的原则，以竞争性方式形成电量电价，并将容量电价纳入输配电价回收，同时强化与电力市场建设发展的衔接，逐步推动抽水蓄能电站进入市场。该政策的出台对抽水蓄能两部制电价的细节进行了明确，提高了两部制电价的可操作性，也对于抽水蓄能电站的运营提供了更多的激励，是我国抽水蓄能电价机制形成过程中具有里程碑意义的文件。**一是电量电价以竞争方式形成**，主要体现抽水蓄能电站调峰填谷效益。在有电力现货市场的区域电量电价按现货市场价格及规则结算；电力现货尚未运行时，抽水蓄能电站抽水电量可由电网企业提供，产生的损耗在核定省级电网输配电价时统筹考虑，抽水电价按燃煤发电基准价的 75% 执行，鼓励委托电网企业通过竞争性招标方式采购，抽水电价按中标电价执行。电量电价、执行方式以及抽水电量产生损耗的疏导方式，体现提供调峰服务的价值以及回收抽水、发电的运行成本。**二是容量电价以政府定价方式形成**，主要体现抽水蓄能机组提供备用、调频、调相、黑起动等辅助服务的价值。制定《抽水蓄能容量电价核定办法》，按照经营期定价方法核定容量电价，电站经营期按 40 年核定，经营期内资本金内部收益率按 6.5% 核定，并明确容量电费通过省级电网输配电价回收。容量电价是指将抽水蓄能容量电费纳入省级电网，由电网企业支付。输配电价回收是指回收抽发运行成本外的其他成本并获得合理收益，按照"谁收益、谁承担"的原则，提出了合理的分摊结构。**三是强调与电力市场发展的衔接**，抽水蓄能电站可以参与辅助服务市场或辅助服务补偿机制，上一监管周期内形成的相应收益，以及执行抽水电价、上网电价形成的收益，20% 由抽水蓄能电站分享，80%在下一监管周期核定电站容量电价时相应扣减，形成的亏损由抽水蓄能电站承担。适时降低或根据抽水蓄能电站主动要求降低政府核定容量电价覆盖电站机组设计容量的比例，以推动电站自主运用剩余机组容量参与电力市场，逐步实现电站主要通过参与市场回收成本、获得收益。**四是体现容量电价核定的激励机制**，对于抽水蓄能电站投建中实际贷款利率低于同期市场利率部分，按 50%比例在用户和抽水蓄能电站之间分享，对节约融资成本有明显的激励作用。运行维护费按照从低到高前 50%的评价水平核定，对于运维成本先进的抽水蓄能电站有明显的激励作用。抽水蓄能电价机制改革变化如图 2-11 所示。

| 《国家发展改革委关于抽水蓄能电站建设管理有关问题的通知》（发改能源〔2004〕71号） | 《关于桐柏、泰安抽水蓄能电站电价问题的通知》（发改价格〔2007〕1517号） | 《关于完善抽水蓄能电站价格形成机制有关问题的通知》（发改价格〔2014〕1763号） | 《国家发展改革委关于进一步完善抽水蓄能价格形成机制的意见》（发改价格〔2021〕633号） |

| 抽水蓄能电站原则上由电网经营企业建设和管理，其建设和运行成本纳入电网运行费用统一核定 | 发改能源〔2004〕71号下发前审批但未定价的电站，由电网企业租赁经营，租赁费按照补偿固定成本和合理收益的原则核定 | 电力市场形成前，抽水蓄能电站实行两部制电价。电价按照合理成本加准许收益的原则核定 | 坚持并优化抽水蓄能两部制电价政策，以竞争性方式形成电量电价，对标行业先进水平合理核定容量电价 |

图 2-11　抽水蓄能电价机制改革变化

2）成熟市场下的电价机制。

在市场成熟时，抽水蓄能电站参与电力市场，电价通过市场化方式形成。抽水蓄能电站可以通过削峰填谷获取价差收益，同时可参与辅助服务市场，提供自动发电控制（Automatic Generation Control，AGC）备用获得市场收益，也可通过双方协商的方式出售黑启动、紧急事故备用等服务。全球约有 4%抽水蓄能电站处于完全竞争的电力市场中，如美国输电组织（RTO）和独立系统运营商（ISO）所覆盖区域，还有英国、德国、瑞士等。抽水蓄能电站按照电力现货市场规则，参与电能量市场和辅助服务市场。

现阶段我国电力市场建设在逐步完善中，抽水蓄能电站参与电力市场的主体身份逐步确立，2021 年 12 月，国家能源局《并网主体并网运行管理规定》《电力系统辅助服务管理办法》中将抽水蓄能及新型储能作为市场主体，纳入国家并网运行管理及辅助服务管理中。广东省在最新的《南方（以广东起步）电力现货市场实施方案》（征求意见稿）中提出抽水蓄能电站逐步参与电力现货市场交易。未来抽水蓄能电站可能参与中长期交易、现货电能量市场、容量市场、辅助服务市场相结合的方式充分体现其作为灵活性电源的价值。

抽水蓄能电站的投资和成本，在不同的价格传导模式下有不同的承担方式。当市场化交易采用价差传导模式时，抽水蓄能电站的投资和成本体现在购电成本中，在核定目录电价时予以考虑，用户侧销售电价在目录电价的基础上调整，抽水蓄能电站的投资和成本作为销售电价调整因素进行疏导。随着政府制定的目录电价的退出，抽水蓄能电站投资和成本的疏导方式也将发生变化。当市场化交易采用顺价模式时，发电侧交易电价加上输配电价（含线损及交叉补贴）、政府性基金及附加等疏导至用户侧销售电价。抽水蓄能电站的投资和成本不能通过输配电价进行回收，其被认定为是与电网企业输配电业务无关的费用，在两轮输配电价核定中，均剔除在有效资产和定价输配电成本的范围之外。顺价模式各环节未考虑电网购电成本，也就未将抽水蓄能电站投资和成本考虑在内。市场化用户享受到了抽水蓄能电站带来的益处的同时，并未承担相关费用，该成本由电网企业承担。

4. 效益分析

抽水蓄能具有调峰、调频、调相、储能、备用、黑启动等功能，拥有超大容量、系统友好、经济可靠、生态环保等优势，对电力系统安全稳定运行、提升新能源消纳，改善系统运行条件发挥重要的支撑作用，其效益可分为动态效益和静态效益，一般动态效益高于其静态效益。

动态效益是指与抽水蓄能电站爬坡速度有关的效益，由于其启动迅速、运行灵活，因此为系统带来如调频、调相、快速复核跟踪、旋转备用、事故备用、黑启动等效益。

静态效益是指抽水蓄能电站削峰填谷效益。表现为节约运行成本，如节煤效益等。静态效益又分为电量效益和容量效益。**电量效益**主要表现在抽水蓄能机组承担调峰填谷功能，降低系统运行成本；平滑系统输出功率，促进新能源并网；提高常规水电发电灵活性，增加汛期发电量，减少弃水损失的效益。**容量效益**主要表现为，由于抽水蓄能机组的投入和发电，替代火电及其他类型机组装机容量，由于改善发电机组运行条件，降低厂用电率和耗煤率，使系统运行费用降低，减少燃料消耗大于抽水增加的燃料消耗，从而产生的经济效益。抽水蓄能机组造价一般低于常规水电站、火电站和核电站；建设工期也比水电、核电短；固定运行费用高于一般水电但低于火电。

2.7.2 抽水蓄能电站商业模式

考虑电力市场改革进程，将抽水蓄能商业模式与电力市场发展结合起来，分阶段设计抽水蓄能商业模式。抽水蓄能电站参与的电力市场主要包括电能量市场、辅助服务市场和容量市场。根据电力市场建设情况，可分阶段推进抽水蓄能电站参与电力市场，为后续抽水蓄能市场运营和政策争取提供价值参考。

1. 商业运营第一阶段

在当前电力市场环境下，抽水蓄能电站主要执行两部制电价机制，通过政府核定的容量电价实现抽水蓄能电站提供调频、调压、系统备用和黑启动等辅助服务的价值，电量电价在有现货市场的区域通过现货市场实现。目前，我国第一批 8 个电力现货试点已全部完成试运营，第二批 6 个试点正在加快建设中，现货市场交易规则处于不断完善中，抽水蓄能电站暂未参与到现货市场。

容量收益：根据国家现行的《抽水蓄能容量电价核定办法》，按经营期定价法核定，电站经营期为 40 年，经营期内资本金内部收益率按 6.5% 核定。以 120 万 kW 装机、连续发电 11h、建设期 6 年的抽水蓄能电站为例，不同区域容量电价预测见表 2-8。

表 2-8　不同区域容量电价预测

区域	东北区域	华北区域	华东区域	华中区域	南方区域	西北区域
单位投资/kW	6600	6700	6000	6300	5800	7500
容量电价/（元/kW）	675	685	545	635	534	767

电量收益：根据现行国家政策，抽水蓄能电站暂不参与现货市场，抽水电价按燃煤发电基准价的 75% 执行，上网电价按燃煤发电基准价执行。考虑抽水蓄能电站总体效率为 75%，电量收益方面基本实现盈亏平衡。

2. 商业运营第二阶段

随着现货市场交易规则和辅助服务市场交易机制不断完善，通过价格反映供需的特征逐步显现，调峰价值主要通过现货市场体现，电力现货市场将取代调峰辅助服务市场，抽水蓄能电站可以充分利用价格信号开展抽水、发电，参与电力调峰，获取电量收益；抽水蓄能电站也可以作为独立的市场主体参与调频、备用等辅助服务市场，容量电价补偿机制逐步退坡，可以通过辅助服务市场获得部分收益来弥补容量电价收益。

容量收益：考虑按照抽水蓄能电站 50% 容量进行核定容量电价，剩余 50% 未核定容量自由参与辅助服务市场，按辅助服务市场价格结算。在国外健全的市场机制下，辅助服务费用一般占全社会用电总费用的 5%~10%，按照 2021 年全社会用电量为 83128 亿 kW·h，平均上网电价为 0.348 元/（kW·h），测算出辅助服务费用约为 1446.43 亿元，全国除风电、光伏外的装机容量为 174188 万 kW，按照容量来分配辅助服务收入，抽水蓄能辅助服务收入约为 83 元/kW。考虑到抽蓄的灵活性、环保性、经济性好于火电机组，抽水蓄能电站参与辅助服务的收益会更高。

电量收益：根据国外电力市场运行经验表明，成熟电力市场的峰谷现货电价比为 1.5~2。按照抽水蓄能电站的综合效率 75% 计算，峰谷电价比为 1.33，即抽水电价为发电电价的 75% 时，抽发收益达到平衡，峰谷电价比越大，收益越高。目前，山东、广东现货市场日最高电价价差已经超过 1 元/(kW·h)。2022年 2 月，山东现货市场日均电能量出清电价范围为 112.41~410.39 元/(MW·h)，按照平均电价测算，抽水蓄能电站电量收益为 0.26 元/(kW·h)，如果抽水蓄能电站能够制定科学的竞价策略，则其电量收益较为可观。

在第二阶段，电力现货市场进一步完善，峰谷价差进一步加大，随着辅助服务市场交易品种的丰富和交易机制的完善，容量电价退坡部分可以通过辅助服务市场进行弥补。

3. 商业运营第三阶段

电力现货市场成熟阶段，辅助服务市场进一步完善，并增加转动惯量、爬坡等辅助服务品种，建立体现资源价值和按效果付费的补偿机制。并考虑建立容量市场来代替容量电价补偿，抽水蓄能电站通过参与容量市场实现多重价值。

电量收益：同第二阶段，电力现货市场成熟阶段，峰谷价差会更好地体现市场供需，抽水蓄能电站应做好运营策略，争取电站收益最大化。

容量收益：抽水蓄能电站容量电价取消，主要通过辅助服务市场和容量市场来弥补容量成本，辅助服务费用按照全社会用电总费用 10% 考虑，抽水蓄能辅助服务收入约为 166 元/kW。国外容量成本回收机制主要有稀缺电价机制、容量补贴机制和容量市场机制，其中美国 PJM、纽约、英国、法国电力市场等采用容量市场机制，主要通过拍卖的形式进行，历年容量市场出清价格在 10~60 美元/kW 内波动。按此推算，抽水蓄能电站通过辅助服务市场和容量市场能很好地实现固定成本回收。

第三阶段，在完全市场化条件下，可全部通过市场化方式获取收益，电量收益与第二阶段类似，充分利用峰谷价差可以获得不错的电量收益；容量电价取消，通过容量市场和辅助服务市场来获取容量收益。

参 考 文 献

[1] 罗莎莎, 刘云, 刘国中, 等. 国外抽水蓄能电站发展概况及相关启示 [J]. 中外能源, 2013, 18 (11): 26-29.

[2] 杨武. 抽水蓄能电站计算机监控系统的实现与应用 [J]. 水电站机电技术, 2022, 45 (6): 46-49.

[3] 杨春海. 静止变频启动器 (SFC) 在大型抽水蓄能电站中的应用研究 [D]. 广州: 华南理工大学, 2014.

[4] 汤勋, 肖康乐. 抽水蓄能电站励磁系统原理和应用 [J]. 水电站机电技术, 2022, 45 (3): 94-97.

［5］ 任海波，余波，王奎，等."双碳"背景下抽水蓄能电站的发展与展望［J］.内蒙古电力技术，2022，40（3）：25-30.

［6］ 吴燕.新型电力系统场景下抽水蓄能的应用探讨［J］.电器工业，2022（6）：61-64.

［7］ 韩冬，赵增海，严秉忠，等.2021年中国抽水蓄能发展现状与展望［J］.水力发电，2022，48（5）：1-4+104.

［8］ 华丕龙.抽水蓄能电站建设发展历程及前景展望［J］.内蒙古电力技术，2019，37（6）：5-9.

［9］ 周学志，徐玉杰，谭雅倩，等.小型抽水蓄能技术发展现状及应用前景［J］.中外能源，2017，22（8）：87-93.

［10］ 水电水利规划设计总院.中国可再生能源发展报告2020［M］.北京：中国水利水电出版社，2021.

第3章

锂离子和钠离子储能

3

得益于安装灵活、建设周期短、应用范围广的优势，化学储能是业内公认的最具发展前景的储能技术。全球装机量占比从 2017 年的 1.7% 上升到 2020 年第三季度的 5.9%，今后还具有更大的发展空间。锂离子电池在目前的化学储能应用中占主导地位，过去 10 年里，锂离子电池储能在循环次数、能量密度、响应速度等方面均取得巨大进步。2020 年锂离子电池成本降至 137 美元/($kW \cdot h$)，较 2013 年下降了 80%，成本下降正在突破锂离子电池在电力储能领域大规模应用的经济约束。

以锂离子电池为代表的化学储能技术与产业迎来高速发展的驱动力的主要原因有以下几方面：

1）锂离子电池储能成本快速下降，技术经济性快速提升。

2）为应对全球气候变化，在碳中和发展愿景下，全球范围内可再生能源占比不断上升，电网层面需要储能来提升消纳与电网稳定性。

3）受益于新能源汽车普及等因素，电力自发自用推动家用储能市场快速增长。

4）电力市场化与能源互联网持续推进助力储能产业发展。

5）政策支持为产业发展创造市场良机。

不过，就各国实现碳中和的远大目标而言，锂离子电池还不足以支撑整个长时储能系统的发展。电力系统需要更大容量、更长充放电时间、更长寿命以及更低成本的储能技术，以支撑高比例可再生能源的发展。科技进步将为储能发展和碳中和目标的实现带来新的想象空间。除了锂离子电池之外，本节还将对储能新星钠离子电池做简要介绍。

3.1 锂离子电池概述

大约在 30 年前，日本的索尼公司实现了世界上第一个锂离子电池的商业化。锂离子电池带来的便携式电子产品革命，导致其在接下来的几年里呈现爆炸式增长。此外，各国政府逐渐意识到温室气体对气候变化的影响，并发起多项绿色能源（太阳能、风能等）技术，储备这些间歇式电源的电化学系统是可再生能源持续发展的核心。因此，在基础研究领域，从 2010 年开始，锂离子电池的论文发表量已经远超其他研究领域的发表量。虽然电池研究的增长令人印象深刻，但多年来研究目标没有改变，减小电池的重量和体积，提升循环寿命，在保证安全的同时最大限度地降低成本一直是所有电池科学家的使命，近年来针对锂离子电池在高低温、快充、高压等极端条件下的应用研究也逐渐兴起。

3.1.1　锂离子电池的工作原理及特点

电池分为只能用一次的干电池（"一次电池"）和能多次充电使用的电池（"二次电池"）。锂离子电池是能够充电的二次电池，与其他类型的电池相比，不仅能小型轻量化，而且能储存的电能高。在电化学装置中，两个电极之间存在着电势差，根据两者电势的高低把两个电极分别定义为正极和负极。锂离子电池是指以锂离子嵌入化合物为正负极材料的电池的总称。常规锂离子电池以碳材料作负极，以含锂化合物作正极，在正常的循环条件下，不存在金属锂。通过这样的结构，无须如传统电池一般由电解质熔化电极就能发电，从而减缓了电池本身的老化，不仅能储存更多的电，充放电的次数也得以增加。此外，锂是非常小而轻的元素，从而能使电池具有小型轻量化等各种优点。

电池发生的电化学反应是离子与电子的传输，是一个氧化还原过程。与一次电池不同，这种电池反应是可逆的，可进行多次反复充放电循环。锂离子电池的充放电过程，就是锂离子的嵌入和脱嵌过程。在锂离子的嵌入和脱嵌过程中，同时伴随着与锂离子等当量电子的嵌入和脱嵌。在充放电过程中，锂离子在正、负极之间往返嵌入/脱嵌，被形象地称为"摇椅电池"[1]。当对电池进行充电时，电池正极上生成的锂离子经过电解液运动到负极。而作为负极的碳呈层状结构，它有很多微孔，到达负极的锂离子就嵌入碳层的微孔中，嵌入的锂离子越多，充电容量越高。同样，当对电池进行放电时（即使用电池的过程），嵌在负极碳层中的锂离子脱出，运动返回正极（见图 3-1）。返回正极的锂离子越多，可逆的放电容量越高，从而完成一次充放电过程。以 $LiCoO_2$ 作正极、碳作负极的锂离子电池，充放电的化学反应式如下

$$xLi^+ + xe^- + 6C \leftrightarrow Li_xC_6(\text{在负极}) \tag{3-1}$$

$$LiCoO_2 \leftrightarrow Li_{1-x}CoO_2 + xe^- + xLi^+(\text{在正极}) \tag{3-2}$$

双向箭头向右代表放电过程，向左代表充电过程。整个反应式如下

$$LiCoO_2 + 6C \leftrightarrow Li_{1-x}CoO_2 + Li_xC_6 \tag{3-3}$$

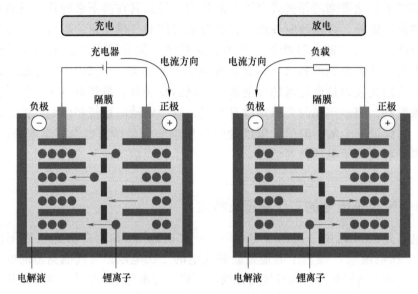

图 3-1 锂离子电池的工作原理

相比镍氢、镍镉、铅蓄电池等体系，锂离子电池具有以下特点：

1）锂离子电池电压高、体积小、重量轻。一个单体电池平均电压能达到 3.7V。相当于 2~4 个镍氢电池或镍镉电池的串联电压。由于锂离子电池质量轻（约为铅酸蓄电池重量的 1/5），因此面对高电压需求，选用锂离子电池也更便于组装成电池组。

2）锂离子电池具有高能量密度，目前常用的锂离子电池密度可达到 200~350W·h/kg，是铅蓄电池的 5~7 倍。且相比铅蓄电池，锂离子电池能够避免有毒的铅金属的使用，具有更好的环保性，符合未来绿色能源和持续发展的需求。

3）锂离子电池的使用时间寿命很长。在常规服役条件下，一只锂离子电池正常的使用次数可达到 1000 次以上（100% 放电深度）。

4）自放电低，且锂金属无记忆效应。正常存放情况下，月自放电小于 10%。

5）锂离子电池自身具备高功率承受力，电动汽车选用的锂离子电池理论上可以达到 15~30C 充放电的高倍率能力，以便汽车上的高强度起动加速。但由于目前正极材料结构稳定性和安全性限制，高倍率下循环运行极化导致的电池产热严重，存在起火、爆炸风险。

3.1.2 锂离子电池的发展历程

锂离子电池作为时下产业界和学术界最火热的主题之一，已成为全球经济环境中的一抹亮点。锂离子电池的研究最早可以追溯到 1912 年，GilbertN. Lewis 提出并研究了锂金属电池。锂离子电池的研究从此进入快速发展的时代。1958 年，Harris 提出采用有机电解质作为锂金属电池的电解质，他发现金属锂在如熔盐、液体 SO_2 的非水电解液中，或在加入锂盐的有机溶剂（如加入 $LiClO_4$ 的碳酸丙烯酯 $C_4H_6O_3$）中的稳定性很好。钝化层结构阻止了金属锂与电解液的直接化学反应，但能够允许离子传输，以保证锂电池稳定性。20 世纪 60 年代后期，人们开发出了以金属锂及其合金为负极的锂二次电池体系。锂电池的不同体系包括：锂-二氧化硫电池（Li/SO_2），1973 年日本松下公司开发出锂-聚氟化碳 $[Li/(CF_x)_n]$ 电池，1975 年日本索尼公司开发了锂-二氧化锰电池，还有其他体系如锂-氧化铜电池、锂-碘电池等。同期，还开发了 FeS 作正极、Li-Al 合金作负极、熔盐（LiCl-KCl 共晶体）作电解液的电池体系。

20 世纪 70 年代早期，研究人员发现将客体物质（离子、有机分子或金属分子）可逆地嵌入宿主晶格中，材料在保持原有结构的基础上又呈现出新的物理特性。从锂离子电池发展简史中可以看到，该时期是高能量密度的锂一次电池产业化应用和锂离子电池理论的一个爆发期，对锂离子电池的发展产生深远的影响。起初 Armand 教授对普鲁士蓝的特性进行探索，后来人们又将 CrO_3 等过渡金属氧化物、过渡金属硫化物用作可充电锂离子电池的正极材料。"摇椅式电池"或"锂离子电池"的概念是在 20 世纪 70 年代后期由 Armand 提出的，他提出用两种不同的嵌入化合物分别作为正极和负极，所谓的"摇椅式"电池就是锂离子从一个电极转移到另一个电极。1980 年 Goodenough 提出将 $LiCoO_2$ 作为锂充电电池正极材料，以过渡金属氧化物为代表的锂离子电池正极材料的发展进入新的阶段，石墨负极也应运而生。而消费电子和动力电池对能量密度提升的需求，推动着正极材料向高电压方向不断迈进，负极材料则向 Si 负极、锂金属负极不断探索。20 世纪 80 年代初期，用高聚物固体电解质代替液体电解质，以嵌入型化合物代替锂金属。1985 年发现碳材料可以作为锂充电电池的负极材料。1990 年采用石墨结构的碳材料为负极和 $LiCoO_2$ 为正极的锂离子电池诞生。1991 年 7 月，索尼公司批量生产用于移动电话的锂离子电池，钴酸锂作正极，锂化焦炭 LiC_6 作负极，首次实现了锂离子电池的大规模生产。接下来的几十年，锂离子电池的研发重点在于研发更小、更轻、比能量更高的电池，以适应日益发展的小型化便携式电子设备的需要。

回顾二次电池的历史发展背景，可以为未来储能领域的进一步发展带来新的灵感和更深入的认知，以寻求更高能量密度的下一代电池。在锂离子电池之前，所有的二次电池都是基于水系电解质，电池工作电压限制在 2V 以下，能量密度低于 $100W \cdot h/kg$。有机系电解液取得的巨大突破和成功商业化将电解液的工作电位范围提升到 4.0V 以上，并实现了工作电压为 4.3V、能量密度超过 $200W \cdot h/kg$

的可逆锂离子电池[2]。近几十年来，以石墨为负极、层状 NMC 为正极的体系进一步提高了锂离子电池的能量密度。锂金属比容量高（3860mA·h/g，2062A·h/L），具有最低电负性（$X = 0.98$），Li^+/Li 在所有氧化还原对中电位最低（-3.04V，对标准氢电极）。在不久的将来，锂离子电池仍将是各类体系中工作电压最高、能量密度最高的电池。19 世纪至今二次电池的发展历程如图 3-2 所示。

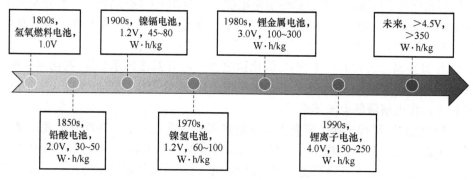

图 3-2　19 世纪至今二次电池的发展历程[2]

3.1.3　锂离子电池在储能领域中的应用

电化学储能是当前应用范围最广、发展潜力最大的电力储能技术，并呈现逐年提升的趋势。相比抽水蓄能，电化学储能受地理条件影响较小，建设周期短，可灵活运用于电力系统各环节及其他各类场景中。同时，随着成本持续下降、商业化应用日益成熟，逐渐成为储能新增装机的主流。截至 2019 年底，我国电化学储能累计装机规模为 1.59GW，占比为 4.9%，比去年同期增长 1.5 个百分点。锂离子电池储能装机规模为 1.27GW，在电化学储能中占比为 79.7%，其次是铅蓄电池，占比为 18.60%[3]。

总体来看，我国电化学储能装机规模尚小，这与所处的发展阶段相关。我国电化学储能市场大致可分为四个发展阶段：一是技术验证阶段（2000—2010年），主要是开展基础研发和技术验证示范；二是示范应用阶段（2011—2015年），通过示范项目的开展，储能技术性能快速提升、应用模式不断清晰，应用价值被广泛认可；三是商业化初期（2016—2020年），随着政策支持力度加大、市场机制逐渐理顺、多领域融合渗透，储能装机规模快速增加、商业模式逐渐建立；四是产业规模化发展阶段（2021—2025年），储能项目广泛应用、技术水平快速提升、标准体系日趋完善，形成较为完整的产业体系和一批有国际竞争力的市场主体，储能成为能源领域经济新增长点。

锂离子电池占据我国乃至全球电化学储能总规模的最大比重，发展可期。未来，下游可再生能源并网、电动车以及 5G 基站等将为锂离子电池产业发展贡献较大增量。锂离子电池按照应用领域分类可分为消费、动力和储能电池。消费电池涵盖消费与工业领域，包括智能表计、智能安防、智能交通、物联网、智能穿戴、电动工具等[4,5]，是支持万物互联的关键能源部件之一。动力电池主要应用于动力领域，服务的市场包括新能源汽车、电动叉车等工程器械、电动船舶等领域，储能电池涵盖通信储能、电力储能、分布式能源系统等，是支持能源互联网的重要能源系统。

锂离子电池储能作为新兴应用场景也逐渐受到重视，是解决新能源风电、光伏间歇波动性，实现"削峰平谷"功能的重要手段之一[6]。我国锂离子电池储能在电力储能实际应用中，按照其接入方式归属的不同，可大致将其应用场景分为发电侧、电网侧和用户侧。

（1）储能应急电源车

储能应急电源车由锂离子电池组、逆变器、电池管理系统等组成，逆变器将电池直接转为单相、三相交流电。平时只需自由选择充电时段对电池组充电，当电池组充满电后，可在一年内随时调用，永远不用浮充。我们可以供应 100kW、1000kW、5000kW、兆瓦级移动式应急储能车，这种应急储能车可用于国防军事领域、民用救灾抢险或大型公共活动场所供电。平时用低谷电充满电，随时待命开往目的地送电。

（2）储能固定电站

储能固定电站由锂离子电池组及电池管理系统（BMS）、变流系统（PCS）、能量监控系统（EMS）、辅助系统（包括温控、消防等）组成，并安装在集装箱内的电站型储能系统。因为锂离子电池自放电小，所以不需像传统的铅酸电池或镍镉、镍氢电池那样要长期保持在浮充电状态下运行。储能电站结合新能源发电系统，成为独立微电网的分布式电源。适用于无电、缺电地区供应可靠电源，也可以为大电网供应移峰填谷和调峰调频服务。电池储能电站可与分布/集中式新能源发电联合应用，是解决新能源发电并网问题的有效途径之一，将随着新能源发电规模的日益增大以及锂离子电池储能技术的不断发展，成为支撑我国清洁能源发展战略的重大关键技术[7]。

（3）通信备用电源

通信备用电源的市场主要包括两部分，一部分是新建基站的储能构成每年市场的增量；另一部分是存量基站电池的到期替换构成每年市场的基础量。中国铁塔公司已不再采购铅酸电池，考虑到梯次电池规模不足以满足，因此在 2020 年前后会有一波锂离子电池采购替换的需求集中出现。再加上每年新建 5 万~10 万个基站，将带来 1.2~2.4GW·h 的锂离子电池需求，合计将有每年 10GW·h 左右的电池需求，由铁锂离子电池和梯次利用电池满足。

3.2 锂离子电池关键材料

目前，电池的常用电解液是烷基碳酸酯作溶剂，六氟磷酸锂（$LiPF_6$）作溶质。电解质在体系中充当离子导体的角色，运载锂离子在正负极来回穿梭。离子在固相中的运动是一个缓慢的传质过程，需要使用良好晶体的电极材料进行优化。但是，某些非晶物质也可以作为电极材料使用[8]。

3.2.1 锂离子电池正极材料

锂离子电池正极材料作为锂离子电池的重要组成部分，在锂离子电池的总成本中占比高达 40%，并且正极材料的结构和性能直接影响了锂离子电池的能量密度、循环寿命等各项性能指标，所以锂离子电池正极材料在锂离子电池中占据核心地位。作为一种理想的锂离子电池正极材料，一般需要具备以下特点[9, 10]：

1）较高的 Li^+ 脱嵌可逆性，同时在脱嵌过程中体积变化较小，结构稳定。

2）具有较高的氧化还原电位，使电池具有较高的输出电压。

3）较快的锂离子扩散速率和较高的电子电导率。

4）充放电过程中的较为平稳的电压平台。

5）资源丰富，价格低廉，环境友好。

6）合成工艺简单、批次性好。

锂钴氧化物是现阶段商业化锂离子电池中应用最成功、最广泛的正极材料。镍钴多元氧化物适合现有各类锂离子电池应用产品，有望取代现有各类其他正极材料。锂铁磷氧化物的主要代表为磷酸铁锂，在作为乘用车的动力能源时，在各类正极材料中具有杰出的安全性。根据结构特点可将锂离子电池正极材料分为三类：

1）具有层状结构的 $LiMO_2$（M = Ni、Co、Mn 等）正极材料及其衍生的二元、三元正极材料。

2）具有尖晶石结构的 $LiMn_2O_4$ 正极材料。

3）具有橄榄石结构的 $LiMPO_4$（M = Fe、Mn 等）正极材料。

1. 层状结构的正极材料

（1）层状 $LiCoO_2$

$LiCoO_2$ 作为正极材料的被发现时间几乎与"摇椅式电池概念"的提出时间同步，并且是商业化最早、应用最广泛的锂离子电池正极材料。$LiCoO_2$ 是 α-$NaFeO_2$ 型层状结构，为六方晶系，属 R3m 空间群，是基于氧原子的立方密堆积排列，Li^+ 和 Co^{3+} 交替占据八面体的位置。$LiCoO_2$ 的理论比容量为 274mA·h/g，在可逆性、放电容量、充电效率、电压的稳定性等各方面综合性能好。但 Co 资源匮乏，成本太高，在循环过程中 Li^+ 的反复嵌入与脱出会造成 $LiCoO_2$ 的结构在多次收缩和膨胀后发生三方晶系到单斜晶系的相变，同时还会导致发生晶粒间松动二脱落，使内阻增大，容量减少。实际使用时只有部分锂能够可逆地嵌入和脱出，容量被限制在 120~150mA·h/g。

（2）层状 $LiNiO_2$

$LiNiO_2$ 也具有 α-$NaFeO_2$ 层状结构，工作电压范围为 2.5~4.1V，理论可逆比容量为 275mA·h/g，可逆比容量可以达到 180mA·h/g 以上。$LiNiO_2$ 相对于金属锂的脱嵌电位也与 $LiCoO_2$ 相近，均在 3.8V 左右。而且，镍资源远比钴资源丰富，对环境危害也较小。然而，由于合成计量比 $LiNiO_2$ 化合物所需要的条件较为苛刻，在高温条件下化学计量比的 $LiNiO_2$ 容易分解，$LiNiO_2$ 的合成需要在 O_2 气氛中进行。且 Ni^{2+} 和 Li^+ 的混排效应和大量脱锂后的结构坍塌使得材料的循环性能较差，过充时安全性能问题也较突出，纯的 $LiNiO_2$ 材料仍然没有实现商业化应用。

（3）层状 $LiMnO_2$ 材料

层状结构 $LiMnO_2$ 有三种类型：正交结构、斜方结构和菱方结构，但由于 Mn^{3+} 的 Jahn-Teller 效应，实验上没能合成菱方结构 $LiMnO_2$。锰价格低廉、来源丰富且环境相容性好。$LiMnO_2$ 的工作电压平台为 2.4~2.6V，理论比容量为 285mA·h/g，但其循环性能较差。$LiMnO_2$ 材料在脱锂后结构不稳定，会向稳定的尖晶石型 $LiMn_2O_4$ 结构转变，因此很难直接合成具有 α-$NaFeO_2$ 型层状结构 $LiMnO_2$，而且锂离子会与锰离子位点发生混排造成容量衰减。

此外，锰离子易与电解液发生副反应，进而溶解在电解液里。通过掺杂 Al、Co、Ni、Cr、V、Ti、Mo、Nb、Mg、Zn、Pd 等元素有助于层状 $LiMnO_2$ 的结构稳定，但仍不能满足产业化应用要求。$LiNi_{0.5}Mn_{0.5}O_2$ 和 $LiNi_{1/3}Mn_{1/3}O_2$ 是对 $LiMnO_2$ 掺杂改性最典型的两种材料，是近几年正极材料研究热点[11]。

（4）衍生的二元材料 $LiNi_{1-x}Co_xO_2$

锂离子电池正极材料 $LiNi_{1-x}Co_xO_2$ 仍然具有 α-$NaFeO_2$ 层状结构，Co 的加入有效减小了阳离子混排效应，一定程度上提高了电化学性能和热稳定性。研究发现，小部分的 Co（$LiNi_{1-x}Co_xO_2$，$x = 0.2~0.25$）可以提高该材料的容量。随着 Co 含量的增加，可以减少该材料在循环过程中的容量损失。尽管 Ni^{2+} 会与 Li^+ 发生混排，影响 Li 的脱嵌，但是 Ni 的加入确实可以提高脱锂过程中材料的稳定性，以此来提高材料的循环性能[12]。

（5）衍生的三元材料 $LiNi_xCo_yMn_{1-x-y}O_2$

$LiNi_xCo_yMn_{1-x-y}O_2$ 材料包含 Ni、Co 和 Mn 三种过渡金属元素，它有效克服了

LiNiO$_2$、LiCoO$_2$ 和 LiMnO$_2$ 这三种材料各自的缺点，并且在电化学性能和热稳定性测试中，这三种过渡金属在这种新材料中都能表现出各自的特点，具有很高的发展潜力。三元层状材料 LiNi$_{1-x-y}$Co$_x$Mn$_y$O$_2$ 根据 Ni、Co、Mn 三种元素比例的不同，一般可以分为两类：一类是 Ni∶Mn 等比例型，如 111 型、424 型等，这类材料中 Ni 为+2 价，Co 为+3 价，Mn 为+4 价。另一类是高镍材料，如 523 型、622 型、811 型等，这类材料的 Ni 为+2 价或+3 价，Co 为+3 价，Mn 为+4 价。不同材料的理论比容量会有所区别，大致为 280mA·h/g，随着镍含量的增加，实际比容量会相应地增加。在这些正极材料中，LiNi$_{0.8}$Co$_{0.15}$Al$_{0.05}$O$_2$ 表现出了良好的电化学性能和热稳定性能，该正极材料中的 Co 和 Al 都可以增加材料的稳定性。

2. 尖晶石结构的正极材料

LiMn$_2$O$_4$ 属立方晶系，是尖晶石型结构，具有 Fd3m 空间群，其中 O 原子构成面心立方紧密堆积（CCP），锂和锰分别占据 CCP 的四面体位置（8a）和八面体位置（16d），其中四面体晶格 8a、48f 和八面体晶格 16c 共面构成互通的二维离子通道，适合锂离子自由嵌入和脱出。LiMn$_2$O$_4$ 的原材料在自然界中储存丰富、市场价格低廉，有利于工业化生产和应用，这使得 LiMn$_2$O$_4$ 成为动力型锂离子电池正极材料最理想的正极材料之一。虽然理论容量只有 148mA·h/g，但可逆容量可以达到 140mA·h/g。LiMn$_2$O$_4$ 的结构稳定性很好，但若是降低放电电压至 3.0V 以下，Li$^+$ 会嵌入尖晶石空隙生成 Li$_2$Mn$_2$O$_4$，由于 Mn^{3+} 的 Jahn-Teller 效应，使得材料的循环性大大降低。由 LiMn$_2$O$_4$ 阴极制成的电池安全性好，耐过充放电，甚至无需保护电路。此外，锰无毒无污染，其再生利用问题的解决在一次电池中已经积累了丰富的经验，因此采用 LiMn$_2$O$_4$ 阴极材料对环境保护有利。

3. 橄榄石结构的正极材料

橄榄石结构的 LiMPO$_4$（M = Fe、Mn 等）属正交晶系，pmnb 空间群。LiMPO$_4$ 由 LiO$_6$ 八面体、MO$_6$ 八面体和 PO$_4$ 四面体组成。在实际应用中，材料容量比理论值低。但由于 P-O 键的强作用力，P 起到了稳定整个骨架的作用，因而材料的热稳定很好，耐过充能力强。1997 年 Padhi 和 Goodenough 发现具有橄榄石结构的磷酸盐可用作正极材料，如磷酸铁锂（LiFePO$_4$）因其资源丰富、成本低等优点在系列橄榄石结构中最早实现商业化应用，已成为目前主流大电流放电的动力锂电池正极材料。

3.2.2 锂离子电池负极材料

1989 年，索尼公司研究发现可以用石油焦碳材料替代金属锂制作二次电池，真正拉开了锂离子电池规模化应用的序幕，负极材料的研究也自此开始。之后的

30 年时间里，先后有碳、钛酸锂、硅基材料等三代产品作为负极材料使用。在液态锂离子电池首次充放电过程中，负极材料与电解液在固液相界面上发生反应，在负极表面生成一层具有 Li^+ 离子导电性和电子绝缘性的钝化层，因此这层钝化膜被称为固体电解质界面（Solid Electrolyte Interface，SEI）膜。其组成包括无机成分如 Li_2CO_3、LiF、Li_2O、LiOH 等和有机成分 $ROCO_2Li$、ROLi、$(ROCO_2Li)_2$ 等。SEI 膜的形成消耗了部分锂离子，能保证后续循环时电解液与负极间具有良好的界面稳定性，避免电解液的持续损耗和溶剂分子共嵌入层状负极，因而大大提高了电极的循环性能和使用寿命。理想的锂离子电池负极材料应具备以下特点。

1）在整个电压范围内具有良好的化学稳定性，形成 SEI 膜后不与电解质等发生反应。

2）Li^+ 嵌入/脱出应可逆且主体结构没有或很少变化。

3）Li^+ 嵌入/脱出电位（氧化还原电位）低，从而保证电池具有较高的输出电压。

4）可逆嵌入/脱出锂的容量高，保证电池高比能量。

5）Li^+ 嵌入/脱出电位（氧化还原电位）变化小，可保持较平稳的充电和放电平台。

6）高的电子电导率和离子电导率，可进行大电流充放电。

1. 碳材料

碳材料是当今商业化应用最广泛、最普遍的负极材料，主要包括天然石墨、人造石墨、软碳、硬碳、MCNB（中间相碳微球），在下一代负极材料成熟之前，碳材料特别是石墨材料仍将是负极材料的首选和主流[13]。

（1）石墨

根据其原料和加工工艺，石墨可分为天然石墨和人造石墨，因其具有对锂电位低、首次效率高、循环稳定性好、成本低廉等优点，石墨成为目前锂离子电池应用中理想的负极材料。

天然石墨一般采用天然鳞片石墨为原料，经过改性处理制成球形天然石墨使用。其中鳞片石墨晶面间距（d002）为 0.335nm，主要为 2H+3R 晶面排序结构，即石墨层按 ABAB 及 ABCABC 两种顺序排列。含碳 99% 以上的鳞片石墨，可逆容量可达 300~350mA·h/g。无定形石墨纯度低，石墨晶面间距（d002）为 0.336nm。主要为 2H 晶面排序结构，即按 ABAB 顺序排列，可逆比容量仅为 260mA·h/g，不可逆比容量在 100mA·h/g 以上。

天然石墨虽然应用广泛，但存在几个缺点：①天然石墨表面缺陷多，比表面积大，首次效率较低；②天然石墨在充电的过程中，会发生溶剂分子随锂离子共嵌入石墨片层而引起石墨层"剥落"的现象，造成结构的破坏从而导致电极循环性能迅速变坏；③天然石墨具有强烈的各向异性，锂离子仅能从端面嵌入，倍率性能差易析锂。常用的改性方法有机械研磨、氧化处理、碳包覆、元素掺杂。

人造石墨是将易石墨化炭（如沥青焦炭）在 N_2 气氛中于 1900~2800℃ 经高温石墨化处理制得。常见的人造石墨有中间相碳微球（MCMB）、石墨化碳纤维。人造石墨一般采用致密的石油焦或针状焦作为前驱体制成，避免了天然石墨的表面缺陷，但仍存在因晶体各向异性导致倍率性能差、低温性能差、充电易析锂等问题。人造石墨的改性方式不同于天然石墨，一般通过颗粒结构的重组实现降低石墨晶粒取向度（OI 值）的目的。通常选取直径为 8~10μm 的针状焦前驱体，采用沥青等易石墨化材料作为黏结剂的碳源，通过滚筒炉处理，使数个针状焦颗粒黏合，制成粒径 D50 范围为 14~18μm 的二次颗粒后完成石墨化，有效降低材料 OI 值。

（2）软碳

软碳又称为易石墨化碳材料，是指在 2500℃ 以上的高温下能石墨化的无定形碳材料。一般而言，根据前驱体烧结温度的区别，软碳会产生 3 种不同的晶体结构，分别是无定形结构、湍层无序结构和石墨结构，石墨结构也就是常见的人造石墨。其中无定形结构由于结晶度低，层间距大，与电解液相容性好，因此低温性能优异，倍率性能良好，从而受到人们的广泛关注。

（3）硬碳

硬碳又称为难石墨化碳材料，在 3000℃ 以上的高温也难以石墨化，一般是前驱体经 500~1200℃ 范围内热处理得来。常见的硬碳有树脂碳、有机聚合物热解碳、炭黑、生物质碳 4 类，其中酚醛树脂在 800℃ 热解，可得到硬碳材料，其首次充电克容量可达 800mA·h/g，层间距 d002>0.37nm（石墨为 0.3354nm），大的层间距有利于锂离子的嵌入和脱嵌，因此硬碳具有极好的充放电性能，正成为负极材料新的研究热点。但是硬碳首次不可逆容量很高，电压平台滞后，压实密度低，容易产气也是其不可忽视的缺点。

2. 钛酸锂材料

钛酸锂（LTO）[14] 是一种由金属锂和低电位过渡金属钛组成的复合氧化物，属于 AB_2X_4 系列的尖晶石型固溶体。钛酸锂的理论克容量为 175mA·h/g，实际克容量大于 160mA·h/g，是目前已经产业化的负极材料之一。由于碳材料存在的安全隐患，钛酸锂得益于以下独特优点而成为负极发展的新方向。

1）零应变性：钛酸锂晶胞参数 $a=0.836$nm，充放电时锂离子的嵌入脱出对其晶型结构几乎不产生影响，避免了充放电过程中材料伸缩导致的结构变化，从而具有极高的电化学稳定性和循环寿命。

2）无析锂风险：钛酸锂对锂电位高达 1.55V，首次充电不形成 SEI 膜，首次效率高，热稳定性好，界面阻抗低，低温充电性能优异，可在 -40℃ 充电。

3）三维快离子导体：钛酸锂是三维尖晶石结构，嵌锂空间远大于石墨层间距，离子电导比石墨材料高一个数量级，特别适合大倍率充放电。

但钛酸锂也因为克容量低、电压平台低导致电池比能量低。由于其纳米化材料吸湿性强，高温产气严重。针对钛酸锂高温产气的问题，目前工业中需要严格控制环境湿度和操作时水分引入等；电解液增加新型添加剂，抑制钛酸锂与电解液界面发生副反应。

3. 硅基材料

硅被认为是最有前景的负极材料之一，其理论克容量可达 4200mA·h/g，超过石墨材料 10 倍以上，同时 Si 的嵌锂电位高于碳材料，充电析锂风险小，更加安全。目前，硅基材料的研究热点分为两个方向，分别是纳米硅碳材料和硅氧（SiO_x）负极材料[15]。作为合金类负极，脱嵌锂会带来巨大的体积膨胀和收缩而导致颗粒破碎粉化及电极结构破坏，造成电化学性能失效。同时由于膨胀收缩带来的 SEI 膜不断破坏重组，持续消耗电解液和可逆锂源导致电极容量衰减加速，充放电效率急剧降低。针对以上问题，学者们近年来不断探索新方法改善硅负极材料性能，目前的主流方向是采用石墨作为基体，掺入质量分数为 5% ~ 10% 的纳米硅或 SiO_x 组成复合材料并进行碳包覆，抑制颗粒体积变化，提高循环稳定性。

3.2.3 电解质

对于锂离子电池来说，电解质成分的选择与现有电极材料密切相关，电极/电解质界面成分最终决定了电解质的优化方向[16]。锂离子电池电解液主要由锂盐、溶剂和添加剂三类物质组成，原则上，理想的电解质应具备以下特征：在较宽温度范围内为液体，并具有较高锂离子电导率，达到或接近 10^{-2} S/cm，以满足不同条件下的应用要求；热性能稳定，在较宽的范围内不发生分解反应；电化学窗口大，分解电压可以达到甚至超过 4.5V（Li/Li⁺），即电化学性能在较宽的范围内稳定；化学稳定性高，即与电池体系的电极材料如正极、负极、隔膜、胶黏剂等基本不发生反应；毒性低，使用安全；尽量能促进电极可逆反应的进行；对于商品锂离子电池，易制备，成本低[17]。

1. 锂盐

锂盐的种类众多，但商业化锂离子电池的锂盐却很少。理想的锂盐需要具有如下性质：

1）有较小的缔合度，易溶解于有机溶剂，保证电解液高离子电导率。

2）阴离子有抗氧化性及抗还原性，还原产物利于形成稳定低阻抗 SEI 膜。

3）化学稳定性好，阴离子和阳离子均不与电极材料、电解液、隔膜、集流体等发生有害副反应。

4）制备工艺简单，成本低，无毒无污染，具有较好的热稳定性。

上述这些苛刻条件限制了电解液溶质的原则范围，锂离子半径较小，普通锂盐如 LiF 在低介电常数的溶剂中溶解度非常有限。包含较大阴离子的锂盐溶解性更强，如 Br$^-$、I$^-$、RCOO$^-$ 等，但锂离子电池工作电压范围内也更容易被正极氧化。复合阴离子锂盐，如 LiPF$_6$ 具有较好的溶解性。PF$_6^-$ 作为超酸阴离子，由于强电负性 Lewis 酸配体的存在，唯一的负电荷可以实现均匀分布。常见的锂盐一览表见表 3-1。

表 3-1 常见的锂盐一览表

电解质种类	简称	特点
高氯酸锂	LiClO$_4$	容易爆炸，主要在实验室用
四氟硼酸锂	LiBF$_4$	对水分较不敏感，稳定性较好，但导电性及循环性差
六氟砷酸锂	LiAsF$_6$	性能好，不易分解，但价格昂贵，会中毒
六氟磷酸锂	LiPF$_6$	导电率高，但易水解，热稳定性差
双三氟甲基磺酰亚胺锂	LiTFSI	热稳定性、循环性好，但离子导电率低
双草酸硼酸锂	LiBOB	热稳定性和电化学稳定性好，但在溶剂体系中溶解度低，电导率低

2. 有机溶剂

液态电解质的主要成分是有机溶剂，溶解锂盐并为锂离子提供载体。理想的锂离子电池电解液的有机溶剂需要满足如下条件：

1）介电常数高，对锂盐的溶解能力强。

2）熔点低，沸点高，在较宽的温度范围内保持液态。

3）黏度小，便于锂离子的传输[18]。

4）化学稳定性好，不破坏正负电极结构或溶解正负电极材料。

5）闪电高，安全性好，成本低，无毒无污染。

常见的可用于锂离子电池电解液的有机溶剂主要分为碳酸酯类溶剂和有机醚类溶剂。为了获得性能较好的锂离子电池电解液，通常使用含有两种或两种以上有机溶剂的混合溶剂，同时使用高介电常数有机溶剂和低黏度有机溶剂，使其能够取长补短，得到较好的综合性能。常用的混合溶剂体系有 EC+DEC、EC+DMC、DOL+DME 等。常见的有机溶剂一览表见表 3-2。

表 3-2　常见的有机溶剂一览表

溶剂名称	溶剂简称	介电常数	黏度/(mPa·s)	熔点/℃	沸点/℃	分解电压/V
乙烯碳酸酯	EC	90	1.9	37	238	5.8
丙烯碳酸酯	PC	65	2.5	-49	242	5.8
二甲基碳酸酯	DMC	3.1	0.59	3	90	5.7
二乙基碳酸酯	DEC	2.8	0.75	-43	127	5.5
乙基甲基碳酸酯	EMC	2.9	0.65	-55	108	—
二甲醚	DME	7.2	0.46	-58	84	4.9

3. 添加剂

添加剂用量少，效果显著，是一种经济实用的改善锂离子电池相关性能的方法。通过在锂离子电池的电解液中添加较少剂量的添加剂[19]，就能够针对性地提高电池的某些性能，例如可逆容量、电极/电解液相容性、循环性能、倍率性能和安全性能等，在锂离子电池中起着非常关键的作用。理想的锂离子电池电解液添加剂应该具备以下几个特点[20]：

1）在有机溶剂中溶解度较高。

2）少量添加就能使一种或几种性能得到较大改善。

3）不与电池其他组成成分发生有害副反应，影响电池性能。

4）成本低廉，无毒或低毒性。

添加剂的种类繁多，根据功能的不同，可分为导电添加剂、过充保护添加剂、阻燃添加剂、SEI 成膜添加剂、正极材料保护剂、电解液稳定剂、除酸除水添加剂、浸润性添加剂等。

3.2.4　隔膜

作为锂离子电池的四大构件之一，隔膜位于电池内部正负极之间，是一种具有微孔结构的薄膜，是锂离子电池产业链中最具技术壁垒的关键内层组件。主要作用是分隔正负极，防止其直接接触造成短路，同时 Li$^+$ 可穿过微孔形成充放电回路，保障电池正常工作。其性能决定了电池的界面结构及内阻，直接影响电池的容量、循环及安全性能。隔膜在电池中的成本占比，一般在 8% ~ 10%。隔膜的基本性能要求需要至少满足六个条件[21]：①具有良好的电解液离子透过性；②厚度尽可能薄，但具有较强的物理耐久性；③较为均匀的孔径和孔隙率；④对电解液的浸润性好并具有足够的吸液保湿能力；⑤化学稳定性；⑥绝缘性，阻断电子流动产生的自放电过程等。

隔膜的物理性质也取决于制备过程，因为制备过程决定了孔道的尺寸和取向。按工艺分类，隔膜主要有两种：干法（熔融拉伸法）（Celgard 商业化生产的 PP-PE-PP 复合隔膜）和湿法（热致相分离法）（Exxon Mobil 公司商业化生产的 PE 单组份隔膜）[22]。干法主要生产 PP 膜，经历几十年的发展，工艺较为成熟，具体分为单向拉伸和双向拉伸；湿法主要生产 PE 膜。干法工艺主要是将聚烯烃树脂熔融，挤出制成结晶性聚合物薄膜，结晶化后获得高结晶度结构，随后在高温下拉伸，将结晶结构剥离，形成多孔薄膜。该方法设备成熟、流程相对简单、生产无污染[23]。干法、湿法隔膜微观形貌如图 3-3 所示。

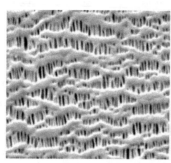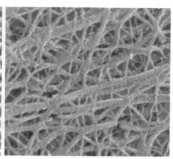

图 3-3　干法（左）、湿法（右）隔膜微观形貌

湿法工艺主要是将液态烃或一些高沸点小分子物质与聚烯烃树脂混合后熔融，经挤出、流延、双向拉伸、萃取等工艺制备出相互贯通的微孔膜。隔膜在锂离子电池开发的初期主要应用在 3C 领域，对能量密度和电池容量要求低，无需大电流充放电，因此干法隔膜较为适用。而通过湿法制备的隔膜具有弯曲和相互连接的多孔结构，有利于在快充或低温充电时抑制石墨负极上锂枝晶的生长，因此更适用于长循环寿命的电池。锂离子电池常用的隔膜厚度为 $25\mu m$，为了进一步提升能量密度，其厚度逐渐向 $10\mu m$ 指标缩减，但隔膜太薄会存在锂枝晶刺穿的安全隐患。

随着对锂离子电池的安全性和快充的要求越来越高，在湿法隔膜上使用陶瓷、芳纶等材料进行涂布以增强纯聚合物 PP、PE 膜的性能参数已成为湿法隔膜主流的技术方向。目前，市场主流的涂覆有两类：无机涂覆和有机涂覆。无机涂覆主要使用陶瓷材料，在隔膜表面涂覆无机陶瓷材料能有效改善隔膜性能，包括热稳定性、耐高温、提高穿刺强度；也可以使用勃姆石涂布，该材料是继陶瓷材料之后的新兴无机涂布材料，能有效提升安全性、充放电性能和循环性能等。对于有机涂覆，其中芳纶涂布目前应用较广，相对于无机陶瓷其在浸润性和轻量化方面具有一定的优势。如 PVDF（聚偏氟乙烯）涂覆隔膜具有低内阻、高（厚度/空隙率）均一性、力学性能好、化学与电化学稳定性好等特点[24]。这些隔膜具有很高的热稳定性，并在高温下不会发生热收缩，接触黏度较高的液态电解液时表现出优异的润湿性。气相聚合获得聚吡咯改性后的隔膜如图 3-4 所示。

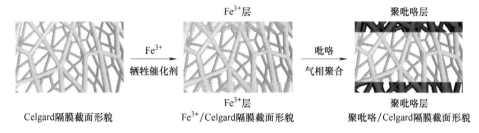

图 3-4　气相聚合获得聚吡咯改性后的隔膜[24]

3.3　锂离子电池储能相关政策和市场分析

3.3.1　锂离子电池储能关键政策

近年来，随着锂离子电池的迅猛发展，其在储能领域的应用得到了大力推广，尤其是在储能电力的应用更为普及。锂离子电池应用于储能领域，不仅可以参与调峰、调频等，同时能够促进储能产业发展，助力"碳中和""碳达峰"国家双碳战略目标。回顾过去近十年，我国在储能领域陆续出台了多项政策，支持储能产业发展，见表 3-3。

表 3-3　近十年储能相关政策

时间	发布主体	政策名称	储能领域相关内容
2014 年 11 月	国务院办公厅	《能源发展战略行动计划（2014—2020 年）》	首次将储能列入 9 个重点创新领域之一，并确立包括大容量储能在内的 20 个重点创新方向。鼓励大型公共建筑及公用设施、工业园区等建设屋顶分布式光伏发电，加强电源与电网统筹规划，科学安排调峰、调频、储能配套能力，切实解决弃风、弃水、弃光问题
2015 年 3 月	国务院办公厅	《进一步深化电力体制改革的若干意见》	加强电力行业及相关领域科学监督，保障新能源并网接入，明确储能参与调峰和可再生能源消纳

（续）

时间	发布主体	政策名称	储能领域相关内容
2015 年 9 月	国家发展改革委、国家能源局、工业和信息化部	《推进"互联网+"智慧能源发展的指导意见》	推动在集中式新能源发电基地配置适当规模的储能电站，实现储能系统与新能源、电网的协调优化运行；推动电动汽车废旧动力电池在储能电站等储能系统实现梯次利用；推动建设家庭应用场景下的分布式储能设备
2016 年 3 月	中共中央委员会	"十三五"规划	大力推进高效储能等新兴前沿领域创新和产业化
2016 年 4 月	国家发展改革委、国家能源局	《能源技术革命创新行动计划（2016—2030）》	明确提出先进储能技术创新，研究面向电网调峰提效、区域供能应用的物理储能技术，研究面向可再生能源并网、分布式及微电网、电动汽车应用的储能技术，掌握储能技术各环节的关键核心技术，完成示范验证
2016 年 5 月	国家发展改革委、国家能源局、财政部、环境保护部、住房城乡建设部、工业和信息化部、交通运输部、中国民用航空局	《关于推进电能替代的指导意见》	在可再生能源装机比重较大的电网地区，推广应用储能装置，提高系统调峰调频能力，消纳更多可再生能源
2016 年 6 月	国家发展改革委、工业和信息化部、国家能源局	《中国制造 2025-能源装备实施方案》	储能设备要做好技术攻关、试验示范和推广应用，包括用锂离子电池设计及制备技术、电池系统集成技术和电池系统与功率变换匹配技术以及储能机组群控等技术进行储能
2016 年 6 月	国家能源局	《关于促进电储能参与"三北"地区电力辅助服务补偿（市场）机制试点工作的通知》	进一步探索发挥电储能技术在电力系统调峰调频方面的作用，推动建立辅助服务共享分担新机制，开展电储能参与电力辅助服务补偿（市场）机制试点，挖掘电力系统接纳可再生能源的潜力

（续）

时间	发布主体	政策名称	储能领域相关内容
2016 年 12 月	国家发展改革委	《可再生能源发展"十三五"规划》	推动储能技术示范应用，配合国家能源战略行动计划，推动储能技术在可再生能源领域的示范应用，实现储能产业在市场规模、应用领域和核心技术等方面的突破
2016 年 12 月	国家发展改革委、国家能源局	《能源发展"十三五"规划》	增强对能源的储备运输能力，加快优质调峰电源建设；积极发展储能，显著提高电力系统调峰和消化可再生能源能力
2017 年 10 月	国家发展改革委、财政部、科学技术部、工业和信息化部、国家能源局	《关于促进储能技术与产业发展的指导意见》	推进储能技术装备研发示范、储能提升可再生能源利用水平应用示范、储能提升能源电力系统灵活性稳定性应用示范、储能提升用能智能化水平应用示范、储能多元化应用支撑能源互联网应用示范等重点任务
2017 年 10 月	国家发展改革委、国家能源局	《关于开展分布式发电市场化交易试点的通知》	分布式发电项目可采取多能互补方式建设，鼓励分布式发电项目安装储能设施，提升供电灵活性和稳定性
2017 年 11 月	国家能源局	《完善电力辅助服务补偿（市场）机制工作方案》	扩大电力辅助服务，鼓励储能设备、需求侧资源参与提供电力辅助服务，允许第三方提供参与电力辅助服务
2017 年 11 月	中共中央、国务院	《推进价格机制改革的若干意见》	完善资源、能源在发展中的价格变化机制，研究有利于储能发展的价格机制
2018 年 3 月	国家能源局	《2018 年能源工作指导意见》	积极推进储能技术试点示范项目建设，着力解决清洁能源消纳问题
2018 年 7 月	国家发展改革委	《创新和完善促进绿色发展价格机制的意见》	完善差别化电价政策，完善峰谷电价形成机制，完善部分环保行业用电支持政策，利用峰谷电价差、辅助服务补偿等市场化机制，促进储能发展
2019 年 1 月	南方电网	《促进电化学储能发展的指导意见》	通过深化储能影响研究，推动储能技术应用，规范储能并网管理，引领储能产业发展来投资、建设、运营储能系统

（续）

时间	发布主体	政策名称	储能领域相关内容
2019 年 2 月	国家电网	《促进电化学储能健康有序发展的指导意见》	推动了关于储能发展、储能和电网统筹规划、接入系统和调控管理、保证储能安全、开展储能投资等建设
2019 年 7 月	国家能源局、国家发展改革委、科技部、工业和信息化部	《贯彻落实〈关于促进储能技术与产业发展的指导意见〉2019—2020 年行动计划》	加强先进储能技术研发和智能制造升级；完善落实促进储能技术与产业发展的政策；推进储能项目示范和应用
2020 年 1 月	教育部、国家发展改革委、国家能源局	《储能技术专业学科发展行动计划（2020—2024 年)》	加快储能学科专业建设，完善储能技术学科专业宏观布局；深化多学科人才交叉培养，推动建设储能技术学院（研究院）；推动人才培养与产业发展有机结合，加强产教融合创新平台建设；加强储能技术专业条件建设，完善产教融合支撑体系
2020 年 3 月	国家标准化管理委员会	《2020 年全国标准化工作要点》	加强有关新能源发电并网、电力储能、电力需求侧管理等重要标准研制
2020 年 4 月	国家能源局	《中华人民共和国能源法》	促进能源高质量发展，推进能源治理体系和治理能力现代化建设。加强电网建设，扩大可再生能源配置范围；发展智能电网和储能技术
2020 年 8 月	国家发展改革委、国家能源局	《国家发展改革委、国家能源局关于开展"风光水火储一体化""源网荷储一体化"的指导意见》	以大型煤炭（或煤电）基地为基础，优先汇集近区新能源电力，优化配套储能规模，明确"风光火储一体化"实施方案；研究建立"源网荷储一体化"灵活高效互动的电力运行与市场体系，充分发挥区域电网的调节作用，落实各类电源、电力用户、储能、虚拟电厂参与市场的机制。提升能源电力发展质量和效率，增加一定比例储能、优化配套储能规模，充分发挥配套储能设施的调峰、调频作用，最小化风光储综合发电成本

（续）

时间	发布主体	政策名称	储能领域相关内容
2021 年 7 月	国家发展改革委、国家能源局	《加快推动新型储能发展的指导意见》	统筹开展储能专项规划、推进电源侧储能项目建设、推动电网侧储能合理化布局、支持用户侧储能多元化发展
2022 年 3 月	国家发展改革委、国家能源局	《"十四五"新型储能发展实施方案》	注重系统性谋划储能技术创新、强化示范引领带动产业发展、以规模化发展支撑新型电力系统建设、强调以体制机制促进市场化发展、着力健全新型储能管理体系、完善新型储能领域国际能源合作机制。到 2025 年，电化学储能技术性能进一步提升，系统成本降低 30% 以上；到 2030 年，新型储能全面市场化发展
2023 年 1 月	国家能源局	《新型电力系统发展蓝皮书（征求意见稿）》	要求电力供给结构以化石能源发电为主体向新能源提供可靠电力支撑转变，系统形态由"源网荷"三要素向"源网荷储"四要素转变，电力系统调控运行模式由单向计划调度向源网荷储多元智能互动转变。打造"新能源+"模式，加快提升新能源可靠替代能力，推动系统友好型"新能源+储能"电站建设，实现新能源与储能协调运行，大幅提升发电效率和可靠出力水平

2014 年 11 月，国务院办公厅印发了《能源发展战略行动计划（2014—2020 年）》（以下简称《行动计划》）[25]，明确了 2020 年我国能源发展的总体目标、战略方针和重点任务，部署推动能源创新发展、安全发展、科学发展，首次将储能列入 9 大重点创新领域之一。

《行动计划》指出，要大力发展风电，重点规划建设酒泉、内蒙古西部、内蒙古东部、冀北、吉林、黑龙江、山东、哈密、江苏 9 个大型现代风电基地以及配套送出工程。以南方和中东部地区为重点，大力发展分散式风电，稳步发展海上风电。要加快发展太阳能发电，有序推进光伏基地建设，同步做好就地消纳利用和集中送出通道建设。加快建设分布式光伏发电应用示范区，稳步实施太阳能热发电示范工程。加强太阳能发电并网服务，鼓励大型公共建筑及公用设施、工业园区等建设屋顶分布式光伏发电。要提高可再生能源利用水平，加强电源与电网统筹规划，科学安排调峰、调频、储能配套能力，切实解决弃风、弃水、弃光问题。

2015年3月，国务院办公厅印发了《关于进一步深化电力体制改革的若干意见》（以下简称《意见》）[26]，明确了储能参与电力和可再生能源消纳的身份。

《意见》指出，新能源和可再生能源开发利用面临困难。光伏发电等新能源产业设备制造产能和建设、运营、消费需求不匹配，没有形成研发、生产、利用相互促进的良性循环，可再生能源发电保障性收购制度没有完全落实，新能源和可再生能源发电无歧视、无障碍上网问题未得到有效解决。要积极发展分布式电源，分布式电源主要采用"自发自用、余量上网、电网调节"的运营模式，在确保安全的前提下，积极发展融合先进储能技术、信息技术的微电网和智能电网技术，提高系统消纳能力和能源利用效率。要完善并网运行服务，加快修订和完善接入电网的技术标准、工程规范和相关管理办法，支持新能源、可再生能源、节能降耗和资源综合利用机组上网，积极推进新能源和可再生能源发电与其他电源、电网的有效衔接，依照规划认真落实可再生能源发电保障性收购制度，解决好无歧视、无障碍上网问题。加快制定完善新能源和可再生能源研发、制造、组装、并网、维护、改造等环节的国家技术标准。要全面放开用户侧分布式电源市场，积极开展分布式电源项目的各类试点和示范。放开用户侧分布式电源建设，支持企业、机构、社区和家庭根据各自条件，因地制宜投资建设太阳能、风能发电等各类分布式电源，准许接入各电压等级的配电网络和终端用电系统。

2016年4月，国家发展改革委、国家能源局印发了《能源技术革命创新行动计划（2016—2030年）》（以下简称《行动计划》）[27]，明确提出先进储能技术创新。

《行动计划》指出，研究太阳能光热高效利用高温储热技术、分布式能源系统大容量储热（冷）技术，研究面向电网调峰提效、区域供能应用的物理储能技术，研究面向可再生能源并网、分布式及微电网、电动汽车应用的储能技术，掌握储能技术各环节的关键核心技术，完成示范验证，整体技术达到国际领先水平，引领国际储能技术与产业发展。

2017年10月，国家发展改革委、财政部、科技部、工业和信息化部、国家能源局五部门联合印发了《关于促进储能技术与产业发展的指导意见》（以下简称《指导意见》）[28]，明确了促进我国储能技术与产业发展的重要意义、总体要求、重点任务和保障措施。

《指导意见》指出，储能是智能电网、可再生能源高占比能源系统、"互联网+"智慧能源的重要组成部分和关键支撑技术。储能是提升传统电力系统灵活性、经济性和安全性的重要手段，是推动主体能源由化石能源向可再生能源更替的关键技术，是构建能源互联网、推动电力体制改革和促进能源新业态发展的核心基础。近年来，我国储能呈现多元发展的良好态势，总体上已经初步具备了产业化的基础。

《指导意见》强调，要着眼能源产业全局和长远发展需求，紧密围绕改革创新，以机制突破为重点、以技术创新为基础、以应用示范为手段，大力发展"互联网+"智慧能源，促进储能技术和产业发展。要着力推进储能技术装备研发示范、储能提升可再生能源利用水平应用示范、储能提升能源电力系统灵活性稳定性应用示范、储能提升用能智能化水平应用示范、储能多元化应用支撑能源互联网应用示范等重点任务，为构建"清洁低碳、安全高效"的现代能源产业体系，推进我国能源行业供给侧结构性改革、推动能源生产和利用方式变革做出新贡献，同时带动从材料制备到系统集成全产业链发展，为提升产业发展水平、推动经济社会发展提供新动能。

《指导意见》要求，各有关单位要按照"政府引导，企业参与""创新引领，示范先行""市场主导，改革助推""统筹规划，协调发展"的基本原则，通过加强组织领导、完善政策法规、开展试点示范、建立补偿机制、引导社会投资、推动市场改革等措施切实推动储能技术与产业的发展。"十三五"期间，建成一批不同技术类型、不同应用场景的试点示范项目，研发一批重大关键技术与核心装备，形成一批重点储能技术规范和标准，探索一批可推广的商业模式，培育一批有竞争力的市场主体，推动储能产业发展进入商业化初期，储能对于能源体系转型的关键作用初步显现。"十四五"期间，形成较为完整的产业体系，全面掌握国际领先的储能关键技术和核心装备，形成较为完善的技术和标准体系，基于电力与能源市场的多种储能商业模式蓬勃发展，形成一批有国际竞争力的市场主体，储能产业规模化发展，储能在推动能源变革和能源互联网发展中的作用全面展现。

2018 年 3 月，国家能源局印发了《2018 年能源工作指导意见》（以下简称《指导意见》）[29]，明确了着力解决清洁能源消纳问题，培育能源发展新动能，积极推进储能技术试点示范项目建设。

《指导意见》指出，要认真落实《解决弃水弃风弃光问题实施方案》，多渠道拓展可再生能源电力消纳能力。完善可再生能源开发利用目标监测评价制度，推动实行可再生能源电力配额制，落实可再生能源优先发电制度，推进可再生能源电力参与市场化交易，建立可再生能源电力消纳激励机制，做好可再生能源消纳与节能减排、能源消费总量控制等考核政策的衔接。优化可再生能源电力发展布局，优先发展分散式风电和分布式光伏发电，鼓励可再生能源就近开发利用。完善跨省跨区可再生能源电力调度技术支持体系，优化电网调度运行，提升可再生能源电力输送水平。加强电力系统调峰能力建设，继续实施煤电机组调峰灵活性改造，加快先进储能技术示范项目建设，推动先进储能技术应用。出台关于提升电力系统调节能力的指导意见，建立健全辅助服务补偿（市场）机制，切实提高电力系统调峰和消纳清洁能源的能力。

2019年7月，国家能源局、国家发展改革委、科技部、工业和信息化部四部门共同印发了《贯彻落实〈关于促进储能技术与产业发展的指导意见〉2019—2020年行动计划》（以下简称《行动计划》）[30]，明确了各部门职责，加强先进储能技术研发和智能制造升级，完善落实促进储能技术与产业发展的政策，推进储能项目示范和应用、新能源汽车动力电池储能化应用、储能标准化。

《行动计划》要求，由国家能源局牵头负责提升储能安全保障能力建设，规范电网侧储能发展，组织首批储能示范项目，积极推动储能国家电力示范项目建设，推进储能与分布式发电、集中式新能源发电联合应用，开展储能保障电力系统安全示范工程建设，推动储能设施参与电力辅助服务市场，开展充电设施与电网互动研究，完善储能相关基础设施，完善储能标准体系建设。由国家发展改革委牵头负责加大储能项目研发实验验证力度，推动配套政策落地，建立完善峰谷电价政策，为储能行业和产业的发展创造条件，完善储能相关基础设施，为新能源汽车动力电池储能化应用奠定基础。由科技部牵头负责加强先进储能技术研发，加强对先进储能技术研发任务的部署，集中攻克制约储能技术应用与发展的规模、效率、成本、寿命、安全性等方面的瓶颈技术问题，使我国储能技术在未来5~10年甚至更长时期内处于国际领先水平，形成系统、完整的技术布局，在重要的战略必争技术领域占据优势，形成新的具有核心竞争力的产业链。由工业和信息化部牵头负责推动储能产业智能升级和储能装备的首台（套）应用推广。

2020年8月，国家发展改革委、国家能源局联合印发了《关于开展"风光水火储一体化""源网荷储一体化"的指导意见》（以下简称《指导意见》）[31]，明确提出"风光水火储一体化"和"源网荷储一体化"两个"一体化"建设，促进了储能技术和电力产业融合，加快了"可再生能源+储能"的发展步伐。

《指导意见》指出，"风光水火储一体化"要优化配套储能规模，根据当地资源条件和能源特点，因地制宜明确风光水火储一体化实施方案，并增加一定比例储能，充分发挥配套储能设施的调峰、调频作用，最小化风光储综合发电成本，提升竞争力。"源网荷储一体化"要通过优化整合本地电源侧、电网侧、负荷侧资源要素，构建源网荷高度融合的新一代电力系统，实现源、网、荷、储的深度协同。

2021年7月，国家能源局印发了《加快推动新型储能发展指导意见》（以下简称《指导意见》）[32]，明确提出了我国新型储能发展的主要目标。

《指导意见》指出，到2025年，实现新型储能从商业化初期向规模化发展转变。新型储能技术创新能力显著提高，核心技术装备自主可控水平大幅提升，在高安全、低成本、高可靠、长寿命等方面取得长足进步，标准体系基本完善，产业体系日趋完备，市场环境和商业模式基本成熟，装机规模达 3000 万 kW 以上。新型储能在推动能源领域碳达峰、碳中和过程中发挥显著作用。到 2030 年，实现新型储能全面市场化发展。新型储能核心技术装备自主可控，技术创新和产业水平稳居全球前列，标准体系、市场机制、商业模式成熟健全，与电力系统各环节深度融合发展，装机规模基本满足新型电力系统相应需求。新型储能成为能源领域碳达峰、碳中和的关键支撑之一。

2022 年 3 月，国家能源局印发了《"十四五"新型储能发展实施方案》（以下简称《实施方案》）[33]，明确提出了我国新型储能发展目标。

《实施方案》指出，到 2025 年，新型储能由商业化初期步入规模化发展阶段，具备大规模商业化应用条件。新型储能技术创新能力显著提高，核心技术装备自主可控水平大幅提升，标准体系基本完善，产业体系日趋完备，市场环境和商业模式基本成熟。其中，电化学储能技术性能进一步提升，系统成本降低 30% 以上；到 2030 年，新型储能全面市场化发展。新型储能核心技术装备自主可控，技术创新和产业水平稳居全球前列，市场机制、商业模式、标准体系成熟健全，与电力系统各环节深度融合发展，基本满足构建新型电力系统需求，全面支撑能源领域碳达峰目标如期实现。

2023 年 1 月，国家能源局印发了《新型电力系统发展蓝皮书（征求意见稿）》（以下简称《征求意见稿》）[34]，明确提出了我国新型储能发展目标。

《征求意见稿》指出，新能源快速发展，系统调节能力提升面临诸多掣肘，新能源消纳形势依然严峻。新能源占比的不断提高，其间歇性、随机性、波动性特点快速消耗电力系统灵活调节资源。虽然经过各方不断努力，全国新能源利用率总体保持较高水平，但消纳基础尚不牢固，局部地区、局部时段弃风弃光问题依然突出。未来，新能源大规模高比例发展对系统调节能力提出了巨大需求，但调节性电源建设面临诸多约束，区域性新能源高效消纳风险增大，制约新能源高效利用。要求电力供给结构以化石能源发电为主体向新能源提供可靠电力支撑转变，系统形态由"源网荷"三要素向"源网荷储"四要素转变，电力系统调控运行模式由单向计划调度向源网荷储多元智能互动转变。打造"新能源+"模式，加快提升新能源可靠替代能力，推动系统友好型"新能源+储能"电站建设，实现新能源与储能协调运行，大幅提升发电效率和可靠出力水平。

3.3.2 锂离子电池储能市场分析

1. 锂离子电池储能产业结构

如图 3-5 所示，锂离子电池储能产业从结构上大致可划分为上、中、下三大产业链，上游产业主要包括电池材料及生产设备供应，其中电池材料涵盖了正极材料、负极材料、电解液、隔膜和集流体、极耳等辅材；中游产业主要包括电池储能系统、储能系统集成和储能系统安装，其中电池储能系统囊括了电池组、电池管理系统（BMS）、变流器（PCS）和能量管理系统（EMS）；下游产业主要包括电力系统、备用电源和其他应用，其中电力系统应用主要集中在发电侧、电网侧和用户侧。

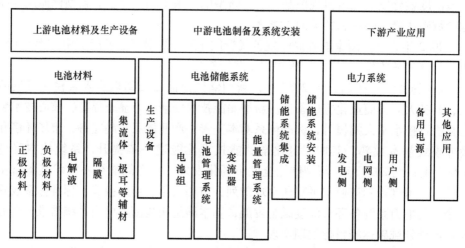

图 3-5　锂离子电池储能产业结构

如图 3-6 所示，在上游产业，正极材料代表企业有当升科技、德方纳米、安达科技、杉杉股份和容百科技等公司；负极材料代表企业有贝特瑞、杉杉科技、璞泰来、凯金能源和中科电气等公司；电解液代表企业有天赐材料、新宙邦、国泰华荣、杉杉股份和比亚迪等公司；隔膜代表企业有恩捷股份、星源材质、中材科技、中兴新材和河北金力等公司；电池生产设备代表企业有先导智能、科恒股份、赢和科技、杭可科技和利元亨等公司。

在中游产业，电池制造代表企业有宁德时代、比亚迪、国轩高科、中创新航和亿纬锂能等企业；电池管理系统代表企业有科工电子、高特电子、宁德时代、派能科技和协能科技等企业；变流器代表企业有阳光电源、科华数据、索英电气、上能电气和南瑞继保等企业；能量管理系统代表企业有阳光电源、中天科技、平高电气、许继电气和国电南瑞等公司；储能系统集成代表企业有阳光电源、科陆电子和南都电源等公司；储能系统安装代表企业有中国能建、中国电建和特变电工等企业。

在下游产业中，其主要代表企业主要有国家电投、国家能源、中国华能、中核集团等公司。

2. 锂离子电池材料市场分析及竞争格局

得益于 3C 电子产品、动力汽车和储能等产业的快速发展，锂离子电池出货

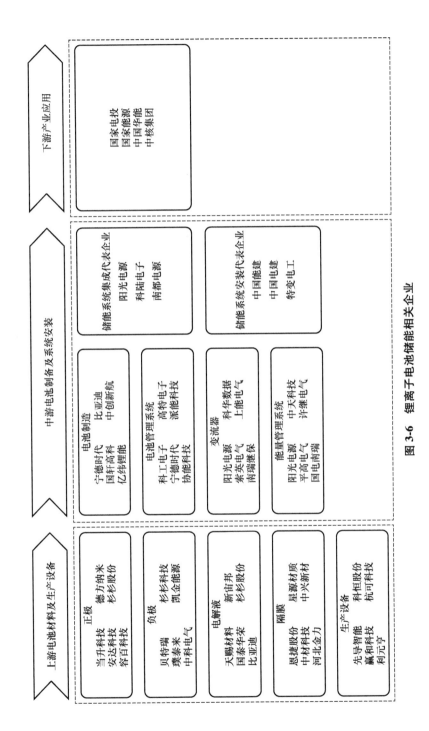

图 3-6 锂离子电池储能相关企业

量逐年快速提升，带动了我国锂离子电池正极材料、负极材料、电解液、隔膜等材料出货量快速增长。

如图 3-7 所示，2021 年国内锂离子电池正极材料出货量为 113 万 t，同比增长 121.57%；2022 年上半年国内锂离子电池正极材料出货量依然保持高速增长，达到 79.4 万 t，2022 年全年出货量约达 160 万 t。2021 年负极材料出货量为 72 万 t，同比增长 94.59%；2022 年上半年国内锂离子电池负极材料出货量保持高速增长，达到 54 万 t，2022 年全年出货量约达 110 万 t。2021 年电解液出货量为 44.1 万 t，同比增长 75%；2022 年上半年国内锂离子电池电解液出货量保持高速增长，达到 33 万 t，2022 年全年出货量约达 70 万 t。2021 年隔膜出货量为 78 亿 m²，同比增长 109.68%；2022 年上半年国内锂离子电池隔膜出货量保持高速增长，达到 54 亿 m²，2022 年全年出货量约达 110 亿 m²。

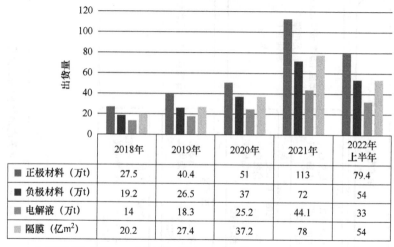

	2018年	2019年	2020年	2021年	2022年上半年
■ 正极材料（万t）	27.5	40.4	51	113	79.4
■ 负极材料（万t）	19.2	26.5	37	72	54
■ 电解液（万t）	14	18.3	25.2	44.1	33
□ 隔膜（亿m²）	20.2	27.4	37.2	78	54

■ 正极材料（万t）　■ 负极材料（万t）　■ 电解液（万t）　□ 隔膜（亿m²）

图 3-7　2021 年国内锂离子电池材料出货量[35-38]

锂离子电池的快速发展，不仅带动了锂离子电池材料出货量的高速增长，同时还进一步加剧了锂离子电池材料企业间的竞争格局，众多企业开始迅速加大投资力度、扩大产能以抢占市场。

如图 3-8a 所示，容百科技、天津巴莫和当升科技分别以 14%、12% 和 10% 的市场占有率位列国内锂离子电池正极材料出货量前三。但总体来看，正极材料前三名企业的市场占有率相差不大，也侧面反映出正极材料企业间竞争压力不断加大。如图 3-8b 所示，贝特瑞、杉杉股份和璞泰来分别以 44.7%、17.3% 和 10.7% 的市场占有率位列国内锂离子电池负极材料出货量前三。但值得注意的是，贝特瑞近年来不断加大研发力度，积极扩大产能，以绝对优势抢占榜首，遥遥领先市场占有率第二的杉杉股份 27.4 个百分点。如图 3-8c 所示,天赐材料、新宙邦和国泰华荣分别以 29.3%、17.6% 和 14.7% 的市场占有率位列国内锂离子电池电解液出货量前三。不难看出,广州天赐材料近年来在电解液产业的精耕细作,使其以较高的优势抢占榜首,领先市场占有率第二的新宙邦 11.7 个百分点。如图 3-8d 所示,恩捷股份、星源材料和中材科技分别以 38.6%、14.0% 和 10.5% 的市场占有率位列国内锂离子电池隔膜出货量前三。恩捷股份近年来同样不断加大研发力度,在湿法及干法制膜方面均有涉及,且不断扩大产业规模、积极扩大产能,以绝对优势抢占榜首,遥遥领先市场占有率第二的杉杉股份 24.6 个百分点。

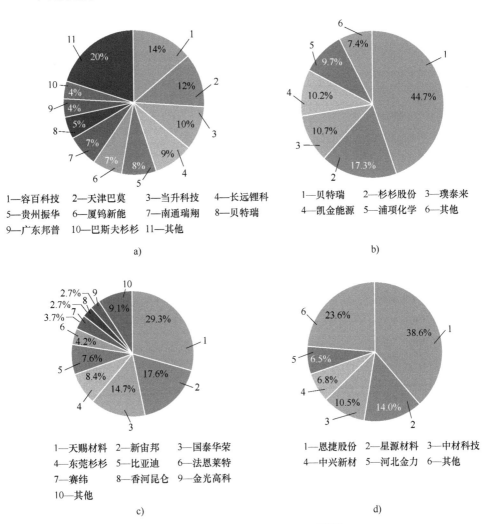

图 3-8 锂离子电池材料竞争格局[35-38]

3. 锂离子电池市场分析及未来预测

随着下游动力汽车和储能等产业的需求不断增长，全球锂离子电池出货量逐年迅速提升，我国锂离子电池产业发展势头也异常迅猛。

如图 3-9a 所示，2021 年锂离子电池全球出货量为 562.4GW·h，国内出货量为 327GW·h，占据全球市场比例高达 58.14%，这足以说明我国锂离子电池产业已相当成熟，在电池制造领域已处于领先地位。如图 3-9b 所示，除 3C 类小型电池外，动力电池及储能电池出货量在全球占比中稳步提升。得益于国家双碳战略目标及各种政策支持，国内储能项目纷纷落地，2018—2021 年以来，储能

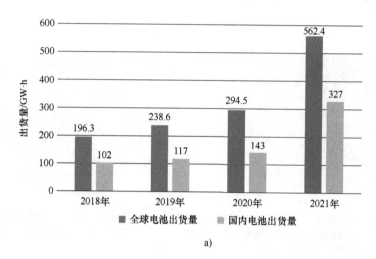

a)

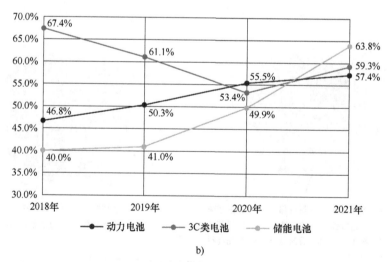

b)

图 3-9　2021 年锂离子电池市场情况

a）全球及国内出货量　b）国内出货量在全球占比

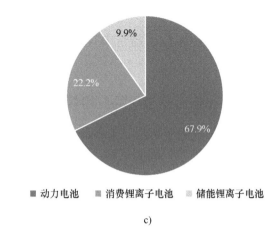

■ 动力电池　　■ 消费锂离子电池　　■ 储能锂离子电池

c)

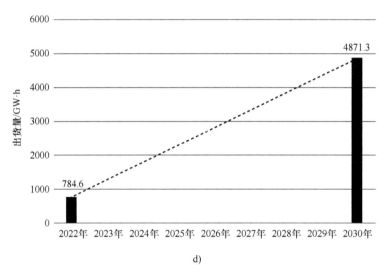

d)

图 3-9　2021 年锂离子电池市场情况（续）

c）2021 年国内各类电池占比　d）全球电池出货量预测[39,40]

类电池出货量在全球占比中提升尤为明显，从 40% 提升至 63.8%，提升了将近
24 个百分点。如图 3-9c 所示，2021 年储能电池出货量在国内占比达到 9.9%，
相信随着各类储能项目的实施落地，这一比例仍将继续上升。据 EVTank 分析，
随着全球动力汽车及储能产业的持续发展以及双碳目标的逐步推进，动力电池和
储能电池的需求量依然会持续以较高速度增长，该机构预测 2030 年之前全球锂
离子电池出货量的复合增长率将达到 25.6%，到 2030 年总体出货量或将接近
5000GW·h[39]，如图 3-9d 所示。

3.4　锂离子电池储能在电力系统中的应用及案例

3.4.1　锂离子电池储能在电力系统中的应用领域

当前，随着锂离子电池技术逐渐成熟，锂离子电池已广泛应用到储能领域，尤其是电力系统。按照其接入方式归属的不同，可大致将其应用场景分为发电侧、电网侧和用户侧，并在各个应用场景中发挥着相应的作用[41]。

1. 锂离子电池储能在发电侧的应用

（1）可再生能源平滑出力与自我消纳

随着全球工业高速发展，对能源的需求日益增长，同时也带来了严重的能源危机，为缓解能源危机，各国纷纷大力发展可再生能源产业，因而光电、风电等可再生能源并网成了缓解能源危机的必由之路。然而，光伏发电、风力发电等可再生能源受地域、天气等外部影响较大，导致其在并网出力上具有间接性、波动性和随机性等特点，严重威胁电网安全稳定运行。为维持电网安全稳定运行，普遍采取的方法是弃光、弃风，但是大范围的弃光、弃风势必会造成可再生能源的浪费，也不利于可再生能源产业的发展。为解决该问题，利用可再生能源发电系统与电池储能系统联合运行[42]，当负载较小时将发电余量存储到电池储能系统中，当负载过大时将电池储能系统中存储的电量回输到电网中。通过这一途径，能够有效平滑发电出力，使电网可以安全稳定运行。储能技术使可再生能源变得可控可调，有利于满足并网的各项技术要求，促进光伏发电及风电可靠安全并网，从而达到可再生能源自我消纳的目的[43]，也可进一步促进可再生能源的大规模开发利用。

（2）监控出力和经济调度

可再生能源发电系统出力普遍存在随机性和间歇性等问题，且极难准确预测[44,45]，制订科学合理的日前、日内及超短期（实时）出力计划，在满足调度及储能约束的前提下保证可再生能源发电系统的高效输出是关键。在出力计划跟踪方面，当前研究主要可分为日前、日内及实时出力计划跟踪三个方面。针对日前出力计划，大量文献分别针对有功功率计划和无功功率计划提出了储能装置对可再生能源发电系统出力的补偿控制方法，取得了削峰填谷的良好效果。针对日内出力计划，主要工作集中在如何引入基于实时电价、负载需求和可再生能源发电系统出力等因素构建出最优性能指标函数，在最大限度地跟踪出力计划的同时，实现延长电池使用寿命等附加目标。针对实时出力计划的跟踪方案，则更多地将减少日前短期可再生能源发电系统出力预测误差作为其控制目标。电池储能系统对于增强可再生能源发电系统的调度计划跟踪能力、提高新能源利用率具有重要的作用[46]。

（3）调频调峰

在发电侧安装电池储能系统时，可以有效调整有功、无功的输入输出，从而起到调频调峰等作用，提高并网电能质量。电池储能系统增加了电力生产部门的调频调压功能，适用于可再生能源发电和传统能源发电。在可再生能源发电中，基于转矩限制控制的惯性控制方法可以实现电池储能系统和永磁同步风力发电机的联合控制，改进了风电机组并网过程。在传统能源发电方面，通过对电池储能系统进行调频，从而提高常规火力发电的 AGC 性能，这一经济效益得到确认，现场试验结果也得到证实，它显示了储能系统对提高发电机组调频能力的效果[47]。

电池储能系统可以参与电力系统调峰，在负载较小时负荷低谷时吸纳电能充电，在负载较大时输出电能放电，不仅有效地提高了电网运行的安全，还大大地提升了电力部门的经济效益[42]。

（4）黑启动

电力系统黑启动是指在重大电力系统故障或全系统范围停电的情况下，在没有电网支持的情况下重启无自启动能力的发电机组，逐渐扩大系统恢复范围，最终实现整个系统的恢复。而采用电池储能系统与发电机组相连，则可以在整个电力系统全范围瘫痪时，提供备用电源，实现黑启动。

2. 锂离子电池储能在电网侧的应用

（1）削峰填谷

电力需求的多样性和不确定性，使得传统能源发电和可再生能源发电在电力需求低谷时被大量浪费，在需求高峰时供电不足，不仅为电力系统正常运行带来巨大压力，而且还增加了发、供、用电成本，极大地损害了电力系统运行的经济效益。削峰填谷是调整用电负荷的一种措施，利用电池储能系统的功率、能量、搬运能力，参与削峰填谷，可以有效降低电网峰谷差，提升电力系统运行的经济性；有效缓解负荷高峰期电网供电能力不足的问题；缓解或替代输电通道与变电站的增容扩容建设；有效优化全网负荷特性，提高设备利用率[46]。

（2）调频调压

由于电力需求的多样性、不确定性以及可再生能源发电并网使得电网运行压力不断加大，同时给电网调频调压带来巨大压力。电池储能系统作为一种优质的调频、调压资源，可以有效辅助电网的快速调频、调压，显著提高电网的调节能力和运行的灵活性。除了在电源侧通过并入电池储能系统辅助改善发电机组 AGC 性能，提高机组频率调节能力之外，电池储能系统通过接并入电网侧对频率异常状态的主网进行干预控制，也逐渐成为电网频率稳定控制的有效手段[48-50]。

（3）稳定电网运行

随着可再生能源大规模并入电网，其不稳定性和间歇性等问题，使得跨电网的有功和无功配置及优化变得越来越复杂。因此，必须协调传统能源发电、可再生能源发电和电池储能系统，这对于整个电网中的最佳有功和无功功率分配非常重要。大型电池储能系统的使用可以显著提高网络运行的能力，使安全与调度信息相结合，实现多目标的网络潮流优化[47,51]。此外，电力系统短路故障、冲击性负荷波动等情况时有发生，会出现电压波动、闪变等电能质量问题，通过协调控制可再生电源发电系统和电池储能系统，可以快速排除故障恢复供电，保证电网安全稳定运行[42]。

3. 锂离子电池储能在用户侧的应用

（1）提高供电稳定性

锂离子电池储能技术在用户侧的应用场景非常广泛，主要包括工业园区、数据中心、5G 通信基站和医院等[52,53]，这些场所对供电稳定性要求十分严格，一旦遇到由于能源地域分布不均衡、电网故障等问题导致的大规模停电时，将会造成巨大的经济损失，甚至威胁病人的生命。在工业园区、数据中心、5G 通信基站和医院等场所完善电池储能系统配套，可以在遇突发事件导致的大规模停电时，提供持续供电，有效避免出现工业园区大面积停工停产、数据中心数据丢失、5G 信号中断等问题。因此，为用户提供稳定可靠的供电保障是电池储能系统的首要应用场景。

（2）削峰填谷

随着社会经济的不断发展，全社会用电量持续增大，电网装机容量也不断攀升，使得电网调峰压力越来越大，部分省份通过峰谷电价政策来调节企业用电行为，部分调峰压力大的省份持续扩大峰谷电价差，这给电池储能系统提供了峰谷价差套利的场景[54]。在工商业园区配套电池储能系统，不仅可以提供稳定可靠的供电保障，还可以平抑尖峰负荷，降低园区的用电基本容量，利用峰谷价差降低用电成本。此外，在工业园区、公共建筑、居民楼房等场所建造的分布式电池储能系统，可以有效解决可再生能源消纳问题，提升用户侧可再生能源利用率。在可再生能源发电充沛时，将用不完的多余电力存储起来，减少弃光、弃风；在缺光少风时，再将电池储能系统中存储的电能释放出来以满足负荷。由此，利用削峰填谷，既保障了电网的稳定，也提升了用电侧的经济效益，从而使得电池储能系统在分布式新能源的布局中更具价值。

（3）改善电能质量

用户侧用电设备特性各异，非线性负载和电力电子装置广泛应用，以及分布式新能源的高渗透接入，已严重影响用户侧电能质量。在用户侧接入分布式储能系统，能快速响应系统中的各种扰动，有效地维持电压幅值的变化，控制波形畸变率在较小的范围内，从而提高用户电能质量[54]。

3.4.2　锂离子电池储能在电力系统中的应用案例

随着国家政策的大力支持，我国储能产业高速发展，为满足在发电侧、电网侧和用户侧不同场景下的应用需求，各类储能项目纷纷落地实施。现将近年来不同应用场景下的应用案例汇总于表 3-4。

表 3-4　锂离子电池储能在电力系统中的应用案例

时间	地点	项目名称	应用场景	规模	作用
2018	西藏乃东	西藏乃东 5MW·h 储能项目	发电侧	20MW/5（MW·h）	光伏发电并网；平滑出力波；提升电能质量和供电稳定性
2018	江苏镇江	镇江丹阳的 110kV 建山储能电站项目	电网侧	101MW/202（MW·h）	提供调频、备用、黑启动、需求响应等多种服务；充分发挥电网调峰作用，促进地区电网削峰填谷，缓解电网供电压力
2018	江苏无锡	无锡新区星洲工业园储能系统项目	用户侧	20MW/160（MW·h）	削峰填谷，增加经济效益；推动可再生能源就地消纳；提高地方供电稳定性和安全性
2019	青海共和、乌兰	青海共和、乌兰共 55MW/110（MW·h）风电配套储能项目	发电侧	55MW/110（MW·h）	可再生能源消纳，减少弃风、弃光；参与电站调频
2019	湖南长沙	湖南长沙榔梨 60MW/120（MW·h）电网侧储能项目	电网侧	60MW/120（MW·h）	缓解地区用电负荷压力，提升电网调节以及配电网建设能力，促进电网升级
2019	江苏泰州	江苏扬子江船厂 17MW/38.7（MW·h）储能项目	用户侧	17MW/38.7（MW·h）	削峰填谷，进行容量费用管理，降低容量费用；为用户提供稳定供电，降低用能成本

（续）

时间	地点	项目名称	应用场景	规模	作用
2020	广东佛山	佛山恒益发电有限公司20MW/10（MW·h）辅助调频项目	发电侧	20MW/10（MW·h）	提高电网调度灵活性、增强电网运行可靠性及安全性、减少火电机组损耗；提升发电机组的AGC调节性能指标，为电网提供优质高效的调频服务，获取调频补偿收益
2020	福建晋江	福建晋江储能电站试点项目（一期）	电网侧	30MW/108（MW·h）	提供调峰调频服务，提高变电站的平均负载率，提升区域电网的利用效率
2020	上海闵行	上海电气电站集团闵行工业区风光储充智慧能源示范项目（一期）	用户侧	4MW/12.6（MW·h）磷酸铁锂电池+60kW/307（kW·h）梯次利用电池	提升用电可靠性，减少企业能耗及用电成本，为工厂员工绿色出行提供便利；实现可再生能源利用、削峰填谷、需量控制等，为工业园区节能增效
2021	广东阳西	广东阳西火电厂26MW/13（MW·h）储能调频项目	发电侧	26MW/13（MW·h）	通过储能系统联合火电机组开展调频辅助服务
2021	内蒙古乌兰察布	乌兰察布源网荷储电网侧储能科技示范项目	电网侧	5MW/10（MW·h）	缓解高峰电力缺口，提升新能源资源和用电负荷匹配度
2021	江苏盐城	盐城智汇储能项目	用户侧	10MW/40（MW·h）	通过峰谷套利增加经济效益，降低客户用电成本；为电网提供削峰填谷，促进电力系统稳定运行
2022	河北唐山	华能十里海100MW复合型光伏发电项目	发电侧	15MW/30（MW·h）	光伏发电并网；削峰填谷

（续）

时间	地点	项目名称	应用场景	规模	作用
2022	广东梅州	广东梅州五华70MW/140（MW·h）电网侧独立电池储能项目	电网侧	70MW/140（MW·h）	促进新能源就地消纳；参与系统调峰调频等辅助服务；提高供电能力，减少线损，保障电网安全稳定运行
2022	浙江海宁	海宁10MW/20（MW·h）用户侧储能项目	用户侧	10MW/20（MW·h）	降低电网的峰值负荷，保障电网的安全运行；参与电网需求侧响应，助力夏季高峰电网平稳运行
2023	甘肃酒泉	中核汇能甘肃公司金塔汇升100MW光伏项目	发电侧	20MW/40（MW·h）	可再生能源并网；电网调峰，削峰填谷
2023	湖北孝感	湖北孝感大悟县芳畈镇50MW/100（MW·h）集中式储能电站项目	电网侧	50MW/100（MW·h）	提供弃光电量的存储与释放；缓解清洁能源高峰时段电力电量消纳困难

就发电侧应用而言，其主要发挥可再生能源消纳、调峰调频等作用，近年来电池储能项目在发电侧的建设数量与日俱增。如 2022 年投入使用的华能十里海 100MW 复合型光伏发电项目，该项目是河北唐山目前规模最大的集中式"光伏+储能"配套项目。华能十里海 100MW 复合型光伏发电项目位于唐山市曹妃甸区，由华能集团投资建设，被列为河北省 2021 年风电、光伏发电保障性并网项目，于 2021 年 10 月采用"渔光互补"方式建设，开发容量为 100MW，并配套建设 15MW/30（MW·h）电化学储能设备，可在 2h 内蓄满 1.5 万 kW·h 电能，有助于削峰填谷。该项目投产后，每年可提供约 1.55 亿 kW·h 的清洁电能，每年可节约标煤 3.66 万 t，将有力促进节能减排，推动绿色能源的开发及利用，助力实现"双碳"战略目标。如 2023 年并网的中核汇能甘肃公司金塔汇升 100MW 光伏项目，该项目位于甘肃省酒泉市金塔县红柳洼光电产业园区，占地面积约为 2.03km²，是中核汇能在金塔县首个"光伏+储能"并网发电的新能源电站。该项目同步配套建设了一套 20MW/40（MW·h）储能系统，共 6 个 3.334MW/6.668（MW·h）储能单元。项目建成后，年均发电小时数达 1971h，每年可输送清洁电力约为 19714.02 万度，年发电收入为 5673.69 万元，利税为 730 万元，每年可节约标准煤约为 6.02 万 t，该项目的成功并网与运行，将在缓解用电高峰时对电网的压力、有效实现电网削峰补谷以及加快甘肃大规模储能在

电网调峰及可再生能源并网的应用中起到重要作用。

就电网侧应用而言,其主要发挥削峰填谷、调频调压和保障电网稳定运行等作用,且项目建设速度也异常惊人。如 2022 年并网的广东梅州五华 70MW/140(MW·h)电网侧独立电池储能项目,该项目位于广东省梅州市五华县河东工业园宝湖三路旁,临近 110kV 河东变电站,由南方电网调峰调频(广东)储能科技有限公司梅州分公司投资建设,同步配套建设了一套 70MW/140(MW·h)储能系统,是目前广东省内开工建设的容量最大的电网侧独立电池储能项目。项目建成后,将有效提高 220kV 琴江供电片区供电能力,减少线损,促进新能源就地消纳,并参与系统调峰调频等辅助服务,为广东梅州周边地区新能源消纳和电网安全稳定运行提供强有力的保障。如 2023 年并网的湖北孝感大悟县芳畈镇 50MW/100(MW·h)集中式储能电站项目,该项目利用先进储能技术,在电网侧建设 50MW/100(MW·h)磷酸铁锂电池储能系统,可为当地光伏电站提供弃光电量的存储与释放,将有效缓解清洁能源高峰时段电力电量消纳困难,实现新能源"错峰收储"和"移峰填谷",提升新能源资源综合利用率和电网安全稳定运行水平,具有重要的社会效应和示范意义。

就用户侧应用而言,其主要发挥削峰填谷、提高供电稳定性和改善电能质量等作用,近年来随着用户端对电力需求的不断提升,用户侧的储能应用项目也在不断加快建设步伐。如 2022 年投入运行的海宁 10MW/20(MW·h)用户侧储能项目,该项目建设地点位于浙江省嘉兴市海宁市袁溪路 58 号。作为浙江省目前用户侧单体最大的磷酸铁锂型储能项目,该项目成功入选《浙江省新型储能示范项目》,同时也是晶科科技首个大型商业储能项目。项目采用能量型电池组作为储能元件,不但可以降低电网的峰值负荷,有利于电网的安全运行,还能产生巨大的经济效益。投产后,项目已经参与到当地电网的需求侧响应中,为夏季高峰电网平稳运行做出重要贡献。

据统计,2022 年国内储能备案项目有 195 项,在建拟建项目有 142 项,储能投入运行项目有 75 项,储能项目招标有 498 项。相信在不久的将来,锂离子电池储能项目数量仍会保持较高增速增长,助力实现"碳中和""碳达峰"国家双碳战略目标。

3.5 储能领域新星——钠离子电池

3.5.1 钠离子电池的工作原理

钠离子电池的主要构成为正极、负极、隔膜、电解液和集流体,其中正极和负极材料的结构和性能决定着整个电池的储钠性能。正负极之间通过隔膜隔开防止短路，电解液浸润正负极作为离子流通的介质，集流体起到收集和传输电子的作用。钠离子电池与锂离子电池结构上基本一致，也同为"摇椅电池"的工作原理，即 Na^+ 在具有不同电势的嵌入型化合物之间来回嵌入/脱出的过程[55]。钠离子电池的工作原理在图 3-10 中清晰地展示出来，充电时 Na^+ 从正极脱出经由电解液嵌入负极中，电子则经导线流入负极，从而达到电荷平衡，放电与之恰恰相反。例如，以聚阴离子类 $Na_3V_2(PO_4)_3$ 为钠离子电池正极材料，硬碳 C 为钠离子电池负极材料，浓度为 1mol/L 的 $NaPF_6$-PC：EC（1：1）电解液，充电时 Na^+ 从 $Na_3V_2(PO_4)_3$ 中脱出进入电解质溶液中，随后穿过隔膜进入硬碳 C 中，负极电压降低，发生还原反应，放电与上述反应过程相反。详细的电化学表达式如下

$$(-)Cn\,|\,1mol/L\ NaPF_6\text{-}PC：EC\,|\,Na_3V_2(PO_4)_3(+)$$

$$Na_3V_2(PO_4)_3 \leftrightarrow Na_{3-x}V_2(PO_4)_3 + xNa^+ + xe^- （在正极） \tag{3-4}$$

$$xNa^+ + xe^- + nC \leftrightarrow Na_xC_n （在负极） \tag{3-5}$$

整个反应式如下

$$Na_3V_2(PO_4)_3 + nC \leftrightarrow Na_{3-x}V_2(PO_4)_3 + Na_xC_n \tag{3-6}$$

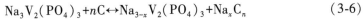

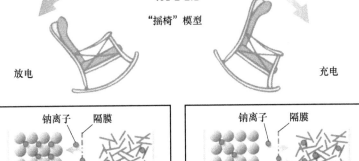

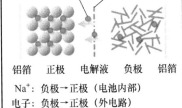 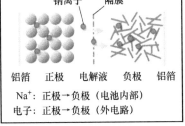

图 3-10　钠离子电池的工作原理

3.5.2　钠离子电池的优势

钠离子电池用于储能，具备以下优势[56]：

1）钠资源丰富，成本低廉。钠在地壳中的丰度为 2.74%，而锂在地壳中的

丰度仅为0.0065%。钠与锂同属于碱金属元素，在物理及化学性能方面具有相似的部分，两者都可以作为电池金属离子的载体。近年来，随着锂离子电池的大规模应用，锂资源进入供不应求的供需格局。截至2022年7月，电池级碳酸锂的价格达到47.0万元/t，而碳酸钠的价格仅为2782元/t。另外，钠离子电池正负极集流体可使用廉价的铝箔，进一步缩减电池成本。

2）高低温性能优异，可在大温度范围内工作。在-40℃低温下可以放出70%以上容量，高温80℃下可以循环充放使用，这将在储能系统层面降低空调系统的功率配额，也可以降低温度控制系统的在线时间，进而降低储能系统的一次投入成本和运行成本。

3）大功率工作。储能设备需要满足间歇的大规模储能，同时要具备大功率输出的特点。而钠离子的溶剂化能比锂离子更低，即具有更好的界面离子扩散能力。同时，钠离子的斯托克斯直径比锂离子的小，相同浓度的电解液具有比锂盐电解液更高的离子电导率；更高的离子扩散能力和更高的离子电导率意味着钠离子电池的倍率性能更好，功率输出和接受能力更强，已公开的钠离子电池具备3C及以上充放电倍率，在规模储能调频时，可以得到很好的应用。

4）绿色环保可持续。钠离子电池正负极集流体采用铝箔，电池的结构和组分更简单，也更易于回收再利用。且钠离子电池内阻相对于锂离子电池更高，发生短路时产热问题相对更轻。

3.5.3 钠离子电池的发展现状

钠离子电池几乎与锂离子电池同时问世于20世纪70年代，但两者的研究历程略有不同。当时率先出现的钠二次电池是钠硫电池，以单质硫和金属钠为正负极，β-氧化铝快离子导体为固态电解质，工作温度在300~350℃。这种高温钠硫电池的能量密度较高（150~240W·h/kg），循环寿命达2500次，而与之相似的锂硫电池的循环寿命仅不到10次。为了提高钠二次电池的安全性，人们对室温钠离子电池进行了研发，采用了与锂离子电池类似的思路。Delmas和Goodenough提出以层状氧化物（Na_xCoO_2等）作钠电池正极材料。但到了20世纪80年代末期，钠离子电池的研究遇冷，相关研究几乎停滞。究其原因有三点：第一，难以找到合适的负极材料（能在酯类溶剂中高效储锂的石墨却难以储钠）；第二，研究条件有限（系统水氧含量较高，难以用金属钠作为基准电极开展材料评估实验）；第三，锂离子电池独占鳌头（大量的研究者把方向锚定在锂离子电池上）。直到21世纪，钠离子电池迎来了转机。2000年，Stevens和Dahn发现硬碳材料具有高达300mA·h/g的储钠比容量，为钠离子电池提供了一种至关重要的负极材料。2007年，聚阴离子正极材料Na_2FePO_4F被发现，该材料的嵌脱体积形变率仅为3.7%，几乎没有应变。在2000—2010年间，钠离子电池的研究速度较为平缓，主要集中在少数几个实验团队。2010 年后，钠离子电池研究进入了春天，新的材料体系不断涌现，并逐步尝试产业化[57]。

相较于锂离子电池，钠离子电池的半径和体积较大，材料结构稳定性和动力学性能上面不占据优势，需要更多的技术突破，而技术选择的焦点集中于正极材料和负极材料，这决定了钠离子电池的性能和成本。目前，正极材料主要有三种，分别是层状过渡金属氧化物、普鲁士类化合物和聚阴离子化合物，前两者在商业应用上的实践更为广泛。碳基负极材料是钠离子电池充放电过程中离子和电子的载体，目前，可应用于钠离子电池的负极材料有无定形碳、金属化合物和合金类材料[58]，由于合金类材料大多体积变化大，循环较差；金属化合物容量较低，因此无定形碳是目前最为主流的负极材料，比容量可达 $200\sim450mA\cdot h/g$，分为硬碳和软碳。软碳在高温下可以完全石墨化，导电性能优良；硬碳的优点在于储钠容量高、嵌钠电位低，高比容量易合成，其在钠离子电池中的容量（$200\sim450mA\cdot h/g$）与石墨在锂离子电池中的容量（$375mA\cdot h/g$）相媲美，应用更为广泛。在发展过程中，钠离子电池存在一些突出的缺点：

1）能量密度较低。磷酸铁锂电池能量密度可达 200Wh/kg，三元电池约为 $240W\cdot h/kg$，钠离子电池仅为 $100\sim150W\cdot h/kg$。

2）循环寿命较短。钠离子电池当前循环次数最高约为 1500 次，显著低于磷酸铁锂电池的 6000 次与三元电池的 3000 次。

3）产业链仍不完善，产品性能、成本控制及适配应用场景等有待进一步检验。

目前，尽管钠离子电池商业化的过程还比较遥远，但是面临锂资源匮乏和锂矿价格急剧上涨的问题，能源行业对钠离子电池的发展寄予厚望，国家能源局也提出了关于加快新型储能发展的指导意见，推动了钠离子电池储能技术的规模化发展。基于其成本、特种服役条件等优势，在未来的 $5\sim10$ 年钠离子电池的产业化发展将取得长足的进步。

3.5.4　钠离子电池在储能领域的应用案例

（1）低速交通工具

根据国家标准《纯电动乘用车技术条件》规定，低速电动车定义为"微型低速纯电动乘用车"，同时工况下续航不小于 100km，电池系统能量密度不低于 $70W\cdot h/kg$。国内首辆钠离子电池低速电动车由中科海钠于 2018 年推出。在低速交通市场上，钠离子电池性能优、价格低廉且环保，竞争力凸显。锂离子电池市占率逐年提升，但锂离子电池成本较高，能量密度优于钠离子电池的优势在低速电动市场上被弱化，而钠离子电池的成本优势突出。同时，钠离子电池的性能足够满足低速电动的需求，以中科海钠钠离子电池为例，可达到 $145W\cdot h/kg$，同时能够实现 5~10min 快充，循环寿命可达铅酸电池的 10 倍。

（2）动力电池及电网储能

钠离子电池放电时间、效率以及循环寿命与锂离子电池相似，且其具有较低的制造成本，未来随着钠离子电池技术的不断成熟以及产业化的推进，钠离子电池有望受益于新型储能发展机遇。作为钠离子电池的钠资源储量丰富，以此为原材料生产出的钠离子电池相比锂离子电池，其经济性、稳定性、低温性能更具竞争力[59]。根据中关村储能产业技术联盟预测，到 2026 年钠离子电池储能技术在新型储能市场的渗透率为 10% 的情况下，其累计装机规模将达 4.85GW，按照 1GW 对应 2GW·h 进行换算，可得所需 9.7GW·h 钠离子电池。

（3）钠电两轮电动车

随着新国标 ≤55kg 的重量要求，锂离子电池从曾经个别高端车型的选配件，一跃成为电动两轮车的常规动力源之一，尤其是在禁摩城市更成为市场的主流动力。如今，继锂离子电池后，又一种全新的动力电池体系成为电动车产业关注的焦点，它就是钠离子电池。相较于锂离子电池，钠离子电池的成本优势、安全性和低温性能突出，其在两轮电动车领域的发展前景可期[60-61]。

3.6　锂离子电池储能发展展望

（1）低成本

锂离子电池储能的应用发展进程快慢，在很大程度上取决于其成本，因此，降低储能锂离子电池的成本迫在眉睫。为降低成本，可从以下两个方面着手。一方面，加大研发力度，开发并优化具有更高能量密度的电池材料，如富锂正极材料、硅基负极材料等。另一方面，增加电池梯次利用规模，将大批量为动力汽车服役至初始容量 80% 后退役的锂离子电池，通过分选、重组、集成，实现在储能领域再次利用。

锂资源在全球范围分布不均衡，资源相对匮乏，随着全球对锂离子电池需求的迅速提升，其原材料价格一路飙升，在很大程度上增加了电池成本。值得注意的是，钠资源具备资源丰富、分布广和成本低廉等特点，在降低电池成本方面具有得天独厚的优势，相信随着钠离子电池技术的不断发展，钠离子电池会在储能领域取得进步，助力储能产业发展。

（2）高安全

锂离子电池虽因其具有绿色环保、能量密度高、输出功率大、自放电小、无记忆效应等诸多优点而被广泛使用，但其自身存在的缺点也不容忽视，其中备受关注的就是锂离子电池安全问题。近年来，手机爆炸、动力汽车起火等安全事件层出不穷，尤其是在电池储能系统中发生的起火、爆炸等安全问题，极大地影响了电池储能的发展进程。因此，迫切需要解决锂离子电池安全问题，以提升电池储能系统的整体安全性。

当前，抑制锂离子电池热失控起火、爆炸的安全性改进策略众多，如采用阻燃电解液、固态电解质、结构稳定性更高的电极材料等。本文认为，除采取以上策略外，还可以通过以下几个途径提升电池储能系统安全性能：

1）积极开发新型阻燃电解液的本质安全材料，力争做到本质阻燃。

2）加大电池管理系统研发投入，不断优化系统监测能力，避免电池因过充、过放和过热而导致的起火、爆炸等安全问题。

3）在储能系统内部合理配备自动灭火装置，做到及时灭火，降低损失。

4）积极研发新型灭火剂，提升灭火效率。

（3）长寿命

众所周知，随着政策对新型储能支持力度加大、电力市场商业化机制建立、储能商业模式清晰，锂离子电池储能产业正式进入加速发展期，锂离子电池储能项目纷纷落地，呈现出市场前景广阔、产业规模大等特点。面对如此庞大的市场规模，若因电池的使用寿命过短而频繁更换电池，不仅会增加电池储能系统的使用成本，还会加大后期运行维护难度。因此，大力研发具有长寿命的储能电池，势在必行。

（4）大容量

电池是电池储能系统的核心部件之一，单体电池趋向大容量意义重大。单体电池趋向大容量可以在同等电池储能系统规模下有效降低电池使用数量，便于整个电池储能系统的集成、安装和维护，降低成本。不仅如此，电池使用数量的降低，还有利于保证电池一致性，提升电池管理系统的监测能力，降低由于电池过充、过放和过热等情况而引起的电池储能系统起火、爆炸的概率。

（5）大型化

随着电力系统脱碳进程加速，光伏发电、风力发电等可再生能源发电装机量及电量占比不断提升，电力系统对可靠电力支撑的时长需求也在不断增加。因此，长时储能近年来开始进入大众视线。2021 年 1 月，美国桑迪亚国家实验室发布的《长时储能简报》认为，长时储能是持续放电时间不低于 4h 的储能技术[62]。美国能源部 2021 年发布支持长时储能的相关报告，把长时储能定义为持续放电时间不低于 10h，且使用寿命在 15~20 年。而为了区别于我国目前大规模建设的 2h 电池储能系统，有从业人员将 4h 及以上的储能技术归为长时储能。而要实现长时储能，就必须增加电池储能系统的整体能量，在当前的电池材料体系下，要想突破单体电池的能量限制几乎十分困难。因此，电池储能系统的大型化将是实现长时储能的必由之路。

参 考 文 献

［1］ XU K. Nonaqueous liquid electrolytes for lithium-based rechargeable batteries ［J］. Chem Rev, 2004, 104 (10), 4303-4411.

［2］ FAN X L, WANG C S. High-voltage liquid electrolytes for Li batteries: progress and perspectives ［J］. Chem Soc Rev, 2021, 50 (18): 10486-10566.

［3］ 杨俊峰, 余跃, 于娟, 等. 我国锂电储能产业发展趋势与对策建议 ［J］. 有色冶金节能, 2022, 38 (2): 28-30.

［4］ 可再生能源与锂电储能首度跨界合作 ［J］. 新能源科技, 2021 (6): 8.

［5］ LI M, FENG M, LUO D, et al. Fast Charging Li-Ion Batteries for a New Era of Electric Vehicles ［J］. Cell Reports Physical Science, 2020, 1 (10).

［6］ WU F X, MAIER J, YU Y. Guidelines and trends for next-generation rechargeable lithium and lithium-ion batteries ［J］. Chem Soc Rev, 2020, 49 (5): 1569-1614.

［7］ QIN Y D, CHEN X R, TOMASZEWSKA A, et al. Lithium-ion batteries under pulsed current operation to stabilize future grids ［J］. Cell Reports Physical Science, 2022, 3 (1).

［8］ ZUO W H, LUO M Z, LIU X S, et al. Li-rich cathodes for rechargeable Li-based batteries: reaction mechanisms and advanced characterization techniques ［J］. Energy and Environmental Science, 2020, 13 (12): 4450-4497.

［9］ LIAO C. Electrolytes and additives for batteries Part Ⅰ: fundamentals and insights on cathode degradation mechanisms ［J］. eTransportation, 2020, 5.

［10］ ZHU Z X, JIANG T L, ALI M, et al. Rechargeable Batteries for Grid Scale Energy Storage ［J］. Chem Rev, 2022, 122 (22): 16610-16751.

［11］ XIANG J W, WEI Y, ZHONG Y, et al. Building Practical High-Voltage Cathode Materials for Lithium-Ion Batteries ［J］. Adv Mater, 2022, e2200912.

［12］ ZHAO S Q, GUO Z Q, YAN K, et al. Towards high-energy-density lithium-ion batteries: Strategies for developing high-capacity lithium-rich cathode materials ［J］. Energy Storage Materials, 2021, 34: 716-734.

［13］ 张成鹏, 刘晓倩, 刘文峥. 锂电池硅碳负极材料的研究进展 ［J］. 河南科技, 2020, 39 (31): 141-143.

［14］ 周德让. 锂电池负极材料钛酸锂的研究进展 ［J］. 信息记录材料, 2022, 23 (7): 8-11.

［15］ 薛彩霞. 锂离子电池负极材料研究进展 ［J］. 内蒙古石油化工, 2019, 45 (5): 4-6.

［16］ BORODIN O, SELF J, PERSSON K A, et al. Uncharted Waters: Super-Concentrated Electrolytes ［J］. Joule, 2020, 4 (1): 69-100.

［17］ LIU Y K, ZHAO C Z, DU J, et al. Research Progresses of Liquid Electrolytes in Lithium-Ion Batteries ［J］. Small, 2022, e2205315.

［18］ CAO X, JIA H, XU W, et al. Review-Localized High-Concentration Electrolytes for Lithium Batteries ［J］. Journal of The Electrochemical Society, 2021, 168 (1).

［19］ HAREGEWOIN A M, WOTANGO A S, HWANG B J. Electrolyte additives for lithium ion battery electrodes：progress and perspectives ［J］. Energy and Environmental Science，2016，9（6）：1955-1988.

[20] ZHANG H, ESHETU G G, JUDEZ X, et al. Electrolyte Additives for Lithium Metal Anodes and Rechargeable Lithium Metal Batteries：Progress and Perspectives ［J］. Angew Chem Int Ed Engl，2018，57（46）：15002-15027.

[21] LAGADEC M F, ZAHN R, WOOD V. Characterization and performance evaluation of lithium-ion battery separators ［J］. Nature Energy，2018，4（1）：16-25.

[22] 魏文康，虞鑫海，王凯. 锂电池隔膜的制备方法与性能 ［J］. 合成技术及应用，2018，33（4）：27-30.

[23] 余航，石玲，邓龙辉，等. 锂离子电池隔膜材料的研究进展 ［J］. 化工设计通讯，2019，45（10）：167-169.

[24] CHEN M, SHAO M, JIN J, et al. Configurational and structural design of separators toward shuttling-free and dendrite-free lithium-sulfur batteries：A review ［J］. Energy Storage Materials，2022，47：629-648.

[25] USISKIN R, LU Y, POPOVIC J, et al. Fundamentals, status and promise of sodium-based batteries ［J］. Nature Reviews Materials，2021，6（11）：1020-1035.

[26] 国务院办公厅.《能源发展战略行动计划（2014-2020 年)》［Z］.

[27] 国务院办公厅.《关于进一步深化电力体制改革的若干意见》［Z］.

[28] 国家发展改革委，国家能源局.《能源技术革命创新行动计划（2016—2030 年)》［Z］.

[29] 国家发展改革委，财政部，科技部，工业和信息化部，国家能源局.《关于促进储能技术与产业发展的指导意见》［Z］.

[30] 国务院办公厅.《2018 年能源工作指导意见》［Z］.

[31] 国家能源局，国家发展改革委，科技部，工业和信息部.《贯彻落实〈关于促进储能技术与产业发展的指导意见〉2019—2020 年行动计划》［Z］.

[32] 国家发展改革委，国家能源局.《关于开展"风光水火储一体化""源网荷储一体化"的指导意见》［Z］.

[33] 国家能源局.《加快推动新型储能发展指导意见》［Z］.

[34] 国家能源局.《"十四五"新型储能发展实施方案》［Z］.

[35] 国家能源局.《新型电力系统发展蓝皮书（征求意见稿)》［Z］.

[36] 高工产研锂电研究所.《2022 年中国锂电池正极材料市场调研报告》［R］.

[37] 中商产业研究院.《中国负极材料行业市场前景及投资机会研究报告》［R］.

[38] 中商产业研究院.《中国电解液行业市场前景及投资机会研究报告》［R］.

[39] 智研咨询.《2022—2028 年中国锂电隔膜行业市场运行格局及前景战略分析报告》［R］.

[40] EVTank，伊维经济研究院.《中国锂离子电池行业发展白皮书（2022 年)》［R］.

[41] 中商产业研究院.《中国锂电池市场前景及投资机会研究报告》［R］.

[42] 徐谦，孙轶恺，刘亮东，等. 储能电站功能及典型应用场景分析 ［J］. 浙江电力，2019，38（5）：3-10.

[43] 裴春兴，王蓝，王聪聪，等. 电力系统储能应用场景研究综述 ［J］. 电气应用，2022，

41（9）：1-8.

［44］ 徐国栋，程浩忠，马紫峰，等. 用于平滑风电出力的储能系统运行与配置综述［J］. 电网技术，2017，41（11）：3470-3479.

［45］ 沈欣炜，朱守真，郑竞宏，等. 考虑分布式电源及储能配合的主动配电网规划运行联合优化［J］. 电网技术，2015，9（7）：1913-1920.

［46］ 任洛卿，白泽洋，于昌海，等. 风光储联合发电系统有功控制策略研究及工程应用［J］. 电力系统自动化，2014，38（7）：105-111.

［47］ 李相俊，王上行，惠东. 电池储能系统运行控制与应用方法综述及展望［J］. 电网技术，2017，41（10）：3315-3325.

［48］ 杨俊杰. 电池储能系统运行控制与应用方法综述及展望［J］. 光源与照明，2021（7）：27-28+42.

［49］ 胡静，李琼慧，黄碧斌，等. 适应中国应用场景需求和政策环境的电网侧储能商业模式研究［J］. 全球能源互联网，2019，2（4）：367-375.

［50］ 孙冰莹，杨水丽，刘宗歧，等. 国内外兆瓦级储能调频示范应用现状分析与启示［J］. 电力系统自动化，2017，41（11）：8-16，38.

［51］ 陈大宇，张粒子，王澍，等. 储能在美国调频市场中的发展及启示［J］. 电力系统自动化，2013，37（1）：9-13.

［52］ 黄碧斌，李琼慧. 储能支撑大规模分布式光伏接入的价值评估［J］. 电力自动化设备，2016，36（6）：88-93.

［53］ 徐海华，王旭东，朱星阳，等. 用户侧综合能源系统中能源储能优化配置模型研究［J］. 电力需求侧管理，2020，22（2）：13-20.

［54］ 赖春艳，陈宏，倪嘉茜，等. 锂离子电池储能技术在电力能源中的应用模式与发展趋势［J］. 上海电力大学学报，2021，37（4）：380-384.

［55］ 蔡伟，张鑫，张科杰，等. 用户侧储能安全技术分析［J］. 供用电，2021，38（8）：3-11+31.

［56］ LIU T, ZHANG Y, JIANG Z, et al. Exploring competitive features of stationary sodium ion batteries for electrochemical energy storage［J］. Energy and Environmental Science，2019，12（5）：1512-1533.

［57］ GOIKOLEA E, PALOMARES V, WANG S, et al. Na-Ion Batteries—Approaching Old and New Challenges［J］. Advanced Energy Materials，2020，10（44）.

［58］ LI H, WU C, WU F, et al. Sodium Ion Battery：A Promising Energy-storage Candidate for Supporting Renewable Electricity［J］. Acta Chimica Sinica，2014，72（1）.

［59］ 张平，康利斌，王明菊，等. 钠离子电池储能技术及经济性分析［J］. 储能科学与技术，2022，11（6）：1892-1901.

［60］ 徐鹏晖. 储能界新星——钠离子电池［J］. 知识就是力量，2022（2）：20-21.

［61］ 蒋凯，李浩秒，李威，等. 几类面向电网的储能电池介绍［J］. 电力系统自动化，2013，37（1）：47-53.

［62］ Sandia National Laboratories. Issue Brief：Long-Duration Energy Storage［Z］. 2021.

第4章

压缩空气储能

4

4.1 压缩空气储能技术背景

4.1.1 长时储能技术

1. 电力系统对长时储能的需求

在"双碳"的战略背景下，大力发展以风能、太阳能为代表的新能源电力，促进高比例可再生能源并网消纳，将成为我国构建新型电力系统的当务之急[1]。在建设以新能源为主体的新型电力系统的过程中，风电和光伏将进入倍增阶段，大规模新能源设备并网、大量火电机组退网，对电力系统的稳定造成了不可估量的影响。

21世纪以来，我国实现了风电、光伏等新能源技术的跨越式发展。截至2021年，我国风电、光伏装机容量均突破3亿kW，装机规模均居世界首位，但风光发电量占总发电量的比例仅约10%，故现有的电力系统结构形态与体制机制难以支撑更高比例的新能源并网消纳。预计到2030年，我国风光总装机容量将超过12亿kW，装机占比突破50%，发电量占比将增长到25%以上；到2060年，风光发电量占比预计进一步提升到约60%[2-3]。未来40年，大力发展风电、光伏等新能源，实现煤电从主体电源向保障电源的重大转变，统筹发展与安全，保障电力持续可靠供应，将面临前所未有的挑战与变革[1]。

储能作为"双碳"背景下构建零碳电网的关键组成部分，终于迎来爆发性的发展机遇。大众提及的储能，主要是低于4h放电时长、以锂电池为主的电化学储能，但随着电力结构不断革新，长时储能这一概念逐渐受到关注。长时储能是在普通储能系统的基础上，可实现跨天、跨月，乃至跨季节充放电循环的储能系统，长时储能的放电时长要高于8h。

长时储能技术在构建零碳电网过程中的作用日益凸显。随着零碳电网中火电厂发电比例逐步降低，稳定的基础负载发电资源日益减少，电网将面临巨大的调峰压力,而长时储能和大型风光项目将很有可能捆绑取代化石能源成为基础负载发电厂,大幅改变电力系统结构形态。长时储能可以利用其长周期和大容量的特性,在更长时间尺度上调节新能源发电波动,从而在清洁能源供过于求时避免电网拥堵,而在负荷高峰时增加清洁能源的吸收能力。同时,一些水电站也因生态系统被破坏而面临越来越长的枯水期,难以保证持续发电;一些外部不可控因素,例如天然气管道运输阻塞、煤炭供应短缺等,导致能源资源供应在多日甚至季节性上出现紧张,从而导致电价的波动。长时储能可以在极端天气条件下保障电力供应,从而降低社会用电成本。

因此,长时储能系统在以新能源为主体的新型电力系统将主要担任以下角色:1)在阳光或风力不足的时候也能满足电力需求;2)在阳光或风力充足的时候避免电网阻塞;3)能够进行良性的商业化操作,在市场环境下能可持续地、大规模地推广应用,发挥其功能和社会价值[4]。

2. 适合长时储能的关键技术

储能系统形式多样,目前已有的电力储能技术包括以抽水蓄能、压缩空气储能及飞轮储能为代表的物理储能技术,以电池储能为代表的化学储能技术和以超导储能及超级电容为代表的电磁储能技术等。图 4-1 所示为典型储能形式的技术特征与应用适合性,从储能功率规模和放电时间两个维度分析了现有的储能技术特征。下面以新型电力系统为背景,介绍抽水蓄能、压缩空气储能、电池储能等相关技术的优势及局限性。

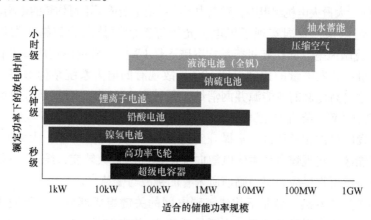

图 4-1　典型储能形式的技术特征与应用适合性

电池储能是指通过电池内部电化学反应实现电能的储发。该技术储发效率高,控制灵活,应用范围广,响应速度快,但环保系数低,使用寿命短,随着技术的进步,当下电池储能维持在 5~15 年的换代速度。目前,锂离子电池是市面上最常见的储能技术,被广泛应用于动力电池储能,但由于电池制造材料价格昂贵，因此它在做长时储能时要着重考虑成本方面的问题。此外，作为储能系统的核心部件，电池在各种复杂工况下存在潜在的过充、短路、挤压、振动、碰撞等引起的突发性燃烧和爆炸现象，是实际应用中面临的安全难题[5]。

抽水蓄能是指通过水池液体高度势能的变化实现电能的储发。电站分设上下水池，利用低谷电能抽水至上水池存储，负荷高峰期放水至下水池推动水轮机发电。该技术成熟度高，系统效率高，在 75%~85% 之间，使用寿命长，平均电站寿命为 50 年，但依山而建的苛刻条件和大规模的土木工程限制了其发展利用，在城市、海岛等应用场合适应性差[6]。

压缩空气储能是指通过空气势能的变化实现电能的储发。电站利用低谷电能驱动压缩机压缩空气并在地下存储，负荷高峰期时配合天然气燃烧产生高温高压气体，驱动透平机膨胀发电。该技术应用范围广，建设成本与抽水蓄能相当，且不需大型山体的建设条件，在采用地上储气系统时更具良好的适应性。压缩空气储能密度高于抽水蓄能[7]，建设成本未来有望进一步降低，具有更高的发展潜力。但由于压缩空气储能相比抽水蓄能系统结构复杂，运行效率为 40%~60%，低于抽水蓄能电站十多个百分点，因此目前世界上的压缩空气储能电站数量远小于抽水蓄能电站。

图 4-2 所示为各种储能技术的储能成本，综合来看，在大规模应用条件下，压缩空气储能技术和抽水蓄能技术具备较大的成本优势，当储能时长超过 4h，其他储能方式成本将大幅度上升，而压缩空气储能和抽水蓄能成本基本不变。其中，压缩空气储能电站由于不受地理环境的制约，可建在负荷中心以降低线损，提升能源利用效率，解决能源就地消纳问题，因此压缩空气储能是长时储能领域内更具发展潜力的技术[8]。

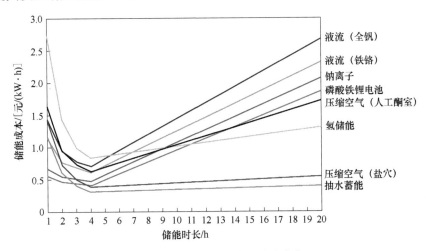

图 4-2　各种储能技术的储能成本

4.1.2 压缩空气储能的历史回顾

1. 早期压缩空气的工业应用

压缩空气的工业应用最早可以追溯到十七世纪，从十七世纪后期开始，人们一直利用压缩空气作为动力源，开发空气的经济价值。又经过半个世纪的发展，压缩空气才作为控制和传递动力的介质在工厂和车间得到大量使用。十九世纪末，在一些国家出现了第一批生产压缩空气工具的工厂，生产的冲击锤、气动钻主要供应采矿和筑路行业。今天的工业气动技术，即利用压缩空气来实现驱动和控制功能，已经有了约五十年的历史。

1950 年前后，一些美国公司首次在他们的机械设备和制造装置中引入了气动元件，这一技术在美国初露头角。与此同时，德国也开始认识到这一新技术在国内的潜力。当时正值二战后的工业繁荣时期，德国改进了美国公司的产品元件并开始发展气动技术，到了 20 世纪 50 年代中期，德国的气动元件制造商已经开始与国外产品竞争，逐渐渗透到市场中。初期的德国气缸和阀体主要采用压铸铝结构。随着时间的推移，由于压铸铝件的形状相对单一，人们很快开始采用机加工方法制造气缸和阀体。

相对来说，我国的气动技术起步较晚。从上海建立第一家气动元件厂开始，经过多年的发展，已经形成了一个独立的行业。然而无论从产品规模、种类，还是从研究水平上来看，我国与国际先进水平还有很大差距，如控制技术仍局限于普通的点位开关控制，气动伺服技术，尤其是电气比例伺服技术的高精度、高响应应用较少。

2. 燃气轮机发电原理

随着气动技术的推广应用，压缩空气在电力领域也得到了大力发展。燃气轮机就是利用压缩空气和燃料混合燃烧发电的代表性设备之一。燃气轮机是用电驱动空气压缩机产生高温高压气体，再混合天然气燃烧驱动燃气透平机发电。

图 4-3 所示为燃气轮机发电系统示意图，燃气轮机发电系统由空气压缩机、燃烧室、燃气透平机和发电机等组成，系统运行时压缩机连续地从大气中吸入空气并进行压缩，压缩后的高压气体进入燃烧室，与燃料混合燃烧后变为高温高压燃气进入透平机中膨胀做功，将化学能转换为机械能推动透平机叶轮旋转并带动发电机发电。透平机和压缩机叶轮同轴连接，透平机输出功的一半以上要用来供给压缩机消耗。

3. 传统压缩空气储能技术

20 世纪 70 年代，以燃气轮机发电为基础展开的传统压缩空气储能技术，将燃气轮机的空气压缩过程和发电过程分离，不同时进行，以实现压缩空气储能的应用。图 4-4 所示为燃气补热的传统压缩空气储能系统原理示意图，目前世界上

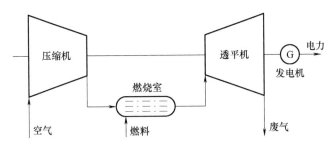

图 4-3　燃气轮机发电系统示意图

已有的两座实现商业化运行的压缩空气储能电站，均基于此原理运行。第 1 座是位于德国洪托夫的 Huntorf 电站，第 2 座是位于美国奥拉巴马州的 Mclntosh 电站。此外日本也在北海道空知郡建成一座压缩空气储能试验电站。目前国外建成的压缩空气储能电站，大都在发电环节采用燃气补热的方式提高发电效率，而储气室多利用可溶性盐层形成的地下洞穴实现。

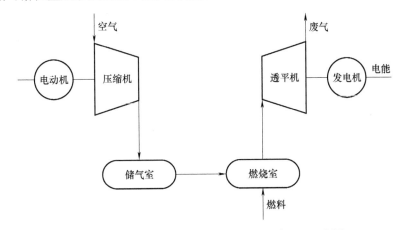

图 4-4　燃气补热的传统压缩空气储能系统原理示意图

德国 Huntorf 电站运行效率在 42%，美国 Mclntosh 电站采用了回热器回收了燃烧废热，运行效率提升至 54%，但传统压缩空气储能技术的效率总体低于抽水蓄能电站。这是由于在压缩空气过程中，空气温度急剧升高，而高温空气难于存储使得能量散失，故发电时需要对气体进行补热升温，最终导致电站的运行效率大幅降低。另外，由于洞穴易塌陷的安全性问题、压缩空气的泄漏问题等未得到妥善解决，传统压缩空气储能系统没有得到进一步的推广应用。

4.1.3　新型储能技术的政策支持

现如今，各种工业技术的发展应用少不了政策的支持引导。为应对"双碳"

的政策部署，国家近几年陆续出台了多项新型储能技术相关的政策指导，确立了以压缩空气储能、电化学储能为代表的新型储能技术的重要地位，预示未来电力系统的架构将发生翻天覆地的变化。

2017年，国家发展改革委、国家能源局等五部门联合印发了《关于促进储能技术与产业发展的指导意见》，这是储能产业的首个专项政策。该意见明确了储能可以"为实现我国从能源大国向能源强国转变和经济提质增效提供技术支撑和产业保障"，给予了储能极高的认可与定位，同时，明确了未来10年的发展目标将分为两个阶段，第一阶段实现储能由研发示范向商业化初期过渡；第二阶段实现商业化初期向规模化发展。

2019年，国家发展改革委、科技部、工业和信息化部和能源局，继续出台了《贯彻落实〈关于促进储能技术与产业发展的指导意见〉2019—2020年行动计划》，该计划为进一步推进我国储能技术与产业健康发展，支撑清洁低碳、安全高效能源体系建设和能源高质量发展指明了发展路径。

2020年，《储能技术专业学科发展行动计划（2020—2024年)》的出台为储能技术学科发展和人才培养规划了蓝图；同年《能源工作指导意见》发布，旨在持续推动能源发展质量、效率和动力变革，要求继续深化改革，扩大开放，增强创新驱动能力，培育壮大新产业新业态新模式。

2022年3月出台的《"十四五"新型储能发展实施方案》要求推动百兆瓦级压缩空气储能技术实现工程化应用，在政策的推动下，国内压缩空气储能项目进程加快。据不完全统计，截至2022年11月，备案、签约、在建、投运项目合计35个，其中公开规模数据项目合计820万kW，剔除掉已投运项目，备案项目规模远超已投运项目，产业化的拐点已出现。工业和信息化部等五部门联合印发的《加快电力装备绿色低碳创新发展行动计划》把加快压缩空气储能装备的研制工作列入行动计划中，这同样是电力装备中的关键核心技术攻关内容之一。此外，随着电力市场改革的逐步深入，容量电价政策有望从抽水蓄能向其他储能行业迁移，压缩空气储能作为可替代抽水蓄能的长时大容量储能，有望率先获得容量电价政策激励。

近年来，全球出台储能支持政策的国家逐步从以美国、日本、德国、韩国为主的国家，延伸至澳大利亚、英国、意大利、中国、捷克、奥地利、印度等国，政策数量和覆盖地区逐渐增多，政策类型覆盖储能采购目标、安装激励、示范项目激励以及技术研发支持等方面，这些政策将为储能的规模化发展创造良好的政策环境[9]。

2016年，美国储能协会向美国参议院提交了ITC法案，明确先进储能技术都可以申请投资税收减免。在补贴方面，自发电激励计划（SGIP）是美国历时最长且最成功的分布式发电激励政策之一，用于鼓励用户侧分布式发电，随后储能被纳入 SGIP 的支持范围，储能系统可获得 2 美元/W 的补贴支持。

此外，德国也出台了储能方面的相关政策。一方面，注重推行储能研发示范项目。德国政府部署了大量的压缩空气储能、电化学储能、储热、制氢与燃料电池研发和应用示范项目，使储能技术的发展和应用成为本国能源转型的支柱之一。另一方面，注重促进储能市场发展。推动德国储能市场发展的措施包括逐年下降的上网电价补贴、高额的零售电补贴等价、高比例的可再生能源发电以及德国复兴信贷银行提供的户用储能。2017 年，为了鼓励储能等新市场主体参与二次调频和分钟级备用市场，德国市场监管者简化了新市场参与者参与两个市场的申报程序，为电网级储能的应用由一次调频转向上述两个市场做准备。

进入 21 世纪后，储能产业经历了快速发展的阶段，目前正处于商业化、规模化应用的初期，其发展过程中仍面临诸多挑战。其中，技术层面需要进一步降本、提质、增效；储能产品的安全与标准体系仍需继续完善；商业模式有待成熟等。无论国内还是国外，近几年国家均提供了多项惠及新型储能技术的政策，这也预示着未来作为新型储能技术之一的压缩空气储能技术必将迎来大发展的局面。

4.2　压缩空气储能原理及关键技术

4.2.1　压缩空气储能的理论基础

压缩空气储能系统利用电力系统负荷低谷时的剩余电量，由电动机带动空气压缩机，将空气压入作为储气室的密闭大容量地下空间内，即将不可储存的电能转化成可储存的压缩空气的压缩势能并储存于储气室中。当系统发电量不足时，储气室中的压缩空气经换热器与油或天然气混合燃烧，导入透平机中做功发电，满足电力系统调峰需要。

图 4-5 所示为压缩空气储能原理示意图，压缩机、电动机、储气室等组成的蓄能子系统将电站低谷的低价电能通过压缩空气储存在岩穴、废弃矿井等储气室中，蓄能时通过联轴器将电动机和压气机耦合，与透平机解耦合。透平机、发电机、燃烧室等组成的发电子

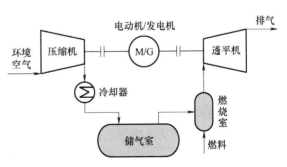

图 4-5　压缩空气储能原理示意图

系统利用压缩空气燃烧驱动透平机发电，发电时发电机与透平机耦合，与压缩机解耦合。

在空气压缩过程中，随着气体压强逐渐增大，在不加换热的情况下，气体温度将急剧升高。空气的可用能主要包括压缩势能和高温热能两部分，基于此现有的气体压缩方式主要包括绝热方式和等温方式两种，如图4-6所示。其中，绝热方式是指压缩过程中隔绝气体与外界的热交换，压缩结束后气体温度大幅上升，最终需要存储气体的高温热能和压缩势能；等温方式是指压缩过程中气体与外界保持快速热交换，压缩结束后气体温度增幅较小，不存在高温热能，最终只需要存储气体的压缩势能。膨胀过程具有相同的特征，不再赘述。

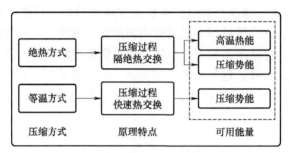

图4-6 气体压缩方式的主要类别

传统压缩空气储能技术采用绝热压缩方式，但常温存储环境使得高温热能直接被舍弃，只存储压缩势能，而发电过程中又需要借助外部补燃来提供高温热能，这是传统压缩空气储能系统低效的症结所在。

4.2.2 压缩空气储能的种类

现阶段的新型压缩空气储能技术主要分成为三种：第一种是先进绝热压缩空气储能系统（AA-CAES），该技术采用绝热压缩的方式，设置独立的储气室和储热室，分别用于储存气体的压缩势能和高温热能，极大限度地降低高温热能的损耗，提升了系统效率。第二种是等温压缩空气储能系统（I-CAES），该技术采用等温压缩方式，在压缩和膨胀过程中引入液体介质，通过气液的快速热交换保持气体温度恒定，由于不产生高温热能故不需配备储热室，仅需配备储气室储存压缩势能，大幅降低储能成本。第三种是液化压缩空气储能系统（L-CAES），该技术仍采用绝热压缩方式，将空气压缩至液态存储，大幅提升系统的储能密度。

1）先进绝热压缩空气储能系统。该系统储能过程中，通过压缩机将空气压至储气室的同时，利用换热器将压缩热储存至储热装置，实现电能向压缩势能和高温热能的解耦存储；发电过程中，释放高压空气并利用储存的高温热能加热，形成高温高压空气驱动透平膨胀机发电。相比于补燃式的传统压缩空气储能系统，该技术通过采集利用存储的高温热能替代化石燃料补燃，全过程无碳排放[10]。

2）等温压缩空气储能系统。该系统采用气液快速热交换措施，如喷淋、液体活塞、雾化等方式，增大气液接触面积和接触时间，利用液体的大比热特点，使得空气在压缩和膨胀过程中无限接近于等温过程，热损失将降到最低，从而提高系统效率。此外，该系统也不需要补燃，具有更高的理论效率。

3）液化压缩空气储能系统。该系统是将电能转化为液态空气的内能以实现能量的储存。储能时，系统驱动空气分离及液化装置，产生液化空气，储存于低温储罐中；释能时，低温储罐中液态空气加压吸热，随后驱动透平机发电。由于空气采用液化储存的方式，大幅减少储存装置尺寸，从而不需要大型储气室，储气成本降低。

4.2.3 先进绝热压缩空气储能技术

1. 先进绝热压缩空气储能技术原理

先进绝热压缩空气储能系统，在传统压缩空气储能系统的基础上，通过增加蓄热系统实现对压缩热的回收利用，摒弃了燃气补热环节，使得系统运行过程中无燃烧、零碳排。蓄热系统主要由换热器和储热室组成。图 4-7 所示为典型的先进绝热压缩空气储能系统工作原理示意图，其工作过程为：在用电低谷时，多余电力驱动压缩系统连续地从大气中吸入空气并将其压缩，压缩后的高压气体通过换热器冷却，降温后的高压气体进入储气室（库）中，压缩产生的热量在蓄热系统中的储热室内被储存；用电高峰时，压缩气体在膨胀机中做功发电，并通过换热器吸收在储热室储存的热量对气体进行补热。

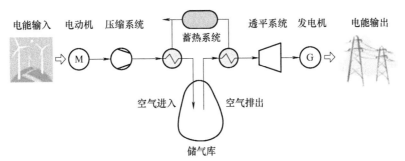

图 4-7 典型的先进绝热压缩空气储能系统工作原理示意图

先进绝热压缩空气储能系统的压缩和膨胀系统，一般设置多级压缩机和膨胀机对气体进行分级压缩，各级之间加装级间换热装置，通过在级间换热装置中进行快速热交换，有效控制气体温度变化范围，提高系统高温热能的利用效率。储能过程中，电动机驱动多级压缩机将空气压缩，在每一级压缩后都通过换热器对压缩气体进行冷却，散热后的高压气体被储存于储气室中，同时交换的热量被储存到蓄热器中；在发电过程中，储气室中的高压气体在每一级膨胀前先通过换热器，吸收蓄热器中的热量后变为高温高压气体，然后气体膨胀并驱动透平膨胀机做功，从而带动发电机发电。

先进绝热压缩空气储能作为非燃气补热压缩空气储能系统的典型代表，近几年受到了国内学者的广泛关注。有学者进行了先进绝热压缩空气储能系统的能量分析与㶲分析，指出最大㶲损出现在压缩机和透平膨胀机，并指出通过增加压缩膨胀级数和换热器可进一步减小㶲损，提高电-电转换效率，图 4-8 给出了不同配置方案对先进绝热压缩空气储能系统电-电转换效率影响示意图[11]，其中 η 为多变效率[12]。另外有学者对不同压缩膨胀级数的系统进行分析，基于系统的功效率和㶲效率对先进绝热压缩空气储能系统的运行级数进行优化，得到了系统最合理的压缩级数为两级、膨胀级数为三级的结论[11]。

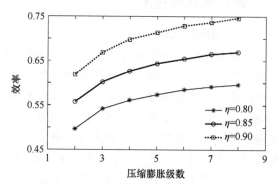

图 4-8　压缩膨胀级数对电-电转换效率影响示意图

先进压缩空气储能技术与传统压缩空气储能技术相比，主要有两点进步：1）通过系统的优化配置以及热能的高效回收利用，可提高整个储能系统的运行效率，系统效率从德国和美国电站的 40%~60% 提高到 70%；2）通过对压缩过程的高温热能进行回收，膨胀过程用压缩热替代燃料燃烧对气体补热，摆脱对天然气等化石燃料的依赖，减少碳排放。

2. 先进绝热压缩空气储能关键设备

（1）高负荷多级空气压缩机

压缩空气储能的压缩机主要有往复式、离心式和轴流式三大类，其中离心式、轴流式压缩机属于透平式设备。在先进绝热压缩空气储能系统的工程应用中，通常考虑不同压缩形式结合且多级串联的方式，目前常用的一种组合是首级采用轴流式，后几级采用离心式。

透平式空气压缩机（又称叶片式空气压缩机）的工作原理是利用叶片和气

体的相互作用，提高气体的压力与动能，并利用相继的通流元件使气体减速，将动能转变为气体压力。透平式设备结构简单，在高压下表现出很高的效率。在现代空气压缩机生产企业中，阿特拉斯（Atlas Copco）公司颇负盛名，其空气压缩机生产技术成熟，全球占有率最高，旗下透平式空气压缩机的最大排气压力可达20MPa。透平式空气压缩机结构图如图 4-9 所示。

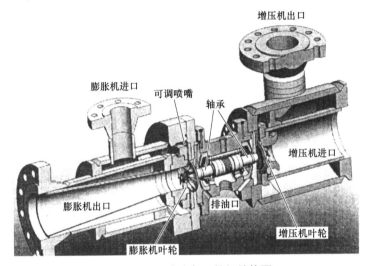

图 4-9　透平式空气压缩机结构图

高负荷离心压缩机旨在实现电能经绝热压缩后，高效解耦为压缩势能和高温热能的转换过程。不同于传统压缩机仅在额定工况运行的场景需求，应用于压缩空气储能的压缩机需在较宽的工况范围内实现高负荷高效运行，同时要具备系统变工况运行时对背压（如盐穴储气室压力）等参数变化的高度适应性。为此，需要发展多目标、宽工况运行的压缩机优化设计模型和可靠设计方法；探索压缩机扩稳方法，拓宽离心压缩机安全稳定运行工况范围，发展适合压缩空气储能的高效离心压缩机技术。

（2）宽工况透平膨胀机

压缩空气储能系统中的膨胀发电机需适应宽工况、高负荷和非稳态的运行方式，可用于压缩空气储能的膨胀机主要有往复式、径流式和轴流式三大类，其中径流式和轴流式属于透平式设备。往复式膨胀机流量小、效率低；径流式膨胀机（包含离心式、向心式）效率较高，流量受到约束；轴流式膨胀机适用于大流量工况，且效率较高。先进绝热压缩空气储能系统多采用透平膨胀机，主要原理是利用有一定压力的气体在透平膨胀机内进行绝热膨胀，在消耗气体本身的内能的情况下对外做功，膨胀结束后气体温度大幅降低。规模在 5MW 以上的压缩空气储能一般选用轴流式膨胀机。

储气室内的气体经换热器加热升温后，进入透平膨胀机内膨胀做功，但随着发电过程中储气室的储气压力持续降低，需要借助传统的阀门节流调压技术稳定进入透平膨胀机的压力，该过程将造成较大的压缩势能损失。同时，网侧应用需求对压缩空气储能系统提出了较宽负载范围的变工况运行要求，为此需要发展宽工况透平膨胀机技术。宽工况透平膨胀机技术旨在解决膨胀机进口压力持续降低、变工况运行需求等问题，拟以机理分析、透平膨胀机设计及控制策略三个方面为突破口，研发多级组合透平膨胀机，满足未来压缩空气储能对于透平膨胀机的需求。

另外，透平膨胀机功率的提升也是技术难点。作为迄今为止效率最高的热-功转换类发电设备，燃气轮机一直是发电和驱动领域的核心设备，近些年燃气轮机的大发展也为大功率透平膨胀机的研发提供了思考。2023 年 1 月 3 日，F 级 50MW 重型燃气轮机于广东华电清远华侨园燃气分布式能源站正式并网发电，并于 2023 年 3 月 8 日正式投入商业运行，和同功率火力发电机组相比，该重型燃气轮机一年可减少碳排放超过 50 万 t，联合循环 1h 发电量超过 7 万 kW·h，可以满足 7000 个家庭 1 天的用电需求。

（3）高效储热/换热装置

换热环节可采用的换热器主要有管壳式和板式两类，其中管壳式换热器可承受较高的温度和压力，但体积大且换热效率低；板式换热器换热效率高，但无法承受高温高压且密封难度高。目前应用于工程的换热器主要是在管壳式换热器基础上改良的发卡式换热器，具有纯逆流特点，提升换热效率的同时可减小体积。

基于工质温差的换热过程中存在不可逆损失，在储热和释热过程中高温热能损失较大，同时多换热节点耦合的系统存在效率维持难和调控难等技术瓶颈。因此，需要研发面向压缩空气储能系统的低㶲损储热/换热装置，提升蓄热系统热效率。

蓄热系统需要攻克的难题主要有三点：一是选择合理的蓄热材料以及传热工质，开发高密度热能储存方案；二是创新换热表面结构方案，提高传热效率；三是发展回热系统的调控技术，解决变工况运行的蓄热难题。

4.2.4 等温压缩空气储能技术

1. 等温压缩空气储能技术原理

等温压缩空气储能系统的特点是在压缩空气过程中增加快速控温环节，通常以气液混合的方式，利用液体比热容大的特点为气体提供近似恒定的温度环境，使得压缩空气储能系统在储能和发电过程均工作在近似等温的状态下。

相比于其他绝热类储能系统，等温压缩空气储能系统由于不需要储热装置，在实践中降低了综合成本并减少了系统复杂度。等温压缩空气储能技术面临的最大挑战是提升传热功率的问题，即等温压缩或膨胀过程中需要气体和其他物质之间进行快速持续的热交换，以传递气体压缩和膨胀过程中的热量，避免气体温度出现过大波动，减小传热损耗，提升系统效率。

国外现有的等温压缩空气储能技术已有多种可行方案，如利用喷淋、液体活塞、底部注气等方式增大气液接触面积与接触时间，从而实现快速热交换以达到气体等温变化的目的，将传热损失降到最低。以下介绍几种国内外已有的控温运行技术。

（1）液体喷淋技术

气体在压缩和膨胀过程中会面临巨大的温度波动。压缩过程中，气体温度有升高的趋势，配置的喷雾机构会在适当的低温下释放喷雾，使容器内的温度保持在恒定水平；膨胀过程中，气体温度有降低的趋势，配置的喷雾机构会在适当的高温下释放喷雾，同样使容器内的温度保持在恒定水平[13]。

Sustain X 公司是美国 GCX（General Compression X）公司的前身之一，在喷淋技术领域做出了许多贡献。2008 年，该公司开始研究基于喷水的传热方法，以实现空气压缩和膨胀过程中的快速传热。水具有比热容较高的特点，可作为与气体热量交换的理想介质，利用水喷入低压级和高压级气缸，可在压缩和膨胀过程中实现连续的热传递过程。此外，喷淋时的液滴具有数量多、尺寸小的优势，即使在空气与水较低的温差下也可保证传递的热量，从而提高热效率。

2012 年该公司进一步研究发展了喷淋技术，提出一种实现压缩膨胀比高达 200 的两级压缩膨胀装置，该装置通过向气体腔中喷射液滴起到等温压缩膨胀的效果，整个过程中气体温度变化小于 50℃，等温效率高达 95%。另外，它们还率先提出用泡沫替代雾状液滴控制气体温度的方法，以进一步提高等温压缩膨胀的效果，为等温压缩空气储能系统提供了新的研究方向。

图 4-10 所示为 Sustain X 公司研发的一种典型的喷淋控温装置示意图。活塞缸的上部为气体，底部为液体。在活塞缸的顶部设有喷淋单元，气体在压缩和膨胀过程中不断被喷淋液体，通过液体对缸中的气体实现快速热量传递，使气体近似处于等温状态。喷淋所用的液体在重力作用下通过活塞杆内部的液体通道流出，循环使用。

美国的 Lightsail 公司也提出了一种基于喷射水雾的控温方案[14-15]，如图 4-11

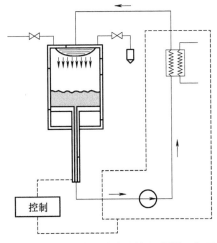

图 4-10 一种典型的喷淋控温装置示意图

控制

所示，该方案由压缩缸、压力室及气罐组成。首先，气体在压缩缸内压缩和膨胀时，通过管道及喷嘴将压力室内的水以水雾形式喷射到压缩缸内，以增加压缩膨胀过程中气液间的热交换；然后，在压缩缸内气体达到压力室压强后，压缩气体通过喷嘴，以小气泡的形式从压力室下方进入，增加气液接触时间与面积，从而达到控制气体温度变化的目的。压力室设有换热装置，可以保证罐内液体温度基本维持恒定，为整个压缩膨胀过程提供一个恒温环境。通过上述手段，可以使气体在整个运行过程中近似保持等温状态。

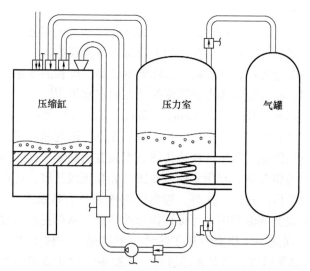

图4-11　一种基于喷射水雾的控温方案示意图

（2）液体活塞技术

液体活塞也叫液压活塞，是一种利用压强传递来实现力量转移的液压元件。其基本工作原理是基于液压力传递原理，通过系统中的压力传递、调节和控制等环节实现力的转移和变换。液体活塞由液压缸筒、活塞杆、活塞密封装置、液压管路等组成。通过对缸内的压力和容积的调节，来实现液压活塞的升降、伸缩、推拉等功能。

2010年，同样作为GCX公司前身之一的General Compression公司，尝试开发一种可实现液体压强稳定控制的压缩空气储能技术。其方案是通过一系列的液体活塞装置，利用活塞面积的不同，减小了发电时液体水头的巨大波动，为实现压缩空气储能的大规模应用奠定了基础[16]。

与其他设计方案相比，该液体活塞方案的主要不同点在于，装置设计有多组不同面积的活塞缸，利用不同面积的活塞组合，在储能时可以根据气体压强的变化进行切换，持续对气体进行压缩，而在发电时可以形成相对固定的液体压强差，以推动液压电动机发电，如图 4-12 所示。该技术的缺点在于气体压强会在储能容器中大幅度变化，对容器承受变压能力有较高的要求，另外虽然针对发电水头波动的问题做了一些努力，但并没有彻底实现发电水头的稳定控制。另外，该公司还提出了用于优化压缩空气的热传递系统，将传热元件设置在气缸或压力容器内部[17]。

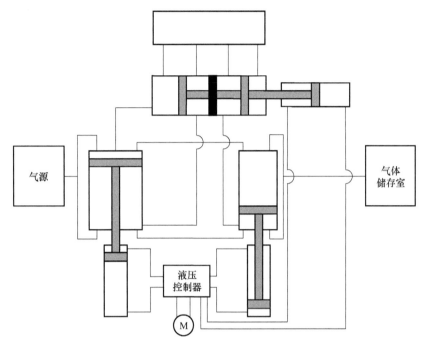

图 4-12　一种多级活塞压缩装置示意图

（3）多级双链路交错等温气体压缩技术

华北电力大学提出的多级双链路交错等温气体压缩技术，基于大容量液体活塞设备，通过分级压缩解决空气在压缩至高压时出现的溶解量大、储气量少的问题，构建了双链路交错模型，是一种适用于高压强、大功率的等温压缩空气储能技术。

可逆型多级双链路交错等温气体压缩系统运行示意图如图 4-13 所示，由两组以上不同耐压等级的液体活塞单元组成，每组液体活塞单元由两个相同耐压等级且相同容量的压力容器以及压力容器间的液体驱动设备组成，随着耐压等级的提升，压力容器的容量将逐级减小。在压缩储能过程中，在动力设备驱动下系统将低压气体逐级压缩并迁移，最后送至储气系统或高压气体管道中；在膨胀释能过程中，高压气体逐级膨胀并驱动动力设备对外做功。在压缩或膨胀过程中，始终控制液体在单级液体活塞单元的两个压力容器间往复流动，减少相应的气体溶解量，实现了不同组液体活塞单元级间的气体边迁移边压缩，减少了运行时间，提高了工作效率，并减小了运行损耗。

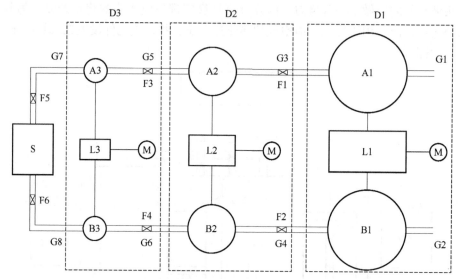

图 4-13　可逆型多级双链路交错等温气体压缩系统运行示意图

2. 等温压缩空气储能关键设备

（1）螺杆式空气压缩机

螺杆式空气压缩机是一种可在低压强等级下实现气体等温压缩的设备，本质为工作容积作回转运动的容积式气体压缩机械。气体的压缩依靠螺杆式空气压缩机容积的变化实现，而容积的变化又是借助一对相互啮合的螺旋形转子在机壳内作回转运动来达到。螺杆式空气压缩机的工作循环可分为吸气、封闭、压缩和排气四个过程，随着转子旋转，每对相互啮合的转子相继完成相同的工作循环。在压缩空气过程中，大量润滑油喷入气缸内，和空气混合一同进入工作循环，润滑油在循环内起冷却、润滑、密封等作用，可使得气体达到近似等温压缩的过程。油气混合物在排出机体后，在油气分离器被分离开来，压缩空气进入下一级压缩机或者储气装置，润滑油进入油冷却器内冷却，通过过滤后进入下一个循环。目前，螺杆式空气压缩机在中、低压等级的容积式压缩机的市场占有率达到 50%以上，其具有压比大、排气温度低、效率高、易损件少、密封性好等优点。

螺杆式空气压缩机作为目前研究的热点，设备效率可达 70%以上。螺杆式空气压缩机采用高容量压缩组件进行油气混合压缩，油既可以起到密封作用，又通过吸收压缩空气的热量使压缩机工作过程中气体温升减小，降低压缩耗能，显著提高了压缩机的工作效率，故螺杆式空气压缩机在压缩机领域逐渐占据了主导地位。但由于螺杆式空气压缩机随着压强不断升高，密封处理愈发困难，目前尚无法实现较高压力等级。美国 SullAir 公司是全球最大的螺杆式空气压缩机制造厂，其旗下螺杆式空气压缩机最大排气压力仅为 1.3MPa。

（2）液体活塞空气压缩机

液体活塞空气压缩机可用于高压等级的空气等温压缩过程，其运行机理由空压活塞压缩机发展而来。通过在空压活塞压缩机引入液体介质，利用液体高比热的特点，在快速换热的基础上，实现对高压气体的等温压缩和膨胀过程。

空压活塞压缩机又称活塞式空气压缩机，如图 4-14 所示，其工作原理是由电动机直接驱动压缩机，使曲轴产生旋转运动，带动连杆使活塞产生往复运动，引起气缸容积变化。活塞式设备通过选择合适的密封方式，可以达到较高的压力，CompAir 公司旗下活塞式空气压缩机最大排气压力可达 41.4MPa。活塞式空气压缩机的运行效率在 60% 左右，效率低下的原因主要是其压缩过程多为绝热过程，内部气体温度在短时间内迅速升高，所消耗的能量有很大一部分都以热量的形式被散掉，与等温压缩过程相比，能耗量增大，导致了设备的综合效率降低。

为了提升压缩空气储能系统的储能密度，气体存储压强需要大幅提升。在高压强应用背景下，为实现高效储能，衍生出了液体活塞式空气压缩机的运行方案，如图 4-15 所示。液体活塞式空气压缩机仍采用活塞缸进行空气压缩，活塞缸内充满高比热容的液体介质，另外配置气液共存的压力容器，通过喷淋等措施加快气体的接触速率，增大换热面积，使气体压缩过程接近等温，提升系统效率。液体活塞内气液的快速热交换有多种方案设计实现，典型的方案有通过液体喷淋增大换热系数、通过金属填料增大气液接触面积等。

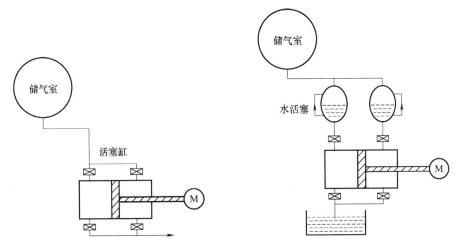

图 4-14　活塞式空气压缩机运行示意图　　图 4-15　液体活塞式空气压缩机运行示意图

工程上已有的等温压缩空气储能系统大都采用液体活塞技术，开发可行的液体活塞式空气压缩机设备一直是等温压缩空气储能领域的研究热点和难点。国外已有通过喷淋技术实现的液体活塞样机，等温效率可以达到97%以上，但随着压力上升液体活塞装置产生气体溶解比例加大的问题，在推广应用时具有一定的局限性。

（3）虚拟抽蓄设备

由于等温压缩空气储能系统中存在气液两种工质，故动力设备通常存在气体动力设备和液体动力设备两类。水泵、水轮机等水力设备作为可把水流的能量与旋转机械能互相转换的动力机械，可用于等温压缩空气储能系统中。此时水力设备使用的环境不再是具有高度落差的上下水库，而是连接两组水气共容的压力容器构成虚拟水头，虚拟水头和水力设备即为虚拟抽蓄设备。

在虚拟抽蓄设备中，利用压缩空气的势能取代传统抽蓄系统中山体的高度势能，可提升等温压缩空气储能系统的适应性，摆脱依山而建的苛刻条件。使用的水轮机在大型化下可达到95%以上的效率，对于提升整个系统效率有重大意义。由于压缩空气储能系统中压力容器内水头变幅巨大，使水轮机不能高效发电，因此通过液压变压机构和水轮机的可变速调节来共同限制高压水池的水头变化，水头稳定使水力设备在整个压缩储能过程中维持高效率，从而提升整个系统的效率。图4-16所示为液压变压系统配合虚拟抽蓄设备运行示意图，其构成为储气室、压力容器、液压变压机构、高压水池、水泵水轮机。压力容器实现了气水热质交换；液压变压机构通过多组面积比不同的液压缸实现变压势能到恒压势能的转换；高压水池内通过注入压缩空气等方式实现恒定水头；动力设备采用水泵、水轮机等液体设备，且液体设备在此系统中均工作在恒压状态，避免了水头波动对水力设备效率的影响，实现了系统的整体高效。

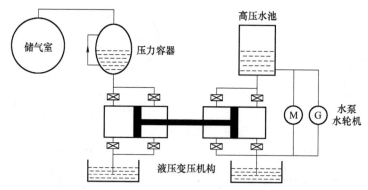

图4-16　液压变压系统配合虚拟抽蓄设备运行示意图

4.2.5　液化压缩空气储能技术

1. 液化压缩空气储能技术原理

液化压缩空气储能技术是一种新颖高效的能源系统集成方案。该技术摆脱了地理位置、地貌条件等环境因素的限制，具备了储能密度高、布置灵活、安全可靠、非补燃等技术优势。液化压缩空气储能系统主要由充能部分、储能部分以及发电部分组成，系统原理如图 4-17 所示。

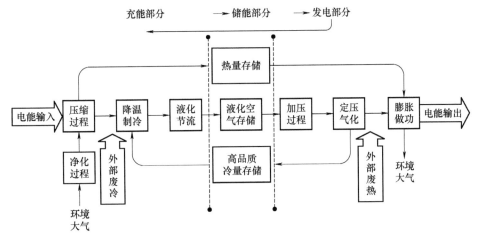

图 4-17　液化压缩空气储能系统原理图

液化压缩空气储能系统将发电部分定压气化释放的冷量通过填充床进行回收储存，并在充能时利用这部分冷量辅助空气降温液化，最终再通过高压空气膨胀及节流作用获得低温，以实现空气的液化。在这一过程中，通过冷量的跨时间空间利用，节省了空气液化所耗能量，提高了整体循环效率；在储存过程中，空气液化这一手段不仅增加了储能密度，还降低了存储压力。

相较于传统压缩空气储能系统，液化压缩空气储能系统的主要不同在于冷量的回收利用及空气的液化存储。液化压缩空气储能系统具有以下优势：1）储能密度高，储能密度为 60~120W·h/L，是高压储气的 20 倍；2）储能容量大，发电功率在 10~200MW，单机储能容量可达百兆瓦时以上；3）储存压力低，相对于传统的 10MPa 岩穴储气压强，液态空气储罐内压力仅保持在 0.9~1MPa，可在低温常压的环境下储存，安全性高，储存成本低；4）不受地理条件限制，可实现地面罐式的规模化储存，彻底摆脱了对地理条件的依赖，应用更加灵活；5）寿命长，液化压缩空气储能系统主设备为压缩机、膨胀机以及空分液化部分设备，使用寿命约 30 年，全寿命周期成本低；6）充分回收利用了余热、余冷，系统效率可达 50%~60%，如果系统可以接入外界的余热（电厂或其他工业余热）或者余冷（液化天然气或者液化空气公司）资源，其储能综合效率还可以进一步提高。

图 4-18 所示为一种典型的液化压缩空气储能系统，充能时，系统利用电能将空气进行压缩，经级间换热器冷却后流经液化装置进行液化，将液态空气储存

在液态储罐中；同时储存该过程中释放的热能，用于释能时加热空气。释能时，液态空气经液态泵进行加压气化，然后进入膨胀机发电；同时储存该过程中产生的冷能，用于充能时冷却空气。该系统在压缩阶段有两个换热器，分别位于两级压缩机后，从压缩机出口排出的空气温度很高，通过换热器吸收冷量并液化为液态空气；膨胀阶段有四个换热器，与压缩阶段不同，膨胀阶段换热器位于膨胀机前，起到预热空气的作用。各级换热器的温度范围见表4-1，表中"/"左右数据分别为空气和换热介质在换热器进出口的温度。

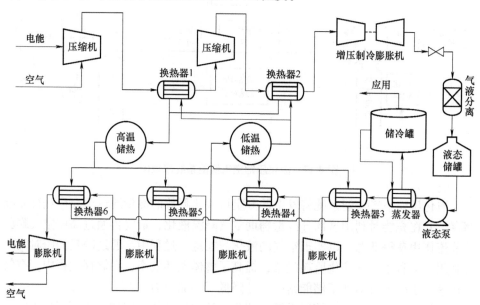

图 4-18 一种典型的液化压缩空气储能系统

表 4-1 各级换热器温度范围

换热器序号	温度范围/℃	
	空气侧	换热介质侧
1	120.0/25.0	20.0/(120.0±5.0)
2	120.0/25.0	20.0/(120.0±5.0)
3	15.0/114.0	122.8/30.0
4	43.5/114.0	120.2/50.0
5	40.3/114.0	120.2/50.0
6	13.0/114.0	120.2/22.5

2. 液化压缩空气储能关键设备

（1）压缩机

液化压缩空气储能系统的主压缩机及循环压缩机均采用对称平衡M型往复

式压缩机，为变频起动，分两级两列压缩。每级对应一个气缸，在机身两侧布置，为双作用无油润滑气缸。设备检修周期尤其是需解体大修的检查周期还要满足大于 4 年的需要。因此对压缩机的运行可靠性提出了很高的要求。

（2）空气纯化分子筛

选用常温分子筛来吸附净化空气中的水分、二氧化碳和乙炔等。分子筛为立式布置，主要包括分子筛吸附罐（一用一备）、加热及再生设备、相关附属管路、阀门及仪控等。经分子筛处理后的压缩空气露点温度设计值为 $-65\,^\circ\!C$ 以下，二氧化碳浓度降为 $10^{-4}\%$，以满足下游系统防冻需求。

（3）冷箱

液化储存时使用的冷箱主要是用来冷却液化上游空气压缩产生的高压常温空气，其所需冷量一部分来自气液分离器与制冷膨胀机排出的低温循环气态产物，另一部分则由储冷罐在释能阶段储存的冷量来提供。冷箱内借鉴空分领域的成熟设计，布置有高效板翅式换热器，相比于传统的填充床式蓄冷器及可逆换热器，具有更佳的冷量回收性能；同时，由于空气压缩子系统中空气净化装置采用了常温切换式分子筛，避免了冷箱内板翅式换热器的切换，在大幅缩减能耗的前提下还大大增加了空气净化装置的安全稳定性。冷箱内板翅式换热器为多股流布置形式，内部分别有高压空气与较低压气体通过。考虑到换热器及其附属管道对压力的限制，较高压力的冷箱制造会有很大难度。

（4）焦耳-汤普逊膨胀阀及制冷膨胀机

焦耳-汤普逊膨胀阀以及制冷膨胀机在理想工况下分别采用等焓膨胀及等熵膨胀的方式使高压气体膨胀降温获取冷量。经冷箱降温后的高压液态空气通过膨胀阀节流降压，以获取系统最低温。这一过程会使液态空气发生部分气化，因此需通过气液分离器将液态空气存入液化空气储罐，剩余的气态产物则返回冷箱使所含冷量得到利用。另外，从冷箱正流气路中某一点处抽出的一部分高压气体通过制冷膨胀机做功后，气体温度显著降低从而获得冷量。膨胀机排出的这部分低温气体也返回冷箱使所含冷量得到利用。

4.3　压缩空气储能中的能量储存技术

4.3.1　压缩气体储存技术

1. 金属容器储气

金属容器储气作为压缩空气地上储存的主要形式，具有安全性高、适应性强等特点，可实现系统的灵活选址、建设工程量小、建设周期长短，在小型压缩空气储能系统中应用广泛。金属容器储气一般分为钢瓶储气、管道储气和金属压力罐储气3种。

常见的钢瓶储气是压缩天然气（CNG）储气瓶，如图 4-19 所示，是用来储存压缩天然气的高压容器，储存的气态天然气可供车辆发动机作为燃料使用。国内常用的储气瓶材质为 35CrMo 钢，强度试验压力按 1.5 倍工作压力测试，并经过模拟爆炸、火烧、枪击、疲劳等多项试验合格。试验测定疲劳强度次数为 12000 次。在加气站建设发展初期，许多地方

图 4-19　钢瓶储气

的加气站多以储气瓶组为主要的储气方式，这种方式主要用于规模较小的 CNG 站，因为储气瓶组的造价低，安装也较为方便。然而近年来，我国相继发生多起加气站储气瓶的爆炸事故，储气瓶的安全性遭到了质疑，小容积储气瓶逐步被淘汰[18]。

管道储气又称钢管储气，是利用高压输气管道储存压缩气体，如图 4-20 所示。相比钢瓶储气，直径较小的压力管道储气便于集成管网形成规模，安装布置更加灵活，目前在我国贵州 10MW 先进压缩空气储能示范项目中得到应用。管道储气方案在天然气领域使用更为广泛，其设计压力通常在 10MPa 以上，并不断向高压力、大口径、高级钢的方向发展[19]。

金属压力罐储气如图 4-21 所示，它广泛运用于家用中央空调、加热炉、电热水器、变频恒压供水机器设备。它具有缓冲系统压力波动、消除水锤、稳压卸荷等作用。在系统内水压轻微变化时，压力罐气囊的自动膨胀收缩会对水压的变化有一定缓冲作用，保证系统的水压稳定，水泵不会因压力的改变而频繁地开启。

图 4-20　管道储气

图 4-21　金属压力罐储气

2. 预应力混凝土容器储气

预应力混凝土容器储气方案是近几年压缩空气储能领域用到的代表性储气技术之一。预应力混凝土结构是指在结构构件受外力荷载作用前，人为对其施加压力，由此产生的预应力状态用以减小或抵消外荷载所引起的拉应力，即借助于混凝土较高的抗压强度来弥补其抗拉强度的不足，达到推迟受拉区混凝土开裂的目的。以预应力混凝土制成的结构，因以张拉钢筋的方法来达到预压应力，所以也称预应力钢筋混凝土结构。

20 世纪 50 年代末，法国用预应力混凝土压力容器作气冷反应堆的压力壳。以后许多国家均在气冷反应堆上采用预应力混凝土压力容器，设计压力已达 6MPa。早期使用的钢质压力容器，随着轻水型反应堆和煤转化用的容器尺寸不断增大，制造和运输难度也越来越大，工程界正在进行以预应力混凝土压力容器代替钢质压力容器的可行性研究。

预应力混凝土压力容器有两个显著优点：一是可采用普通的设备在现场施工建造，容器的尺寸不受限制。当金属压力容器因直径过大、器壁过厚等原因而无法运输或制造时，可选用预应力混凝土压力容器。二是这种压力容器的破坏模式与钢制压力容器不同，它是逐渐破坏的。钢衬里如有泄漏，介质沿混凝土的渗透是一个较慢的过程。此外，钢缆是互不相连的，如果个别钢缆出现裂缝，裂缝不会由一根扩展到另一根，因而容器具有高度的安全性。当用于高温环境下，钢衬里层上会加有绝热层，以防止混凝土温度过高，且钢筋混凝土结构能承受一定的爆炸冲击波和小型飞行物的撞击，可经受 6h 的外部火灾，故其安全性是最高的，但投资高，施工难度大，施工期长[20]。

基于预应力混凝土的以上优势，以色列 Augwind Energy 公司在开发利用压缩空气的 Air Battery 时，设计使用了内衬薄壁塑料的预应力混凝土制成的压力容器，如图 4-22 所示，据称相比于钢制压力容器，可大大降低压缩空气储存的成本，使用寿命长达 40 年，不需依赖特定的地理条件。

近几年，我国在预应力钢筋混凝土储罐建造领域也取得了重大进展。2022 年 5 月 17 日，国内最大容积、首台 27 万方预应力钢筋混凝土全容式液化天然气（LNG）储罐在山东青岛董家口港区成功升顶，标志着我国掌握了 27 万方液化天然气储罐建造的核心技术，实现了建造国之重器的重大突破，如图 4-23 所示。

3. 地下洞穴储气

地下洞穴储气是目前已在运营的压缩空气储能系统中最常用的储气形式，具有成本低、容量大的特点。地下洞穴储气形式常用于天然气领域，即将天然气重新注入地下空间，形成人工气田或气藏，等到需要用的时候再调取出来，该技术对于季节调峰、应急供气和国家能源战略储备均具有重要意义。地下洞穴储气一般分为 4 类：岩洞储气、盐穴储气、水压深层储气、海洋储气。

图 4-22 预应力混凝土制成的压力容器

图 4-23 钢筋混凝土全容式 LNG 储罐

岩洞储气如图 4-24 所示，指利用废弃的符合储气条件的岩洞作为地下储气库。这种储气库的工作气量比例高，可完全回收垫气。在技术层面上，中国电建集团中南勘测设计研究院有限公司通过试验研究和技术研发，突破了浅埋硬岩大规模地下高压储气库的建造技术，解决了 10MPa 级高压空气反复加卸载循环作用下地层稳定及高压密封问题，可在岩石条件较好的地区开展地下储气库选址，拓宽了大型压缩空气储能的应用范围。硬岩层结构的洞穴较为常见，岩石坚硬具有更高的抗压强度，但施工难度加大，费用较高。美国 Ohio 州的 Norton 压缩空气储能项目，采用位于地下 670m 深处的废弃石灰岩矿井储存压缩空气，容量为957 万 m^3，储存压力可达 11MPa[19]。

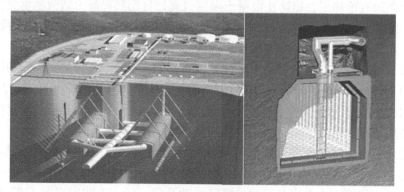

图 4-24 岩洞储气

盐穴储气如图 4-25 所示，指用淡水溶解盐层、形成封闭的盐溶洞穴来储存压缩空气。盐穴储气库的密封性好，日提取量大，垫底气量少，注采转换灵活，可用于日、周调峰，但这种储气库容积相对较小，扩容速度较慢，单位有效容积的建设成本相对稍高。盐穴具有较低的渗透率和良好的蠕变行为，密封性较好，力学性能稳定，能够适应运行过程中储存压力的交替变换。一般而言，只要向地下盐层钻孔，注水使盐溶化即可形成用以储气的洞室，因此盐岩洞储气成本较低。然而，建设盐穴需要在有盐矿资源分布的地区，地域上存在限制性[19]。

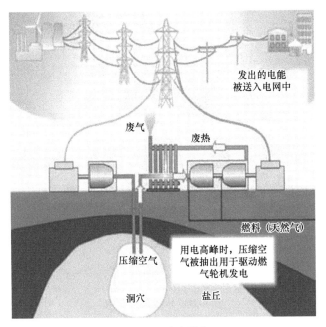

图 4-25　盐穴储气

　　水压深层储气如图 4-26 所示，指在密封可靠的盖层下注入高压气体，驱替岩层中的水而形成储气方式。水压深层储气的储气量大，压缩空气被储存在渗透性强的多孔地层中，将地下水排出形成巨大气泡。由于空气-地下水界面的运动，储气压力相对恒定，有利于压缩机和膨胀机的运行。利用地下含水层进行储气更加经济，在地质结构特性较好的条件下，成本为 2~7 美元/(kW·h)。目前含水层储气库在法国、德国、俄罗斯等欧洲国家比较成熟，但是地质认识程度低，建设周期长，建库成本相对较高。地下含水层储气同样存在着选址困难的缺陷，而且垫气层消耗大。以地下含水层作为储气装置的压缩空气储能系统尚未实现商业化应用，仅存在一些研究型项目，包括意大利 SESTA 的 25MW 多孔岩层压缩空气储能系统和采用多孔砂岩结构斜背层进行储气的美国 IMAU 项目等[19]。

　　海洋储气利用了海洋中丰富的资源以及良好的空间优势。2022 年 12 月 7 日，在冀东油田南堡 2 号人工岛，随着南堡 1-29 储气库开始采气，我国第一座海上储气库正式进入首轮采气期，施工现场如图 4-27 所示。以提高气驱排液和注气效率为目标导向，开展动态跟踪评价、注采参数优化和高压氮气辅助降压增注等研究，有效缓解了"点强面弱"的注气局面，实现日新增注气量 40 万 m³，为平稳采气奠定了坚实的基础。

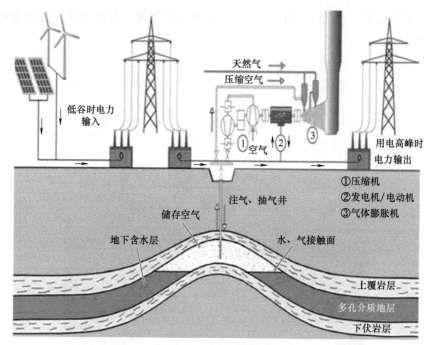

图 4-26　水压深层储气

图 4-27　冀东油田南堡 1-29 储气库建设施工现场

　　适合压缩空气储能的废弃或天然地下洞穴资源有限且其选址不一定符合实际
需求，而地面高压储气罐造价高且需要占用地面，因而人们把目光投向人造地下
储气室。一方面可以摆脱对洞穴资源的限制；另一方面可以大大减少对地面的占
用，从而使得地下压缩空气储能成为一种重要的工程方案。虽然人造地下储气室
建造成本较高，但比地面高压储罐成本低，而相比于废弃或天然地下洞穴储气室
而言，其对地质结构依赖性弱，并方便选址，可部分省去电能传输线路的基建成

本和运行过程中的损耗，因而成为规模化压缩空气储能的理想储气方式之一[21]。

4.3.2 蓄热和热交换技术

1. 绝热保温技术

在先进绝热压缩空气储能技术中，气体压缩和膨胀过程中杜绝高温热量的散失是提升系统效率的关键。在基于等温压缩空气实现的供热供冷技术中，气液的保温性能也是重点关注对象。

常用的绝热技术有以石棉、气凝胶等物质为绝热材料的材料绝热技术和真空绝热技术。石棉是一种天然矿物纤维材料，主要成分是含水硅酸镁、硅酸铁，由天然蛇纹石或角闪石经分解而成。由于石棉的纤维柔软，具有绝缘、绝热、隔音、耐高温、耐酸碱、耐腐蚀和耐磨等特性，在商业、公共事业和工业设施中有相当多的用途，例如耐火的石棉纺织品、输水管、绝缘板等石棉水泥制品，广泛应用于建筑、电器、汽车、家庭用品等领域。除用作填充材料外，石棉还可与水泥、碳酸镁等结合制成石棉制品绝热材料，用于建筑工程的高效保温及防火覆盖等。

气凝胶是指通过溶胶凝胶法，用一定的干燥方式使气体取代凝胶中的液相而形成的一种纳米级多孔固态材料，如明胶阿拉伯胶、硅胶、毛发、指甲等。气凝胶也具有凝胶的性质，即具有膨胀作用、触变作用和离浆作用。气凝胶是世界上密度最小的固体，是 2022 年度化学领域十大新兴技术之一。气凝胶的种类有很多，如硅系、碳系、硫系、金属氧化物系、金属系等，SiO_2、Al_2O_3、ZrO_2 和 TiO_2 等气凝胶及其复合材料可以广泛用作高温设备、管道及高速飞行器的绝热材料。市场上最常见的气凝胶材料产品为气凝胶毡、气凝胶涂料等，其中气凝胶毡已广泛应用于石油化工管道保温领域。

真空绝热材料是利用材料的内部真空达到阻隔对流的效果来隔热。航空航天工业对所用隔热材料的重量和体积要求较为苛刻，往往还要求它兼有隔音、减振、防腐蚀等性能。各种飞行器对隔热材料的需要不尽相同，例如飞机座舱和驾驶舱内常用泡沫塑料、超细玻璃棉、高硅氧棉、真空隔热板来隔热。真空绝热一般要求在绝热空间保持 1.33×10^{-2} Pa 以下压强的真空度，这样就可以消除气体的对流传热和绝大部分残余气体的导热，从而达到良好的绝热效果。真空绝热方式绝热效果较好，但需要长期保持高真空状态，大面积高真空状态制备成本较高。

2. 高温储热技术

先进绝热压缩空气储能技术又称为带储热的压缩空气储能系统，即将压缩热储存下来供给于膨胀过程。由于储气环境多为常温，为提升系统效率，气体在绝热过程中产生的高温热能需要借助高温储热技术有效储存。储热技术可以分为热化学储热、显热储热和相变储热三大类。

热化学储热是指在化学反应期间接收热能，并在放热反应期间释放热能。热化学储热系统利用可吸收或释放热能的化学反应实现热能储存和调配，分为三个操作阶段：吸热解离、反应产物的储存、解离产物的放热反应。热化学储能系统显示出比显热和潜热储能系统更高的储存密度，且在储存过程中的能量损失比显热和潜热储能小，但存在一定的安全性问题，储热成本较高。

显热储热是指依靠储热材料温度变化来进行热量的储存，是目前应用最广、性价比较高的储热形式。显热储热形式由于在放热过程中不能恒温，储热密度小，使得储热装置体积庞大，易造成严重的热量损失，不适合长时间、大容量热量储存。水作为100℃以内性价比最高的液态显热储热材料，储水量较小会导致储热和放热过程中液体温度变化较大，储水量过大又导致难以在紧凑空间内使用，故存在一定的应用局限性。另外，导热油作为一种中温导热液体，可运行在320~350℃的温度区间[22]，导热油也称为有机载热体，是作为传热介质使用的有机物质的统称。

相变储热是指通过材料在发生相变过程时吸收或放出潜热来达到储热或放热的目的，其工作温度区间更宽，具有稳定、寿命长、换热难度小等优势。其中，熔盐储热是目前大规模中高温储热技术的首选，表4-2为几种常见的熔盐热物性能参数[22]。熔盐作为储热介质，具有使用温度高、潜热密度大、温度涵盖范围广、传热性能好、比热容大、成本低、易于控制和管理等优点，在太阳能光热发电领域已经有较为成熟的应用。熔盐储能应用场景如图4-28所示。

表4-2 常见的熔盐热物性能参数

材料名称	熔点/℃	潜热/(kJ/kg)	导热系数/[W/(m·K)]	密度/(kg/m³)
$NaNO_3$	307	172	0.5	2260
KNO_3	333	266	0.5	2110
NaOH	323	17	—	2130
KOH	380	149.7	—	2044
NaCl	802	466.7	5	2160
K_2CO_3	897	235.8	2	2290
Na_2CO_3	854	275.7	2	2533
KF	857	452	—	2370
NaF	996	794	—	2558

熔盐储热技术目前主要应用在光热发电、清洁供热、移动储热供热、火电灵活性改造和综合能源服务等场景。我国首批光热发电示范项目已并网7座，包括中国广核德令哈50MW槽式光热电站、首航节能敦煌100MW熔盐塔式光热电站、青海中控德令哈50MW熔盐塔式光热电站等。熔盐储能的投资成本低于锂电池储能，容量大，且熔盐易扩展、安全性高，具备长时储能优势，有望迎来广阔的发展空间。

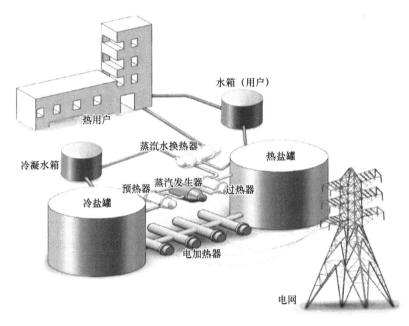

图 4-28　熔盐储能应用场景

3. 热交换技术

先进绝热压缩空气储能系统要求气体在压缩过程结束后通过热交换技术将高温热能传递给储热材料储存，在膨胀过程前通过热交换技术吸收储热材料的高温热能。等温压缩空气储能系统中要求气体在压缩过程中通过热交换对气体持续降温，在膨胀过程中通过热交换对气体持续补热。热交换过程是完成压缩空气储能的重要一环。热交换技术的主要实现方法可分为混合式、蓄热式和间壁式 3 类。

混合式换热器又称直接接触式换热器，是指两种流体直接接触，相互混合进行换热过程，该换热器中同时伴有传质过程。该传热方式避免了传热壁面及两侧污垢的热阻，只要流体间的接触良好，就有较大的传热速率。按照用途的不同，混合式换热器可分成冷却塔（或称冷水塔、凉水塔）、混合式冷凝器、气体洗涤器（或称洗涤塔）、喷射式热交换器等类型。混合式换热器是等温压缩空气储能领域常用的换热方案，利用高比热的液体，通过气液对撞实现对气体温度的控制，如气缸喷淋方案、金属材料填充方案等。

蓄热式换热器是通过固体物质构成的蓄热体，把热量从高温流体传递给低温流体，热介质先通过加热固体物质达到一定温度后，冷质再通过固体物质被加热，使之达到热量传递的目的。蓄热式换热器有旋转式、阀门切换式等。蓄热式换热器在很多工业过程中都有应用，例如用于金属还原和热处理过程，以及玻璃窑炉装置，发电厂的锅炉、高温空气燃烧装置和燃气轮机装置等。

　　间壁式换热器又称表面式换热器，是目前应用最为广泛的换热器。该换热器利用温度不同的两种流体在被壁面分开的空间里流动，通过壁面的导热和流体在壁表面对流，实现两种流体间的换热。间壁式换热器有管壳式、套管式和其他型式的换热器。该换热器具有设备紧凑、机房占地面积小、冷源热源可密闭循环不受污染及操作管理方便等优点。其主要缺点是不便于严格控制和调节被处理空气的湿度。如果冷却器表面温度低于空气露点温度，则空气不但被冷却，而且有部分水凝结析出，需要在表冷器下部设集水盘，以接收和排除凝结水。

　　热管换热器作为一种间壁式换热器，如图4-29所示，通过储存在全封闭真空管壳内工质的蒸发与凝结来传递热量，具有极高的导热性、良好的等温性、冷热两侧的传热面积可任意改变、可远距离传热、可控制温度等一系列优点。缺点是抗氧化、耐高温性能较差，此缺点可以通过在前部安装一套陶瓷换热器来予以解决。热管通过工质的蒸发和凝结两次相变过程和两次间壁换热来传递热量，属于将储热、换热装置合二为一的相变储能换热装置。

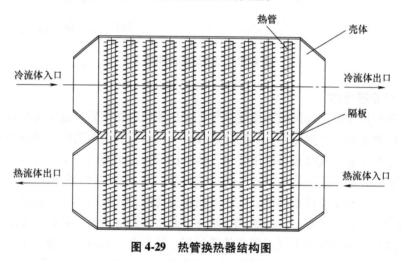

图4-29　热管换热器结构图

4.4　压缩空气储能应用项目介绍

4.4.1　传统压缩空气储能项目

　　世界上已有两个实现商业化运行的压缩空气储能电站，均基于传统压缩空气储能原理，需要额外燃料补充。第1座是位于德国洪托夫的Huntorf电站，第2座是位于美国奥拉巴马州的McIntosh电站，如图4-30所示。

图 4-30　实现商业化运行的两座传统压缩空气储能电站

a）德国 Huntorf 电站　b）美国 McIntosh 电站

德国洪托夫的 Huntorf 电站于 1978 年投入商业运行。系统的压缩机功率为 60MW，释能输出功率为 290MW，最长额定输出时间为 2h。系统将压缩空气储存在地下 600m 的废弃矿洞中，矿洞总容积达 $3.1×10^5 m^3$，压缩空气的存储压力最高可达 10MPa。机组可连续充气 8h，连续发电 2h。该电站在 1979—1991 年期间共起动并网 5000 多次，平均起动可靠性达 97.6%。电站采用天然气补燃方案，实际运行效率约为 42%。

美国奥拉巴马州的 McIntosh 电站于 1991 年投入商业运行。系统的压缩机组功率为 50MW，发电功率为 110MW。储气洞穴位于地下 450m 处，总容积为 $5.6×10^5 m^3$，压缩空气的存储压力最高为 7.5MPa，可以实现连续 41h 空气压缩和 26h 发电。该电站由奥拉巴马州电力公司的能源控制中心进行远距离自动控制，机组从起动到满负荷约需 9min。与 Huntorf 类似的是，McIntosh 电站仍然采用天然气补燃的方式，但由于系统中配置了回热器可以利用尾气余热，实际运行效率提升至 54%。

传统压缩空气储能系统已有商业化案例，但在大规模推广应用时主要存在三方面障碍：一是需要大型储气装置，如果以洞穴作为储气容器，对地质结构要求高，不同时段气体压强和温度的剧烈变化很容易引起洞穴的不稳定甚至塌陷；二是基于大型透平机械的空气压缩机运行效率不高，且压缩产生的高温高压气体在常温存储条件下高温热能损失严重；三是膨胀发电过程时，系统需燃烧化石燃料对气体进行补热，浪费能源的同时还会增加碳排放。

4.4.2 先进绝热压缩空气储能项目

1. 中国科学院工程热物理研究所-超临界压缩空气储能系统

2010年，中国科学院工程热物理研究所在中关村建成了1kW压缩空气储能系统，该系统主要用于概念验证和理论分析，占地面积为15m²。在此基础上，于2011年完成了中关村15kW的压缩空气储能系统建设，主要用于基础研究和设计验证，占地面积约为70m²。2014年3月，中国科学院工程热物理研究所在河北廊坊建成发电功率为1.5MW的蓄热式超临界压缩空气储能示范电站，如图4-31所示，完成了长时间的试验运行和性能测试。超临界状态下，系统储能密度大幅增加，储气室体积减小，摆脱了系统对地下储气室的依赖。储能过程中，压缩机将空气压缩到超临界状态，并储存压缩热，压缩空气被上一个循环膨胀发电储存的冷量冷却至液态，储存在储罐中；释能时，液态空气蒸发放出冷量，储存在蓄冷器中，升温后的压缩空气进一步被储存的压缩热升温后进入膨胀机做功发电，整个系统电-电效率约为52.1%[23-25]。

图4-31　河北廊坊1.5MW蓄热式超临界压缩空气储能示范工程

2016年12月，中国科学院工程热物理研究所开始开展贵州毕节10MW级先进绝热压缩空气储能系统集成实验与研发平台的联合调试，建成了发电功率为10MW的国家示范电站，如图4-32所示。该电站的储能容量为40MW·h，系统采用四级压缩储能和四级膨胀发电，通过多级压缩级间冷却的方式压缩空气，经压力水储热回收压缩热。系统采用地面高压储罐储存压缩空气，储气压力小于10MPa，系统的电-电转换效率高达60.2%[26]。

2021年，中国科学院工程热物理研究所依托国家能源大规模物理储能研发中

图 4-32　贵州毕节 10MW 级先进绝热压缩空气储能示范工程

心建成了压缩机实验与检测平台，测试平台系统压力测量范围为 $0.5 \sim 110 \mathrm{bar}^{\ominus}$，转速测量范围为 $0 \sim 40000 \mathrm{r/min}$，功率测量范围为 $0 \sim 10 \mathrm{MW}$。依托该实验平台，中国科学院工程热物理研究所研制了 10MW 先进压缩空气储能系统用的 10MW 级六级间冷离心式压缩机（最大工作压力为 10MPa，效率为 86.3%）、10MW 级四级再热组合式透平膨胀机（最大入口压力为 7MPa，效率为 88.2%）、高效超临界蓄热换热器（蓄热量达 68GJ，蓄热效率为 97.3%），并应用于肥城 10MW 盐穴压缩空气储能商业电站。2021 年 8 月，国际首套 10MW 盐穴先进压缩空气储能商业示范电站在山东肥城建成（见图 4-33），项目顺利通过验收，并于 2021 年 10 月完成正式并网发电运行，系统效率达到 60.7%[27]。

图 4-33　山东肥城 10MW 盐穴先进压缩空气储能调峰示范项目

2022 年 9 月 30 日，国际首套百兆瓦先进压缩空气储能国家示范项目在河北张家口顺利并网发电（见图 4-34）。该示范项目技术由中国科学院工程热物理研究所提供，于 2018 年立项、2020 年 10 月开工建设、2021 年 8 月完成电站主体

$\ominus$　$1 \mathrm{bar} = 10^5 \mathrm{Pa}$。——编辑注

土建施工、2021 年 12 月完成设备安装及系统集成，总规模为 100MW/400（MW·h），项目建设地为河北省张家口市张北县庙滩云计算产业园，占地为 85 亩[⊖]，建设内容包括 100MW 先进压缩空气储能示范系统 1 套，220kV 变电站 1 座，其余包括综合楼、供暖热站、道路、管线等配套设施。系统核心装备自主化率达100%，每年可发电 1.32 亿度以上，能够在用电高峰为约 5 万用户提供电力保障，每年可节约标准煤 4.2 万 t，减少二氧化碳排放 10.9 万 t。系统的设计效率达到 70.2%，是目前世界单机规模最大、效率最高的新型压缩空气储能电站[28]。

图 4-34　河北张家口百兆瓦级先进压缩空气储能示范项目

2022 年 9 月 24 日，单套 300MW 压缩空气储能项目于山东省肥城市正式开工，全部建成后，预计 1h 能发电 31 万度，相当于一个中型抽水蓄能电站规模。

2. 清华大学-非补燃压缩空气储能系统

2012 年 7 月，国家电网公司设立重大科技专项，由清华大学牵头，联合中国电力科学研究院、中国科学院理化技术研究所，在国内率先开展压缩空气储能系统的技术验证和工程实践工作。500kW 非补燃式压缩空气储能示范系统，即TICC-500（500kW Tsinghua-IPCCAS-CEPRI CAES），于 2014 年在安徽省芜湖市建设完成。TICC-500 电站的建成和成功并网运行标志着国产化压缩空气储能系统在工艺设计技术、关键设备技术和工程应用技术等多方面取得突破[29]。

如图 4-35 所示，TICC-500 电站采用五级压缩、三级膨胀的方式，储热系统以加压水作为储热介质，储热温度达 120℃。储气系统采用两个钢制卧式储气罐并联，单个储气容积为 50m³，共计 100m³。电站设计发电功率为 500kW，最大连续发电时长为 1h，电-电效率为 41%[30]。TICC-500 中的主要设备包括压缩机、换热器、热再生系统、储气罐、空气涡轮机、减速器和发电机，下面介绍各部分具体参数[30]。

⊖　1 亩 = 666.6m²。——编辑注

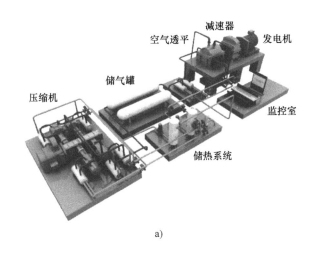

a)

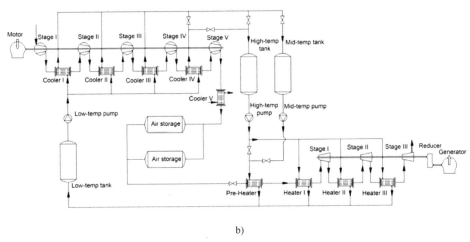

b)

图 4-35　安徽芜湖 TICC-500 压缩空气储能工业试验电站

a）TICC-500 电站模型　b）TICC-500 电站结构示意图

TICC-500 压缩机由异步电动机驱动，额定电压为 380V，额定功率为 330kW。在压缩机中，第一级充入常温常压的空气，其他四级的进气温度都设计为 45℃，压缩比都设计在 1.9～3.5 之间，气压则在压缩机的作用下逐级增加，出气温度最高可达 149℃。由于压缩机与储气室相连，最后一级压缩机的排气压力始终等于储气罐的压力，约为 11.3MPa。为了尽可能减少能量损失，压缩机采用了多阶段非稳态设计方案，这意味着压缩过程分两个阶段完成。第一阶段耗时 1.624h，前三级稳定消耗恒定的电能，而第四级是不稳定的，随着储气罐压力的增加，电能消耗也在增加。第二阶段耗时 3.966h，前四级稳定，第五级不稳定。

147

热再生系统包含高温、中温和常温三个水箱，相应的容积分别为 12m³、2m³ 和 12m³。设计温度分别为 120℃（使用氮气提高水箱中水的沸点）、100℃ 和 45℃。由于非稳态阶段的排气温度值低于稳态阶段的终态温度值，非稳态级的压缩热储存在中温水箱中，用于预热空气膨胀过程中的压缩空气。稳定级的压缩热储存在高温水箱中，在膨胀过程中用于加热每级涡轮机的进气。此外，第五级的压缩热由于无法将水加热到固定温度而被丢弃。

TICC-500 中的三级空气涡轮机均保持稳定，膨胀比都设计在 2.2~3.8 之间，额定转速为 30000r/min。第一级膨胀机的初始压强为 3MPa，第三级的终态压强为 0.105MPa，略高于大气压强；每一级的初始温度均设定为 100℃，终态温度则为 11~13℃。

2018 年 12 月，盐穴压缩空气储能发电系统国家示范项目落址于江苏省常州市金坛区，该电站采用优化的非补燃压缩空气储能技术路线，其结构及原理图如图 4-36 所示，工艺流程如图 4-37 所示[17]，能够强力支撑江苏电网的调峰需求，促进电力系统经济运行，缓解峰谷差造成的电力供应紧张局面。

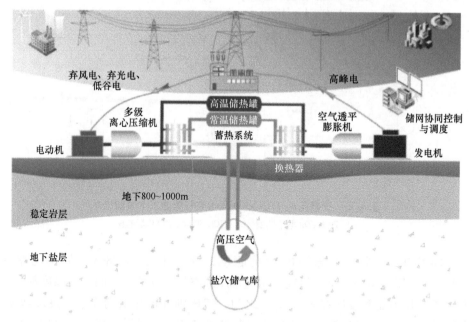

图 4-36　江苏金坛盐穴国家示范项目结构及原理图

盐穴压缩空气储能发电系统国家示范项目采用清华大学的先进非补燃压缩空气储能技术，利用金坛地下盐穴作为储气室，一期建设储能容量为 60MW×4h 压缩空气储能电站，未来将分期建设总装机容量达到 1000MW 的压缩空气储能电站群，打造大规模清洁物理储能基地，主要技术参数见表 4-3。

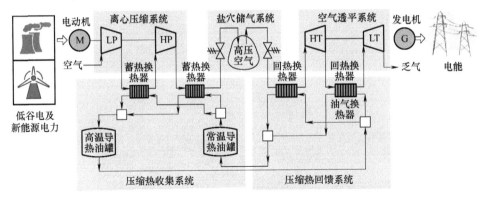

图 4-37　江苏金坛盐穴国家示范项目工艺流程图

表 4-3　江苏金坛盐穴国家示范项目主要技术参数

序号	参数	数值
1	空气压缩机级数	2
2	空气透平膨胀机级数	2
3	压缩时长/h	8
4	发电时长/h	5
5	年运行天数/d	330
6	发电机额定功率/MW	60
7	储气库容积/m^3	22.4×10^4
8	设计储能效率（%）	>60

4.4.3　等温压缩空气储能项目

美国的 GCX 公司是由 General Compression 公司收购了 Sustain X 公司后合并成立的，致力于等温压缩空气储能技术领域的发展。该公司的技术主要为通过液体活塞、液体喷雾、水泡沫等方式增大气液接触面积与接触时间，从而提高气液间的换热效果，减少热损失，最终实现等温的压缩和膨胀过程。公司摒弃了传统地下盐穴储气的做法，采用标准钢罐储存压缩空气。Sustain X 储能装置如图 4-38 所示。

2009 年，Sustain X 公司建造了 1kW 的等温压缩空气储能系统，用以验证等温技术的优势，并在 2010 年实施了 40kW 的等温压缩空气储能系统试点项目，为大容量系统研发奠定了基础。2013 年，1.5MW/1.5（MW·h）的等温压缩空

图 4-38　Sustain X 储能装置

气储能示范系统在美国新罕布什尔州建成，自 2014 年开始运营。该示范系统规模达到兆瓦级别，使用工业上成熟、易于获得的组件实现气体的分级压缩和膨胀，系统具有突破性的成本效益。经测试，该模型的储能功率为 2.2MW，放电功率为 1.65MW，充放电时间分别是 60min 和 36min。Sustain X 兆瓦级等温压缩空气储能示范系统如图 4-39 所示。

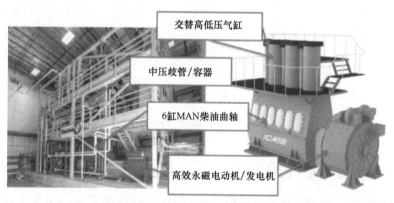

图 4-39　Sustain X 兆瓦级等温压缩空气储能示范系统

2011 年，General Compression 公司完成了可再生能源无燃料地质压缩空气储能技术项目，在德克萨斯州西部的盐丘一带建立了第二代商业化先进通用压缩空气储能系统，该系统由一系列可快速跟踪可再生能源输出功率的等温压缩/膨胀机组成，功率为 2MW，系统效率可达 75%。

我国对等温压缩空气储能技术的研究起步较晚，暂无相关的等温压缩空气储能示范系统，且国内研究多集中在提高气液换热性能以及系统运行的稳定性方面。在提高气液换热性能方面，西安交通大学团队对液体喷雾及多孔介质等技术进行了详细的研究，华北电力大学团队提出通过在大容量的气液压力装置中增加填料实现等温过程。在提高系统运行稳定性方面，西安交通大学团队提出了耦合抽水蓄能电站的发电方案，华北电力大学团队通过在系统中增加自适应变压子系统、虚拟抽蓄子系统实现液体稳定高效的发电过程。

4.4.4　液化压缩空气储能项目

1. 英国高瞻（Highview）公司-液化空气储能系统

英国是率先提出"利用液态空气储能调峰"概念的国家，也是全球首个液化空气储能工厂的问世地。2005 年，英国高瞻公司联合了伯明翰大学正式提出深冷液化空气储能技术。2007 年，中国科学院工程热物理研究所和英国高瞻公司、英国利兹大学等单位共同开发了液态空气储能系统。英国高瞻公司的第一台液化空气储能样机已在伦敦地区示范运行，额定功率为 500kW，存储容量约为 2MW·h[27]。

2010 年，第一套 350kW/3（MW·h）的深冷液化空气储能示范系统在伦敦附近的 Slough 建立并投入使用，该系统通过与生物质电站连接，可以充分利用电厂余热。经调试测算，系统从接收发电指令开始起动，到功率平稳输出的时间约为 2.5min，比高压气体存储方式的响应时间快约 7min，该系统验证了技术可行性。2013 年完成测试后，示范系统已经搬迁到伯明翰大学，专门用于并网发电运行的相关研究，该系统为液化空气储能的商业化发展奠定了基础[31]。

自 2011 年以来，苏格兰南方能源公司（SSE）将高瞻公司的液化空气储能技术应用于 80MW 生物质热电联厂的 350kW/2.5（MW·h）液化空气储能系统中。2012 年末，高瞻公司在苏格兰建造了一个 3.5MW 的商用系统，并在 2014 年初建成了 8~10MW 的储能发电站。

2014 年 2 月，在英国能源与气候变化部（DECC）800 万英镑的资助下，Viridor 公司选择高瞻公司设计并建立了一个 5MW/15（MW·h）商用示范的液化空气储能工厂（见图 4-40），该工厂建造在 Pilsworth 垃圾填埋燃气发电厂里，设计效率为 55%。2018 年 6 月，液化空气储能工厂正式投入运营，该工厂使用油罐车运来的液氮，在高压泵的输送下转化为气体，驱动涡轮机发电[32]。

2015 年春，高瞻公司首次以商业规模的形式来示范液化空气储能技术的应用，液化空气储能系统设施由 GE 公司的涡轮发电机提供动力。2019 年，高瞻公司在英国北部建造首个 50MW/300（MW·h）的商用液化空气储能工厂[33]。近几年，高瞻公司在英国和美国部署了两座 50MW 的液化空气储能电厂，取名为 CRYOBattery（低温电池），计划于 2023 年进入商业运营，供约 5 万户家庭运行 5h，这将是全球第一批并网连接的液化空气储能工厂。

图4-40　5MW/15（MW·h）液化空气储能工厂

2. 国内项目

国内液化压缩空气储能技术研究起步较晚。徐桂芝团队等[34]根据传统压缩空气储能系统的局限性，对其进行改进并研发出了新一代空气储能系统即深冷液化空气储能系统。该系统主要包括空气液化子系统（即储能子系统）、冷热循环子系统和膨胀发电子系统（释能子系统），主要设备构成有空气压缩机组、循环压缩机组、空气净化装置、换热/冷器、制冷膨胀机、储热储冷装置、深冷泵、蒸发器、膨胀发电机组和控制系统等。深冷液化空气储能工作流程如图4-41所示。

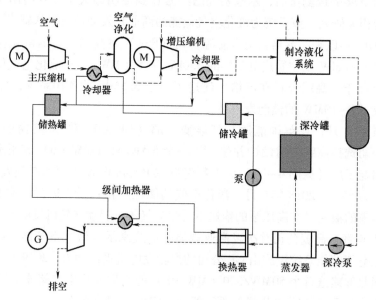

图4-41　深冷液化空气储能工作流程图

2018年，国家电网在苏州市同里镇的综合能源服务中心内建设了500kW液态空气储能示范项目。该液化空气储能系统可为园区提供 500kW·h 电力，同时利用溴化锂冷热双效机组为园区供冷和供热。

2023 年 9 月 4 日，中城大有产业集团有限公司与深储国能（甘肃）新能源科技有限公司、深储国能（嘉峪关）新能源科技有限公司就嘉峪关深冷液化空气储能以及配套光伏项目在广东深圳成功签约。深储国能（嘉峪关）新能源科技有限公司名下拥有嘉峪关 500MW 深冷液化空气储能项目，属于新型储能示范项目，已于 2023 年 7 月 20 日取得了《甘肃省投资项目信用备案证》项目总投资 487500 万元，项目总规模为 500MW/2500（MW·h），一期建设规模为 200MW/1000（MW·h），二期建设规模为 300MW/1500（MW·h），该项目配套 200MW 光伏项目。

2013 年 11 月 2 日，山东省寿光市与北京嘉泰新能科技有限公司（简称嘉泰新能）就在山东省寿光市开发建设 500MW/2500（MW·h）深冷液化空气储能项目签署协议。该项目依托丰富的风光可再生能源资源优势，结合本地能源发展需求和特点，建设大规模长时深冷液化空气储能电站，打造全省"风光储一体化"的创新示范应用，极大改善本地新能源消纳环境，有效调节电网峰谷负荷，支撑新型电力系统的构建。

液化空气储能技术在储能密度、储能规模、存储方式等方面有其独特优势，可为解决电力系统调峰问题、平抑新能源发电间歇性、提高供电质量等方面提供有效技术手段，在电力的发、输、用等领域应用前景广阔[35]。

4.4.5 组合式压缩空气储能项目

1. 耦合太阳能的压缩空气储能系统

2016 年 8 月，清华大学联合青海大学在青海西宁搭建了 100kW 光热复合压缩空气储能工业试验电站[36]（见图 4-42），并完成冷热电三联供试验，成功实现了全系统联合运行发电，此系统为世界上首套 100kW 光热复合压缩空气储能（ST-CAES）实验系统[37]，其系统电-电效率为 51%，能量综合利用效率达 80%。该电站将非补燃压缩空气储能系统与光热集热系统复合起来，利用光热系统取代绝热压缩空气储能系统中的储热系统，采用导热油为蓄热介质存储太阳能光热并加热空气透平进气，蓄热温度为 260℃。

该系统结构如图 4-43 所示。系统集成了太阳能高效集热与低㶲损储热技术、高速透平膨胀发电一体化设计技术、管线钢储气技术等多项前沿技术，开辟了提高储能效率和光热资源综合高效利用的新途径，为实现智能电网多种形式能量的存储与利用提供了一个具备多种功能的实验平台，大大提高了系统的储能效率，也为太阳能的综合利用和消纳提供了新的思路，在西部光热资源丰富地区具有广阔的应用前景。

图 4-42 青海西宁 100kW 光热复合压缩空气储能工业试验电站

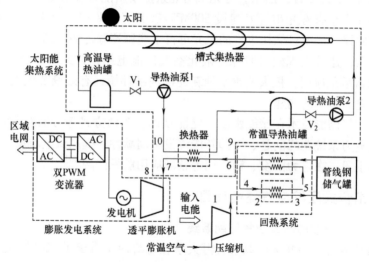

图 4-43 ST-CAES 系统结构图

2. 耦合生物质能、太阳能的压缩空气储能系统

考虑到太阳能集热系统所储热能受环境影响较大，波动性强，故有学者提出了利用生物质能作为更加稳定可靠的热源。通过沼气燃烧时产生大量的高品位热能，可以有效提高压缩空气储能系统的热电联供能力[38]，进而提出一种耦合生物质能（BIO）、太阳能和压缩空气储能（ST-CAES）的综合能源系统，通过经济调度模型，实现综合能源系统的经济、环境双收益，其系统结构图如图 4-44 所示。

3. 耦合风电的压缩空气储能系统

压缩空气储能系统与风电系统耦合，可以有效解决风电以及用户负荷的波动性与不匹配性。参考文献 ［39］提出了一种与风力发电场结合的变结构压缩空气储能系统，如图 4-45 所示，相比于传统 CAES 系统，增加了一个低压储气罐，

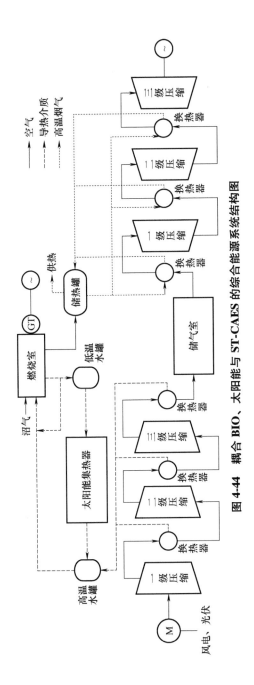

图 4-44　耦合 BIO、太阳能与 ST-CAES 的综合能源系统结构图

压缩机与膨胀机可以分为低压段与高压段，各段可以分别工作，也可以联合工作，因此系统的功率范围被大幅拓宽。

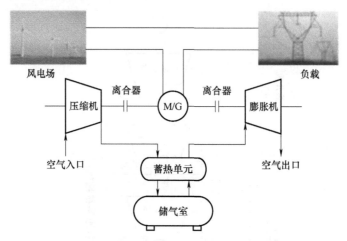

图 4-45　耦合风电的压缩空气储能系统示意图

4. 耦合氢能的压缩空气储能系统

氢能由于具有能量密度高、低碳环保、可大量存储等优点，被认为是一种拥有广阔应用前景的清洁能源[40]。如图 4-46 所示，利用氢能取代天然气，压缩空气储能系统可具有较高的能量密度，并且没有污染物的排放[41]。该系统利用太阳能布雷顿循环的剩余电力和余热，在非高峰时期储存压缩空气和氢气，并在高峰需求时期释放用于发电。

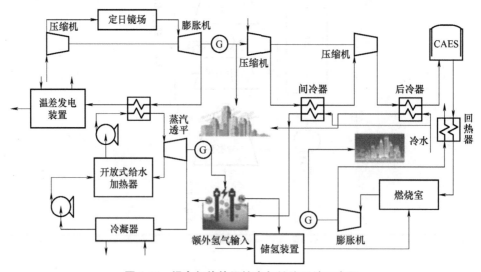

图 4-46　耦合氢能的压缩空气储能系统示意图

4.5　未来展望

4.5.1　未来压缩空气储能的角色定位

未来的电力系统一定是含有高比例可再生能源、高比例电力电子设备,以提升终端电气化率、构建综合能源系统等方式全面支撑温室气体减排的新型电力系统。电力系统转型升级的技术趋势决定了行业的资本开支方向,将主要影响相关电力设备、电力工程施工等领域。大规模新能源设备并网、大量火电机组退网,将对电力系统的稳定产生巨大影响。

在含有高比例新能源的未来电力系统中,如果电网缺乏调峰调频资源,新能源发电将面临并网消纳困难、弃光弃风等结果。此时,若储能系统参与到系统调峰调频服务中,在能量管理系统的调度下,与风电场、光伏电站的自动发电控制系统配合,可减少发电侧弃光弃风量,提高新能源利用效率。另外,在并网点电压出现瞬时跌落,新能源电站无法按需出力时,储能系统还可作为后备电源提供紧急无功支撑,提高系统低电压穿越能力,减少风电、光伏发电机组在电网电压跌落时的脱网现象。

现有的储能技术百花齐放,根据自身储能的特点,在未来电力系统中可应用于不同场景。针对负荷快速波动的一次调频问题,可配备功率型的储能设备,响应速度快,调节容量小,如飞轮储能、超级电容等。针对负荷波动较大的二次调频问题,需配备能量型的储能设备,如电池储能、抽水蓄能、压缩空气储能等,可实现大容量的调节过程。对于以削峰填谷为目标的三次调频问题,上述能量型储能形式也是未来的首选。

集中式的大型压缩空气储能电站的单机容量可达百兆瓦量级,发电时间可达数小时,可在电力系统负荷低谷时消纳富余电力,在负荷高峰时向电网馈电,起到削峰填谷的作用,也可调整联络线功率,消除频率偏差、电压暂降和谐波,同时提升电网的电能质量,从而促进电力系统的经济运行,保证电力系统频率稳定。

压缩空气储能作为新型大规模电力储能技术,内部还嵌有储热子系统,这使得压缩空气储能在供热供暖方面可以发挥作用。依托其高性能的储能蓄热技术,压缩空气储能系统可实现大型楼宇储能供热、城镇小区储能供热、工业园区储能供热、清洁燃煤供热机组储能供热、大型可再生能源基地储能供热等多种类型。另外,利用压缩空气储能系统也可达到供冷的目的,是目前研究的热点。

综上,未来的电力系统中压缩空气储能承担的角色是多方面的。作为能量型储能技术之一,压缩空气储能可以完成电力系统调频的任务,并且兼具供冷和供热的能力，在未来多能联储和多能联供领域发挥重要作用。

4.5.2　新型压缩空气储能发展方向

新型压缩空气储能系统目前最具代表性的为先进绝热压缩空气储能系统、等温压缩空气储能系统、液化压缩空气储能系统三种，另外还有一些与太阳能、生物质能、风能、氢能耦合的压缩空气储能系统。

从整体系统看，新型压缩空气储能技术将向大规模、高效率、系统化方向发展。目前正在规划的压缩空气储能规模不断增大，设计效率不断提升，已经由10MW级别逐步增大至100MW级别，设计效率由50%提升至70%甚至更高。规模化发展一方面有利于电力系统应用，另一方面可降低成本造价并推动产业发展。在应用层面，压缩空气储能的调节性能将不断提升，网储协调控制策略进一步优化，更大程度发挥系统支撑作用。

从构成环节看，各环节都在往低损耗、高效率、降成本方向发展。压缩环节和膨胀发电环节技术发展主要聚焦于通过适应宽工况、高负荷、非稳态运行的设计，提升系统效率。换热储热环节的技术发展趋势是通过优化流量、压力或引入光热等外界热源提升换热储热系统整体效率。储气环节的发展一方面将加大盐穴资源的利用，另一方面将逐步减少对特殊地理条件的需求，提升人工硐室、金属容器和复合材料容器的技术经济性能[42]。

综合来看，新型压缩空气储能系统一般具备压缩、储气、蓄热/冷、回热/冷、膨胀发电等子系统。系统的储能发电效率与各个子系统密切相关，因此可以通过提升各个子系统的性能来改善系统的储能效率。

作为压缩过程中的核心部件，压缩机决定着储能过程中的效率。根据压缩空气储能系统的具体需求，开发大流量、高效率、高排气温度的压缩技术，通过合理提高压缩机的排气温度，进而提升系统的蓄热温度和回热温度，有助于提升系统的整体储能效率。

蓄热回热系统是吸收压缩热传递给蓄热装置和释放压缩热用于空气膨胀前回热的关键设备。其参数对系统的储能效率影响极大。蓄热温度和回热温度越高，系统的损失越小，系统的储能效率也越高，通过提升蓄热回热系统的蓄热温度、蓄热回热效率，可进一步地提升系统的整体储能效率。

膨胀系统是释能过程中热功转换的核心部件，其效率的高低也直接决定着整个电站的储能效率。目前还未有专门的大型空气透平，因此，针对空气的热力特性，开发新型高效的空气透平是提高膨胀发电系统效率的关键[43]。

4.5.3　未来发展与期望

压缩空气储能技术经过几十年的发展，总体上已经达到比较成熟的水平。得益于其系统本身储能规模大、平均成本低、限制性条件少等优点，压缩空气储能技术将会得到越来越广泛的发展和应用。未来压缩空气储能技术的研发和应用有以下发展趋势：

1）清洁化。带储热的压缩空气储能系统将逐渐替代有燃烧室的压缩空气储能系统，具有高效率、无污染的优点，同时摆脱了对化石燃料的依赖，可与太阳能热发电系统相结合，其中储热材料和储热方式是未来研究的重要方向。

2）小型化。压缩空气储能系统小型化是未来发展的一大趋势，它可以利用储气罐代替传统储气洞穴，降低成本的同时摆脱了系统对地形的依赖。小型化系统可广泛应用于分布式能源系统、车载动力以及特殊领域的备用电源。

3）大型化。新能源本身具有不稳定和间歇性等特点，未来新能源大量并网将对电力系统的安全稳定运行带来冲击，与新能源捆绑的储能系统要具有足够的容量，以解决功率差额问题。所以压缩空气储能系统大型化发展不可避免，也是研究难点。

4）高效化。不同的储能系统在市场竞争中成本是主要指标，储能系统的运行效率对全生命周期成本有很大影响，效率越高，成本越低。压缩空气储能系统的首要瓶颈就是效率问题，如何将系统效率由 50% 提升至 70% 甚至更高，是未来重点研究的问题。

尽管中国和其他国家已经探索了大型和小型压缩空气储能系统，但仍需要在压缩、储气、蓄热和发电等关键技术上取得突破，并且大多数现有压缩空气储能装置的效率还有待提高。为了进一步增强压缩空气储能系统的市场竞争力，新的热技术和材料科学的进步将显得尤为重要。

随着技术的不断发展，压缩空气储能应用领域也由最初的参与电力系统调峰和调频，逐步渗透到可再生能源、分布式能源等方面。压缩空气储能不仅作为电力储存仓库，还充当着电力系统稳压器的角色。由于技术研发门槛较高且起步较晚，已实现应用的压缩空气储能系统规模仍然偏小，但大规模化仍然是压缩空气储能的发展趋势。作为能源革命的支撑技术之一，压缩空气储能技术调峰调频能力强、无污染、寿命长等优越性将逐步显现出来，更大规模的新型压缩空气储能技术的研发也将逐步启动。压缩空气储能将继续朝着低成本、高性能的方向高速发展，为实现双碳目标提供有力的支撑。

参 考 文 献

［1］张智刚，康重庆. 碳中和目标下构建新型电力系统的挑战与展望［J］. 中国电机工程学报，2022，42（8）：2806-2819.

［2］舒印彪，张丽英，张运洲，等. 我国电力碳达峰、碳中和路径研究［J］. 中国工程科学，2021，23（6）：1-14.

［3］ 项目综合报告编写组.《中国长期低碳发展战略与转型路径研究》综合报告［J］. 中国人口资源与环境，2020，30（11）：1-25.

［4］ 严川伟. 大规模长时储能与全钒液流电池产业发展［J］. 太阳能，2022，(5)：14-22.

［5］ 李晋，王青松，孔得朋. 锂离子电池储能安全评价研究进展［J］. 储能科学与技术，2023，12（7）：2282-2301.

［6］ 王松岑，来小康，程时杰. 大规模储能技术在电力系统中的应用前景分析［J］. 电力系统自动化，2013，37（1）：3-8+30.

［7］ 张文亮，丘明，来小康. 储能技术在电力系统中的应用［J］. 电网技术，2008，(7)：1-9.

［8］ 李杨楠，张国昀，程一步. 不同储能技术的经济性及应用前景分析［J］. 石油石化绿色低碳，2023，8（3）：1-8.

［9］ 孙玉树，杨敏，师长立，等. 储能的应用现状和发展趋势分析［J］. 高电压技术，2020，46（1）：80-89.

［10］ 张玮灵，古含，章超，等. 压缩空气储能技术经济特点及发展趋势［J］. 储能科学与技术，2023，12（4）：1295-1301.

［11］ 李雪梅，杨科，张远. AA-CAES 压缩膨胀系统的运行级数优化［J］. 工程热物理学报，2013，34（9）：1649-1653.

［12］ GRAZZINI G，MILAZZO A. A thermodynamic analysis of multistage adiabatic CAES［J］. Proceedings of the IEEE，2012，100（2）：461-472.

［13］ BOLLINGER B，MAGARI P，MCBRIDE O T. High-efficiency heat exchange in compressed-gas energy storage systems：US8661808［P］. 2014-03-04.

［14］ CLARK L，BERLIN P E，Jr.，et al. Compressed gas storage unit：US9243751［P］. 2016-01-26.

［15］ FONG A D，CRANE E S，BERLIN P E，et al. Compressed air energy storage system utilizing two-phase flow to facilitate heat exchange：US9444378［P］. 2016-09-13.

［16］ MCBRIDE O T，BOLLINGER R B，IZENSON M，et al. Systems and methods for energy storage and recovery using rapid isothermal gas expansion and compression：US8733094［P］. 2014-05-27.

［17］ INGERSOLL D E，ABORN A J，BLIESKE M，et al. Methods and devices for optimizing heat transfer within a compression and/or expansion device：US8454321［P］. 2013-06-04.

［18］ 祝磊. 国内 CNG 汽车加气站两种储气方式的比较分析［J］. 内蒙古石油化工，2011，37（20）：56-58.

［19］ 郭丁彰，尹钊，周学志，等. 压缩空气储能系统储气装置研究现状与发展趋势［J］. 储能科学与技术，2021，10（5）：1486-1493.

［20］ 梁玉华，封晓华，李军，等. LNG 调峰储备站储罐的选型［J］. 煤气与热力，2018，38（12）：22-25.

［21］ 肖立业，张京业，聂子攀，等. 地下储能工程［J］. 电工电能新技术，2022，41（2）：1-9.

［22］　崔洪明，杨艺. 高温导热油市场概述［J］. 广东化工，2023，50（15）：73-75.

［23］　GUO H, XU Y J, CHEN H SH, et al. Thermodynamic analytical solution and exergy analysis for supercritical compressed air energy storage system［J］. Applied Energy, 2017, 199（C）: 96-106.

［24］　GUO H, XU Y, CHEN H, et al. Corresponding-point methodology for physical energy storage system analysis and application to compressed air energy storage system［J］. Energy, 2018, 143（15）: 772-784.

［25］　郭欢. 新型压缩空气储能系统性能研究［D］. 北京：中国科学院研究生院（工程热物理研究所），2013.

［26］　王强，张雪辉，王喆，等. 储能实验中心建设管理对储能技术发展的影响——以毕节国家能源大规模物理储能技术研发中心为例［J］. 科技和产业，2022，22（11）：367-373.

［27］　陈海生，李泓，马文涛，等. 2021 年中国储能技术研究进展［J］. 储能科学与技术，2022（3）：1052-1076.

［28］　陈海生，李泓，徐玉杰，等. 2022 年中国储能技术研究进展［J］. 储能科学与技术，2023，12（5）：1516-1552.

［29］　梅生伟，张通，张学林，等. 非补燃压缩空气储能研究及工程实践——以金坛国家示范项目为例［J］. 实验技术与管理，2022，39（5）：1-8+14.

［30］　MEI S W, WANG J J, TIAN F, et al. Design and engineering implementation of non-supplementary fired compressed air energy storage system：TICC-500［J］. Science China Technological Sciences, 2015, 58（4）: 600-611.

［31］　MORGAN R, NELMES S, GIBSON E, et al. Liquid air energy storage-Analysis and first results from a pilot scale demonstration plant［J］. Applied Energy, 2015（1）: 845-853.

［32］　PENG X, SHE X, LI C, et al. Liquid air energy storage flexibly coupled with LNG regasification for improving air liquefaction［J］. Applied Energy, 2019, 250（PT. 1）: 1190-1201.

［33］　KANTHARAJ B, GARVEY S, PIMM A. Compressed air energy storage with liquid air capacity extension［J］. Applied Energy, 2015, 157: 152-164.

［34］　王维萌，黄葆华，徐桂芝，等. 一种基于深冷液化空气储能技术的新型发电系统概述［J］. 华北电力技术，2017（3）：7.

［35］　徐桂芝，宋洁，王乐，等. 深冷液化空气储能技术及其在电网中的应用分析［J］. 全球能源互联网，2018（3）：8.

［36］　MEI SH W, LI R, XUE X D, et al. Paving the way to smart micro energy grid：Concepts, design principles, and engineering practices［J］. CSEE Journal of Power and Energy Systems, 2017, 3（4）: 440-449.

［37］　陈晓娖，王国华，司杨，等. 改进的光热复合压缩空气储能系统设计方案及其仿真分析［J］. 电力自动化设备，2018，38（5）：20-26.

［38］　LLAMAS B, ORTEGA M F, BARTHELEMY G, et al. Development of an efficient and sustainable energy storage system by hybridization of compressed air and biogas technologies（BIO-

CAES) [J]. Energy Conversion and Management, 2020, 210: 112695.

[39] ZHANG Y, XU Y, ZHOU X, et al. Compressed air energy storage system with variable configuration for accommodating large-amplitude wind power fluctuation [J]. Applied Energy, 2019, 239: 957-968.

[40] 凌文, 李全生, 张凯. 我国氢能产业发展战略研究 [J]. 中国工程科学, 2022, 24 (3): 80-88.

[41] ALIRAHMI S M, RAZMI A R, ARABKOOHSAR A. Comprehensive assessment and multi-objective optimization of a green concept based on a combination of hydrogen and compressed air energy storage (CAES) systems [J]. Renewable and Sustainable Energy Reviews, 2021, 142: 110850.

[42] 张玮灵, 古含, 章超, 等. 压缩空气储能技术经济特点及发展趋势 [J]. 储能科学与技术, 2023, 12 (4): 1295-1301.

[43] 董舟, 李凯, 王永生, 等. 压缩空气储能技术研究及应用现状 [J]. 河北电力技术, 2019, 38 (5): 18-20+33.

第5章

液流储能

5

5.1 液流电池概述

5.1.1 液流电池的基本概念

液流电池的概念是由 L. H. Thaller 于 1974 年提出的。1974 年，美国航空航天局（NASA）的 L. H. Thaller 等人[1]提出了第一个真正意义上的液流电池体系：铁铬液流电池（见图 5-1），采用 Fe^{3+}/Fe^{2+} 和 Cr^{3+}/Cr^{2+} 作为正、负极氧化还原电对，硫酸作为支持电解质，电池电压为 1.18V。长期研究表明，Cr^{3+}/Cr^{2+} 负极电对反应动力学慢、析氢副反应严重的两大缺点难以完全解决。另外，随着运行时间的增加，由于正、负极电解质溶液中活性离子交叉污染，造成了储能容量的衰减问题；另一方面，由于 Cr^{3+}/Cr^{2+} 负极电对反应动力学慢，铁铬液流电池通常

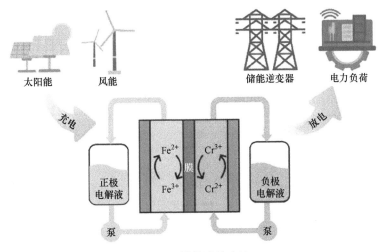

图 5-1 铁铬液流电池

需在较高温度下才能获得较好的性能。然而，铁铬液流电池堆在高、低温交错环境下容易发生热胀冷缩，导致电池或电堆容易出现漏液的问题，以及 Fe、Cr 离子透过离子交换膜产生严重的交叉污染问题。上述问题的存在限制了铁铬液流电池的实际应用[2]。

为避免正负极电解质溶液为不同金属离子组成的液流电池体系所存在的正负极电解液相互交叉污染的问题，人们提出了正负极活性物质为同一种金属的不同价态离子组成的液流电池体系。其中全钒液流电池（见图 5-2）作为一种具有代表性的液流电池技术，最早由澳大利亚新南威尔士大学的 Maria Skyllas-Kazacos 于 1984 年提出[3-5]，长期以来被认为是最成熟的储能技术之一。该体系最大的优点是正负极氧化还原电对使用同种元素钒，电解液在长期运行过程中可再生，避免了交叉污染带来的电池容量难以恢复的问题。全钒液流电池正负极氧化还原电对的电化学反应动力学良好，在无外加催化剂的情况下即可达到较高的功率密度。而且该电池在运行过程中无明显析氢、析氧副反应，具有优良的可靠性。因此，全钒液流电池技术得到了长足的发展，已进入大规模商业示范运行和市场开拓阶段。在碳达峰、碳中和大背景下，全钒液流电池储能系统在以新能源为主体的新型电力系统的价值也逐渐被业界重视，全钒液流电池产业化获得国内企业的高度关注。目前，以全钒液流电池为代表的液流电池储能技术发展迅速，已经处于产业化推广阶段。但相比其他电池技术，全钒液流电池存在成本相对较高、能量密度偏低的问题[6]，尤其是钒原料成本高，严重限制了全钒液流电池大规模推广。

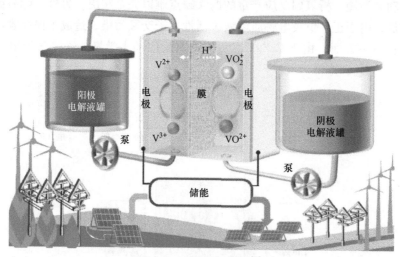

图 5-2　全钒液流电池[7]

自 20 世纪 70 年代以来，已经提出并研究了许多锌基液流电池，例如锌溴液流电池、锌铁液流电池和锌镍液流电池。Lim 等人[8]于 1977 年提出的锌溴液流

电池（见图 5-3）是目前存在的众多锌基液流电池中最成熟的技术之一。在众多
种类的锌基液流电池体系中，锌溴液流电池是为数不多的正、负极两侧电解液组
分完全一致的液流电池体系，不存在电解液的交叉污染，电解液再生简单。其
中，锌溴液流电池电压高达 1.82V，电池活性物质浓度高，理论能量密度高达
430W·h/kg，相同容量的液流电池，锌溴液流电池所需电解液体积更少，实际
应用中占地面积更小。锌溴液流电池也是目前技术成熟度最高的一类锌基液流电
池体系，在国外获得了较好的发展。经过几十年的发展，锌溴液流电池目前已成
功地以千瓦到兆瓦的规模适用于各种场景。虽然锌溴液流电池具有较高的理论能
量密度和较低的成本，但在充电过程中负极容易形成枝晶导致电池短路。另外，
强腐蚀性和氧化性的 Br_2 的扩散会引起严重的自放电和不可逆的容量衰减。

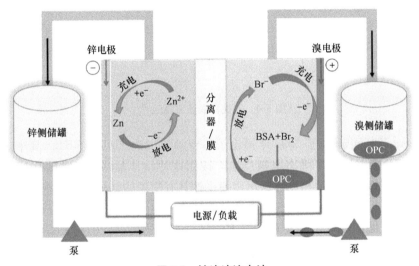

图 5-3　锌溴液流电池

继锌溴液流电池之后，洛克希德公司于 1981 年率先提出了早期碱性锌铁液
流电池（见图 5-4）的概念，使用铁氰化物作为正极活性材料，材料成本大幅降
低[9]。与锌溴液流电池极为不同，碱性锌铁液流电池的负极电解液是一种碱性
锌酸盐电解质。尽管铁氰化物的氢标电位显著低于溴的氢标电位，但锌酸盐离子
在碱性介质中也比中性介质中的锌离子的电位更低，从而为电池提供高达 1.58V
的电压。在碱性锌铁液流电池发展的早期阶段，电池使用 Nafion 膜作为隔膜，
以防止铁氰根离子向负极扩散。然而，Nafion 系列膜在碱性介质中的离子电导率
相对较低，这导致电池在相对较低的电流密度运行（35mA/cm²），因此降低了
功率密度。此外，在电池中使用 Nafion 膜会大幅增加电池成本。碱性锌铁液流
电池的另一个缺点是铁氰化物的溶解度相对较低，这导致电池具有较低的能量密
度。这一问题意味着，具有一定容量的碱性锌铁液流电池系统比具有高溶解度活

性材料的系统需要更多的电解液,因此,需要占用更大的体积,所以碱性锌铁液流电池在很长一段时间内都没有较大的发展。

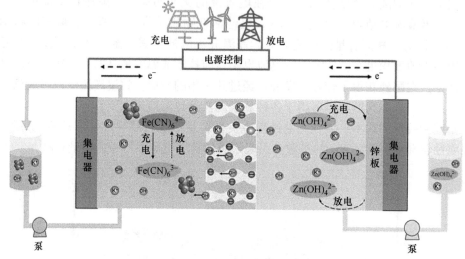

图 5-4　碱性锌铁液流电池[10]

Yang 及其同事[11]于 2007 年提出了锌镍液流电池(见图 5-5),其中氢氧化镍用作正极,并经历了固态电极反应。按照这种设计策略,只需要一组泵和管道,与传统的液流电池相比,这可以使电池具有简单的结构且使成本降低。结合电池配置的低成本和简单结构,单个锌镍液流电池预计具有较低的系统成本,这对于分布式储能的应用非常有竞争力。尽管有上述优点,但与锌镍液流电池相

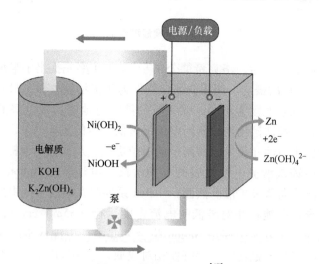

图 5-5　锌镍液流电池[17]

关的问题仍然存在。正极镍的氧化还原动力学较差，这导致电池只能在相对较低的电流密度下工作，导致其功率密度低[12-15]。除了正极镍的动力学，商业化的 3D 多孔泡沫镍的面积容量也受到限制，需要大面积的镍电极来满足电池的高容量需求[16]。镍电极的大面积反过来导致正极半电池在充电和放电期间发生非均匀的电化学反应，这进一步加剧了电池的析氢和析氧副反应。因此，需要开发新的电池结构和设计具有高容量的新型正极材料，以提高电池的功率密度或抑制电池的副反应，这将有利于锌镍液流电池的商业化。

锌基液流电池具有储能活性物质来源广泛、价格便宜、能量密度高等优势，在分布式储能及用户侧储能领域具有很好的应用前景[18]。尽管具有成本优势和显著的潜力，但所有锌基液流电池的应用仍在很大程度上受到碳毡电极上锌枝晶形成的阻碍[19]。此外，作为负极的副反应，析氢和腐蚀也会进一步加剧电池的容量衰减。同时，在中性条件下析氢和腐蚀会消耗电解液中的 H^+，导致电解液 pH 值上升，生成 Zn（OH）$_2$ 和 ZnO，这将会钝化电极、堵塞管道，造成电池快速崩溃[20]。

水系有机液流电池的概念始于 2010 年代早期[21]，近年来，有机氧化还原电解质的开发正在蓬勃发展。有机液流电池利用有机分子作为电解质中的活性物质，由于有机活性物质具有优良的结构可调性、丰度和低成本，为提高能量密度和降低电解质成本带来了新的途径，被认为是一种很有前途的电化学储能系统。但是，目前有机液流电池的研究仍处于起步阶段，它的能量密度、寿命、效率和成本等指标几乎都是基于实验室评估，这对于在大规模储能中的实际应用还有很大的差距。目前对有机液流电池活性物质（见图 5-6）的研究较少，如用于正极电解液的硝酰自由基、氢醌、吩噻嗪和咯嗪，用于负极电解液的紫精、蒽醌和吩嗪。引入官能团的有机合成化学已被用于调整溶解度、氧化还原电位和结构稳定性，除此之外，分子工程和理论筛选也是发现新的有机活性物质的重要途径。

5.1.2 液流电池的工作原理

液流电池通过溶解在电解液中的活性物质的氧化和还原反应将化学能转化为电能。充电时，正极发生氧化反应使活性物质价态升高；负极发生还原反应使活性物质价态降低；放电过程与之相反。液流电池的正负极活性物质存储在外部的储液罐中，通过泵和管路循环输送到电池堆内部进行反应。两个半电池通过导电电极连接，电极具有化学惰性，不参与电池反应，仅作为反应场所，两侧由离子交换膜隔开（见图 5-7）。电化学反应发生在活性溶液与惰性电极之间的固液界面，这与锂离子电池或固态电池等其他电池不同，后者的反应发生在固体电极中。

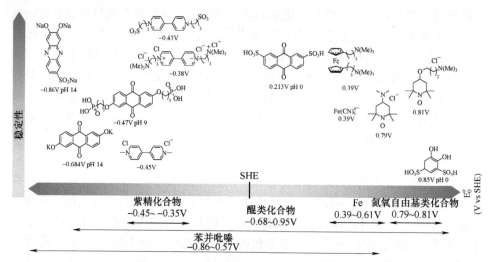

图 5-6　有机液流电池活性物质[22]

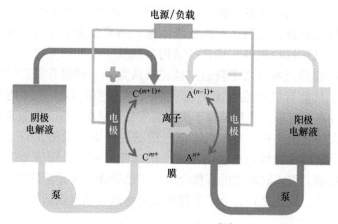

图 5-7　液流电池简图[23]

　　以全钒液流电池为例，在充电过程中，正极半电池中的 VO^{2+} 被氧化成 VO_2^+，负极半电池中的 V^{3+} 被还原成 V^{2+}。H^+ 通过隔膜以保持电荷中性。放电发生了相反的过程。由于电解液是流动的，电池中的溶液不断更新，泵连接到外部储液罐，将电解液源源不断地输送到电池内部。与其他电池系统相比，液流电池的功率取决于电池堆的大小和数量，而电池的容量取决于电解液中活性物质的浓度和电解液的体积，因此液流电池的功率和容量可以独立设计。

　　目前处于示范阶段的液流电池系统主要有全钒液流电池、锌溴液流电池和铁铬液流电池，这些电池系统通常具有功率高、容量大、安全性高、环境友好的特点。

5.1.3　液流电池的特点

基于液流电池系统自身的技术特点，液流电池储能技术相对于其他长时储能技术具有以下特点：

1）液流电池储能系统的输出功率和容量相互独立。液流电池的输出功率由电池内部堆栈的大小和串联数量决定，系统的容量由存储在外部储液罐中的活性物质的浓度和体积决定。通过增加电极反应面积和串联电堆的数量可以增大液流电池储能系统的输出功率，根据实际需求调整电极反应面积大小以及电堆的个数来调控液流电池系统的输出功率，可实现在数千瓦至数十兆瓦范围内的输出功率。通过增加活性物质的浓度和体积可以提升液流电池储能系统的容量，在实际生产应用中，根据容量需求和占地要求，可控地调整活性物质的浓度与体积，实现容量范围在数十千瓦时至百兆瓦时。

2）液流电池储能系统具有高安全性。液流电池储能系统的活性物质一般溶解在水中，而且在工作过程中电解质溶液在外部储液罐和内部电堆之间可逆流动，液流电池储能体系温度不会很高，不会出现热失控的现象，也就不存在着火或爆炸的潜在危险，安全性极高。

3）液流电池储能系统采用模块化设计，易于系统集成和规模放大。液流电池电堆是由多个单电池按压滤机方式堆叠而成的。液流电池单个电堆的输出功率一般为 $10 \sim 40kW$，液流电池储能系统通常是由多个单元储能系统模块组成的。与其他储能电池相比，液流电池电堆和电池单元储能系统模块额定输出功率大，易于液流电池储能系统的集成与规模放大。

4）液流电池储能系统污染小，环境友好。液流电池的活性物质，特别是全钒液流电池的活性物质，可实现循环利用，在使用过程中通常不会产生环境污染物质，对环境友好，且节约资源。液流电池电堆及液流电池储能系统主要是由碳材料、塑料和金属材料堆叠组装而成的，使用寿命长，材料来源广泛，加工技术成熟，易于回收。

5）液流电池储能系统有较强的深度充放电能力。液流电池储能系统运行时，电解质溶液通过泵的作用在电堆和储液罐之间循环流动，电解质溶液中活性物质受扩散影响较小。而且在电极表面反应活性高，极化较小，因此和其他电池不同，液流电池储能系统具有 2 倍以上的过载能力，具有很强的深度充放电能力。

液流电池在具备以上特点的同时，也存在其自身的不足之处。液流电池受制于活性物质溶解度的限制，电池的体积容量和能量密度相对较低，同样条件下，液流电池储能电站往往有更大的占地面积和重量。液流电池储能系统在稳定状态下连续工作，必须要给包括循环泵、电控设备、通风设备等辅助设备提供能量，所以液流电池储能系统通常不适用于小型储能系统。

5.2 液流电池的分类

液流电池通过正、负极电解质溶液中活性物质发生的可逆氧化还原反应（即价态的可逆变化）实现电能和化学能的相互转化。与一般固态电池不同，液流电池的正极和负极电解质溶液储存于电池外部的储液罐中，通过电解质溶液循环泵和管路系统输送到电池内部进行反应，因此液流电池的功率与容量可独立设计。此外，由于使用水系电解质，本质安全的液流电池在大规模储能领域具有极佳的发展前景。

5.2.1 水系液流电池

1. 全钒液流电池

全钒液流电池采用不同价态的钒离子作为正负极活性物质，不存在活性物质的交叉污染问题，具有更安全、循环寿命更长的优势，是目前应用最广、技术最先进、已进入大规模商业示范运行阶段的液流电池体系。全钒液流电池通过电解质溶液中不同价态钒离子在电极表面发生氧化还原反应，完成化学能与电能的相互转化，从而实现电能的储存和释放。全钒液流电池正极活性物质是 VO^{2+}/VO_2^+，负极活性物质是 V^{3+}/V^{2+}，硫酸为支持电解质。全钒液流电池的工作原理如图 5-8 所示。

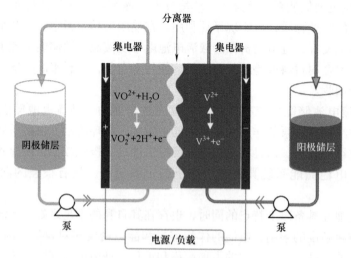

图 5-8 全钒液流电池的工作原理

其电极反应如下：

正极反应：$VO^{2+}+H_2O-e^- \rightleftharpoons VO_2^++2H^+$　　$\phi=1.004V$

负极反应：$V^{3+}+e^- \rightleftharpoons V^{2+}$　　$\phi=-0.255V$

电池总反应：$VO^{2+}+V^{3+}+H_2O \rightleftharpoons VO_2^++V^{2+}+2H^+$　　$E=1.259V$

在全钒液流电池中，电解质溶液中不同价态的钒离子表现出不同的颜色，二价钒离子（V^{2+}）溶液呈现出紫色，三价钒离子（V^{3+}）溶液呈现出绿色，四价钒离子（VO^{2+}）溶液呈现出蓝色，五价钒离子（VO_2^+）溶液呈现出黄色，可以通过观察正负极电解质溶液的颜色来判断全钒液流电池的充放电状态。

2. 铁/铬液流电池

1974 年，美国国家航空航天局提出液流电池的概念并开发出铁/铬液流电池。铁/铬液流电池是以溶解在盐酸中的铬和铁氯化物作为氧化还原活性物质。其电极反应如下：

正极反应：$Fe^{2+} \rightleftharpoons Fe^{3+}+e^-$　　$\phi=0.77V$

负极反应：$Cr^{3+}+e^- \rightleftharpoons Cr^{2+}$　　$\phi=-0.41V$

电池总反应：$Fe^{2+}+Cr^{3+} \rightleftharpoons Fe^{3+}+Cr^{2+}$　　$E=1.18V$

铁/铬液流电池与其他化学储能电池相比具有安全性能较高、温度适应性强、环境友好和电解液成本低廉等优点，因此研究者们对铁/铬液流电池储能技术做了放大示范。但是该体系固有的一些技术瓶颈问题仍然没有得到有效解决，自20 世纪 90 年代后，随着全钒液流电池的发展和成熟，铁/铬液流电池逐渐退出了历史舞台。

3. 多硫化物-卤素液流电池

卤素原子盐类由于其高溶解度、合适的电极电位受到研究者的广泛关注。硫在地球中含量丰富，多硫化物在水介质中具有很高的溶解度和反应可逆性。目前，对多硫化物-溴液流电池的研究已经取得了很大进展，英国 Regenesys 公司2000 年建造了世界首个多硫化钠-溴储能系统（15MW/120MW·h），并于 2001年为哥伦比亚空军基地建造 12MW/120MW·h 的多硫化钠/溴液流储能电池系统，用于在非常时期的基地供电。

4. 有机水系液流电池

2014 年，AZIZ 等提出了醌/溴液流电池体系，正负极活性物质分别为溴和9,10-蒽醌-2,7-二磺酸（AQDS），正极使用氢溴酸，负极使用硫酸作为支持电解质。电池的工作电流密度可以达到$500mA/cm^2$，电池可以获得很高的功率密度。但是醌/溴体系中，溴具有强氧化性和强腐蚀性，并且体系的开路电压很低只有 0.7V，电池的循环稳定寿命短。2015 年，AZIZ 等又提出了醌铁液流电池，正负极活性物质分别是 $K_4Fe(CN)_6$ 和 2,6-二羟基蒽醌（2,6-DHAQ），支持电解质是 1mol/LKOH，电池的开路电压为 1.20V。电池在 $100mA/cm^2$ 下可以稳定运行 100 次循环以上，能量效率可以维持在 84%，电池的单圈容量衰减为 0.1%。但是该体系需要使用价格昂贵的 Nafion 膜，同时该体系的碱性环境会造成膜的不稳定，并且电解质的浓度较低（正极浓度为 0.4mol/L，负极浓度为 0.5mol/L），电池的能量密度不高。

2015 年，ULRICH 等使用 TEMPO 和紫罗碱的聚合物作为电池的正负极活性物质，电池的开路电压大约为 1.3V。该体系以聚合物作为支持电解质可以大大减少电解质的交叉污染，所以该体系可以使用价格比较低廉的渗析膜来替代成本高昂的 Nafion115 膜。静态电池可以在 20mA/cm^2 下稳定运行 10000 圈以上，同时液流电池可以在 40mA/cm^2 下循环 100 圈且效率没有明显的衰减。然而，该体系的成本较高，尤其是负极活性物质紫罗碱的成本较高，而且紫罗碱的毒性很大，对环境的污染严重。同时，聚合反应的操作复杂，成本很高。另外，聚合物的溶解度较低，所以聚 TEMPO/聚紫罗碱体系的能量密度较低。

5.2.2 非水系液流电池

氧化还原液流电池是一类新兴的电化学储能技术，具备安全性好、寿命长、功率和容量解耦、效率高等特点，适用于可再生能源消纳、电力辅助服务、输配电、分布式发电和用户侧等应用场景。当前，以全钒液流电池为代表的水系液流电池技术较成熟，已经进入商业化推广阶段。但是，在标准条件下，水的电化学窗口偏低，这不但限制了电池活性物质的选择范围，而且限制了液流电池的能量密度。另外，由于钒原材料成本较高，全钒液流电池系统的储能成本过高，限制了其进一步的商业化应用。研发高能量密度和低成本的液流电池成为目前液流电池领域的热点，而有机溶剂具有较高电化学窗口，可以达到 5V，是水的电化学窗口的 3 倍以上。

液流电池的能量密度与电池电压（V）、活性物质（C_a）、有效电子数（n）以及电解液体积（V_t）相关。

$$E = \frac{nC_aFV}{V_t} \tag{5-1}$$

式中，F 为法拉第常数。

从该式中可以看出，提高电池电压和活性物质的浓度是提高液流电池能量密度的有效方法。水系液流电池由于水分解的影响，电压很难达到 2V。因此，非水系液流电池的研究非常具有意义[24]。利用有机溶剂替代水作为溶剂，可以增加活性物质种类的选择范围，得到更高能量密度的电解液。同时，通过不同物理性质的有机溶剂，可以拓宽电解液正常工作的温度区间，实现液流电池宽温区应用。基于以上优点，使用有机溶剂的非水系液流电池成为液流电池乃至储能领域研究的热点。

对于非水系液流电池，根据电池活性物质种类的不同，可以分为非水金属配合物体系、非水有机液流电池体系、非水聚合物有机液流电池体系和非水金属锂/有机混合液流电池体系等。

1. 非水金属配合物体系

最早的非水液流电池是由 Matsuda 等人[25]提出的，Matsuda 制备了金属配合物 $[Ru(bpy)_3](BF_4)_2$ 作为液流电池正负极的活性物质，该体系电池的开路电压达到了 2.6V，接近于水系液流电池电压的 2 倍，但使用的贵金属钌价格昂贵，电解液成本较高，且电化学稳定性较差，这种非水金属配合物体系需要进一步开发，表 5-1 展示了近些年非水金属配合物液流电池活性物质。未来，非水金属配合物液流电池的发展仍要开发高稳定性的活性物质。

表 5-1　非水金属配合物液流电池活性物质

正极活性物质	负极活性物质	开路电压/V	效率（%）
$[Ru(bpy)_3](BF_4)_2$	$[Ru(bpy)_3](BF_4)_2$	2.6	EE=40
$Ru(acac)_3$	$Ru(acac)_3$	1.77	EE=57
Fc_1N_{112}-TFSI	$Fe(acac)_3$	—	EE=83.4
$[Fe(bpy)_3](BF_4)_2$	$[Ni(bpy)_3](BF_4)_2$	1.9	—
$Mn(acac)_3$	$Mn(acac)_3$	1.1	EE=21
$Co(acacen)_3$	$Co(acacen)_3$	2.0	CE=90.24
$[Fe(phen)_3](PF_6)_2$	$[Co(phen)_3](PF_6)_2$	2.1	CE=80
$[PPN]_4[Co(P_3O_9)_2]_2MeCN$	$[PPN]_3[V(P_3O_9)_2]DME$	2.4	CE>90

2. 非水有机液流电池体系

近年来，基于有机活性物质的液流电池成为研究热点。由于有机电活性物质结构的可设计性，容易得到具有较高溶解度和优异电化学性能的材料。同时，有机活性物质的原料来源丰富，成本低廉，有助于降低电池成本，一大批有机液流电池体系得到了广泛的发展。但是，在电池循环过程中发现，有机分子稳定性差，易分解进而造成电池容量下降，电池循环寿命低。因此开发出新型稳定的有机分子仍然是非水有机液流电池的难点和关键。非水有机液流电池体系见表 5-2。

表 5-2　非水有机液流电池体系

正极活性物质	负极活性物质	开路电压/V	效率（%）
2,2,6,6-四甲基哌啶-氮-氧化物	N-甲基邻苯二甲酰亚胺	1.6	CE=90
2,5-二叔丁基-1,4-二甲氧基乙氧基苯	2,3,6-三甲基喹喔啉	1.7	CE=70
2,5-二叔丁基-1-甲氧基-4-(2′-甲氧基乙氧基)苯	9-芴酮	2.37	EE=70

（续）

正极活性物质	负极活性物质	开路电压/V	效率（%）
DBMMB	BzNSN	2.6	CE＝89.1 EE＝78.3
3,7-二（三氟甲基）-乙基吩噻嗪	2,3,6-三甲基喹喔啉	1.1	CE＝92

3. 非水聚合物有机液流电池体系

聚合物有着较大的分子结构，可以降低电解液发生交叉污染的风险，也可以降低隔膜的成本。2016年，Schubert等人[26]通过对双极性的硼二吡咯进行结构修饰，获得了两种硼二吡咯聚合物。硼二吡咯聚合物的分子结构图如图5-9所示。利用上述两种聚合物分别作为正极和负极，设计了一种非水聚合物有机液流电池。电池的开路电压是2.2V，电池循环充放测试的循环效率、电压效率和能量效率分别为89%、62%和55%。

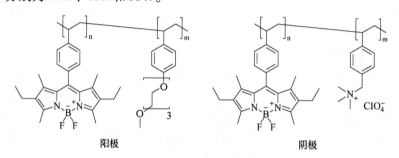

阳极 阴极

图5-9 硼二吡咯聚合物的分子结构图

之后，ARAN等人[27]提出了一种将有机小分子活性物质设计成低聚合物液体分子的方法。在小分子有机活性物质结构中引入修饰基团低聚环氧乙烷，得到了液体的低聚物。他们证实低聚环氧乙烷的引入使小分子的活性物质变成液体，可以和有机溶剂互溶。另一方面，基于低聚环氧乙烷活性物质的电化学动力学速率比一般的聚合物活性物质快一个数量级以上。当前，非水聚合物有机液流电池体系面临着聚合物制备复杂、分子反应动力学慢等问题。

4. 非水金属锂/有机混合液流电池体系

由于金属锂具有较低的电极电势，作为电池负极，可以提高电池的开路电压。

2012年，Wang等人[28]报道了第一个非水金属锂/有机混合液流电池。电池使用金属锂作为负极，有机物1,5-二｛2-[2-(2-甲氧基乙氧基）乙氧基]乙氧基｝-9,10-蒽二酮作为正极活性物质，$LiPF_6$为支持电解质，碳酸乙烯酯作为溶剂。电池的电压最高为2.55V。经过9次循环充放电后，电池的能量效率稳定在约 82%。然而，由于正极活性物质可以和溶剂发生副反应，导致电池寿命较短。

目前，一些非水系液流电池的开路电压超过 3V，理论能量密度高于 200W·h/L，具备了显著的高能量密度的优势，有望作为动力电池使用，将液流电池的应用拓展到电动车领域，实现液流电池应用领域拓展和动力电池技术路线选择范围增加的双突破。

5.2.3　固体浆料液流电池

能量密度低是液流电池在实际商业化过程中必须要解决的难题。使用丰富低廉的固体活性材料作为高能量密度半固态电解液是有效解决这一问题的方法。2011 年，Yet-Ming Chiang[29] 提出了半固态液流电池的概念，这种由可流动的半固态电解液组成的电池存储的能量是传统液流电池的 10 倍以上（见图 5-10）。与传统液流电池相比，新型半固态液流电池的电解液使用的是细小的锂化合物粒子与液体混合形成的电解液浆料。正负极分别使用一束带电的浆料，其中一束带正电，另外一束带负电。通过这种方法在液体电解液中使用能量密度高的活性物质悬浮液作氧化还原活性分子，既保持了液流电池固有的本质优点，同时也能提高电池的能量密度，解决活性物质溶解度低的问题。

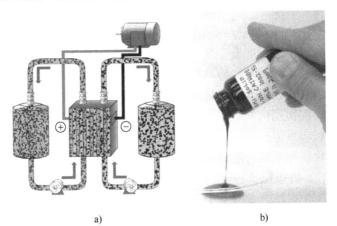

a)　　　　　　　　　　　　　　　b)

图 5-10　半固态液流电池示意图

虽然半固态液流电池能提高液流电池的能量密度，但是其仍然面临关键问题。

首先，由于电解液使用的是固体和液体混合形成的半固态电极浆液，电解液黏度高，这就需要泵在运输电解液的过程中具有更大的输出功率，加大了外部能量的输入，在实际使用中往往需要更高功率的泵进而产生更高成本的消耗。另外，电解液黏度的增加对电池系统设备以及关键材料的性能将会有更高的要求，这无疑又进一步增加了系统的总体成本。

5.2.4　氧化还原靶向反应液流电池

氧化还原液流电池虽然具有能量和功率分离、安全性高等优点，但其能量密度低，严重阻碍了其产业化。这主要是由于活性组分在支持电解质中的溶解度限制，而且成本较高[30]。目前，液流电池技术的发展主要集中在开发低成本的高可溶性氧化还原活性物质和高性能的关键材料上[31]。但是，液流电池在能量密度上的提升相当有限，这是因为液态电解质中氧化还原活性分子的溶解度受到了严重的限制[32]。目前，如何提升新型液流电池的能量密度受到了广泛的研究。上述的半固态液流电池通过使用可流动的浆料电解液，打破了氧化还原活性物质的溶解度限制，为提高能量密度提供了一种有效的方法[33]。然而，半固态液流电池电解液具有高黏度，并且使用大量的导电添加剂会产生复杂的流体动力学，从而影响了能量效率，给系统的扩展应用和维护带来了严峻的挑战[34-35]。另一种打破液体和固体材料能量存储界限的方法是氧化还原靶向反应液流电池。这种电池是基于固体氧化还原介质与活性分子之间的氧化还原靶向反应进行能量输送，此时电池的能量密度由活性分子和固体氧化还原介质决定，固体储能的特性有效解决了传统液流电池能量密度低的问题。

2006 年，Wang 等人[36]首次基于氧化还原靶向反应构建了氧化还原靶向反应液流电池。氧化还原靶向反应利用氧化还原分子与固体储能材料之间的化学反应，固体储能分子决定了能量密度的上限。在反应过程中，氧化还原介质在电解液中溶解并自由扩散，从而允许电荷传输以更快的速度进行。一般来说，和活性分子电位接近的氧化还原介质是可逆靶向反应的理想介质。为了获得更高的电荷转移驱动力，往往使用两种电位大于活性物质的材料作为氧化还原介质[37]。

氧化还原靶向反应过程包括电极上和储液罐内的两个氧化还原过程。图 5-11 展示了典型氧化还原液流锂电池的氧化还原靶向机制。首先将正极的氧化还原介质 X 氧化为 X^+，负极的 Y^+ 还原为 Y。然后将 X^+ 和 Y 泵入罐内，分别与固体 1（还原态）和固体 2^*（氧化态）发生反应。结果是固体 1 和固体 2^* 分别发生了脱除和锂化。同时正极的 X^+ 被还原为 X，负极的 Y 被氧化为 Y^{+}[38-39]。上述反应如下：

正极侧：$S_1 + X^+ \rightleftharpoons S_1^* + X + xLi^+ + e^-$

负极侧：$S_2^* + Y + xLi^+ + e^- \rightleftharpoons S_2 + Y^+$

氧化还原靶向反应液流电池具有多方面的优点：

1）由于能量储存在固体材料中，液流电池的能量密度可与封闭电池结构中电极片涂层材料中储存的能量密度相当。

2）由于系统只循环中等浓度的氧化还原介质，因此系统流体动力学简单，与半固态液流电池相比，泵送能量消耗更少。

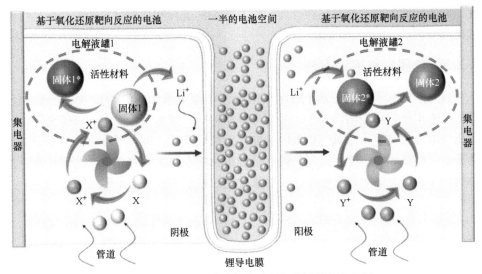

图 5-11　氧化还原液流锂电池的氧化还原靶向机制

3）相对于传统氧化还原液流电池降低了对可溶性氧化还原物质浓度的要求，电解质电导率的调节空间更大。

4）电池材料是通过化学反应可逆充放电的，可以省去体积大的导电添加剂。此外，由于储槽内的反应面积要比电池大得多，因此固体储能材料表面的局部电流密度远低于液流电池内的电流密度，这使得固体储能材料能够承受更高的充放电速率而不会有明显的容量损失。

5）罐内的可逆定向材料本质上"缓冲"了进入电池内部的电解质的电荷状态，使其容量范围变宽，从而降低了维持电流所需的平均过电位，实际上提高了功率和电压效率。

6）由于活性材料在电极处不发生充放电，对过充过放电和电池材料体积变化的耐受能力更强，因此预期会更安全，循环稳定性更好。

7）电池既有能量和功率分离的优点，又提高了能量密度，通过模块化设计提供了更大的操作灵活性和系统可扩展性。

8）利用固体储能材料的方式简化了材料的回收，因为它们保存在储液罐中，与其他电池组件不混合。

基于氧化还原靶向反应的液流电池，由于其独特的氧化还原分子与活性材料之间的相互作用，可以解决传统液流电池系统中储能活性材料固有的溶解度限制。然而，低功率密度、低电压效率和低循环稳定性等新挑战的出现，阻碍了氧化还原靶向反应液流电池的发展。氧化还原靶向反应液流电池的功率密度高度依赖于离子导电膜，这无疑限制了其发展。优异的离子选择性膜可以促进电池的高容量保持，但它往往表现出较高的电阻功率输出。此外，复杂的电池设计、需高度匹配的活性材料和氧化还原介质，以及溶剂的选择和关键材料的配置都是需要解决的问题。

5.2.5 金属空气液流电池

金属空气液流系统是近年来新兴的液流电池体系。在图 5-12 中，电池的负极部分采用氧化还原活性分子，但正电解质被空气或氧气所取代。与传统氧化还原液流电池相比，采用氧气扩散电极取代正极储液罐，减小了总重量和体积，显著提高了能量和功率密度，且仍能保持能量和功率密度的独立设计。该系统通常由两个集流器、一个阳极电极、一个催化空气电极和一个离子传输膜组成。

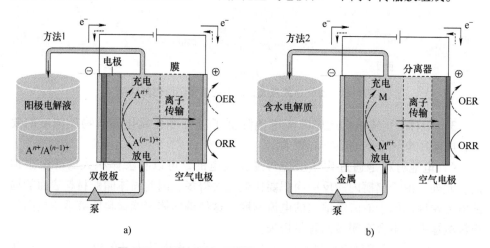

图 5-12 两种不同配置的金属空气液流电池示意图

钒空气液流电池和锌空气液流电池是金属空气液流电池的代表。在钒空气液流电池中，负极电解液由钒溶液组成，而在正极侧发生 H_2O/O_2 可逆反应。由于正极侧电池类似于传统的燃料电池，因此钒空气液流电池也被称为钒氧化还原燃料电池（VOFCs）。放电和充电过程中所涉及的电化学反应如下所示：

正极反应：$O_2+4H^++4e^- \Longleftrightarrow H_2O$ $\phi=1.23V$ 相对于 SHE（标准氢电极）

负极反应：$V^{2+} \Longleftrightarrow V^{3+}+e^-$ $\phi=-0.26V$ 相对于 SHE

电池反应：$O_2+4H^++4V^{2+} \Longleftrightarrow H_2O+4V^{3+}$ $E=1.49V$

钒空气液流电池电位计算为 1.49V。因此，钒空气液流电池的电压高于钒氧化还原液流电池。但是，由于阴极的过电位相对较高，钒空气液流电池的实际电池电位可能仍低于钒氧化还原液流电池。

锌空气液流电池采用相同的电池结构，其中阳极液使用的是分散在碱性电解质中的金属锌浆液[40]。在放电过程中，锌金属被氧化，以电的形式释放出化学能。形成的 Zn^{2+} 在碱性介质中与氢氧根离子结合，当 $Zn(OH)_4^{2-}$ 达到过饱和浓度时，生成锌酸盐离子（$Zn(OH)_4^{2-}$）以及氧化锌（ZnO）的分解产物。显然，流动体系中理想的产物是锌酸盐，因为氧化锌不溶于水溶液。因此，应控制电解质流速，以避免可能的浓度极化和活性物质的损耗。电池电位为1.65V，发生的电池反应可表示为：

正极反应：$O_2 + 2H_2O + 4e^- \rightleftharpoons 4OH^-$　　　　$\phi = 0.4V$ 相对于 SHE

负极反应：$Zn + 4OH^- - 2e^- \rightleftharpoons Zn(OH)_4^{2-}$　　$\phi = -1.25V$ 相对于 SHE

电池反应：$2Zn + O_2 \rightleftharpoons 2ZnO$　　　　　　　　$E = 1.65V$

近年来，锂空气电池因其极高的理论能量密度而引起了人们的广泛关注，其理论能量密度是锂离子电池的10倍以上[41]。然而，锂空气电池还存在过电位高、功率密度低、可逆性差等问题。为了克服上述问题，通过对阴极的多重功能进行解耦，将电化学反应和放电产物的存储分离，从而防止阴极表面的孔隙堵塞和钝化[42]。基于流动概念的新型结构可以通过持续供应饱和 O_2，能够提高放电能力，并允许灵活高效独立地平衡能量和功率输出，为锂空气流动系统的重新设计提供了新的途径。

5.2.6　其他液流电池

1. 太阳能液流电池

为了满足不同场景的需要，科研工作者也研发了一些其他的液流电池，如太阳能液流电池[43]。将太阳能转化与液流电池结合的太阳能充电液流电池受到重视。由于液流电池中活性物质选择丰富、结构简单易调控，选择适合的氧化还原活性分子，并针对适配光电极进行器件设计和优化就成了发展太阳能充电液流电池的有效方法。图 5-13 所示为太阳能液流电池示意图。与常规液流电池不同，太阳能液流电池需要光电极进行太阳能的储存和转化，这意味着电池的光转化效率与光电极息息相关。该电池既能像普通的太阳能电池那样，立即将太阳光转化为电能，也能充电以储存太阳能。该技术如果可以改进提升，有望被用于偏远不发达地区的电力供给，能有效解决太阳能发电不连续的问题。因此，太阳能液流电池也成为研究热点之一。但是目前太阳能液流电池的设计和优化存在几个问题，光电极需要进一步提高利用效率，这会导致它们之间的能级匹配不佳，进而造成光电极的太阳能转换能力很难得到充分利用，导致光电极利用效率较低。未来，必须进一步开发效率高的新一代光电极。

2. E-blood 电子血液液流电池

IBM 在 2011 年提出了电子血液（E-blood）的概念[44]。该概念用电解液代替液体冷却剂，并集成液流电池来同时实现电子设备的供电和散热，如图 5-14 所示。该类液流电池可以用来给用电设备进行降温，因此可以提高大型计算中心的用电效率。此电池使用硫酸铈（Ce）和多金属氧酸盐（POM）分别作为正负极电解液。POM-Ce 液流电池可提供 1.85V 的单电池工作电压和 1.40W/cm² 的功率密度，并且具有很好的循环性能。由三个单电池组成的电堆可以为树莓派供电，并且芯片温度在 CPU 满载条件下仍然保持较低的温度，展示出极佳的性能。

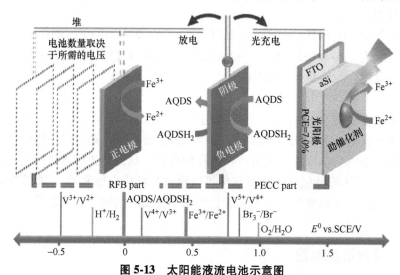

图 5-13　太阳能液流电池示意图

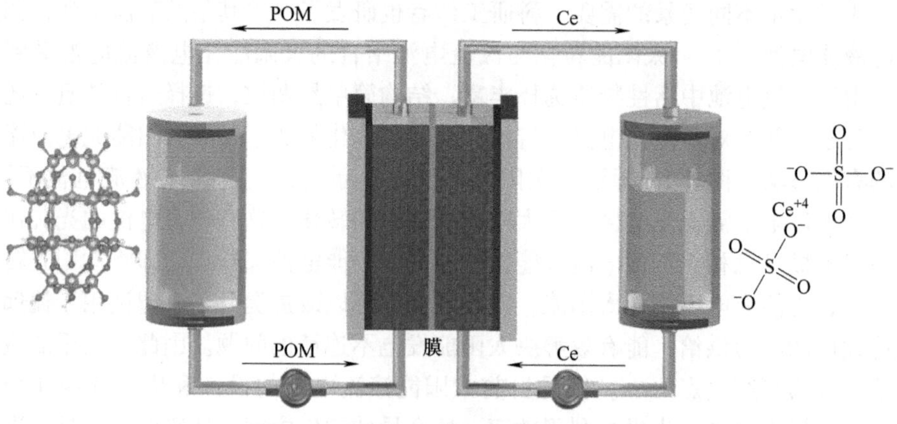

图 5-14　E-blood 液流电池的工作原理

5.3　液流电池的结构与组成

液流电池主要由电堆、电解液、电解液循环系统、电池管理系统、能量转换系统、电网、监控系统和其他辅助设备等部分组成。由多个液流电池单电池组成一个液流电池堆，电堆是液流电池储能系统的核心。

5.3.1 液流电池单电池

液流电池单电池是液流电池电堆的基本组成单元。液流电池单电池由隔膜、电极、电极框、硅胶垫、双极板、集流板、加固板、螺杆、螺帽等组成。如图 5-15 所示，隔膜放置于单电池的中间，分隔正、负极电解质溶液；电极分别被电极框对称地固定在隔膜两侧，提供正负极反应场所；双极板和集流板置于电极外侧，用于

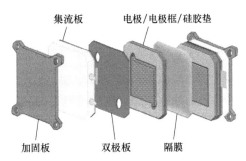

图 5-15 液流电池单电池示意图

收集电流和将活性物质均匀分布在电极表面；硅胶垫处于两种材料之间，起到密封和缓冲的作用；最后通过端板、螺杆和螺帽对单电池进行压缩和固定。

1. 隔膜

隔膜作为液流电池的重要组成部分之一，其主要的作用如下：1）将正负极电解液分隔，防止正负极活性离子交叉污染；2）允许载荷离子的通过，从而在电池内部形成回路，保证正负极的电荷平衡。因此，理想的液流电池隔膜应具有良好的离子传导率、较高的离子选择性和杰出的化学稳定性等优点，在液流电池应用中具有良好的电池性能，同时应该成本低廉，满足液流电池产业化生产的要求。

目前，在液流电池中商用最为广泛的是杜邦公司所生产的 Nafion 系列膜，具有杰出的质子传导率和化学稳定性的特点。但是，Nafion 膜高的离子渗透和高成本，阻碍了其商业化发展。磺化芳香型高分子膜因较 Nafion 膜具有更低的成本和钒渗透，受到了越来越多的研究人员的关注，如磺化聚芳醚砜（SPAES）膜、磺化聚醚醚酮（SPEEK）膜、磺化聚苯醚酮（SPAEK）膜、磺化聚苯并咪唑（SPBI）膜、磺化聚酰亚胺（SPI）膜等。但这类隔膜存在的主要缺点是高磺化度机械性能差，抗氧化性能差，影响在液流电池实际应用中的长期稳定性。低磺化度下隔膜的电导率过低也不适合液流电池应用。开发和制备一种化学稳定性好、机械性能好、离子选择性好同时又具备成本低、内阻低的隔膜，在液流电池产业化过程中至关重要。

2. 电极

电极是液流电池的关键材料之一。在反应的过程中，电极材料一般不参与反应，仅为反应的进行提供场所。优秀的电极材料需要满足以下几点：良好的化学稳定性、机械性能、优越的电化学活性、活性电极反应面积大和成本低廉

181

等优点。

传统的金属材料电化学可逆性差或者易被钝化，而铂、铱等贵金属虽然具有电化学活性高、可逆性好和化学稳定性好等优点，但这类金属高昂的成本制约了其大规模应用。碳素材料，如石墨毡、石墨、碳布和碳纤维等，由于其具有低成本、高比表面积以及不输给金属材料的导电性，因此被广泛地应用在液流电池的研究中。通常，在使用碳素材料之前要进行一步活化处理，也叫作表面处理，通过碳素表面增加亲水基团以增加电极与电解液的亲水性，从而使充放电效率提升，一般的处理方法有硫酸浸泡、高温氧化，还有通过加入一些亲水材料增加电极的亲水性。此外，还有复合高分子类电极，典型的为聚丙烯腈石墨毡，通过高分子聚合物与碳素材料混合，具有优良的热稳定性和机械性能，在使用之前多用热与酸进行两步处理，具有很好的电化学性能。

5.3.2 液流电池电堆

氧化还原液流电池是利用含有不同价态氧化还原电对的电解液作为正负极活性材料的电池。不同价态氧化还原电对之间的电位差带来电流在正负极之间的流动。将多个单电池串联起来即可获得更高的额定电压，这类串联或并联的电池组合被称为电堆或电池堆。每个单电池包括顺序布置的正极密封框、位于正极密封框内的集流板、正极电极、离子交换膜、负极电极、负极密封框以及位于负极密封框内的集流板。液流电池的电极面积和工作电流密度决定了电堆的工作电流，根据电堆串联的节数，决定了电池电堆的功率。电堆性能一般由输出功率、工作电流密度和能量效率表示。四节单电池组成的液流电池电堆示意图如图 5-16 所示。

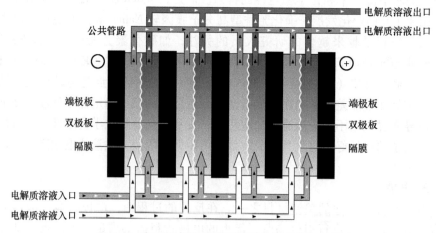

图 5-16 四节单电池组成的液流电池电堆示意图

1. 电堆设计

为了实现更高的电池功率密度，希望能在尽可能小的电池体积下发挥出更大的电池功率，降低电池成本，这需要在提高工作电流密度的同时，保持电池的极化在较低的水平，并保持电池的功率不变。电池的极化分为欧姆极化、电化学极化和浓差极化。通常，采用减小电池材料的电阻，减小电极之间的距离、提高电极的反应活性和电解液的补充量来控制三种极化。

在单位体积内串联更多的电池而保持效率不降低，以此来提高电堆的工作总电压。液流电池因其电解液的供应方式而产生漏电电流，该部分电流不会流经电池而是被外部的电解液消耗掉，引起了额外的损失。一般来说，漏电电流主要由电池节数、电流大小以及电堆内电解液供应主管路和电极框内的电解液分配管路的电阻来决定。对于大功率电堆来讲，电堆内经常串联的电池节数往往高达50~100节。如果电堆结构不加改进，例如采用分堆结构来减少单个电堆的电池节数，那么电堆的库仑效率会有明显的降低。严重情况下会造成电解液过热，损坏电堆和电解液管路。有的电堆结构为了避免串联电池节数过多，将电堆的进液端板上设置几组电解液的进出口，电堆内分为相同组数的电池单元，分别由上述进液端板的几组电解液进出口供应电解液。以此来避免电堆内部过多的电池共用一根电解液供应主管路而导致漏电电流过高的情况。但该电堆进液端板加工比较复杂，更多的阀门设置不得不增大端板的面积，造成额外的成本损耗。液流电池实物图如图5-17所示。

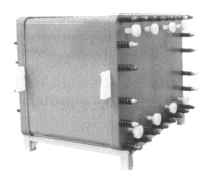

图 5-17 液流电池实物图

2. 流场结构

流场结构是影响液流电池性能的一个关键因素，由电解液进出口流道和流道分配口组成，决定了电解液在电极内的分布，会直接影响电解液的传质速率、电流密度分布和过电位分布等关键问题。电流密度分布不均和局部过电位高，不仅会降低液流电池性能，而且容易造成关键材料的腐蚀，缩短电池的使用寿命。

3. 密封结构

电堆的密封结构主要用来防止漏液。漏液也分为外漏和内漏，电堆外漏导致电池失效，较容易观察到。而内漏会严重影响电堆的库仑效率和容量，并且不易被发现，一旦正负极溶液发生互混，将直接影响电池系统的寿命和性能。因此，保证电池系统的良好密封性是非常重要的。

液流电池电堆采用的密封结构一般分为面密封与线密封两种方式。采用面密封时，电堆的组装压紧力很大，若采用弹性密封材料，随电池系统长时间运行，密封件会变形、老化，为确保电堆的密封性，需要另加自紧装置。若采用线密封，电堆的组装压紧力小，而且由于密封件变形量小，可不加自紧装置，可简化电堆结构，但是线密封对电堆其他关键材料的精度要求较高，不易实现。

5.3.3 液流电池储能系统

由于单个液流电池堆难以满足大功率高容量储能系统的要求，兆瓦级液流电池储能系统通常采用模块化结构，根据容量和功率进行灵活配置，满足大规模储能系统对电池管理系统的性能要求。兆瓦级液流电池储能系统适用于风能、太阳能等可再生能源发电及智能电网削峰填谷。

液流电池单元储能系统模块是构建兆瓦级以上大规模液流电池储能系统的基本单元。单元储能系统模块是由多个串并联的液流电池堆、正负极电解液循环输送管路系统、电池管理系统、能量转换系统、电网、监控系统和其他辅助设备组成的独立储能系统集合单元（见图 5-18）。正负极电解液循环输送管道系统由储液罐、循环泵、管道等组成，电解液通过循环泵完成在储液罐和液流电池腔体的循环。由液流电池管理系统实现对电池的监测、荷电状态与健康状态等的估算，更重要的，实现对电池电化学反应过程的调节和控制，在保证液流电池正常化学反应的前提下，进一步提升电池性能，延长寿命。大连融科液流电池单元储能系统模块如图 5-19 所示。

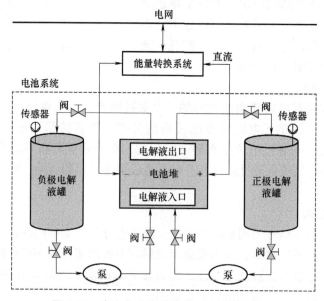

图 5-18　液流电池单元储能系统模块示意图

图 5-19　大连融科液流电池单元储能系统模块

液流电池关键材料

5.4.1　液流电池电极材料

电极是液流电池的重要组成部分之一。在液流电池系统中，电极本身不参与氧化还原反应，而是提供发生反应的场所。电解液中的活性物质在电极表面反应得到或失去电子，完成氧化还原反应，实现电能与化学能之间相互转变，进而完成能量的储存与释放。同时载流子在电极表面完成离子形式向电子形式的过渡，使得整个液流电池内部形成一个完整的闭合回路，确保液流电池系统的正常运行。

不难发现，液流电池系统中电极的重要性不言而喻，电极的性能好坏往往直接影响活性物质扩散的均一性，电池的极化最终影响电池的倍率性能、能量转换效率以及循环寿命等。因此电极的性能要与液流电池的性质相匹配。

根据液流电池的特性，液流电池电极材料需要符合以下性能要求：

1）电极材料本身需要具有良好的导电性、较高的电导率，以此抑制欧姆极化。

2）对液流电池的两个半反应具有良好的催化活性以及可逆性，能够加快活性物质发生氧化还原反应的动力学过程。

3）具有较大的比表面积、合适的孔隙率以及良好的亲水性，提供更多的反应位点，为电解液的流通提供丰富的"通道"，同时加速电解液中活性物质的扩散。

4）具有一定的机械强度与韧性，能确保电极材料在液流电池紧压的内部环境下不会出现结构上的崩坏。

5）具有良好的抗腐蚀性，在酸碱环境下能够保持化学稳定。

6）在充放电电压区间内保持稳定，同时拥有较高的析氢、析氧电位。

7）电极材料价格低廉易得，使用寿命长。

通常来说能够完成导电的材料都能作为电极，但是作为液流电池电极而言，不同于简易的电解池与原电池系统中的电极，液流电池往往具有更加复杂的工作过程，因此液流电池电极的选择也更加苛刻。在能够满足上述对液流电池电极的性能要求的材料中，碳毡/石墨毡被认为是最适用于液流电池的一类电极材料。

通常情况下，聚丙烯腈基碳毡/石墨毡在液流电池中的应用更为广泛。目前普遍认为，碳纤维表面的含氧官能团（如—OH、—COOH）是液流电池中活性物质发生氧化还原反应的位点。通过聚丙烯腈基作为碳质来源制备碳毡以及石墨毡则能够引入更多的含氧官能团。碳毡的制备温度通常为900℃，将碳毡在隔绝氧气的条件下加热至3000℃就成了石墨毡。石墨毡碳含量更高，石墨化程度更高，因此其导电性相较于碳毡也略有提升。

尽管如此，碳毡/石墨毡在设计之初就被作为一种隔热材料，而并非电催化材料，虽然它能够满足一定的在液流电池系统中工作的条件，但是诸如导电性、电催化活性以及对活性物质反应的可逆性仍然需要提高。液流电池作为一种储能技术，其能量的转换效率十分重要，对于液流电池能量转换效率、循环寿命等重要参数的提升，最主要的方式就是对液流电池关键材料的改性。通过改性手段使得电极性能提升进而提高液流电池效能。

目前对于液流电池电极的改性方式已经十分丰富，电极的改性工作基础就在于对电极极化的抑制。目前绝大多数对于碳毡/石墨毡的改性方法的实际就在于：

1）在碳纤维的表面负载电催化剂，以达到提高基体导电性以及对活性物质的催化活性。

2）通过一定手段破坏碳纤维中的碳结构，使其表面产生缺陷，增大比表面积，引入更多的活性位点，提高底物在电极表面的反应效率。

3）引入其他的非金属杂元素，使非金属杂原子嵌入以 sp2 杂化形式存在的碳碳六元环结构中，引入新的非金属杂原子基团。

电极材料的改性方法：

（1）金属以及金属氧化物修饰

金属对碳毡/石墨毡的改性优势在于：金属材料本身具有十分优异的导电性，使用金属材料修饰碳毡/石墨毡将在很大程度上提高碳毡/石墨毡的导电性，同时由于金属原子外部电子结构不稳定，更加容易接受或给出电子，因此金属材料本身也具有良好的催化活性[45]，金属修饰的碳毡/石墨毡往往具有良好的电催化活性[46]。虽然金属修饰的方法能够有效提高碳毡/石墨毡的电催化性能，但是由于金属材料本身成本较高，限制本改性方法。金属氧化物通常具有部分单质金属的特性，尤其在电、磁学性质中表现出类似的性质，同时金属氧化物的成本较于金属普遍较低。Bi 修饰改性的碳毡电化学性能及电池性能测试如图 5-20 所示。

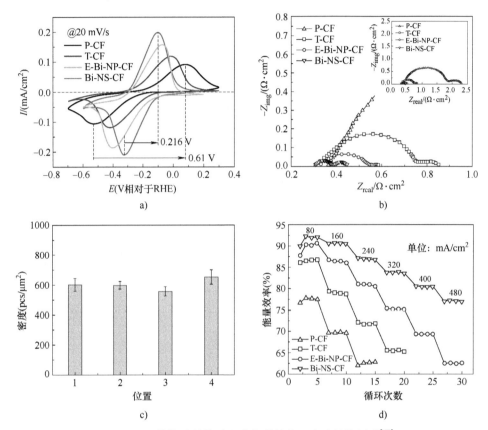

图 5-20 Bi 修饰改性的碳毡电化学性能及电池性能测试[47]

（2）非金属杂原子掺杂

与金属掺杂不同，非金属掺杂碳电极的热稳定性和化学稳定性都有很大提高。催化剂的金属沉积物在电池循环中会长时间溶解在电解液中，导致活性中心的丧失。含氧氮官能团的引入可以提高电极的亲水性。与金属材料相比，可以加入更多的活性位点。已经证明，羟基、羧基和羰基的引入可以改善碳毡/石墨毡电化学活性，从而促进电子转移和降低过电位[48-49]。

（3）碳-碳复合石墨烯改性

在碳纤维基体上合成石墨烯，石墨烯具有较大的比表面积、优异的导电性和丰富的活性基团，因此石墨烯基材料可以有效地提供相当活跃的反应位点，并促进电子传输。另外作为一种碳质材料，石墨烯能在不同环境中保持极高的稳定性，作为液流电池来说，能够在不同充放电过程中保持化学稳定。Long 等人[50]首次采用气相沉积法（CVD）在碳毡成功制备具有三维结构的网状石墨烯，提升了电极性能。石墨烯复合改性电极表面形貌及电化学测试结果如图 5-21 所示。

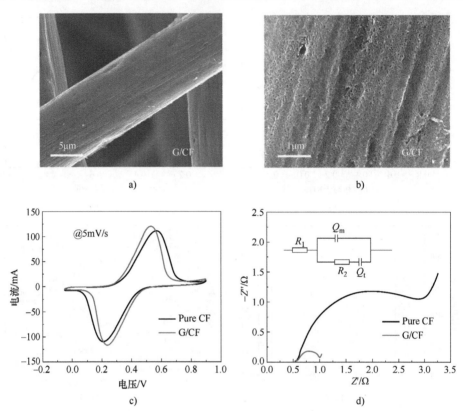

图 5-21　石墨烯复合改性电极表面形貌及电化学测试结果[50]

5.4.2　液流电池隔膜材料

1. 隔膜材料要求

隔膜对电池的性能和成本有重要的影响。在电池运行过程中，隔膜能够分离正极和负极电解液，减少交叉污染，避免电池产生自放电现象；同时能够提供离子传输通道，传导载流子，完成电池电路[51]。理想的液流电池隔膜应该满足以下要求：

1）良好的离子电导率。高离子电导率说明载流子能够快速、平稳地通过隔膜进行传递，从而提高电池的电压效率。具有高离子电导率的隔膜的电阻较小，欧姆损耗较小，在高电流密度下可以降低电池的极化损耗。

2）优异的离子选择性。隔膜在传递载流子的过程中会有活性物质伴随通过，活性物质通过隔膜在正负极电解液之间的渗透，会引起电池自放电现象，使得电池系统容量损失，库仑效率和能量效率低，而且影响电池的循环稳定性。此外，电池长期运行时，还可能导致膜污染，降低隔膜导电性，从而导致电池性能退化。

3) 优越的化学稳定性。传统液流电池的电解液具有强氧化性和腐蚀性，而聚合物材料的氧化是导致隔膜降解的主要原因。因此，隔膜必须具有优越的化学稳定性，以最大限度地减少膜的降解，保证电池的长期稳定性。

4) 较高的机械强度。一般来说，具有高机械强度的膜有利于电池系统的组装，也可以提高电池长期稳定性。

5) 成本低廉。液流电池的广泛应用和商业化需要成本低廉的关键材料作为保障。

2. 隔膜材料分类

根据隔膜内部官能团的类型或基体结构中存在的固定电荷的类型，液流电池隔膜主要分为阳离子交换膜、阴离子交换膜、两性离子交换膜和多孔膜。离子交换膜主要包括隔膜基体和活性基团两部分。其中隔膜基体主要由稳定的高分子骨架组成，活性基团是接枝在基体上的离子交换基团。以磺酸型阳离子交换膜和季胺型阴离子交换膜为例，离子交换膜的交换机理如下：

$$R-SO_3H \rightarrow R-SO_3^- + H^+ \quad （磺酸型阳离子交换膜）$$

$$R-N(CH_3)_3OH \rightarrow R-N^+(CO_3)_3 + OH^- \quad （季胺型阴离子交换膜）$$

如图 5-22 所示，在水溶液中，隔膜吸水使膜内部形成水环境，活性基团解离使膜内的阳离子（如 H^+ 或 Na^+）能够在隔膜内部自由移动。隔膜内固定的离子官能团与阳离子解离后形成的静电键或离子空穴即为离子交换位点。利用隔膜内外的离子浓度差，在阳离子交换位点进行阳离子交换和传递，这样就完成了阳离子在隔膜内部的传递。相反的，阴离子交换膜内部交换传递的为阴离子（OH^- 或 Cl^-），通过阴离子交换位点完成阴离子在隔膜内部的传递。

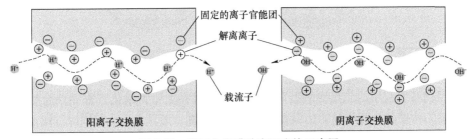

图 5-22　离子交换膜的离子交换示意图

阳离子交换膜是液流电池中应用最广泛的隔膜，是指含有磺酸基团（—SO_3H）、羧酸基团（—$COOH$）、磷酸基团（—PO_3H_2）等阳离子交换基团，可传导 H^+、

Na⁺等阳离子的隔膜。这些固定在聚合物分子链上的酸性基团可以解离出 H⁺，与溶液中的 H⁺进行交换，其中—SO₃H 基团的酸性较强，在同等条件下解离出的 H⁺较多，有利于提高隔膜的质子电导率，是常用的阳离子交换基团。根据离子交换膜材料中是否含有氟元素，可以将阳离子交换膜分为：含氟磺酸型和非氟磺酸型。

美国杜邦（Dupont）公司生产的全氟磺酸树脂系列的 Nafion 膜以其良好的质子导电性及优异的耐受能力等特性成为商业化应用最广泛的含氟磺酸型阳离子交换膜。图 5-23 所示为 Nafion 的胶束结构示意图，Nafion 是由疏水性的聚四氟乙烯（TFE）骨架和带有亲水性磺酸（—SO₃H）基团的悬垂链段构成的。主链为包含大量碳氟（C-F）键的分子骨架，C-F 键的键能高达 485kJ/mol，比 C-H 键的键能高 84kJ/mol，赋予了 Nafion 优异的化学稳定性[52]。此外，C-F 键的强吸电子性可促进—SO₃H 基团在水中解离，更容易解离出 H⁺，赋予了 Nafion 膜良好的质子传导能力。Gierke 和 Hsu 提出的"球形离子簇网络"模型[53-54]认为，在大量水存在的情况下，Nafion 膜内部亲水性—SO₃H 基团吸水会聚集形成隔膜的亲水区域，进而形成明显的亲/疏水相分离和纳米级别反胶束球状离子簇结构，每个离子簇的直径为 4nm，以 1nm 直径大小的亲水通道连接相连，两个相邻离子簇之间的距离为 5nm。虽然 Nafion 膜具有良好的质子传导性和化学稳定性，但是 Nafion 膜的胶束通道直径大、分叉少，导致其钒离子渗透率高、离子选择性低，而且价格高昂（500 美元/m²），严重限制了其大规模的使用。

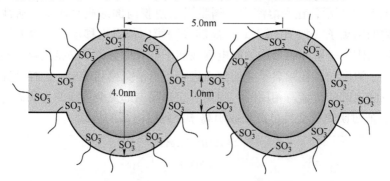

图 5-23 Nafion 的胶束结构示意图[52]

目前开发利用的非氟磺酸型阳离子交换膜材料主要为磺化芳香型聚合物，芳环主链结构使其具有优异的化学稳定性和热稳定性，芳环上引入的磺酸基团使其具有质子传输能力。按照主链结构的不同，磺化芳香型聚合物一般分为磺化聚芳醚酮类、磺化聚酰亚胺类和磺化聚苯并咪唑类。聚芳醚酮（PAEK）是一类主链中含有醚键和酮键的芳香聚合物，具有良好的热稳定性、机械稳定性，以及良好的柔韧性和电绝缘性，包括磺化聚醚醚酮（SPEEK）、磺化聚醚醚酮酮（SPEEKK）、磺化聚醚砜酮（SPESK）、磺化聚亚芳醚酮（SPAEK）等。聚酰亚胺（SPI）是主链中含有酰亚胺（—CO—NH—CO—）结构的一类聚合物，具有良好的热稳定性和化学稳定性。聚苯并咪唑（PBI）同样具有优异的热稳定性和化学稳定性，但是磺化聚苯并咪唑（SPBI）中大部分的磺酸基团会被自身的碱性咪唑基团中和，质子传导能力较差，所以 PBI 类隔膜通常采用酸掺杂改性。

阴离子交换膜是指含有季胺基团（—NR$_3$X）、叔胺基（—NR$_2$）等阴离子交换基团，可以导通 SO$_4^{2-}$、HSO$_4^-$ 等阴离子的隔膜。这些固定在聚合物分子链上的碱性基团解离，使隔膜基体带有正的固定电荷，产生的可交换离子为阴离子。由于存在唐南（Donnan）排斥效应，带正电荷的活性物质离子在阴离子交换膜内浓度较低，故阴离子膜有效阻碍其交叉渗透，获得较低的离子渗透率；且膜内所吸附的强氧化性离子大大减少，有效减缓电解液对隔膜的氧化降解，提高阴离子交换膜的稳定性和使用寿命。聚砜（PSF）、杂萘联苯聚醚酮（PPEK）、含二氮杂萘酮联苯结构聚芳醚酮酮（PPEKK）、聚芳醚酮（PAEK）、聚醚砜（PES）等材料已经被用于阴离子交换膜的开发和研究。

两性离子交换膜是指同时含有阴、阳离子交换基团的隔膜。期望通过调控阴、阳离子基团的性质使两性离子交换膜同时具备阴离子交换膜的低离子渗透率和阳离子交换膜的高离子电导率，从而获得高的电池库仑效率和电压效率。

多孔膜主要是利用其自身孔隙筛分作用阻止半径较大的水合离子通过，但允许半径较小的载流子通过。多孔膜一般采用不含离子交换基团的聚合物材料制备，如聚丙烯腈（PAN）、聚偏氟乙烯（PVDF）、聚苯并咪唑（PBI）、聚醚砜（PES）等，通过添加致孔剂或者相转化法等方法制备。目前多孔膜仍存在均一性不易控制、多孔结构容易产生缺陷导致隔膜机械性能及化学稳定性下降。

3. 隔膜材料改性与优化

上述已开发的隔膜材料目前无法完全满足液流电池对于隔膜材料的要求，因此研究者们开发和应用了许多改性方法用于提高隔膜性能[55]，满足液流电池实际应用需求。

1）调整磺化度（DS）。磺化度表示隔膜中所含磺酸基团的数量，它与膜的离子交换容量密切相关，因此在提升隔膜的离子电导率方面起关键作用。磺化度的高低可以通过改变隔膜制备的磺化时间和温度等方法来调整，以获得所需的磺化度和性能指标。

2）与其他聚合物共混/合成。采用各种聚合物与其他聚合物合成，获得不同性质的膜，可以结合不同聚合物的优点，同时可以相互弥补缺点，从而获得满足特定性能要求的液流电池隔膜。

3）添加无机材料。与在隔膜制备过程中与其他聚合物共混/合成类似，添加无机材料是另一种有效且广泛应用的提高隔膜性能的方法。石墨烯等碳基材料、各种纳米氧化物材料，如氧化铝、二氧化硅和二氧化钛等已被引入聚合物中。在聚合物中添加无机材料可以提高隔膜的力学性能，同时无机材料作为屏障可以抑制活性物质渗透，使隔膜具有更好的抗渗透性和循环稳定性。

4）调整孔结构。孔结构，如孔大小和孔隙率，极大地影响了隔膜的离子传输。大孔径的膜有利于小尺寸的载流子跨膜传输，有效降低电池内阻同时提高电池电压效率。然而，具有大孔径的隔膜也会导致活性物质渗透，电池自放电严重，降低电池的容量保留率和稳定性。因此，将隔膜孔径调整到适当的尺寸有利于提高隔膜和液流电池的性能，特别是对于多孔膜。

5）调整膜的几何参数和设计。隔膜的几何参数，如厚度，对隔膜电阻和机械强度等性能存在影响，因此，调整膜的几何参数和设计被认为是提高隔膜性能的有效方法。

5.4.3 液流电池双极板材料

1. 液流电池双极板的作用及特性

在液流电池电堆中，连接相邻电池单元的导电板称为双极板，液流电池双极板作为液流电池的重要组成部件之一，在液流电池中起到的作用如下：

（1）分隔正负极电解液

在双极板两侧分别分布着正极和负极的电解质溶液，两者不能进行接触，因此需要用双极板将正负极电解液进行分隔，以确保正负极电解液循环的独立性。

（2）汇集、传导电流，组成电路

液流电池电解液在电极上进行化学反应，发生电子得失，电极材料将电子汇集，连接到双极板上。双极板连通不同电池单元的正负电极，放电时电流从一个电池单元的正极流向相邻电池单元的负极，电子则从负极流向正极，充电时电流和电子的路径与放电时相反。双极板的存在保证了电流的平均分布，为化学反应传导电子。

（3）支撑电极材料

在电堆组装时，双极板两侧的电极材料受到一定程度的压缩，并产生向外的回弹力，作用到双极板上。而双极板对两侧电极材料提供了支撑作用，使电极材料以相对均匀的厚度在电堆内保持稳定。

因此，液流电池双极板材料需要具备以下特性：1）化学稳定性强，具有优异的耐腐蚀性，可耐强酸强碱腐蚀，耐电化学腐蚀；2）材料致密，可以很好地阻隔两侧电解液；3）导电性高，具有更低的欧姆电阻，且与电极间的接触电阻较小；4）物理稳定性好，具有一定的机械强度，不会因受到电堆组装时的装配压力和电极回弹力而损坏；5）使用寿命长，可达 25~30 年；6）对环境友好，不会产生较大的污染。

2. 液流电池双极板材料分类

根据双极板材质的不同，可将双极板分为金属双极板、石墨双极板、碳塑复合双极板。

（1）金属双极板

金属类材料虽然导电性好、机械强度高，但却具有极其明显的缺点。金、铂、铱等贵金属材料耐腐蚀性能强，物理化学性能稳定，但其成本极高，且储量低，回收困难，无法作为双极板材料广泛使用。而价格便宜的铅、不锈钢、钛等材料容易受到电解液氧化腐蚀，也不适合用于双极板材料。目前，有一些表面改性处理方法，比如丝网印刷、气相沉积、电镀、化学镀等，可以在一定程度上延长金属双极板的使用寿命，但仍然无法满足液流电池长期使用的要求。由此可见，金属类材料不适合用于液流电池双极板。

（2）石墨双极板

石墨材料具有很高的化学稳定性，可在强酸强碱环境下稳定工作，并且其导电性、热稳定性都十分优异。常见的石墨双极板有无孔石墨板和柔性石墨板两种。

无孔石墨板一般是由碳粉/石墨粉和石墨化树脂在高温（2500℃）条件下石墨化制备而成的。这个过程需要进行严格的升温程序，因此，生产周期长、成本高。另外，石墨化后由于杂质的蒸发，可能会出现新的孔隙，导致石墨板表面的孔隙率较高。同时，无孔石墨板属于脆性材料，其抗冲击能力和抗弯折能力都很低，在装配过程中极易断裂。由于技术原因，无孔石墨板的厚度还不能做到很薄，因而做出来的双极板厚度很大，增加了电堆的重量和成本。

柔性石墨板是鳞片石墨经化学处理高温膨胀轧制而成的一种石墨材料，导电性和耐腐蚀性良好，与无孔石墨板相比，柔性石墨板质量轻、蠕变松弛率低，属于柔性材料，在电堆装配时不易断裂，且成本较低。但柔性石墨板是由蓬松多孔的膨胀石墨制成的，致密性较差，无法达到 20 年以上的使用寿命，一般需要经过改性处理才可作为液流电池双极板长期使用。

（3）碳塑复合双极板

碳塑复合双极板是通过热塑或热固性树脂料混合石墨粉或增强纤维形成预制料，并固化成型制得。由于加入了树脂类聚合物，其力学性能优异，不易断裂，且柔韧性较好，同时电化学稳定性良好，可耐强酸强碱腐蚀。与无孔石墨板相比，碳塑复合双极板制备工艺简单、成本低。但目前碳塑复合双极板的导电性较差，还需要进一步提高。

碳塑复合材料的力学性能和耐腐蚀性良好，使用寿命长，是未来液流电池双极板材料发展的主流方向，在解决电阻较高的问题后，可实现大规模应用。

5.4.4 液流电池导流板

1. 导流板的作用与选材

液流电池电堆由多个电池单元堆叠而成，导流板作为电池单元的框架，在电堆中起着重要的作用。

（1）容纳电极

导流板中间挖空，作为电极腔，上下设置有流道。在电堆组装时，电极材料放置于电极腔内，与电极腔侧壁贴合。因此，导流板起到了容纳、固定电极的作用，使电极材料在组装完成后不会发生移动。

（2）传导电解液

导流板四角各设置有进出液孔，其中上部和下部各有一孔与导流板上的流道连通，用作该导流板的进出液孔。在电堆运行时，电解液从进液孔进入导流板，通过进液流道进入电极，流经电极后从出液流道进入出液孔，通过外部循环系统完成循环。因而，电解液在电极上发生氧化还原反应离不开导流板的帮助。

（3）电堆框架

导流板是液流电池电堆框架的重要组成部分，有着重要的功能。导流板上可以设置密封结构，与密封件配合完成电堆的密封。同时，双极板、隔膜等材料也需要导流板进行支撑，才能起到相应的作用。

导流板在电堆内使用数目、体积较大，作用重要，因此原材料的选择尤为重要。一般选择导流板材料时要从以下几点考虑：1）材料成本：过高的成本会导致电堆成本较高；2）材料物理化学性能：导流板原材料需要有足够的力学性能，挤压变形小，耐强酸强碱腐蚀，与电解液及其他材料不发生反应；3）导流板制作方式：导流板有机械加工、注塑成型等制作方式，需根据制作方式选择合适的原材料；4）使用寿命长；5）对环境友好。

目前，液流电池电堆多使用树脂类材料制作导流板，如聚氯乙烯（PVC）、聚丙烯（PP）、聚甲醛（POM）、聚四氟乙烯（PTFE）等材料。树脂类材料具有优良的化学稳定性、耐腐蚀性、密封性，但需要注意的是，其抗老化能力相对较弱，需要进一步提高。

2. 导流板流通方式

目前关于液流电池导流板的设计种类繁多，其密封结构、流道结构各不相同，但主体构成变化相对较小。图 5-24 所示为一种液流电池导流板示意图，图 5-25 所示为液流电池电池单元分解图和液流电池电堆装配示意图，据此可大致了解电解液在导流板上的流通方式。

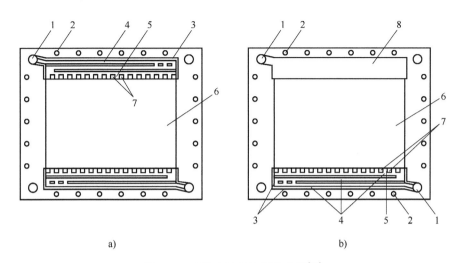

a)   b)

图 5-24 液流电池导流板示意图[56]

1—共享流道 2—通孔 3—凹槽 4—第一级分流流道

5—第二级分流流道 6—电极腔 7—梳齿槽 8—流道盖板

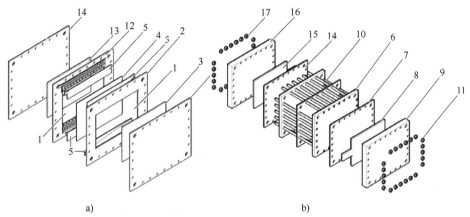

a)   b)

图 5-25 a）液流电池电池单元分解图；b）液流电池电堆装配示意图[56]

1—电极腔 2—正极侧电极板框 3—正极电极 4—隔膜 5—流道盖板 6—基础电池单元

7—正极侧双极板 8—正极侧集流体 9—正极侧端板 10—正极侧螺栓 11—螺母

12—负极侧电极板框 13—负极电极 14—负极侧双极板 15—负极侧集流体

16—负极侧端板 17—螺母

电堆本身由多个电池单元配合双极板和两端的部件（包括集流体、端板等）堆叠压装而成，每个电池单元包含正负极电极、正负极导流板、隔膜及其他密封件，电堆内导流板上的流道孔组成了正负极进出液共享流道，正负极导流板上的流道与相对应共享通道连通，组成完整的电解液循环系统。在电堆运行时，正极

195

溶液受循环泵的机械力推动，从正极侧端板进入电堆，流入正极进液共享流道，然后进入每一个正极导流板的进液流道，经梳齿槽均匀流入电极内，在电极上发生氧化还原反应，然后经出液流道、出液共享流道流出电堆，回到储液罐内，完成循环，同时负极电解液也经负极循环通道完成循环。正负极电解液循环系统运行相互独立，不能进行接触。

5.5 液流电池的应用场景

5.5.1 新能源发电并网

随着现代经济的蓬勃发展，化石的大量开采使得传统能源面临枯竭、不可再生等实际问题，但当前能源的需求持续上涨，导致能源需求与供给之间存在必然矛盾，因此，新型能源的开发与应用迫在眉睫。由于我国传统煤炭工业的消耗占总体能源消耗一半以上，所以国内新能源的发展前景广阔，电力企业应当在能源转型升级的道路上继续前进。除此以外，近几年煤炭进口量增加的主要原因是在互联网快速发展的基础上，社会能源消耗量大幅上涨，而煤炭能源的储量是有限的，所以新能源的技术创新问题是大势所趋，帮助供求不平衡问题得到根本上的解决，进而减少煤炭开采行为，为其可持续发展提供重要保障[57]。

随着清洁能源发展对技术成熟度高、大规模、高安全、长时储能技术需求的急剧增加，越来越多的研究单位和企业涉足液流电池产业化的开发，如日本住友电工（SEI）、美国 UET 公司、英国 Invinity、奥地利 Enerox、澳大利亚 VSUN、美国 Largo 及澳大利亚 TNGLtd 公司等[58]。同时根据国内 2022 年 2 月两部委正式印发的《"十四五"新型储能发展实施方案》，2022 年国内储能电力出货量有望突破 90GW·h，另外根据 GGII 详细统计，2021 年国内储能电池出货量为 48GW·h，同比增长 2.6 倍；其中电力储能电池出货量为 29GW·h，同比 2020 年的 6.6GW·h 增长 4.39 倍。背后增长的原因得益于 2021 年国外储能电站装机规模暴涨以及国内风光强配储能的管理政策。GGII 预计 2022 年国内储能电池有望继续保持高速增长态势，保守估计年出货量有望突破 90GW·h，同比增长 88%。

随着技术的不断突破，各国加大了新能源配套储能设备的建设。以美国 ViZn Energy Systems 公司技术为基础，中国电建集团江西省电力建设有限公司于 2019 年 6 月实施的与余干祥晖 20MW 扶贫光伏发电项目配套的 200kW/600（kW·h）锌铁液流储能系统示范项目成功并网运行（见图 5-26）。

200kW/600(kW·h)锌铁液流电池储能系统示范项目(2019年)　10kW碱性锌铁液流电池储能系统示范项目(2020年)

图 5-26　200kW/600（kW·h）锌铁液流储能系统示范项目

5.5.2　电网削峰填谷

新能源大规模发展将对电力系统调峰带来巨大挑战。我们要构建的新型电力系统，将大比例接纳太阳能、风能等新能源进入电网。中国科学院院士、中国电力科学研究院名誉院长周孝信在《双碳目标下我国能源电力系统发展前景和关键技术》一文中预测：基于我国的能源电力发展需求，预估到 2060 年风能、光伏发电量将达到 11.9 万亿 kW·h，占我国总发电量的 69.2%。

高比例新能源发电对于构建低碳社会、实现"碳中和"目标来说是必要的，但却给电网带来新的不稳定因素，即太阳能、风能等新能源具有很大的随机性、间歇性和波动性：有光才有电、有风才有电。这些特性会引起发电不稳定、负荷不匹配、电网受冲击等问题。例如，我国的电网设计容许的波动通常不超过15%，这也意味着如果某地新能源发电容量所占比例超过这一份额，那么发电量的不稳定有可能造成电网的崩溃。

仅仅是用户端的波动，就已经让电力系统全部动员起来了，如果发电端也大幅度波动，电网将难以支撑。这就要求电力系统大幅度提高调峰能力，例如，通过使其他电源能够在新能源无法发电时迅速向电网供电，在新能源能够发电时迅速暂停供电，从而让新能源波动的影响在电网中"消失"，使电网保持稳定。

调峰扮演着未来电力系统安全保障者的角色。提高系统调峰能力可以从电源端、电网和用户端多方面着手，其中电源端的调峰可以从源头上削峰填谷，保障规模大，是解决风光消纳、电网波动性问题的重要手段。根据北欧等新能源发电比例较高地区的电力系统调峰经验，要保障电网的安全稳定运行，灵活调峰电源装机容量至少要达到总装机容量的 10%~15%，而美国、西班牙、德国的调峰电源装机量占比甚至达到了 49%、34%、18%（目前，三国对应的可再生能源在一次能源消费中的占比分别为 17.0%、17.5%、8.6%）。

2016 年 4 月大连液流电池储能调峰电站获国家能源局批准建设的首个国家级大型化学储能示范项目，总建设规模为 200MW/800（MW·h）。同时于 2022 年 10 月一期项目开始并网发电（见图 5-27），一期规模为规模为 100MW/400（MW·h）。

图 5-27　大连液流电池储能调峰电站一期工程

5.5.3　分布式储能

分布式可再生能源如分布式光伏、风电，作为集中供电系统的补充，可建在用户附近，适用于城市以及偏远地区用户。因此，储能与分布式可再生能源集成与应用具有明确的用户需求和市场需求。

分布式发电能够充分利用清洁和可再生能源，是实现节能减排目标的重要举措，也是集中式发电的有效补充[59]。当分布式电源大量接入中低压配电网时，风电、光伏等可再生分布式电源的间歇性和随机性将加剧配电网中电压、频率的波动，对配电网的功率平衡与安全运行、用户的供电可靠性以及电能质量具有较大影响。此外，随着我国经济发展和产业升级，电网中现有配变电设备容量将可能无法满足日益增加的高峰负荷的需求，而越来越多的高科技、数字化企业也对供电可靠性和电能质量提出了更高的要求[60]。在电网中接入分布式电能存储设备是解决上述问题的有效途径之一。利用分布式电能存储技术能提升电网对分布式电源的接纳能力，改进系统供电可靠性和电能质量，还能优化电网资源配置，提高电网资产的利用率[61]。分布式储能结构如图 5-28 所示。

2014 年，世界第一套锌溴液流电池储能可移动式保电系统——"新型绿色环保锌溴电池储能可移动式保电系统"科技项目，顺利通过验收。选用安徽美能公司锌溴液流电池作为储能电源、国内合格车辆底盘作为承载，通过大量的研究试验，改变了美能公司美国合资方 ZBB 公司的许多生产标准。该系统具有可移动、大容量（100kW·h）、无噪声、绿色环保、快速切换、不间断供电功能的优点。

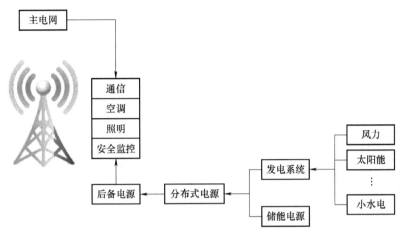

图 5-28 分布式储能结构

5.5.4 应急发电装置

电力系统可因配电线路或电站故障、恶劣天气干扰、电网突发事件等意外状况而中断。而对于特殊的用电场合，如医院、实验室、数据中心、通信基站以及军用舰艇等，电力中断可导致巨大的经济损失甚至人员伤亡。因此，需配置应急备用电站，在电力系统发生故障时提供后备电能。所以，备用电源在发生意外停电事故时，有助于生活、工作的正常进行[62]。

据统计，大部分电力中断或电压骤降持续时间较短，99%的中断持续时间少于 3s，90%的持续时间不足 1s。在这种情况下，受影响最大的是精密电子仪器和数据存储通信设备的使用。针对这部分用户的应急电源需具有极高的响应速度，并且在短时间可提供较大的功率。而对于医院、工厂、军事基地等大型设施，则需要备用电源在紧急情况下提供稳定、长效的电能，功率和容量规模是首要考虑因素。

在现代化战争中，军事基地和指挥部门等不可有分秒的断电，因此，应急备用电源是军事设施必要的装备之一。据说，现在美国的军事基地和军事设施，都配置了大规模储能装置。通常使用的柴油机发电系统噪声大、热辐射强，不利于隐蔽。全钒液流电池储能技术可以克服上述不足，在军用领域有广阔的应用前景。高效液流电池储能系统的另外一个重要应用是用于政府、医院等重要部门非常时期的备用电站。在电网的事故引起停电、严重自然灾害引起停电等非常时期，国家关键部门和重要单位具备可为其较长时间供电的备用电站。全钒液流电池响应速度快，放电时间长，功率模块和系统容量可独立设计、灵活调控，因此，既可用于电子设备的短时间保护性电源，也可用于大规模不间断电源。而且相比传统的柴油发电机或铅酸电池等后备电源技术，液流电池本身无碳排放，不使用高环境毒性的重金属。采用规格合适、环境友好的液流电池，有利于应急备用电站的普及和发展。目前液流电池在该方面的示范应用取得了一定进展。

2007 年，加拿大 VRB Power System 公司向肯尼亚的 Winafrique 公司出售了两套 5kW/20（kW·h）全钒液流电池储能系统，用于通信基站的后备电源（见图 5-29）。现在，非洲边远地区的通信基站普遍以柴油发电机发电，配备铅酸电池后备电源。电信公司希望将来能集成风光电源为基站供电，需要发展新型后备电源。前述液流电池储能系统应用示范就是在这一需求背景下实施的。

图 5-29 VRB Power System 5kW/20（kW·h）全钒液流电池储能系统

2012 年，美国国防部"环境安全技术检验规划"资助了一项用于孤岛运行和后备电源的锌/溴液流电池应用示范。该项目由 Premium Power 公司承接，考察锌/溴液流电池技术对电力系统安全性的影响及运行成本。

5.6 液流储能应用案例

5.6.1 重点研发单位

1. 长沙理工大学储能研究所

长沙理工大学具有一整套完善的电力、能源、储能学科体系，坚持以学科建设为龙头，大力加强学科结构调整与建设，围绕核心学科，注重内涵发展，学科建设成绩斐然。学校拥有湖南省内一流建设（培养）学科 6 个，材料科学学科等 5 个学科进入 ESI 全球排名前 1%；其中，电气工程学科为教育部卓越工程师教育培养计划，电气工程及其自动化和电子信息工程专业均入选"双万计划"

国家级一流专业；能源与动力工程专业为国家级一流专业建设点、国家 I 类特色专业、卓越工程师培养试点专业、湖南省重点专业、湖南省专业综合改革试点专业；新能源科学与工程专业为国家级一流专业建设点、湖南省重点专业和特色专业；建筑环境与能源应用工程专业为湖南省重点专业和特色专业；储能科学与工程专业是我国"十四五"时期教育强国推进工程重点支持专业。长沙理工大学是全国第二批、湖南省目前唯一开设储能科学与工程专业的高校。学校拥有大数据驱动的能源互联网国合基地，基地以长沙理工大学现有的国际合作和人才队伍为基础，依托国家超算长沙中心和未来网络实验项目，构筑独具中国特色的能源互联网示范型基地。

其中，长沙理工大学储能研究所骨干队伍由湖南省首批团队百人计划-先进液流电池团队组成，团队研究方向包括先进液流电池、锂/钠/钾电池和超级电容器等储能技术及关键材料研发。在省市和学校的大力支持下，经过五年发展，已打造成一支具有国际领先液流电池技术为主的特色团队。目前团队拥有面积为 $2000m^2$ 的实验室及国际一流的电化学测试仪器，同时自主研发低成本、高性能隔膜材料和电极材料小试生产线 2 条。团队自主设计开发了 kW 级电池堆产品以及配套隔膜、电极等关键材料，并进行了产业落地示范，推动了液流电池及其关键材料的商业化进程。团队积极推动知识产权落地实施，完成多项液流电池及其关键材料技术转让。同中国电力集团、华能集团、中国能建等多企业机构合作开发新型储能系统，推动储能液流电池产业化发展。

长沙理工大学储能研究所贾传坤教授团队在复合隔膜制备和微观孔道结构调控以及不同离子传导机制研究方面，高催化活性液流电池改性电极研究方面，高能量密度、低成本中性铁基液流电池电解液开发方面开展深入研究，通过对电极框液体流道结构设计与优化，自主设计出电解液无死角充实碳毡/石墨毡等三维多孔电极材料的电极框，有效提升电解液利用率、提升电池堆功率性能。团队通过自愈合式密封技术，以及多重密封手段，设计出具有高密封性、高耐腐蚀性的电池堆结构，预计可无漏液工作 20 年以上。推动了新型液流电池体系电池堆结构的设计与优化，实现了更稳定的液流电池循环。

2. 中科院大连化物所

中科院大连化物所是一个基础研究与应用研究并重、应用研究和技术转化相结合，以任务带学科为主要特色的综合性研究所。其重点学科领域包括：催化化学、工程化学、化学激光和分子反应动力学以及近代分析化学和生物技术。

围绕国家能源发展战略，中科院大连化物所于 2011 年 10 月筹建洁净能源国家实验室（DNL），DNL 是我国能源领域筹建的第一个国家实验室，设有燃料电池、生物能源、化石能源与应用催化、节能与环境、低碳催化与工程、太阳能、储能技术、氢能与先进材料、能源基础和战略、能源材料（筹）、能源战略研究中心、能源研究技术平台 11 个研究部和 1 个研究平台；设有仪器分析化学、精细化工、催化基础、化学激光、化学动力学、航天催化与新材料、生物技术、大连光源科学、本草物质科学 9 个研究室。设有催化基础和分子反应动力学两个国家重点实验室；设有低碳催化技术国家工程研究中心、国家催化工程技术研究中心、膜技术国家工程研究中心、国家能源低碳催化与工程研发中心等多个国家级科技创新平台；设有化学激光、分离分析化学、燃料电池及复合电能源、航天催化材料、电化学储能技术 5 个中国科学院院级实验室。另外，中科院大连化物所还与国外著名大学、公司和研究机构联合设立了中法催化联合实验室、中法可持续能源联合实验室、中德催化纳米技术伙伴小组、DICP-BP 能源创新实验室、DICP-SABIC 先进化学品生产研究中心和中法分子筛联合实验室等十几个国际合作研究机构。

中科院大连化物所对液流电池关键材料、高性能电堆和大规模储能系统集成等关键问题有深入研究。储能技术研究部李先锋团队开发出基于 Br^- 辅助 MnO_2 放电的混合型液流电池，具有能量密度高、可逆性高的优势。该项目以 Cd/Cd^{2+} 为负极组装成的全电池（BMFB）可在 $80mA/cm^2$ 下稳定循环运行超过 500 次，电池的能量密度超过 $360W \cdot h/L$；以硅钨酸（SWO）为负极组装的电池可稳定运行超过 2000 次循环。该研究为开发高能量密度、长寿命的锰基电池体系提供了理论指导和技术支持，同时其在高性能、低成本碱性体系液流电池用膜材料规模化制备及应用方面也取得进展，通过连续卷对卷式制膜工艺，实现了非氟阳离子传导膜的大面积制备，以及其在碱性体系液流电池储能技术中的应用。

5.6.2 代表性企业

液流电池根据正负极活性物质的不同，可分为铁铬液流电池、多硫化钠溴液流电池、全钒液流电池、锌溴液流电池等体系。其中，全钒液流电池技术最为成熟，已经进入了产业化阶段。全钒液流电池使用水溶液作为电解质且充放电过程为均相反应，因此具有优异的安全性和循环寿命（大于 1 万次），在大规模储能领域极具应用优势。

1. 大连融科储能技术发展有限公司

大连融科储能技术发展有限公司是全球领先的全钒液流电池储能系统服务商，成立于 2008 年，由大连恒融新能源有限公司和中国科学院大连化学物理研究所共同组建，坐落于大连高新技术产业园区。大连融科储能下设大连融科储能装备公司，是储能电池装备的生产主体，建成全球规模最大、现代化程度最高的全钒液流电池储能装备生产基地。融科储能、融科装备及博融新材料（电池核心材料开发与生产主体）共同构建的同心产业群，已成为全球领先的全钒液流电池全产业链开发、完整自主知识产权及高端制造能力的服务商。

作为最早涉足的全钒液流电池储能的企业之一，融科储能率先在电网调峰、可再生能源并网、工商业微网等领域投运众多项目，具有丰富的工程经验，产品包括：功率和容量分开设计、储能时长按需定制、适用于大规模集中式 ESS 站建设与立体式安装的 500kW/容量可定制 VPower 系列；和集装箱一体化设计、即插即用、模块化易于系统扩容的 500kW/2000（kW·h）TPower 系列；以及高集成度、小尺寸、入室设计、高可靠性、高效率、免维护的 10kW/40（kW·h）×n+ PCS 的 UPower 系列，产品已在辽宁大连、普兰、瓦房、法库，山东滕州，江苏南京，以及美、澳、德等国外地区实现广泛应用。

2. 乐山晟嘉电气股份有限公司

乐山晟嘉电气股份有限公司坐落在乐山市高新工业园区，占地 30 余亩[⊖]，拥有 20000 余 m² 的现代化厂房，是一家在输配电设备制造及电能质量领域专业从事技术研究、产品制造、工程咨询及整体解决方案设计的高新技术企业。公司拥有全系列的配电测控、动态无功补偿、谐波治理、电网参数分析软件等设备。

公司于 2016 年开始从事全钒液流电池的研发生产，及光伏等新能源发电成套集成。该公司研发制造的全钒液流电池具有以下技术特点：首创的电堆焊接密封技术，克服了传统的胶圈密封技术的漏液问题；紧凑的电堆安装、管路设计和储液系统技术，提高了空间利用效率；高导电性的电池电极材料技术，提高了电池效率；在电堆、关键材料、电源管理等方面都形成了自主知识产权，公司于甘肃山丹落地建设百亿级新型储能产业园、GW 级全钒液流储能装备智能生产基地、2GW 以上的新型储能电站、7GW 光伏发电项目，于宁夏中宁取得中宁县"十四五"期间 2GW 光伏用地开发权及 200MW/800（MW·h）电网侧储能电站开发权，将打造 GW 级全钒液流电池智能产线数字化工厂。

3. 湖南省银峰新能源有限公司

湖南省银峰新能源有限公司位于宁乡高新区，专注于新型大功率大容量储能产品——全钒液流氧化还原电池储能系统的研发、制造与商业化应用。公司拥有核心技术团队和近 40 项专利，包括核心电堆设计、电解液制备、系统集成设计，以及在光伏发电、离网供电系统和智能电网等领域的应用。公司拥有全钒液流氧化还原电池产品的核心技术团队，在全钒液流电池关键技术方面有深入的研究，包括核心电堆设计、电解液制备、系统集成设计，以及在光伏发电、离网供电系统和智能电网等领域的应用。公司有湖南长沙和江西宜春两大生产基地，湖南长沙基地专注于电堆生产、系统集成，江西宜春基地专注于全钒液流电池电解液的生产（年产 6.6 万 m³），是目前全球极具规模的电解液生产基地。

⊖ 1 亩 = 666.6m²。——编辑注

4. 上海电气（安徽）储能科技有限公司

上海电气储能核心团队源于上海电气中央研究院 2011 年组建的储能液流电池团队，团队一直致力于液流电池关键材料、电堆、系统产品的开发工作，共申请专利 50 余项。已成功研发 5kW/25kW/32kW 系列电堆，可集成 kW-MW 级全钒液流电池储能产品。截至目前，公司户用型产品远销日本、澳洲、西班牙等地，拥有丰富的海内外市场应用经验，在国内外市场都具有强大的竞争力，已成功实施 30 余项 kW-MW 级液流电池储能项目。核心主导产品为水系液流储能产品、熔盐储热产品等，拥有液流电池及系统、熔盐储热产品及系统的核心自主知识产权。

上海电气储能团队长期深入政府部门、大型园区、厂矿企业，与业主展开技术交流，已经形成了风电+储能、光伏+储能、光储充智能微电网、园区智慧储能、源网荷储一体化、风光水火储一体化、火电储能调频调峰、共享储能电站、复合储能电站、大型厂房式储能电站、数据中心绿色储能、零碳建筑储能、储能制氢等十多个针对不同应用场景的一体化整套解决方案。截至目前，储能公司已经与国家电投、国家电网、国家能源集团、安徽巢湖经开区、江苏盐城经开区等建立了战略合作伙伴关系，源网荷储一体化综合能源项目储备已达 3GW·h。

5. 北京普能世纪科技有限公司

普能专注于开发出基于全钒氧化还原液流电池储能系统（VRB-ESS）的绿色可持续、长时长寿命、本征安全的储能解决方案。普能公司的总部、研发中心和生产基地位于中国北京，并在北美设立了分公司和研发中心。目前，普能在全球 12 个国家和地区已安装投运项目 70 多个，累计安全稳定运行时间接近 100 万个小时，总容量接近 70MW·h，处于开发阶段的项目总容量达到 3GW·h。普能以独特的低成本离子交换膜、长寿命电解液配方以及创新电堆设计区别于其他制造商。由普能持有专利的 VRB-ESS 基于金属钒元素的氧化还原反应将能量储存在电解液中。由于这是一个可以近乎无限循环的过程，VRB-ESS 具备安全、可靠、电解液可几乎 100% 回收再利用等优点。与铅酸、锂电池等电池系统相比，VRB-ESS 的绿色储能方案大幅提高了回收经济效益，并且全程环保，具有巨大优势。

6. 湖南汇锋高新能源有限公司

湖南汇锋高新能源有限公司是一家集钒系列产品开发、生产、销售为一体的企业。公司成立于 2002 年 6 月，位于湖南省吉首市大田湾工业园内，是湖南省高新创业投资集团股权投资企业、湖南省高新技术企业、湖南省创新型试点企业、湖南省新材料企业。与中南大学联合组建省级研发中心-湖南省钒储能电池材料工程技术研究中心，是湖南科技大学和吉首大学产学研基地。工程技术研究中心具备钒储能电池材料及系统的研究开发、测试评价、技术推广。公司坚持自主开发，拥有多项关键技术，核心技术申请发明专利 5 项，建立企业标准 1 项，围绕钒系列产品的研发与生产，公司生产包括五氧化二钒、高纯偏钒酸铵、钒电解液、新型高能钒电池、全钒液流电池储能系统等系列产品。

5.6.3 液流储能电站应用案例

目前，液流电池市场发展呈现以下特点：1）技术正处于项目示范阶段，且示范项目规模远低于锂离子电池；2）技术路线具有较明显偏向，以商业化程度最高的全钒液流电池为主；3）示范规模偏小，基本以 kW-MW 级别为主，混合型示范居多，结合锂离子电池混合应用与考察，纯液流电池示范项目偏少。

1. 卧牛石风电场 5MW/10（MW·h）全钒液流电池储能示范电站

辽宁电网首座电池储能示范项目——卧牛石风电场 5MW/10（MW·h）全钒液流电池储能示范电站，建设在风电场升压站内，按 10% 比例配备储能系统，由 5 组 1000kW 全钒液流储能子系统组成，包括储能装置、电网接入系统、中央控制系统、风功率预测系统、能量管理系统、电网自动调度接口、环境控制单元等。该系统采用 350kW 模块化设计，单个电堆额定输出功率为 22kW，提高了项目建设效率，确保了储能设备的利用率。全钒液流电池储能系统能够减少风力发电波动给电网稳定运行带来的冲击。在此基础上，能够通过智能控制，配合风场的运行策略，存储和释放电能，与电网友好互动，提升电网接纳可再生能源的能力、整体运行质量和可靠性。

辽宁电网位于东北电网的南端，以往电源结构以燃煤发电机组为主，调峰能力不足。液流电池储能调峰电站的建设，将提高辽宁尤其是大连电网的调峰能力，改善电源结构，提高电网经济性，促进节能减排。同时，调峰电站也避免了"弃风弃光"，为风电等新能源的大规模开发提供支持。

2. 大连液流电池储能调峰电站

大连液流电池储能调峰电站国家示范工程是国家能源局在全国范围内首次批准建设国家级大型化学储能示范项目，项目建设规模为 200MW/800（MW·h），全部采用全钒液流电池。储能车间分两期建设，每期建设储能电池组 100MW，一期建设春光路以西主厂区，按照终期规模 200MW/800（MW·h）钒电池组建设所配置的升压站和所有辅助工程，及一期 100MW 储能车间，二期建设春光路以东二期 100MW 储能车间。

该项目由大连热电与大连融科储能技术发展有限公司双方共同出资成立的大连恒流储能电站有限公司作为投资建设和运营主体。大连融科储能技术发展有限公司是由中国科学院大连化学物理研究所和大连博融控股集团共同组建的，是专业从事绿色、高效全钒液流电池工业储能产品技术开发，大型工业储能电站设计、建造及储能解决方案服务的综合性高新技术企业。大连液流电池储能调峰电站如图 5-30 所示。

图 5-30　大连液流电池储能调峰电站

3. 北京普能 125kW/500（kW·h）全钒液流电池储能系统

"国家光伏、储能实验实证平台（大庆基地）项目"是国家电投青海黄河上游水电开发有限责任公司建设的国内首个国家级光伏、储能实证实验平台。125kW/500（kW·h）全钒液流电池储能系统是此项目的重要组成部分，本系统对全钒液流电池技术表现进行独立、充分和全面的验证，对后续更大范围和规模的应用提供更准确的技术信息和直接项目经验。同时其一期工程位于黑龙江省大庆市，该地区年平均气温只有 4.2℃，冬季极端气温可至–39.2℃，验证了项目的低温户外运行能力。在冬季近四个月的严苛测试过程中，该储能系统经受住了极寒天气的考验，各项性能指标均达到相关规范和要求，并获得了广泛认同。普能集团集装箱式全钒液流电池储能系统如图 5-31 所示。

图 5-31　普能集团集装箱式全钒液流电池储能系统

4. 四川乐山 480kW·h 全钒液流电池储能示范工程

四川乐山 480kW·h 全钒液流电池储能示范工程是乐山创新储能技术研究院有限公司生产的四川省最大全钒液流储能示范工程，项目规模为 80kW/480（kW·h），已在乐山、攀枝花等地污水厂投入使用。设备开启后，管理人员可以通过全钒液流氧化还原电池储能监控系统对电池的运转情况进行实时监控，及时掌握相关数据。新型储能电池在污水厂的投用，不仅有效降低了使用传统储能设备带来的环保压力，也帮助缩减了污水处理厂的电费成本。设备在攀钢的应用图如图 5-32 所示。

图 5-32　设备在攀钢的应用图

总结与展望

根据 Guidehouse Insights 在 2022 年二季度发布的《Vanadium Redox Flow Batteries：Indentifyting Market Opportunities and Enablers》报告显示，2022—2031 年钒电池年装机量将保持 41% 的复合增长率。报告预计，至 2031 年，全球钒电池年装机量将达到 32.8GW·h，而中国装机量将达到 14.5GW·h，北美将达到 5.8GW·h，西欧地区则将达到 9.3GW·h。2022—2031 年预计全球钒电池装机量如图 5-33 所示。

在国家"双碳"政策的支持下，新能源产业加速发展，同时政府相关部门也在大力推行各项节能减排的相关政策。其中，2021 年 7 月国家发展改革委、国家能源局《关于加快推动新型储能发展的指导意见》提到："到 2025 年，实现新型储能从商业化初期向规模化发展转变，新型储能装机规模达 3000 万 kW 以上，同时坚持储能技术多元化发展，实现液流电池等长时储能技术进入商业化

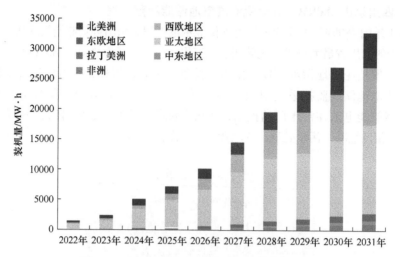

图 5-33　2022—2031 年预计全球钒电池装机量

发展初期"。2022 年 1 月国家发展改革委、国家能源局《"十四五"新型储能发展实施方案》提到："推动百兆瓦级压缩空气储能关键技术，百兆瓦级高安全性、低成本、长寿命锂离子电池储能技术、百兆瓦级液流电池技术等多元化技术开发；加快重大技术创新示范，加快钒液流电池、铁铬液流电池、锌溴液流电池等产业化应用"。国家政策鼓励发展新型储能电池，液流电池产业化进度明显加快。

　　另外，随着供给侧结构性改革，国家经济增长方式从高速增长阶段转变为高质量发展阶段，随着转变的进行，将实施更加严苛的环保政策持续深入压缩过剩行业产能，有助于液流电池产业化发展的外部环境改善。

　　以全钒液流电池为代表，从资源角度来看，不同于锂电池，我国锂原料对外依赖度较高，而我国钒储量以及产量均处于世界第一，这保证了发展全钒液流电池所需的资源可以实现自主可控。其中大部分为钒钛磁铁矿，易于提取，有较低的开采和利用成本与效率，这为全钒液流电池的发展提供了充足的原材料。全球钒资源储量如图 5-34 所示。

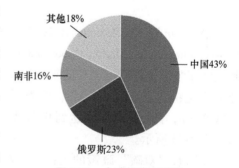

图 5-34　全球钒资源储量

　　目前，全钒液流电池具有以下多种优势：

　　1）示范项目运行多年：全钒液流电池在全球多个示范项目已经安全运行多

年，可靠性高，在 2022 年 2 月，全球最大的 100MW 级全钒液流电池储能调峰电站在中国大连进入单体模块调试阶段。

2）产业链逐步成型：全钒液流电池电解液、隔膜、电极等原材料供应链目前已经初步成型，国产化进度进一步加快，已经能够支撑百兆瓦级别的储能项目建设。

3）全生命周期成本低：全钒液流电池全生命周期成本已经低于锂离子电池，这使得其具备大规模商业化应用的基础和条件。

全钒液流电池具备高安全性、长寿命、高可扩展性、高效率等优点，在储能应用领域，尤其是长时储能方向的应用空间，其具备极大的潜力。

在电池成本方面，全钒液流电池成本有望进一步降低。钒电池成本主要分为电堆、电解液、其他成本三大块。其中，电解液成本约占 40%，电堆成本约占 35%，其他成本约占 25%。随着钒矿资源进一步开发利用和钒电解液大规模量产，可以预计电解液成本有巨大的下行空间。在电堆结构方面，据报道，大连化学物理研究所成功开发新一代 30kW 低成本全钒液流电池电堆，使膜材料使用面积减少 30%，电堆成本降低约 40%，随着技术的进步以及电堆结构的不断优化，成本有望进一步降低。在关键材料方面，随着离子交换膜和电极材料的国产化，成本有较大的下降空间，如美国杜邦公司进口 Nafion 离子交换膜成本约为 20000 元 $/m^2$，而国产隔膜价格则降低至 1000~3000 元 $/m^2$ 不等。大规模、低成本、长寿命和高能量密度是未来液流电池储能技术的发展方向，为实现液流储能技术的大幅发展，需要加强对液流电池关键材料及电池堆结构的研究，提高液流储能技术的循环稳定性。

总体而言，液流电池作为一种大规模储能技术，目前还处于发展初期，有许多没有解决的问题、挑战与机遇，但其具备的优势，将使得液流电池储能技术在未来储能领域尤其是长时储能领域发挥巨大的作用。

参 考 文 献

［1］ THALLER L H. Electrically rechargeable redox flow cells ［J］. Intersociety Energy Conversion Engineering Conference. 1974：924-928.

［2］ ZENG Y K, ZHOU X L, AN L, et al. A high-performance flow-field structured iron-chromium redox flow battery ［J］. Journal of Power Sources, 2016, 324：738-744.

［3］ SUM E, SKYLLAS-KAZACOS M. A study of the V（Ⅱ）/V（Ⅲ）redox couple for redox flow cell applications ［J］. Journal of Power Sources, 1985, 15（2）：179-190.

［4］ SKYLLAS-KAZACOS M, RYCHCIK M, ROBINS R G, et al. New all-vanadium redox flow cell ［J］. Journal of the Electrochemical Society, 1986, 133（5）：1057.

［5］ HUANG K L, LI X, LIU S, et al. Research progress of vanadium redox flow battery for energy storage in China ［J］. Renewable Energy, 2008, 33（2）：186-192.

[6] LI Z, LU Y C. Material design of aqueous redox flow batteries: fundamental challenges and mitigation strategies [J]. Advanced Materials, 2020, 32 (47): 2002132.

[7] LOU X, LU B, HE M, et al. Functionalized carbon black modified sulfonated polyether ether ketone membrane for highly stable vanadium redox flow battery [J]. Journal of Membrane Science, 2022, 643: 120015.

[8] LIM H S, LACKNER A M, KNECHTLI R C. Zinc-bromine secondary battery [J]. Journal of the Electrochemical Society, 1977, 124 (8): 1154.

[9] ADAMS G B. Electrically Rechargeable Battery: US 4180623A [P]. 1979-12-05.

[10] YUAN Z, LIANG L, DAI Q, et al. Low-cost hydrocarbon membrane enables commercial-scale flow batteries for long-duration energy storage [J]. Joule, 2022, 6 (4): 884-905.

[11] CHENG J, ZHANG L, YANG Y S, et al. Preliminary study of single flow zinc-nickel battery [J]. Electrochemistry Communications, 2007, 9 (11): 2639-2642.

[12] CHENG Y, ZHANG H, LAI Q, et al. Performance gains in single flow zinc-nickel batteries through novel cell configuration [J]. Electrochimica Acta, 2013, 105: 618-621.

[13] YUAN Y F, XIA X H, WU J B, et al. Nickel foam-supported porous $Ni(OH)_2/NiOOH$ composite film as advanced pseudocapacitor material [J]. Electrochimica Acta, 2011, 56 (6): 2627-2632.

[14] KLAUS S, CAI Y, LOUIE M W, et al. Effects of Fe electrolyte impurities on $Ni(OH)_2/NiOOH$ structure and oxygen evolution activity [J]. The Journal of Physical Chemistry C, 2015, 119 (13): 7243-7254.

[15] HU C C, CHANG K H, HSU T Y. The synergistic influences of OH-concentration and electrolyte conductivity on the redox behavior of $Ni(OH)_2/NiOOH$ [J]. Journal of the Electrochemical Society, 2008, 155 (8): F196.

[16] ARENAS L F, LOH A, TRUDGEON D P, et al. The characteristics and performance of hybrid redox flow batteries with zinc negative electrodes for energy storage [J]. Renewable and Sustainable Energy Reviews, 2018, 90: 992-1016.

[17] YAO S, LIAO P, XIAO M, et al. Study on electrode potential of zinc nickel single-flow battery during charge [J]. Energies, 2017, 10 (8): 1101.

[18] LIU Y, LU X, LAI F, et al. Rechargeable aqueous Zn-based energy storage devices [J]. Joule, 2021, 5 (11): 2845-2903.

[19] YANG J, YAN H, HAO H, et al. Synergetic modulation on solvation structure and electrode interface enables a highly reversible zinc anode for zinc-iron flow batteries [J]. ACS Energy Letters, 2022, 7 (7): 2331-2339.

[20] JIN S, SHAO Y, GAO X, et al. Designing interphases for practical aqueous zinc flow batteries with high power density and high areal capacity [J]. Science Advances, 2022, 8 (39).

[21] FONTMORIN J M, GUIHENEUF S, GODET-BAR T, et al. How anthraquinones can enable aqueous organic redox flow batteries to meet the needs of industrialization [J]. Current Opinion in Colloid and Interface Science, 2022: 101624.

[22] SÁNCHEZ-DÍEZ E, VENTOSA E, GUARNIERI M, et al. Redox flow batteries: Status and perspective towards sustainable stationary energy storage [J]. Journal of Power Sources, 2021, 481: 228804.

[23] ZHU Z, JIANG T, ALI M, et al. Rechargeable batteries for grid scale energy storage [J]. Chemical Reviews, 2022.

[24] 贾传坤, 王庆. 高能量密度液流电池的研究进展 [J]. 储能科学与技术, 2015, 4: 467-475.

[25] MATSUDA Y, TANAKA K, OKADA M, et al. A rechargeable redox battery utilizing ruthenium complexes with non-aqueous organic electrolyte. Journal of Applied Electrochemistry, 1988, 18: 909-914.

[26] ERG J, HAGEMANN T, MUENCH S, et al. Poly (borondipyrromethene)-A redox-active polymer class for polymer redox flow batteries [J]. Chemistry of Materials, 2016, 28: 3401-3405.

[27] ARAN J M, BRATEN M N, MONTOTO E C, et al, Designing redox active oligomers for crossover-free, nonaqueous redox-flow batteries with high volumetric energy density [J]. Chemistry of Materials, 2018, 30: 3861-3866.

[28] WANG W, XU W, COSIMBESCU L, et al. Anthraquinone with tailored structure for a nonaqueous metal-organic redox flow battery [J]. Chemical Communications, 2012, 48: 6669-6671.

[29] MIHAI D, BRYAN H, VANESSA C W, et al. Semi-Solid Lithium Rechargeable Flow Battery [J]. Advanced Energy Material, 2011, 1: 511-516.

[30] ZHAO Y, DING Y, LI Y, et al. A chemistry and material perspective on lithium redox flow batteries towards high-density electrical energy storage [J]. Chemical Society Reviews, 2015, 44: 7968-7996.

[31] PARK M, RYU J, CHO J, Nanostructured electrocatalysts for all-vanadium redox flow batteries [J]. Chemistry-An Asian Journal, 2015, 10: 2096-2110.

[32] TAKECHI K, KATO Y, HASE Y. A highly concentrated catholyte based on a solvate ionic liquid for rechargeable flow batteries [J]. Advanced Materials, 2015, 27 (15): 2501-2506.

[33] DUDUTA M, HO B, WOOD V C, et al. Semi-solid lithium rechargeable flow battery [J]. Advanced Energy Materials, 2011, 1: 511-516.

[34] VENTOSA E, SKOUMAL M, VAZQUEZ F J, et al. Electron bottleneck in the charge/discharge mechanism of lithium titanates for batteries [J]. ChemSusChem, 2015, 8: 1737-1744.

[35] BIENDICHO J J, FLOX C, SANZ L, et al. Static and Dynamic Studies on LiNi1/3Co1/3Mn1/3O2-Based Suspensions for Semi-Solid Flow Batteries [J]. ChemSusChem, 2016, 9: 1938-1944.

[36] WANG Q, ZAKEERUDDIN S M, WANG D, et al. Redox Targeting of Insulating Electrode Mate-

rials: A New Approach to High-Energy-Density Batteries [J]. Angewandte Chemie, 2006, 118: 8377-8380.

[37] YAN R, WANG Q. Redox-Targeting-Based Flow Batteries for Large-Scale Energy Storage [J]. Advanced Materials, 2018, 30: 1802406-1802419.

[38] HUANG Q, LI H, GRÄTZEL M, et al. Reversible chemical delithiation/lithiation of LiFePO4: towards a redox flow lithium-ion battery [J]. Physical Chemistry Chemical Physics, 2013, 15: 1793-1797.

[39] ZHU Y, DU Y, JIA C, et al. Unleashing the power and energy of LiFePO4-based redox flow lithium battery with a bifunctional redox mediator [J]. Journal of the American Chemical Society, 2017, 139: 6286-6289.

[40] PEI P, MA Z, WANG K, et al. High performance zinc air fuel cell stack [J]. Journal of Power Sources, 2014, 249: 13-20.

[41] HE P, WANG Y, ZHOU H, A Li-air fuel cell with recycle aqueous electrolyte for improved stability [J]. Electrochemistry Communications, 2010, 12: 1686-1689.

[42] KANG Y, ZOU D, ZHANG J, et al. Dual-phase spinel MnCo2O4 nanocrystals with nitrogen-doped reduced graphene oxide as potential catalyst for hybrid Na-air batteries [J]. Electrochimica Acta, 2017, 244: 222-229.

[43] LIU M, DU M, LONG G, et al. Iron/Quinone-based all-in-one solar rechargeable flow cell for highly efficient solar energy conversion and storage [J]. Nano Energy, 2020, 76: 104907

[44] WANG X, GAO M, LEE Y M, et al. E-blood: High power aqueous redox flow cell for concurrent powering and cooling of electronic devices [J]. Nano Energy, 2022, 93: 106864.

[45] FENG L, SUN X, YAO S, et al. Rotating electrode methods and oxygen reduction electrocatalysts [J]. Elsevier Ltd, 2014, 6: 67-132.

[46] SU J, GE R, DONG Y, et al. Recent progress in single-atom electrocatalysts: Concept, synthesis, and applications in clean energy conversion [J]. J. Mater. Chem. A, 2018, 6: 14025-14042.

[47] ZHOU X, ZHANG X, MO L, et al. Densely Populated Bismuth Nanosphere Semi-Embedded Carbon Felt for Ultrahigh-Rate and Stable Vanadium Redox Flow Batteries [J]. Small, 2020, 16: 1907333.

[48] YUE L, LI W, SUN F, et al. Highly hydroxylated carbon fibres as electrode materials of all-vanadium redox flow battery [J]. Carbon, 2010, 48: 3079-3090.

[49] ZHANG W G, WU Z H, QIU X P. Preparation and characterization of sulfonated poly (ether ether ketone)/poly-(vinylidene fluoride) blend membrane for vanadium redox flow battery application [J]. J. Power Sources, 2013, 237: 132-140.

[50] LONG T, LONG Y, DING M, et al. Large scale preparation of 20cm×20cm graphene modified carbon felt for high performance vanadium redox flow battery [J]. Nano Res, 2021, 14: 3538-3544.

［51］ XUECH L, BO L, MURONG H, et al. Functionalized carbon black modified sulfonated poly-ether ether ketone membrane for highly stable vanadium redox flow battery ［J］. Journal of Membrane Science, 2022, 643: 120015-120022.

［52］ KENNETH A, MAURITZ, ROBERT B, et al. State of understanding of Nafion ［J］. Chemical Reviews, 2004, 104: 4535-4586.

［53］ GIERKE T D, HSU W Y. The cluster-network model of ion clustering in perfluorosulfonated membrane ［J］. Perfluorinated Ionomer Membranes, 1982, 13: 283-307.

［54］ HEITNER-WIRGUIN C. Recent advances in perfluorinated ionomer membranes: structure, properties and applications ［J］. Journal of Membrane Science, 1996, 120: 1-33.

［55］ SHI X, ESAN O C, Huo X, et al. Polymer electrolyte membranes for vanadium redox flow batteries: fundamentals and applications ［J］. Progress in Energy and Combustion Science, 2021, 85: 100926.

［56］ 丁美, 徐志钊, 贾传坤. 一种液流电池堆: CN211829056U ［P］. 2020-10-30.

［57］ 何叶. 新能源发电侧储能技术创新发展研究 ［J］. 新能源科技, 2022 (11): 27-29.

［58］ 袁治章, 刘宗浩, 李先锋. 液流电池储能技术研究进展 ［J］. 储能科学与技术, 2022, 11 (9): 2944-2958.

［59］ 范虹, 马丽红. 京津冀创新合作网络分布式储能电池应用综述 ［J］. 电源技术, 2018, 6.

［60］ 李春敏, 吴亚洲. 新能源接入对电网安全稳定的影响思考应用 ［J］. 能源技术, 2022 (8): 58-61.

［61］ 王成山, 武震, 李鹏. 分布式电能存储技术的应用前景与挑战 ［J］. 2014, 38.

［62］ 张华民. 液流电池技术 ［M］. 北京: 化学工业出版社, 2014.

第6章

6

氢储能

6.1 氢储能的特点及发展必要性

6.1.1 氢储能的定义及技术架构

氢能是一种来源丰富、绿色低碳、应用广泛的二次能源,对于助力实现碳达峰、碳中和目标,加快构建新型能源体系,具有重要意义。2022 年 3 月,国家发展改革委发布《氢能产业发展中长期规划(2021—2035 年)》,氢能的战略定位被提升为未来国家能源体系的重要组成部分。一些国内外主流研究机构也对氢能终端消费占比进行了预测。国际氢能委员会(Hydrogen Council)预计,到 2050 年氢能将占全球终端能源消费的 18%,全年碳排放量较现在减少约 $6×10^9 t^{[1]}$;中国氢能源及燃料电池产业创新战略联盟(简称"中国氢能联盟")预测,到 2030 年我国氢气需求量将达到 $3.5×10^7 t$,在终端能源体系中占比为 5%,这一比例在 2050 年将提升至 $10\%^{[2]}$。

作为能量载体,氢能对比电能可以有多种储存方式,如高压压缩、低温液化、固体储氢,以及转化为液体燃料或与天然气混合储存在天然气基础设施中,从而实现小时至季节的长时间、跨季节储存;氢能是少有的能够储存百吉瓦时以上的方式,且氢气的运输方式多元,不受输配电网络的限制,从而实现大规模、跨区域调峰。氢能作为高能量密度、高燃烧热值的燃料,可在重卡运输、铁路货运、航运和航天等交通应用场景发挥重要作用;与此同时,氢能还是一种重要的工业原料,绿色氢能可用于替代化石燃料作为冶金、水泥和化工等工业领域的还原剂。氢能和可再生能源具有很好的互补性,通过氢能作为储能中介,可以实现不同能源之间的互联,例如太阳能、风能等可再生能源可以通过水电解生成氢气,存储后供应给能源系统使用,有效解决可再生能源受天气、季节和地理位置等的不利影响。2021 年 8 月,国家发展改革委、国家能源局发布《关于加快推动新型储能发展的指导意见》，氢储能被明确纳入"新型储能"范畴。根据终端能源形态的不同，氢储能可分为狭义氢储能和广义氢储能。前者强调"电-氢-电"转化，终端能源为电能；后者更侧重于"电-氢-X"转化，终端"X"包括电、氢、氨和醇等多种能源。广义氢储能技术原理如图6-1所示。

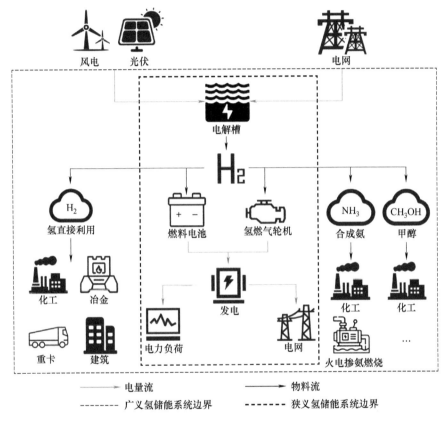

图 6-1 广义氢储能技术原理

基于上述分析，本研究明确氢储能的边界如下：

1）广义、狭义氢储能的上游链条均为电解制氢，其电能可以来自于风电、光伏、水电和火电等各类发电电源。因此，传统的化石燃料制氢及工业副产氢不属于氢储能范畴。

2）广义、狭义氢储能的中间链条均以氢能为介质进行储存，氢能形态可以是气态、液态或固态。因此，以氨或醇的形式进行能量储存则定义为氨储能或醇储能，不属于氢储能范畴。

1. 广义氢储能

广义氢储能的定义是把电能、化学能等任意形式的能量转换成氢气的化学能，以氢气的形式进行储存。氢能既可直接利用，也可转化为电、氨和醇等其他能源。因此，广义氢储能应用场景包括工业、交通、建筑与发电等多领域。

广义氢储能主要包括氢制取子系统、氢储存子系统、氢运输子系统、氢转换子系统以及氢能利用子系统。其中氢制取子系统主要为电解水制氢技术；氢储存子系统主要包括高压储存、液化储存、材料吸附储氢、金属氢化物储氢、地下储氢等技术；氢运输子系统主要包括长管拖车、液氢槽车、管道运输、运氢船等技术；氢转换子系统主要包括燃料电池以及氢燃气轮机技术；氢能利用子系统主要包括氢能在各领域的直接利用，以及转化为电、氨、醇等其他能源。

在氢能利用方面，氢气的储运环节仍然存在痛点。现有的气、液、固态储氢方法仍面临技术挑战，而氨作为储氢介质具有较高的体积密度和更稳定的物理特性，可以在环境温度和中等压力下以液体形式储存[3]，能够解决氢能大规模储运难题。此外，氨本身的应用场景也在不断拓宽。除了现有化工、食品和农业应用外，绿氨还可用于集装箱船等大型船舶远航领域，成为未来航运业脱碳的主力燃料之一；推进火电机组掺烧氨或纯氨等低碳燃料，为电力行业提供减碳方案。合成氨的核心技术主要包括电解水制氢技术、压缩缓冲技术以及化工合成氨技术。

甲醇是一种重要的有机化学品，具有广泛的应用领域和重要的工业价值。在传统甲醇生产方式中，需要使用大量的自然气等化石燃料来提供甲醇生产所需的氢气。而氢制甲醇则可以使用水电解技术直接从水中提取氢气，从而降低了化石燃料的使用，并减少了温室气体的排放。合成甲醇的核心技术主要包括电解水制氢技术、碳捕集技术以及甲醇合成技术。

本章所讨论的氢储能主要指狭义氢储能，即研究边界是主要应用于电力系统的"电-氢-电"氢储能。

2. 狭义氢储能

狭义氢储能是指"电-氢-电"的转换，是基于电力和氢能的互变性而发展起来的，主要包括电解制氢子系统、储氢子系统和氢能发电子系统。狭义氢储能运行模式是将富裕的可再生能源电力或电网电力通过电解水制氢技术将电能转换成氢气的化学能，之后利用氢气发电技术将氢能再次转换为电力就近利用或反馈回电网。

电解制氢子系统的关键技术是电解槽、储氢子系统的关键技术是压缩机和储氢罐、氢发电子系统的关键技术是氢燃料电池或氢燃气轮机。在用电低谷时，利用电解槽技术，将多余的电能转化为氢能储存在储氢罐；当用电高峰时将储存的氢能利用发电子系统转化为电能就近利用或返回电网系统供电。

狭义氢储能通常应用于电力系统的"源-网-荷"侧，如图 6-2 所示[4]。

氢储能在电源侧的应用价值主要体现在减少弃电、平抑波动和跟踪出力等方面。

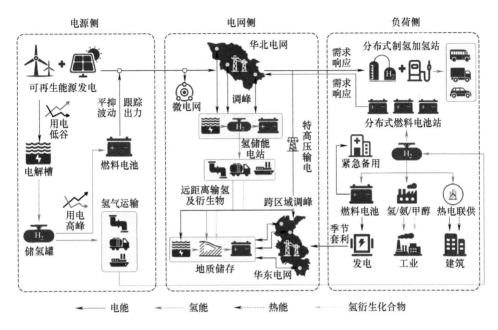

图 6-2　狭义氢储能在电力系统的应用场景

1) 利用风光弃电制氢：随着可再生能源的发展，我国的风电和光伏装机容量逐年增长，但由于风光自身出力的不稳定性以及在电力系统实际运行当中存在的技术或管理问题，新能源的消纳问题仍面临很大的考验。为了解决这一问题，可以利用氢储能技术先将未消纳的电力转换为氢气，待到电力需求增长时，再将储存的氢气转化为电能，以满足电力系统的需求。

2) 平抑风光出力波动：随着风电和光伏发电并网规模迅速扩大，它们自身所具有的随机波动性对电网调度、电力系统的安全稳定运行以及电能质量产生的影响越来越明显[5]。利用氢储能系统可以实时调节跟踪风电场、光伏电站的功率输出。当风电场和光伏电站的输出功率达到高峰时，氢储能系统吸收多余的电力，当它们的输出功率达到低谷时，氢储能系统释放储存的能量进行补偿。提高新能源并网的可靠性和稳定性，支持大规模电力外送。

3) 跟踪计划出力曲线：在电力系统调度方面，电力系统需要预测风、光电在一定时间内的预期输出功率，而后电力系统通过各种测量与检测手段，不断调整各电源的输出功率，使其尽可能与计划出力曲线相符。在此期间，氢储能系统可以充分发挥自身的大容量和快速响应的特点，对风、光发电的实际出力与计划出力进行补偿跟踪，降低出力差额，从而减少与计划出力曲线的偏差。

氢储能在电网侧的应用价值主要体现在为电网运行提供调峰辅助容量和缓解输配电线路阻塞等方面。

1）提供调峰辅助容量：在电力系统调峰方面，保持电力供需的动态平衡非常重要。如果调峰性能不佳，可能会导致电力系统出现频率和电压波动等问题[6]。随着我国新能源发电的大力推广以及社会各产业用电结构发生变化，我国当前电力系统的峰谷差距逐渐扩大，因此需要更强的调峰能力。氢储能技术具有储存密度高、容量大和周期长等优点，可以为我国当前的电力系统提供非常可观的调峰辅助容量。

2）缓解输配电线路阻塞：当输配电线路处于高负荷状态或电力系统负荷超过其输配电线路容量时，可以通过使用氢储能来缓解阻塞压力。氢储能可以作为一种灵活的电力储备和能量转换方式，从而在电力系统电网容量紧张时，能够通过氢气的储存转换为电能，向输配电线路提供额外的电力容量，以缓解线路的阻塞。此外，氢储能还可以采用远距离输送氢气的方式，在输配电线路受阻的情况下，将氢气输送到需求更大的地区，以缓解阻塞压力。

氢储能在负荷侧的应用价值主要体现在参与电力需求响应、实现电价差额套利以及作为应急备用电源等方面。

1）参与电力需求响应：一方面，氢储能系统中的燃料电池发电站可以通过燃料电池发电，将氢能转化为电能并网，以弥补电力低谷期的电力需求；另一方面，制氢加氢一体站可以通过调节氢气的生产功率，从而影响负荷侧的用电需求，降低电力系统的负荷峰值，促进电力供需平衡。

2）实现电价差额套利：随着电力市场的不断开放和能源技术的发展，电力用户已经不再是单一的消费者，而是扮演着"产销者"混合型角色。为鼓励用户在不同时间段内合理安排用电，我国已在大部分省市实行峰谷电价制度。氢储能技术可以用来实现峰谷电价套利，用户利用电价在低谷期和高峰期的价差，通过氢储能的储电和放电能力实现峰谷电价套利。

3）作为应急备用电源：当电力系统面临突发故障或紧急情况时，氢储能设备能够快速响应并释放已储存的电能，以满足电力系统备用容量的需求。氢燃料电池不仅可以提供可靠的电力支持，而且相比于其他应急备用电源系统，如柴油发电机、锂电池等，其零排放、低噪声、高效率和长续航等特点也使其成为备用电源领域的最理想解决方案之一。

6.1.2　氢储能特点分析

储能方式有多种，其中常见的储能方式有机械储能、电化学储能、化学储能和电磁储能四大类，如图 6-3 所示。氢储能是一种新型储能方式，属于化学储能的一种，与其他储能方式相比，氢储能具有以下显著的特点。

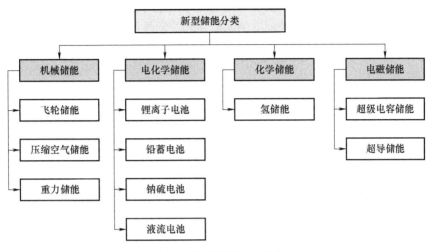

图 6-3　常见储能方式分类

（1）大规模储能和低边际成本

在常见燃料的质量能量密度中，氢能的质量能量密度是最大的。在标准状态下，液氢的质量能量密度约为 40kW·h/kg[7]，汽油、柴油、液化天然气分别为 12.78kW·h/kg、12.72kW·h/kg 和 15.42kW·h/kg，氢气的质量能量密度是汽油、柴油、液化天然气的 2.5~3 倍；在电化学储能中，锂离子电池的质量能量密度是最大的，约为 380W·h/kg[8]，氢气的质量能量密度是锂离子电池的 100 倍左右。这意味着在相同的质量下，氢气可以储存和释放更多的能量。氢气储存方式多样，其中，盐穴等地下储氢可实现大规模储能且储能成本最低。盐穴密闭性好，且盐不与氢反应，是地下大规模储氢的最佳选择。我国盐矿资源丰富，已知各盐矿腔体资源合计约为 $1.3×10^8 m^3$，但改造为盐穴储气库的仅占 0.2%，大量废弃盐腔可建盐穴储氢库[9]，我国虽尚未建盐穴储氢库，但已有运营盐穴储气库的经验，为建造盐穴储氢库提供了有利的先决条件。目前最成熟的抽水储能的最大储能规模约为 5000MW·h[10]，若未来具有盐穴储氢条件，氢储能可以达到数 TW·h 的大规模储能，远远超过其他储能技术的储能规模，如图 6-4 所示。

正是由于氢储能可以实现大规模储能，成本效益提高，边际成本随着规模会逐渐下降，氢储能成本远低于其他储能成本。根据美国国家能源部可再生能源实验室（NREL）测算，地下盐穴的储氢成本约为 6 元/(kW·h)，而广泛应用的抽水储能的储能成本约为 416 元/(kW·h)，氢储能的成本更具有优势。

（2）长周期、跨季节储能

氢储能适用于跨季节储能，如图 6-5 所示。氢储能的跨季节储能能力可以提高可再生能源的消纳率和利用率[11]。例如，在风光资源丰富的春秋季将可再生能源的多余电力进行储存，在夏冬季用电高峰期进行释能放电，实现可再生能源的时空转移，解决可再生能源发电的间歇性和波动性问题，缓解电力系统的供电压力。

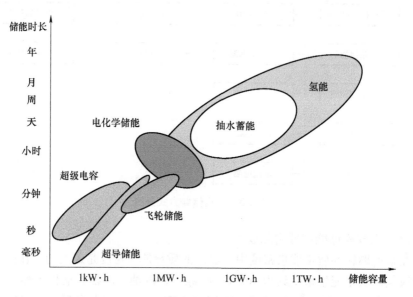

图 6-4　不同储能形式的储能时长与储能容量对比

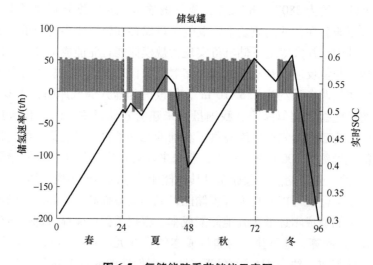

图 6-5　氢储能跨季节储能示意图

（3）远距离、跨区域应用

特高压输电技术具有远距离、大容量输送电能的优势，成为连接资源中心与负荷中心的重要纽带。《"十四五"规划和 2035 年远景目标纲要》中，我国九大清洁能源基地"十四五"规划新增装机容量 6.65 亿 kW，"十四五"时期规划建设风光基地总装机约 2 亿 kW，两者项目具有交叉重复，保守估计新增 8 亿 kW。以 40% 作为保守外送比例，除去"十四五"期间新增特高压输送能力1.2 亿 kW，仍有 2 亿 kW 的电力外送输配缺口，需要依赖储能等其他灵活资源进行消纳，例如通过高压压缩、天然气管道掺氢等方式，实现氢气的长距离输送，从而满足各区域用能需求。我国目前在宁夏银川宁东天然气掺氢管道中的氢气比例已达 24%，天然气管道长距离输运氢气的技术获得了突破。截至 2022 年底，我国油气管道的总里程达到 18.5 万 km，国家发展改革委此前公布的统计数据显示，2022 年我国天然气消费量为 3663 亿 m^3，若掺氢比例为 20% 时，计算可运输约 8200 万 t 氢气，不仅能满足不同地区的能源需求，帮助解决区域电源和负荷的匹配问题，还能利用西部地区的风光资源制造"绿氢"输送到东部市场，解决"绿氢"供需错配和弃风弃光问题，助力我国氢能产业发展。欧洲十一家天然气输配系统运营商联合展望了氢气输配基础设施的发展，基于氢枢纽周边区域管网的基础，逐步发展到 2040 年总长度约 2.3 万 km 的泛欧洲管网，其中约75% 由现有的天然气管网改造而成[12]，如图 6-6 所示。

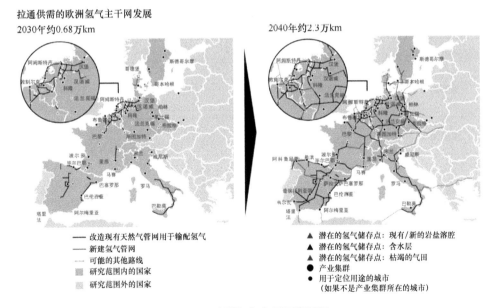

图 6-6 欧洲氢气主干网发展图

（4）充放电环节灵活解耦
电池储能充放电环节是联系紧密的互逆过程，因此电池储能的储能容量严重受限于功率容量，储存规模和能量转移尺度有限。氢储能可以实现充放电环节的灵活解耦[13]。

氢储能充放电环节灵活解耦是指氢储能系统可以根据电力系统的需求，灵活地进行制氢和发电，实现电能和氢能的双向转化，提高电力系统的安全性、可靠性和灵活性。其关键技术包括电解水制氢技术、氢储存技术、氢运输技术和燃料电池发电技术。这四个技术构成了一个完整的氢储能充放电环节，它们之间需要协调配合，实现灵活解耦。例如，制氢设备需要根据可再生能源出力和市场价格进行优化调度；储存设备需要根据制氢量和发电需求进行动态平衡；运输设备需要根据供需关系进行合理规划；发电设备需要根据负荷变化和辅助服务需求进行快速响应。

抽水储能电站的建设受到地理条件的严格限制，尤其我国可再生资源集中地的水资源有限，难以满足建造抽水储能电站的需求，且建设周期较长，对周边生态影响较大；压缩空气储能容量大、寿命长、经济性好，但目前还存在传统压缩空气储能系统需要燃烧化石能源，小型系统的效率低和大型系统需要特定的地理条件建造储气室等缺点。相比之下，氢储能由于具有大规模及跨季节储能能力、储运方式灵活、应用广泛、过程无污染以及极短或极长时间供电等优势，被认为是极具潜力的新型储能技术。主要储能技术的技术参数见表6-1。

表6-1 主要储能技术的技术参数

类型	储能技术	储能容量/MW	储能时长	寿命/年
机械储能	抽水储能	5000	数小时~数月	40~60
	压缩空气储能	300	数分钟~数月	30~40
	飞轮储能	10	数秒~数分钟	5~20
电磁储能	超导	1	数秒	>20
	超级电容	1	数秒	约15
电化学储能	铅酸电池	20	数分钟~数天	5~8
	锂电池	32	数分钟~数天	8~10
	液流电池	50	数分钟~数月	5~15
	硫钠电池	50	数秒~数小时	约15
氢储能	氢	10^6	数分钟~数月	约10

6.1.3 氢储能必要性分析

1. 氢储能有利于提升我国能源电力安全

在"双碳"愿景下，以可再生能源为主体的新型电力系统发展态势迅猛，国家能源局发布2022年全国电力工业统计数据[14]：截至2022年12月底，全国新能源累计装机总量达到12亿kW，占全国累计装机容量的47.8%。其中，风电装机容量约为 3.7 亿 kW，占装机总量的 14.25%；太阳能发电装机容量约为 3.9 亿 kW，占装机总量的 15.31%，如图 6-7 所示。

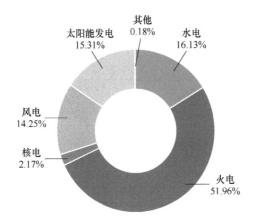

图 6-7　截至 2022 年底全国新能源累计发电装机容量占比

随着可再生能源装机容量的不断提升，近年来可再生能源发电量不断增加，2022 年可再生能源发电量已占到全社会用电量的 31% 左右，如图 6-8 所示。

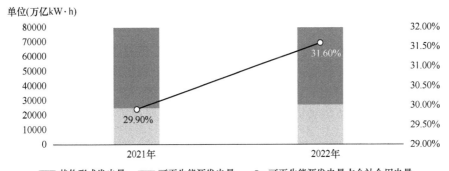

图 6-8　2021—2022 年可再生能源发电情况

然而，由于新能源波动性与反调峰特性的存在（见图 6-9），大规模、高比例的可再生能源并网将会对电能质量、电力调峰、电力系统运行的稳定性与安全性产生不利影响。

此外，在电源结构单一且本地电源支撑不足的情况下，完全依赖风电、光伏、水电等资源-气象依赖型、环境约束型可再生能源电源，本地用电可能会面临"电荒"的风险。2022 年 8 月由于极端高温天气导致水电资源锐减，四川省出现严重电力短缺，根据清华大学能源互联网智库研究中心的研究[15]，四川省在电力供应短缺期间单日最大电力缺口超 1700 万 kW、电量缺口超 3.7 亿 kW·h。为了保证电力系统的安全稳定运行，四川省不得不采取一系列限电措施，限电对居民的日常生活造成了一定影响，使企业运营遭受了经济损失，给相关产业链造成了一定程度的冲击。储能技术作为优化能源系统的诸多解决方案之一，将在向以新能源为主体的能源系统转型的进程中发挥支撑性的重要作用。

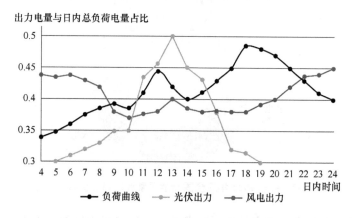

图 6-9　典型日内可再生能源反调峰特性示意图

　　未来可再生能源成为电力系统的主体是必然趋势，随着风能和太阳能的广泛开发利用，从时间尺度上看，可再生能源不仅受短时天气变化的影响，还面临季节性变化带来的挑战。这意味着电力系统电量盈余、低发电量和无发电量的周期变得更长，最终达到季节性甚至年际性的时间尺度。根据国际权威机构 Hydrogen Council 的研究报告，当可再生能源在电力系统中的占比达到 60%～70% 以上时[16]，对氢储能的需求会呈现出指数增长态势，如图 6-10 所示。

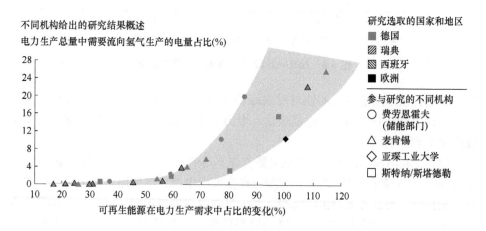

图 6-10　不同可再生能源在电力系统中的占比对应的氢储能需求

因此，在高比例的可再生能源系统构建的过程中，氢储能具有长时间、跨区域的优势，可以满足数月乃至更长时间的应用需求，从而平滑可再生能源的季节性波动，有力提升了电力系统的安全性。

2. 氢储能有利于加速我国能源低碳转型

我国能源体系清洁低碳转型是一个包括清洁能源供应、运输到终端消费的综合性问题，可再生能源的大规模开发利用可以切实保障负荷端的低碳消费，同时，稳定高效的可再生能源的输送和日益多元化的能源消费需求也可以促进增加可再生能源供应的发展。因此，在能源清洁低碳转型的过程中需要多种类、高可靠性、高效率的可再生能源输送以及多元化的能源消费形式。

1）氢储能可促进增加可再生能源的装机容量。我国电力碳排放在国家总排放中占比将近一半[17]，因此在"双碳"目标实现的进程中，减少电力行业碳排放量将成为重要任务。在发电侧提升可再生能源发电装机规模是减少电力行业碳排放的重要举措，但可再生能源装机规模增长受我国可再生能源供应与消费逆向分布的限制，单方面增加可再生能源装机容量将面临可再生能源无法输送，造成可再生能源的浪费问题。我国可再生能源分布主要集中在西北、华北、东北、西南等地区，而能源的消费中心主要为华南和东部沿海地区，存在可再生能源生产和消费时空上不匹配的显著特点。目前，特高压输电技术是解决我国可再生能源时空分布不平衡问题的最有力手段，但仅依靠特高压输电技术无法全部输送可再生能源，氢储能将在解决可再生能源的输送问题上成为另一项具有前景的技术。单位质量的氢具有高能量密度，并且可以通过加压、液化或通过化学反应转化为衍生物等方式来提高其自身的体积能量密度，使氢具备储存和运输可再生能源的能力，而且通过天然气掺氢、合成氨及合成甲醇等技术，可以充分利用现有的天然气管道、氨输送管道等基础设施，在高效完成可再生能源输送任务的同时减少储运成本。

2）氢储能可促进可再生能源消费总量。从多元化的可再生能源消费形式角度来看，随着"绿氢"在交通、工业、建筑领域应用的普及，用户消费侧对可再生能源需求的满足也不单是以电力的形式完成，未来随着终端燃料电池汽车的推广应用，"绿氢"和"绿氨"等燃料将会成为刚需，未来氢能消费需求扩大时，在处于或毗邻可再生能源丰富的地区，可以开展就地制氢、输氢、用氢，避免了电力输送，实现可再生能源的本地消纳。在距离可再生能源远的能源消费中心，可以结合能源输送的经济性和能源的需求形式，适当选择特高压电力输送或者氢及氢的衍生物输送。

综上所述，氢储能高效储运可再生能源以及满足负荷侧多元化用能需求的能力都是我国在能源清洁低碳转型过程中所需要的。

6.2 氢能制取技术现状和重点突破方向

6.2.1 氢储能在制氢环节的诉求

氢储能需要制氢技术为其提供保障，因此制氢环节是氢储能中不可缺少的一环。

在成本方面，制氢环节成本居高不下，阻碍氢储能的发展与利用，电解水制氢成本远远高于天然气制氢或煤制氢的制氢成本，成本没有经济性优势是制约氢储能发展的主要原因。因此，氢储能在制氢环节需要降低成本，低成本才能促使氢储能进行商业化推广，实现规模化。

在规模方面，氢储能与电化学储能互补，更适合于更长时间跨度、更长空间跨度的能量调度，氢储能可以实现大规模储能。目前电解槽的产能较小，要发挥氢储能特点需要更大的制氢规模。

在与可再生能源适配性方面，氢储能中的电解槽作为一种电气转换设备，也是可再生能源电解水制氢技术的关键装备，当其用于平抑可再生能源波动时，需对可再生能源的不稳定功率输出具有很强的适应性。

6.2.2 制氢技术现状及关键指标对比

1. 制氢技术现状

（1）现状

中国氢能联盟数据显示，2022年，全国煤制氢所产氢气占氢气总产量的60%左右、工业副产氢占比超过20%、天然气制氢占比超过10%、电解水制氢占比为3%。

从制氢技术成熟度看，目前，我国主要的制氢方法是化石燃料制氢法，技术相对成熟。由于我国煤炭资源丰富且相对价格低廉，用煤制氢成为当前规模化制氢的主要途径，但其碳排放量高，并非理想的制氢方法。而电解水制氢在环境效益、能源效率等方面均具有技术优越性，目前国内技术应用尚处于起步阶段，如图6-11所示。

我国氢能供应体系发展路径以实现清洁低碳的氢能供应体系为目标，未来可再生能源电解水制氢有望成为技术主流，如图6-12所示。

根据电解质的不同，主流的电解水制氢技术可分为三种类型：碱性电解水制氢、质子交换膜电解水制氢和高温固体氧化物电解水制氢（见图6-13）。

1）碱性电解水制氢：碱性电解水技术是以氢氧化钾、氢氧化钠水溶液为电解质，采用石棉布等作为隔膜，在直流电的作用下，将水电解成氢气和氧气。

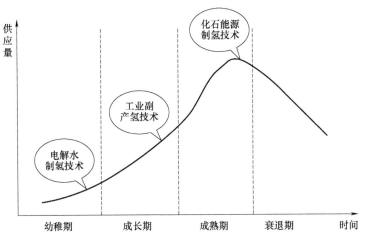

图 6-11　国内不同制氢技术发展阶段

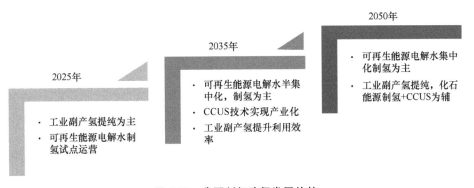

图 6-12　我国制氢路径发展趋势

2）质子交换膜电解水制氢：质子交换膜电解池主要由质子交换膜、催化剂和气体扩散层组成的膜电极、双极板和密封圈、防护片、端板等组成。阳极代表电解池正极，发生氧化反应产生氧气；阴极代表电解池负极，发生还原反应产生氢气。

3）高温固体氧化物电解水制氢：基本原理是利用高温固体氧化物作为电解质，将水分解成氢气和氧气。这种技术需要高温、高电压和大电流密度，通常在1000℃以上进行。在高温和电场的作用下，水可以分解成氢离子和氧离子。在固体氧化物电解质上加电位差时，氢离子在阴极处与电子结合形成氢气，而氧离子在阳极处被氧化形成氧气。

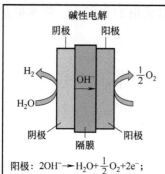
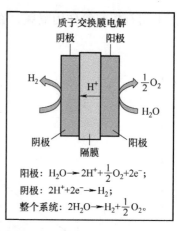
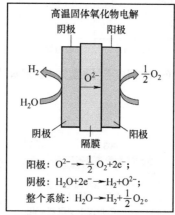

图 6-13　三种电解水制氢技术

电解水制氢是通过将水进行电解分解，得到氢气和氧气的过程。然而，2021年电解水制氢的产量仅占全球氢气总产量的 0.1% 左右，如图 6-14 所示。尽管如此，目前电解槽的装机容量正在快速扩大。到 2021 年底，全球电解槽的装机容量约为 510MW，相较于 2020 年增加了 210MW，增长率达到了 70%，2022 年底，电解槽的装机容量达到 1.4GW，是 2021 年的三倍。在中国宁夏的太阳能氢能项目中，电解槽的装机容量达到了 150MW，占据总增长量的四分之三，也是目前全球运营中最大的电解槽项目。

预计未来几年电解槽的装机容量将继续快速增长。全球约有 460 个电解水制氢项目正在开发或建设中。其中，中国的装机容量占比约为 40%，欧洲占比约为30%。如图 6-15 所示，根据目前的项目测算，到 2030 年底，电解槽的装机容量将达到 134GW，这一测算结果高于 International Energy Agency 发布的《全球氢评论》所预测的 54GW[18]。然而，在这 175 个项目中，目前只有 9.5GW 的装机容量处于较为成熟的阶段，其余项目仍处于早期研发阶段，因此存在许多不确定性。

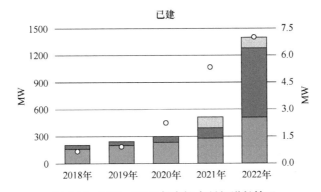

图 6-14 2018—2022 年电解水制氢增长情况

数据来源：IEA，Hydrogen Projects Database（2022 年）

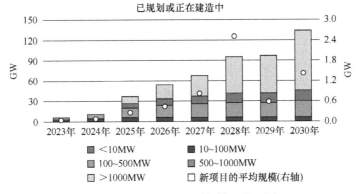

图 6-15 电解水制氢增长情况及预测

数据来源：IEA，Hydrogen Projects Database（2022 年）

　　项目本身在中试或示范阶段运行的成熟度影响着电解水制氢项目是否能够顺利地进入商业化运营阶段。虽然从 2021 年开始运营的电解水制氢项目的电解槽装机容量通常为 5MW，但是到 2025 年，电解槽单机的容量将会超过 260MW，到了 2030 年更是会超过 1GW。目前正在建设或者开发的项目中，有 22 个项目的电解槽装机容量超过 1GW[18]。

　　如图 6-16 所示，根据 IEA 预测，到 2030 年，已公布的电解水制氢项目主要分布在欧洲（32%）、澳洲（28%）和拉丁美洲（12%）。其中，欧洲的"减碳55"一揽子计划目标设定为 44GW，但仍需制定更高的目标以实现电解槽容量的快速增长。截至 2021 年，在电解槽装机技术类型中，碱性电解槽技术约占总比例的 70%，其次是质子交换膜电解槽技术，占比约为 25%。其他技术类型，如高温固体氧化物电解槽，目前装机容量占比很小，且发展程度不如碱性电解槽和质子交换膜电解槽技术成熟。

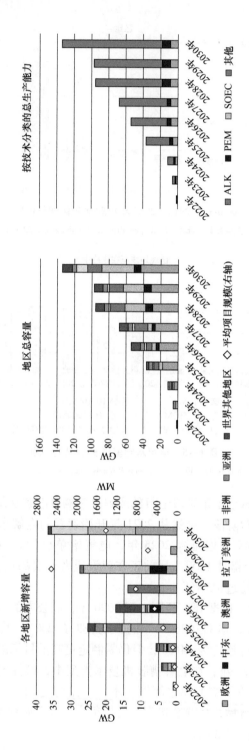

图 6-16 电解槽装机容量的类型及地域分布（预测至 2030 年）

数据来源：IEA Hydrogen Projects Database（2022 年）

就目前项目统计情况而言，许多项目，特别是 2025 年以后投入运营的项目，尚未公布所采用的电解槽技术类型。碱性电解槽技术预计在接下来的五年内占装机容量的 60% 左右，然后逐步下降。到 2030 年，碱性电解槽和质子交换膜电解槽的装机容量将趋于一致。然而，需要考虑到尚未公布技术类型的 115GW 项目，这些项目的电解槽装机技术情况将对具体的技术类型增长产生影响。

（2）国内外典型制氢项目

氢能作为重要的清洁能源，应用领域广泛同时能够助力"双碳"目标的实现。以下列举一些国内外的制氢项目情况，能够看出国内外都高度重视氢能的发展，纷纷开展制氢项目，并促进项目落地投入使用。

1）国外典型制氢项目（见表 6-2）。

表 6-2 国外典型制氢项目

国家	项目名称	项目情况
美国	得克萨斯州博蒙特绿色氢工厂	建造一座 120MW 的工业规模绿色氢工厂。"绿氢"项目地点位于得克萨斯州杰斐逊县内奇斯河岸边，使得它靠近工业终端用户，并获得可靠的电力和物流，包括铁路、海运和横跨美国墨西哥湾地区的现有管道
日本、澳大利亚合作	褐煤制氢试点项目	澳大利亚电力生产商 AGL 能源公司和川崎重工业公司宣布在维多利亚州拉特罗贝河谷建造一座煤气化示范厂，该试点项目将于 2020 年开始运行，以测试将褐煤转化为氢的可行性，然后将其液化运往日本。未来该项目的最终方案是与 CCS 技术相结合，实现零碳排放的氢能生产
日本、挪威合作	可再生电力的电制氢试验	2017 年日本川崎重工与挪威 NeL 氢能公司实施利用水力发电生产氢能的示范合作项目，预计年制氢 22.5 万～300 万 t。如果项目成功，最终的目标是在挪威使用风力发电，通过油轮将液化氢输送到日本，实现商业化零碳排放制氢

2）国内典型制氢项目（见表 6-3）。

表 6-3 国内典型制氢项目

省份	项目名称	项目情况
宁夏	太阳能电解制氢储能研究与示范项目	宁夏宝丰能源集团股份有限公司太阳能电解制氢储能研究与示范项目 10×1000Nm³/h 电解水制氢工程项目一次性试车投产成功。该项目是宁夏首个氢能产业项目，也是国内最大的一体化可再生能源制氢储能项目，同时也是全球最大的电解水制氢项目
内蒙古	风光融合"绿氢"化工示范项目	我国最大的绿电制氢项目——内蒙古鄂尔多斯市乌审旗风光融合"绿氢"化工示范项目正式启动。项目利用鄂尔多斯地区丰富的太阳能和风能资源发电直接制氢，这种利用可再生能源制得没有碳排放的氢气被称为"绿氢"。项目投产后，每年可制取"绿氢"达 3 万 t

（续）

省份	项目名称	项目情况
新疆	库车"绿氢"示范项目	中石化库车项目作为全球在建的最大光伏"绿氢"生产项目，于2021年11月启动建设，项目总投资近30亿元，投产后年产"绿氢"可达2万t。主要包括光伏发电、输变电、电解水制氢、储氢、输氢五大部分。项目利用当地丰富的太阳能资源优势，通过光伏发电为制氢工厂提供绿色源动力
吉林	大安风光制"绿氢"合成氨一体化项目	项目于2022年11月启动，由国家电投吉电股份投资建设，总投资63.32亿元，由新能源与制氢合成氨两部分组成。其中，新能源部分拟建设700GW风电项目与100MW光伏项目，配套建设40MW/80（MW·h）储能装置；制氢合成氨部分新建制氢、储氢与18万t级合成氨装置。投产后将成为国内最大的"绿氢"合成绿氨创新示范项目

2. 制氢技术关键指标对比

目前，碱性电解水制氢作为最为成熟的电解技术占据着主导地位，尤其是一些大型项目的应用；质子交换膜电解水制氢运行更加灵活、更适合可再生能源的波动性，许多新建项目开始转向选择质子交换膜电解槽技术；而高温固体氧化物电解水制氢目前仍处于实验室研发阶段。其相关参数见表6-4。

表6-4　三种典型电解水制氢的相关参数

电解水制氢	指标	碱性电解水	质子交换膜电解水	高温固体氧化物电解水
成本参数	效率（LHV，%）	60~70[19,21]	56~65[20-21]	96[21]
	寿命/h	55000~96000[19-21]	60000~100000[19-21]	16000[22]
	投资成本/（元/kW）	2000	6000	>16000
规模参数	国内单槽产能/（Nm³/h）	1000	200	实验室阶段
	国外单槽产能/（Nm³/h）	4000	250	50
适配性参数	冷起动时间	1~2h	5~10min	数小时
	热起动时间	1~5min	<5s	15min
	负载范围（%）	20~120	0~160	-100~100[22]

氢储能对制氢有低成本的诉求，基于表6-5的测算假设，测算碱性电解水和质子交换膜电解水制氢成本。

表 6-5 制氢成本测算基本假设

项目	碱性电解水	质子交换膜电解水
装机容量/MW	100	100
制氢效率（%）	60	65
电解槽单位成本/(元/kW)	2000	6000
电解槽等效日运行时长/h	10	10
输氢方式	长管拖车	
电价/[元/(kW·h)]	0.4	

目前两种电解技术制氢成本测算结果如图 6-17 所示，与表 6-6 中的煤制氢和表 6-7 中的天然气制氢成本对比不具有经济优势。

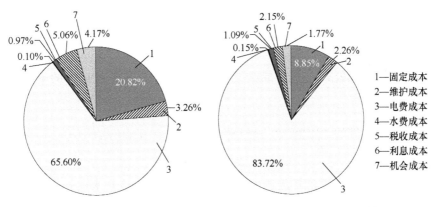

图 6-17 质子交换膜电解水(左)、碱性电解水（右）制氢成本测算结果

表 6-6 煤制氢成本[23]

煤价/(元/t)	450	500	550	600	650	700	750	800	900	1000
煤制氢成本/(元/kg)	9.73	10.18	10.63	10.96	11.41	11.86	12.31	12.64	13.65	15.00

表 6-7 天然气制氢成本[23]

天然气价格/(元/Nm³)	1.5	2.0	2.5	3.0	3.5	4.0	4.5	5.0	5.5	6.0
天然气制氢成本/(元/kg)	9.0	10.9	12.8	14.7	16.6	18.5	20.4	22.3	24.2	26.1

通过测算电解水制氢成本发现电价成本在制氢成本中占比较大，但是由于电价具有波动性，因此对电价因素进行敏感性分析，如图 6-18 所示。

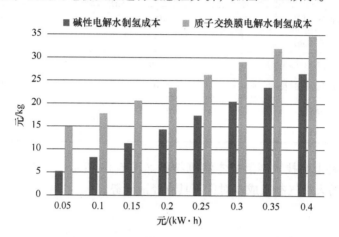

图 6-18　制氢成本中电价成本敏感性分析

引入学习曲线公式[24]预测成本下降趋势，未来制氢系统成本的下降可以用式（6-1）来描述。

$$C(t) = C_o \left[\frac{I_{(t)}}{I_o} \right]^{-\alpha} \tag{6-1}$$

$$b = 1 - 2^{-\alpha} \tag{6-2}$$

式中，C_o 为该技术在基准年的成本，单位为元；$I_{(t)}$ 为该技术在 t 时期的累计产量/装机容量，单位为 kW；I_o 为该技术在基准年的累计产量/装机容量，单位为 kW；α 为学习指数，可与学习率 b 进行换算。由于质子交换膜电解水制氢设备成本远高于碱性电解水制氢，因此降本空间更大，学习率碱性电解水制氢取 16%、质子交换膜电解水制氢取 18%[25]进行计算。

碱性电解水制氢和质子交换膜电解水制氢成本下降趋势如图 6-19 所示，可以得出在只考虑设备成本下降的情况下，在 2050 年质子交换膜电解水制氢成本小于碱性电解水制氢成本，因此可以得出初步结论，在 2050 年之前重点发展碱性电解水制氢，在 2050 年之后大力发展质子交换膜电解水制氢技术。如果考虑其他因素，如电解效率、寿命等，则 2050 年的时间节点可能会更加提前。

6.2.3　氢能制取重点突破方向

（1）提升制氢环节经济性

大力发展电解水制氢技术，利用弃风、弃光、弃水资源制取"绿氢"，解决电解水制氢经济性难题及能源浪费问题。降低成本、提升经济性，成为氢储能制氢环节最重要的一环。

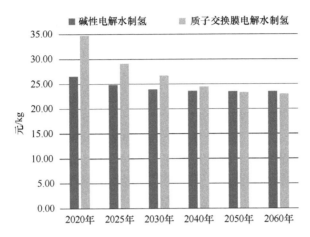

图 6-19 碱性电解水制氢和质子交换膜电解水制氢成本下降趋势

降低电价能够减少成本。根据碱性和质子交换膜电解水制氢的成本测算，电价占比达到了 70%以上，制氢成本受制于电力成本。目前，电解水制氢成本约是煤或天然气制氢的 2～3 倍，以当前电价水平，当可再生能源电价降至 0.2 元/（kW·h），电解水制氢成本将接近于化石能源制氢成本。因此，降本措施可以从降低电价着手。随着未来可再生能源发电平价上网，尤其是对局部区域弃风、弃光的充分利用，可再生能源电价有望持续降低。山东省作为电力大省，市场光伏、风电装机越来越多，消纳不了的时间和范围越来越广，甚至出现高达 22h 的负电价，未来制氢或许可以利用这些消纳不了的电力部分实现制氢成本经济性优势。

电解槽规模化有利于降低成本。氢储能制氢环节由于人工、运维和原辅料属于刚性支出，因此降低制氢成本需要从设备购置费用入手。设备购置成本可以通过规模化商业化来降低，在电解槽达到大规模商业化应用时，电解槽制造技术越来越熟练，制造效率提高，设备成本也不断降低，在 2050 年碱性电解槽单位成本下降至 1000 元/kW 左右，质子交换膜电解槽单位成本下降至 700 元/kW 左右，制氢成本下降至 20 元/kg，接近化石能源制氢成本。而且目前电解槽部分装备尚未完全实现自动化和国产化生产，造成电解水制氢系统生产成本偏高，随着技术的进步以及电解水制氢设备应用的进一步扩大，可以通过自动化生产降低生产过程的成本；随着关键核心技术的国产化突破以及国家发展氢能政策的引导下，电解槽能够实现完全国产化生产，国产化设备成本比进口设备成本降低更多。

（2）提升电解槽单槽产能

目前国内碱性电解槽单槽产能和国外相差较大，而国内质子交换膜电解槽与国外的单槽产能相差较小，因此，着重分析碱性电解槽。国内碱性电解槽采用加压的非贵金属电解槽路线，虽然价格便宜，但维修不方便且电流密度低。而国外碱性电解槽使用常压贵金属电解槽路线，虽然价格更高，但维修较为方便且电流密度更高。国内外的碱性电解槽类型不一样，但可以通过对比得出电流密度是影响碱性电解槽单槽产能的因素，可以从提高电流密度入手提高单槽产能。

催化剂的优化可以提高电流密度。目前，碱性电解槽中传统的电极是通过混合电催化剂和黏结剂将它们滴在电流收集器上来制备的。黏结剂的依赖性严重增加了碱性电解槽的成本，而且使用黏结剂会导致电催化剂聚集严重，电解液扩散受限，从而导致性能下降。因此可以加大对电极催化剂的研发投入，在结构合理的集流器上直接构建电催化剂，使其提高稳定性，达到理想状态。

（3）提升电解槽与可再生能源适配性

相对于质子交换膜电解槽，碱性电解槽的动态响应速率较慢，设备冷起动2~3h，热起动15min；设备功率波动范围为20%~110%可调，碱性电解槽与可再生能源适配性较差，不利于不稳定电源供电情况下制氢。

提高制氢系统的快速响应能力。可以通过对电解槽装置增加响应速度的相关系统功能，使制氢系统在自动指令的操控下快速响应。例如中集集电发布研发出"即启即停、宽域调节"的系统，搭载了该系统的制氢后处理装置，装置从工艺改进到动态算法，实现冷起动小于5min，热起动1s，同时制氢系统能够跟随可再生能源的瞬间波动实现秒级响应、系统平稳运行。

提高大规模电解制氢的电源效率。提高电解制氢效率的关键在于优化电解池技术和改进电光转换效率。通常情况下，电解池会将电能转化为化学能，使水分子分解成氢离子和氧离子。如果电解池的效率越高，生成氢气的效率也就越高。另外，改进电光转换效率也是提高电解制氢效率的关键。通过提高太阳能和光电池的效率，并减少光子能量的损失和散失，可以显著地提高电解制氢效率。

6.3 氢能储存技术现状和重点突破方向

6.3.1 氢储能在储氢环节的诉求

从安全性方面来看，当前储氢技术的主要问题是储氢效率不高，需要大量的储存设备和能源消耗。未来的发展趋势将着重于提高储氢效率，减少储氢设备的体积和成本，同时降低能源消耗，实现更为经济和环保的储氢。

从质量储氢密度上看，与其余的燃料相比，氢能质量能量密度大，体积能量密度低，扩散系数较大，因此构建氢储能系统需要有体积质量密度下的储氢技术。

从成本方面来看，作为一种化学性质活泼的气体，氢气生产之后，需要用一种既安全又经济的方式储存起来。目前，国外有 70% 左右的氢气通过液态形式运输，日本、美国、德国等国家已经将液氢的运输成本降低到高压氢气的八分之一左右。然而目前国内技术还未成熟，设备成本高且暂时缺乏液氢相关的技术标准和政策规范，因此国内布局液氢的企业较少，应用还仅限于航天行业，在民用方面还未实现使用。但根据国外已有经验，低温液态储氢将是未来重要的发展方向，且发展空间大。

6.3.2　储氢技术现状及关键指标对比

1. 储氢技术现状

高压气态储氢和低温液态储氢是目前商业化应用最广泛的储氢方式，已经在汽车、公共交通、工业等领域得到了广泛应用。有机液态储氢、固态吸附储氢和化学储氢仍处于实验室研究阶段，商业化应用较少。这些新型储氢技术虽然具有潜在的储氢能力和安全性，但需要进一步提高储氢密度、储氢能量密度、储氢效率和降低成本等方面的挑战，才能实现商业化应用。此外，储氢设施的建设和加氢站的布局也需要考虑商业化应用的可行性。因此，在储氢技术的发展中，商业化应用是一个重要的考量因素。

2. 储氢技术关键指标对比

各储氢方式核心技术、优缺点和技术成熟度方面对比，见表 6-8。

氢能已被证明是一种清洁高效的二次能源，将剩余电能转化为氢能并将其储存在地下是平衡这种能量缺口的一种绿色选择[26]。氢气可以在地下储存几个月甚至是几年，在可再生能源无法满足能源生产需求的时期，可以从地下结构中提取氢能释放到电网中，这种方法可以为电网和电价的稳定起到助力作用[27]。在美国、英国、波兰、西班牙和土耳其等国家已有一些关于地下储氢的可能性和潜力的研究[28]。氢气地下储存的方式多种多样，主要包括人工地下空间中（盐穴、废弃的矿井）储氢和天然多孔岩石中（枯竭油气藏、含水层）储氢。盐穴地下储氢的可行性已被实践证明，而在枯竭油气藏、含水层和矿井中地下储氢的可行性仍在研究中。

3. 国内外典型地下储氢项目

（1）国内典型地下储氢项目

地下储氢技术由于其储氢规模大、综合成本低而受到了广泛关注。目前，地下储气库主要有四种类型。第一种是含水层储气库，其通过向盖层下注气驱替岩层中的水而成，存储容量大，但勘探风险大、垫气不能完全回收。第二种是矿井储气库，其容量小且易漏气，很少被使用。第三种是枯竭油气藏储气库，其利用

表 6-8　典型储氢方式对比

储氢方式	高压气态储氢	低温液态储氢	有机液态储氢	固态吸附储氢	化学储氢
核心技术	高压压缩	低温绝热	有机储氢介质	物理或化学吸附储氢	将氢以化合物的形式式储存
优点	成本较低 常温操作 储氢能耗低 充放氢速度快	能量密度大 体积密度大 加注时间短	储氢密度大 稳定性高 安全性好 运输便利 储氢介质可多次循环使用	安全性好 储氢密度高 氢纯度高, 可提纯氢气 运输便利可快速充、放氢	成本低 损耗少 更安全 比气体压缩储能量密度高
缺点	储氢密度小 储存容器体积大 存在氢气泄漏和容器爆破风险	成本较高 智能冷耗大 绝热要求高	成本较高 脱氢温度高、能耗大 氢气纯度不高、产生杂质气体	成本高、储放氢存在约束 热交换高 放氢高在较高温度下进行	存储单元重 充放电时间长 寿命短
技术成熟度	技术成熟、当前应用最广泛	技术成熟、主要在航空等领域得到应用	已无主要技术障碍	尚在技术提升阶段、已在分布式发电、风电制氢、规模储氢中得到示范应用	仍处于实验室研究阶段
储氢密度/(kg/m³)	35~70	70	81~90	50~120	100~150
储氢能量密度/(MJ/kg)	2.4~3.8	10.8	5.5~9.1	1.5~5	1.8~3.8
储氢成本/(美元/kg)	2~7	4~10	5~10	5~15	3~10
储氢效率	90%~95%	70%~75%	70%~75%	50%~60%	50%~60%

油气田的原有设施及储气量大的优点在地下储气库中占的比例较大，但是地层中空隙体积过大会导致大量气体残留，增加垫气量，同时对地面设施的要求较高。第四种是盐穴储气库，因为其调峰能力强，注采气的效率高，对于垫层气量需求低，同时岩盐的密封能力大及盐结构的惰性，可以防止储存的氢气被污染，并且操作灵活，目前被认为是最有前景的地下储氢选择。

江苏省位于我国大陆东部沿海中纬度地区，地势平坦。随着江苏省可再生能源规模的持续扩大，为提高可再生能源的利用效率，消纳可再生能源的弃电，需要配备大规模的储能系统，对规模日益增大的可再生能源进行调峰储能。江苏省拥有丰富的可再生能源资源，成熟的输气管路，并且拥有金坛、徐州师寨以及淮安等多处丰富的盐矿、盐穴资源。其中，金坛盐矿覆盖面积达 60.5km²。盐层厚度大、夹层少、品位高，金坛盐穴深 1km 以上，远低于地下含水层，降水对地下储氢盐穴的安全影响可忽略不计，是建设地下盐穴储氢库的良好场所。

（2）国外地下储氢项目（见表6-9）

表6-9 国外地下储氢项目

工程名称（国家）	存储类型	氢气（%）	运行条件	深度/m	体积/m³	状态
Teesside（英国）	盐层	95	45MPa	365	210000	运行
Clemcns（美国）	盐丘	95	7~13.7MPa	1000	580000	运行
Moss Bluff（美国）	盐丘	—	5.5~15.2MPa	1200	566000	运行
Spindletop（美国）	盐丘	95	6.8~20.2MPa	1340	906000	运行
Kiel（德国）	盐穴	60	8~10MPa	—	32000	关闭
Ketzin（德国）	蓄水层	62	—	200~250	—	与天然气混合
Beynes（法国）	蓄水层	50	—	430	3.3×10^8	与天然气混合
Lobodice（捷克）	蓄水层	50	9MPa/34℃	430	—	运行
Diadema（阿根廷）	枯竭油气藏	10	1MPa/50℃	600	—	—
Underground Sun Storage（澳大利亚）	枯竭油气藏	10	7.8MPa/40℃	1000	—	运行

4. 地下储氢不同类型、方式及优势对比

（1）地下储氢的类型对比

地下储氢技术主要有盐穴、矿井、枯竭油气藏和含水层四种类型，图 6-20[26] 中展示了地质特征不同则建造和运行成本也不同。与其他储能技术相比，地下储氢技术具有储能容量大、储存时间长、储能成本低、储存更为安全等优势。

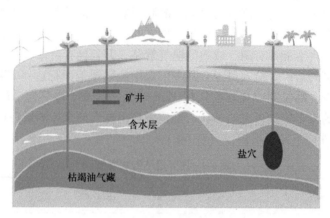

图 6-20　地下储氢不同类型示意图

（2）地下储氢的方式对比

不同的地下储氢方式其核心技术、优缺点、技术成熟度及储氢成本各不相同。在选择地下储氢方式时需从表 6-10 中的条件出发。

表 6-10　地下储氢方式对比

储存方式	核心技术	优点	缺点	技术成熟度	储氢成本/（美元/kg）
含水层储气库	向盖层下注气驱替岩层中的水而成	存储容量大	勘探风险大，垫气不能完全回收	没有正在运行的商业含水层储存氢气，且含水层中的纯氢储存尚未经过测试	1.29
矿井储气库	建造在地下 30m 处，通过衬砌岩洞技术实现储存，该技术在岩洞壁上衬有密封层	有效防止储气系统受到外界环境的污染，保证储气质量	容量小且易漏气，很少被使用	还需要类似于地上储氢罐的安全壳和绝缘系统	—

（续）

储存方式	核心技术	优点	缺点	技术成熟度	储氢成本/（美元/kg）
枯竭油气藏储气库	利用油气田的原有设施储气	储气量大	易有大量气体残留，增加垫气量，同时对地面设施的要求较高	目前没有商业设施可以在多孔岩石中储存纯氢	1.23
盐穴储气库	利用岩盐的密封能力大及盐结构的惰性进行储存	调峰能力强注采气的效率高储存容量大储能成本低，操作灵活	可用于储氢的盐穴在地理分布上是有限的	尚在技术提升阶段	1.61

（3）地下储氢的优势

地下储氢具有大规模储能能力。将氢气注入盐穴、含水层、枯竭油气藏及矿井等储气库从而实现大规模长周期存储。由于氢气是世界上最轻的气体，具有易于扩散的特性，因此氢气的地下储存对密闭性有着极为严格的要求。盐穴不仅有良好的气密性，并且盐具有不与氢气反应的特点，使得盐穴是地下大规模储氢的最佳选择。

我国拥有丰富的地下资源。目前，全世界有四座正在运营中的盐穴储氢库，最早的英国盐穴储氢库已安全运营近 50 年。我国盐矿资源丰富，云南安宁、江苏金坛、河南平顶山、陕西榆林等地均有高品位的大型盐矿。目前我国已知各盐矿腔体资源合计约为 $1.3×10^8 m^3$，而已改造为盐穴储气库的腔体仅占总腔体资源的 0.2%，大量的废弃盐腔可用于建造盐穴储氢库。我国有三座正在运营和若干座正在建设中的盐穴储气库（见表 6-11[29]），虽尚未开展关于盐穴储氢库的建设，但我国已有成功运营盐穴储气库的经验，这也为建造盐穴储氢库提供了有利的先决条件。我国枯竭油气藏储气库普遍具有构造破碎、埋藏深、储集层非均质性强和开发中后期地层水侵等特点。我国矿井储气库研究起步虽然较晚，针对矿井储氢暂时还没有明确的可行性研究，但地下空间开发利用方面的研究已愈发被重视。

表 6-11 我国正在运营和建造中的盐穴储气库

名称	状态	最大储存气量/$10^8 m^3$	工作气量/m^3
金坛	运营	26	17.2
金坛	运营	4.59	—
金坛	运营	1.53	0.89

（续）

名称	状态	最大储存气量/$10^8 m^3$	工作气量/m^3
江汉	建造	48.09	28.04
安宁	建造	3.81	1.89
平顶山	建造	19.54	10.19

　　与其他储能方式相比，地下储氢的主要优势是储能成本低。据研究，枯竭油气藏储氢最为经济可行（1.23 美元/kg），其次是含水层（1.29 美元/kg）、盐穴（1.61 美元/kg）和矿井（2.77 美元/kg），如图 6-21 所示[29]。地下储氢技术能否在工业规模上应用不仅取决于该技术本身的成本，关键还在于电解水制氢成本的降低。因为电解水制氢成本在制氢-储氢产业链中占主导，降低电解水制氢的成本将是地下储氢技术在工业规模上应用的决定性因素。

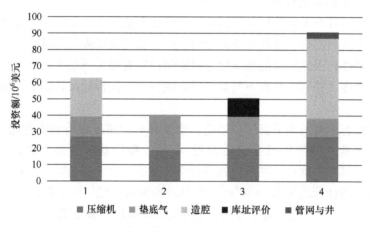

图 6-21　不同地下地质构造平准化储氢成本

6.3.3　地下储氢重点突破方向

　　美国和英国在盐穴地下储氢方面虽有一些初步的经验，但地下储氢仍然面临着许多新的难题和挑战，其技术是否可靠、经济是否可行和环境是否安全均需深入研究。

　　（1）地下储氢技术尚不成熟

　　四种主要类型的地下储氢技术成熟度均不高，在库容、经济及适用范围等方面各有优势和劣势，尚难以确定哪种地下储氢类型拥有绝对优势。地下储氢缺少地质结构选择的标准，在储气构造的密封性和井筒封存能力方面、气体与储层矿物和流体相互作用方面研究不足。

（2）抗氢脆材料尚难选择

国内外非常重视氢脆的研究，但是仍然存在诸多难题，比如氢是如何侵入材料内部的，多组分条件下氢是如何作用的，材料表面到内部、微观到宏观之间的结构关系等。另外，目前还没有完整的纯氢井筒以及掺氢井筒的设计、建造、运行和维护等标准。

（3）环境安全性的影响

氢气泄漏潜力不容忽视，氢是最轻的元素，低黏度、高扩散性带来潜在的泄漏风险，氢气比天然气或汽油更易泄漏、扩散和爆炸（氢气爆炸极限是 $4.0\% \sim 75.6\%$），大规模储氢对环境、居民生活及安全存在潜在影响，但是氢气在空气中扩散或者大规模泄漏后会很快上升，从这方面来说，相对于天然气，氢气泄漏对环境的影响更小。

6.4　氢能运输技术现状和重点突破方向

6.4.1　氢储能在运输环节的诉求

在成本方面，我国西部地区可开发的"绿氢"资源超过 3 亿 t，完全能够满足我国可持续发展的能源需求。但我国能源负荷中心位于中东部，远离氢能储存丰富的西部地区，因此需要远距离输送。然而，氢气的运输成本占据总成本的 30% 以上，已经成为氢能产业发展必须解决的关键问题之一[30]。

在规模方面，我国氢能处于发展初期，基础设施建设不完善，长管拖车仍为主流的运氢选择。目前，我国已成为世界上最大的制氢国，年制氢产量 4000 万 t，已建成加氢站超过 350 座[31]。随着下游氢能需求的不断增加以及制氢企业与使用氢气的企业分布不均匀，氢气的运输成为氢能发展道路上的关键一环。加快输氢管网体系的建设是未来大规模、长距离输氢的必然趋势。

在安全方面，高压氢气储量大、充放频繁且易导致氢脆，因此，氢能高压储运设备具有潜在的泄漏和爆炸危险。近年来，国内外已发生数起事故。2019 年 6 月，美国加州圣塔克拉拉发生长管拖车氢气泄漏爆炸事故；同月，挪威桑威卡发生加氢站储氢容器爆炸事故；2021 年 8 月，沈阳市发生氢气罐车软管破裂爆燃。这都为氢能安全运输敲响了警钟。

6.4.2　运输技术现状及指标对比

1. 运输技术现状

高压氢气运输方式主要包括长管拖车和管道输氢。长管拖车适合短距离、小规模的氢气运输，管道输氢适合大规模、长距离的氢气运输，目前由于我国氢能处于发展初期，基础设施建设不完善，长管拖车仍为主流的运氢选择。

长管拖车运输技术较为成熟，我国常以 20MPa 的 I 型钢制储氢瓶（耐压不超 30MPa）长管拖车运氢，单车运氢约为 300kg，正在积极发展 35MPa 运氢技术，而国外已经推出 50MPa 运输用储氢瓶（III 型/IV 型），单车运氢可达 900kg 甚至更多，氢瓶耐压越高，单车运氢量就越多。图 6-22 所示为中石油福田加氢站正在加氢的长管拖车。

图 6-22　中石油福田加氢站正在加氢的长管拖车

管道输氢分为纯氢管道输氢和掺氢管道输氢两种方式。掺氢管道输氢是将氢气以一定比例掺入天然气中，利用天然气管道或管网进行输送，是实现氢气大规模输送的有效方式。我国目前现有氢气输送管道总里程约 400km，其中由我国自主建设的较长距离的典型纯氢输送管道有 3 条，总里程不足 100km。目前，我国正在加快建设纯氢管道和天然气掺氢管道。内蒙古乌兰察布-北京燕山石化的"西氢东送"输氢管道示范工程，管道全长 400 多 km，建成后将是我国首条跨省区、大规模、长距离的纯氢输送管道。该管道将经过内蒙古、河北、北京等 3 省（市）9 个县区，一期运力 10 万 t/年，预留 50 万 t/年的远期提升潜力[32]。宁夏银川宁东天然气掺氢管道示范平台进行了天然气管道输氢加压和测试（见图 6-23），该管道中的氢气比例已逐步达到 24%，天然气管道长距离输运氢气的技术获得了突破，这意味着每输送 100m³ 掺氢天然气，其中就包括了 24m³ 的氢。据统计，已完工和在建拟建的纯氢和掺氢管道，加总起来已经超 1800km，我国的纯氢管道规划与建设刚刚起步，形成大规模输氢能力需要较长的周期。

纯氢管道和掺氢管道对比见表 6-12。

表 6-12   纯氢管道和掺氢管道对比[33]

管道类型	管道直径/mm	设计压力/MPa	建设里程/km	常用材料
纯氢管道	304~914	2~10	6000	X42，X52
掺氢管道	1016~1420	6~20	1270000	X70，X80

图 6-23   宁夏银川宁东天然气掺氢管道示范项目

国内外管道输氢示范项目分别见表 6-13 和表 6-14，包括纯氢管道和掺氢管道。

表 6-13   国内管道输氢示范项目

分类	管道	特点
纯氢管道	中石油乌海-呼和浩特输氢管道	乌海-呼和浩特输氢管道暨"内蒙古氢能走廊"项目。该项目拟建设我国压力最高、长度最长的氢气干线管道。项目以乌海蓝氢基地为起点，途经黄河几字弯大型清洁能源基地，建成后将是联通蒙东、蒙西的重要氢能储运基础设施，建设内蒙古氢能经济走廊的核心储运设施，能够有效支撑"氢-电"耦合发展，降低风电、光伏项目的投资强度，有效促进可再生能源开发
	甘肃玉门油田纯氢输送管道	2022 年 4 月 22 日，玉门油田输氢管道工程正式开工。该输氢管道预计直径为 200mm、长度为 5.77km、输氢能力 1 万 Nm³/h、压力为 2.5MPa，连接玉门炼厂氢气加注站。该输氢管道届时将成为甘肃省第一条中长距离纯氢管道，可进一步满足玉门炼厂和玉门老市区周边企业用氢需求，对加快打造甘肃省"氢能源产业链链主企业"和建设中国石油"玉门清洁转型示范基地"具有十分重要的意义
	中石化京蒙输氢管道	该管道起于内蒙古自治区乌兰察布市，终点位于北京市的燕山石化，全长 400 多 km，是我国首条跨省区、大规模、长距离的纯氢输送管道。管道建成后，将用于替代京津冀地区现有的化石能源制氢及交通用氢，大力缓解我国"绿氢"供需错配的问题，助力能源转型升级

（续）

分类	管道	特点
掺氢管道	辽宁朝阳项目	2018年在辽宁朝阳开展国内首个天然气掺氢示范项目研究。在此过程中，探索了天然气掺氢工艺、输送过程、掺氢比对管道的腐蚀作用、安全监测以及使用过程的整体流程研究，编制了"天然气掺氢混气站技术规程"团体标准意见稿。为我国天然气掺氢输送技术发展提供了整体设计和工程实现的理论依据和实践经验
	张家口项目	2020年9月，"天然气掺氢关键技术研发及应用示范"项目启动会在张家口市召开，该项目是河北省首个天然气掺氢示范项目，掺氢天然气最终将应用于张家口市的商用用户、民用用户和HCNG汽车，未来预计每年可向张家口市区输送氢气400余万m^3，每年将减少150余万m^3天然气用量及3000余t碳排放量
	宁夏银川宁东项目	我国首个省级掺氢综合实验平台。目前这条天然气管道中的氢气比例已逐步达到24%，也就是说每输送100m^3掺氢天然气，其中就包括了24m^3的氢气。经过了100天的测试运行，这条397km长的天然气管线，整体运行安全稳定

表 6-14　国外管道输氢示范项目

分类	管道	特点
纯氢管道	1939年德国输氢管道	建设了一条长约208km的管道，管径为254mm，运行压力为2MPa，氢气输送量达9000kg/h，这是比较早期的一条管线
	美国得克萨斯州大型新氢项目	该项目包括60GW容量的集成绿色氢生产、储存和运输能力，每年能够生产25亿kg绿色氢。从这个设施，管道将绿色氢输送到科珀斯克里斯蒂和布朗斯维尔，在那里它将变成绿色氨，可持续航空燃料和其他燃料
	德国与挪威联合建设输氢管道	预计管道建成后，挪威每年可向德国输送约400万t氢气，相当于大约135TW·h的能量，也就是挪威水力发电的总产能。如果所有的许可都获得批准，该项目计划在未来几年内完成，输氢管道将于2030年投入运营
掺氢管道	英国Hy Deploy示范项目	2020年1月正式投入运营。前期试验研究工作表明，在掺氢比例为20%的掺氢天然气条件下，家用燃气用具和配送管道使用性能良好，而现有气体探测器易受氢气干扰无法保证测量准确度，需另开发新型可在掺氢天然气环境下工作的气体探测器。示范阶段所测试的各种家用电器都能在氢气浓度高达28.4%的情况下安全运行。全国范围内推广使用20%氢气混合物可减少的碳排放量相当于减少了250万辆汽车行驶
	德国Falkenhagen 2MW电转氢能示范电厂	制取的氢气被直接送入天然气管线。将可再生能源制得的氢气掺入天然气中供加氢站和居民使用，掺氢体积分数最高将达到20%

低温液氢主要通过液氢槽车进行运输，适用于长距离、输运量大、氢气纯度要求高的氢气运输，目前我国液氢槽车运输主要用于航天及军事等细分领域，国外液氢槽车运输发展较为成熟应用广泛。液氢槽车是液氢运输的关键设备，当槽罐车容量为 65m³ 时可运输 4000kg 的氢气。相较于气氢运输分散生产后进行运输，液氢一般采用集中生产统一运输的方式。采用液氢储运能够减少车辆运输频次，提高加氢站单站供应能力。日本、美国已将液氢罐车作为加氢站运氢的重要方式之一。我国尚无民用液氢输运案例。图 6-24 所示为北京特种工程研究院 45m³ 液氢槽车。

图 6-24　北京特种工程研究院 45m³ 液氢槽车

对于固态储氢运输，目前国内在镁基合金固态储运氢上有一定的突破。2023年 4 月 13 日，我国第一代吨级镁基固态储氢车正式亮相（见图 6-25）。镁基固态储氢车长为 13.3m，最大储氢量可达 1t，车内装载了 12 个储氢容器，每个容器里面都装填了镁基固态储氢材料，将氢气储存在镁合金材料里，从运输气体变成运输固体，可实现氢气的长距离、常温常压安全储运，并具备大容量、高密度、可长期循环储放氢的能力。

图 6-25　我国第一代吨级镁基固态储氢车

2. 各运输技术指标对比

（1）成本方面

图6-26比较了长管拖车不同压力下的运输距离与运输成本的关系，在相同的运输距离下，随着储氢压力的增加，运输成本和增长速率显著降低。当运输距离为50km时，20MPa长管拖车运输氢气的成本为4.9元/kg，50MPa长管拖车运输成本为3.81元/kg；随着运输距离的增加，长管拖车运输成本逐渐上升，当运输距离为500km时，20MPa长管拖车运输成本近22元/kg，50MPa长管拖车运输成本仅为9.64元/kg。相对运输成本的经济可行距离也随着储氢压力的增加而增加。

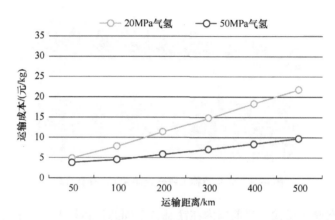

图6-26　长管拖车不同压力下的运输距离与运输成本的关系

所以考虑到经济性问题，长管拖车运氢一般适用于200km内的短距离和运量较少的运输场景。当运输距离为100km时，在主要成本因素的敏感性分析中，人工成本是影响运输成本的主要因素，其次是装卸时间[34]。实际上，超过200km的运输距离将导致拖车及人员配置冗杂的问题，当运输距离再增大时，需要配置更多的拖车和司机，产生更高的成本费用，经济性降低。

管道运输的成本以建设成本为主，运输距离对运氢成本影响不大。据测算，当输送距离为300km时，每百km的管道运氢成本仅为4.68元/kg。但管道运氢成本很大程度上受需求端的影响，在当前加氢站尚未普及、站点较为分散的情况下，管道运氢的成本优势并不明显。

从低温液氢运输成本构成来看，液化成本占总成本近70%，是低温液氢运输成本主要构成。液氢槽罐车的运输成本结构与长管拖车类似，但增加了氢气液化成本及运输途中液氢的沸腾损耗。由于液氢槽罐车的成本仅与载氢量有关，与距离呈正相关的油费、路费等占比并不大，因此液氢罐车在长距离运输下更具成本优势。

固态储氢车与液氢槽罐车运氢成本对距离不敏感，当加氢站距离氢源点 50~500km 时，运输价格在 10~12.5 元/kg 范围内，成本变动与储运氢过程中耗电费用和载氢量有关，在长距离运输下，固态储氢车与液氢槽罐车都具备成本优势。各运输技术成本指标对比如图 6-27 所示。

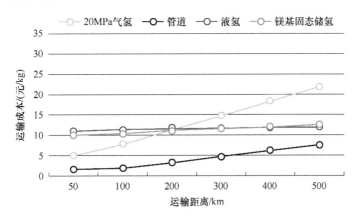

图 6-27　各运输技术成本指标对比

（2）规模方面

高压气态氢运输是目前工业中使用最普遍、最直接的氢运方式。长管拖车是目前气氢运输成熟的方式，目前装载量为 250~460kg/车。我国纯氢管道年输氢量为 0.7 万~10 万 t。在宁夏银川宁东天然气掺氢示范项目中，天然气管道中的氢气比例已逐步达到 24%，也就是说每输送 100m³ 掺氢天然气，其中就包括了 24m³ 的氢气。液氢槽罐车的装载量为 360~4300kg/车。一辆容积为 40m³ 的液氢槽罐车的运氢能力（约为 30000m³）约等于 10 辆 20MPa 高压管束车的运输能力[35]。固态储氢技术装载运输量相对灵活。以上海某公司的镁基合金固态储氢为例，目前单车最大运输量为 1200kg/车[36]。第一台吨级镁基固态储氢车最大储氢量可达 1t，车内装载了 12 个储氢容器。纯氢管道年输氢量折算相当于 1.5 万~22 万辆长管拖车，0.16 万~2.3 万辆液氢槽罐车，10 万辆吨级镁基固态储氢车。不同氢运输技术规模指标对比见表 6-15。

表 6-15　不同氢运输技术规模指标对比

输氢技术	高压气氢运输		低温液氢运输	固态储氢运输
运输方式	长管拖车	管道运输	专用特种槽车	根据规模选择固态储氢车
装载量/(kg/车)	250~460	—	360~4300	目前单车最大 1200

不同氢运技术经济指标对比见表 6-16。

表 6-16　不同氢运技术经济指标对比

输氢技术	高压气氢运输		低温液氢运输	固态储氢运输
运输方式	长管拖车（20MPa）	管道运输	专用特种槽车	固态储氢车
应用情况	适用于 200km 内的短距离和运量较少的运输场景	大规模、长距离运输	国外应用广泛，国内目前仅用于航天及军事领域	2023 年 4 月 10 日，第一台吨级镁基固态储氢车正式亮相
运输距离/km	50~200　200~500	50~500	50~500	50~500
成本/（元/kg）	4.9~11.29　11.29~21.75	1.16~7.5	11~11.9	10~12.5
装载量（kg/车）及管道口径/mm	250~460	约325	360~4300	目前单车最大 1200
优势	充、放氢速率快，适用于大规模运输	适用于大规模运输，单位能耗较低	体积比容量大、运输装载量大、氢纯度高	储氢密度大，可快速充、放氢，运输方便
劣势	体积储氢密度低、单车装载量有限，不适用长距离运输	建设成本较高	能耗高、设备要求高、成本高，国内民用还未形成	热交换较困难，镁基合金固态储能需要在较高温度下进行

从经济指标表分析来看，当前氢气的运输成本居高不下，制约氢气大规模普及，长远来看管道运输氢气才是实现氢气大规模消纳最经济的方式。在我国氢能产业发展的初期，由于加氢站布局不明确，终端用户对氢需求不大，实现 100% 的管道输送利用率是困难的。随着氢能的逐步发展和燃料电池汽车的日益普及，管道输氢将成为最好的低成本运输方式。

6.4.3　氢能运输重点突破方向

（1）提高低成本高性能材料和管道设计制造技术

管道输氢的初始投资大，建设成本高，其成本主要在于特殊的管道材质及工程开支。纯氢管道的初始建设开支大，且需要时间成本。长距离运输的氢气管道的造价约为 63 万美元/km，而天然气管道的造价约为 25 万美元/km，所以氢气管道的造价约为天然气管道的 2.5 倍[37-38]。受气体性质差异、掺氢比、管道材质和外部环境等影响，氢气进入管道后容易产生氢脆、渗透和泄漏等风险，而在应用现有天然气管网设施输送氢气及天然气管道转变为氢气管道时，会发生氢脆、低温性能转变、超低温性能转变等问题。考虑到上述问题，纯氢管道和天然气掺氢管道建设都需要提高包括低成本、高强度的抗氢脆材料、高性能的氢能管道的设计制造技术。

（2）加快相关设施装备建设及国产化

在管道建设过程中，需要配套相应的增压站、集输站点，因此相应的氢气压缩设备、储氢槽罐的需求量有望显著增加。管道沿线氢压缩机之间的间距由运行和经济因素决定，天然气输送管道的距离可能大于或等于 25~60km[39]。常用的氢气压缩设备为隔膜式压缩，目前我国所采用的氢气压缩机仍需外购，随着我国管道氢运流量增大，国内急需开发一种可靠、大流量、高效的氢离心压缩机。除了大流量的压缩机以外，氢气计量的设备阀门、仪表也急需配套生产。

（3）完善相关管道国家安全标准

目前，我国与氢气管道相关的标准规范主要有：GB 50177—2005《氢气站设计规范》、GB 4962—2008《氢气使用安全技术规程》、GB/T 34542《氢气储存输送系统》等。其中，GB 50177—2005《氢气站设计规范》适用于氢气站、供氢站及厂区内部的氢气管道设计；GB 4962—2008《氢气使用安全技术规程》适用于气态氢生产后的地面作业场所。这两项标准均不适用于氢气长输管道[40]。氢气管道建设量较少，管道直径和设计压力较低，相关标准体系仍不完善，目前国内仍没有适用于氢气长输管道的设计标准，应重点加强长距离氢气管道输送技术的标准化工作[33]。

6.5 氢能发电技术现状和重点突破方向

6.5.1 氢储能在发电环节的诉求

氢能发电是氢储能的一种实现途径，将制得的氢气通过合适的方式储存起来，在需要时释放，提供给氢燃料电池或氢燃气轮机发电，从而产生电能。

氢储能在发电环节的诉求主要包括以下四个方面：

1）高效率：氢能发电技术需要具有较高的转换效率，将储存的氢气尽可能有效地转换为电能。目前，氢能发电的效率介于电化学储能放电和抽水蓄能放电之间，氢燃料电池是氢能发电的主要技术，拥有较高的能量转换效率，而氢燃气轮机等其他技术的转换效率则相对较低。

2）灵活性：发电技术需要具备调度的灵活性。可再生能源电力的波动性和不确定性要求氢能发电设备能快速响应不同的负载需求，实现高效输送。氢燃料电池在这方面相对优越，因为可以便捷地调整功率输出和应对不同的动态负载。

3）成本效益：发电技术需要在成本效益方面具备竞争力。当前，氢能发电技术的高成本是限制其广泛应用的主要障碍，尤其是在设备制造和氢气储存方面。降低氢能发电技术的成本需要通过技术创新，提高氢气生产、储存和输送的效率，以增强氢能系统的整体经济性。此外，政策和补贴也将有助于降低氢能发电系统的成本。

4）规模性：发电技术需要实现大规模氢能发电的需求。大规模氢能发电需要完善的氢能产业链，包括氢气生产、储存、运输和分配等基础设施。目前，这些基础设施尚不完善，需要政府、企业和研究机构的共同努力建设。氢燃料电池在理论上可以实现大规模发电，但目前尚面临一些技术和经济挑战。而氢燃气轮机在大规模发电领域具有很大的潜力。

6.5.2 氢能发电技术现状及指标对比

氢能发电技术主要包括氢燃料电池发电技术和氢燃气轮机发电技术，以下介绍这两种技术的现状。

1. 氢燃料电池发电技术现状

氢燃料电池是一种直接将氢能转换为电能的装置，具有转换效率高、污染低的优点。其基本原理是电解水的逆反应，把氢和氧分别供给阳极和阴极，氢通过阳极向外扩散和电解质发生反应后，放出电子通过外部的负载到达阴极。目前，氢燃料电池发电技术已经取得了一系列重要突破，主要包括以下四种类型[41]：

1）质子交换膜燃料电池：它们具有低温运行、响应速度快、动态性能好等优点，已成功应用于交通运输、分布式发电和移动电源等领域。

2）固体氧化物燃料电池：在高温下运行，具有较高的能量转换效率。但是，高温导致了材料及密封性能的挑战。目前，固体氧化物燃料电池已在区域供电、热电联产等领域取得一定程度的应用。

3）碱性燃料电池：具有较高的能量转换效率，但受到容易吸附碳氢气体污染和使用高纯度氢气等因素影响，目前主要应用于航天领域。

4）磷酸燃料电池：具有热电联产优点，已成功应用于固定发电场景。但存在效率较低、寿命较短等问题。

目前研究中常见的几种氢燃料电池类型各项指标对比见表6-17[42]，由表可知，现有氢燃料电池的电效率在40%~60%之间，采用热电联产的能源利用方式则可以提高能源的利用效率，从单发电效率上看，氢燃料电池效率相对较高，而热电联产在整体节能、提高能源利用效率方面具有优势。

表6-17 常见的几种氢燃料电池类型各项指标对比

类型	质子交换膜燃料电池	固体氧化物燃料电池	碱性燃料电池	磷酸燃料电池
工作温度/℃	50~80	600~1000	90~100	150~200
转换效率（%）	40~60	50~60	40~60	40~55

（续）

寿命/h	20000~30000	30000~40000	40000~50000	20000~30000
起动时间	几秒至几十秒	30 分钟至数小时	几秒至几分钟	几分钟至十几分钟
负载变化响应时间	亚秒级	数秒至数分钟	数毫秒至数秒	数秒
电解质材料	质子交换膜（如 Nafion）	陶瓷（如 YSZ）	片状的氧化物和碱金属盐液	磷酸钠和硅酸钠
催化剂	铂、铂-合金	镍（阳极），镧锆氧化物等（阴极）	铂、铂-合金	铂、铂-合金
燃料来源	氢气、醇、其他含氢化合物	氢气、甲烷、天然气、CO	氢气	氢气、天然气
应用领域	交通工具、固定电源、便携式设备	固定电源、行动电源、航空航天	工业发电	轻型车辆、固定电源
成本/[元/(kW·h)]	700~1400	4200~7000	1400~2100	2100~3500
优势	平台温度较低、起动和快速响应时间	高效率、可使用多种燃料、高温废热利用	长寿命、耐腐蚀、低成本	系统简洁、低噪声
发展挑战	成本较高、耐久性存在问题、低温性能	高温限制材料选择、脆性限制安装环境	燃料活性低、耐久性差	系统复杂、寿命有限、成本高

近年来对氢燃料电池的研究不断深入，其中国内外典型示范项目见表 6-18。

表 6-18　氢燃料电池国内外典型示范项目

项目名称	地点	项目简介	项目目标
广州发电厂燃料电池项目	广州市	利用燃料电池技术实现清洁能源发电，提高供电能效	提高能源效率，减少环境污染
东营燃料电池发电示范项目	东营市	以氢气为燃料，利用燃料电池为油田产业提供稳定的清洁能源	支持油田产业发展，实现清洁能源供应
雅砻江电力燃料电池项目	四川省	建立燃料电池发电系统，为偏远地区提供可靠的清洁能源	开发适用于偏远地区的燃料电池发电技术

（续）

项目名称	地点	项目简介	项目目标
西安燃料电池发电站项目	西安市	探路燃料电池大规模应用并建立天然气燃料电池发电站	实现大规模燃料电池发电应用，降低环境污染
上海燃料电池分布式发电项目	上海市	运用燃料电池技术，降低能源成本、减轻环境压力	推广燃料电池分布式发电技术，提高能源利用效率
美国加州 ZEV 计划	美国	旨在推动零排放汽车的推广，支持氢能源基础设施建设和氢燃料电池汽车生产及销售	发展低碳交通产业，降低环境污染
英国氢交通项目	英国	通过扶持氢能源项目发展，推广氢燃料电池汽车及相关基础设施建设	加快氢能技术在英国交通领域的推广与应用
澳大利亚 MET/MSP 储藏箱燃料电池电源项目	澳大利亚	澳大利亚国家航天局开发的氢燃料电池系统提供了超长的电力供应，支持遥感任务	推进燃料电池技术在航天领域的应用，提高遥感任务的能源自给率

2. 氢燃气轮机发电技术现状

氢燃气轮机发电技术是一种利用氢气作为燃料的发电技术，其具有零排放、高效率、低噪声等优点，是氢能源利用的重要途径之一。目前，氢燃气轮机发电技术已经逐步成熟，相关的研究和应用也在逐步推进。

在氢燃气轮机发电技术的研究方面，主要涉及氢气的制备、存储、输送、燃烧等方面的技术创新。目前，氢气的制备主要采用电解水、蒸汽重整等方法，存储和输送方面则主要采用压缩氢气和液态氢气等方式。在燃烧方面，氢气具有高速燃烧和高燃烧温度等特点，因此需要采用特殊的燃烧室和控制技术，以确保燃烧过程的稳定和安全。

氢燃气轮机的发电效率受多种因素影响，包括气轮机循环类型、燃料燃烧器设计、系统集成等[43]。当前，氢燃气轮机的发电效率在 35%～50% 之间。对于简单气轮机循环，发电效率较低，通常在 35% 左右。而采用联合循环（CCGT）或其他先进循环的氢燃气轮机能够实现较高的效率，其发电效率可以在 40%～50% 之间，联合循环燃气轮机系统示意图如图 6-28 所示。在发电灵活性方面，现有的氢燃气轮机起动时间已经相对较快，能够在数分钟内（如 10～30min）完成冷起动并提供额定功率。在运行过程中也可以实现较快的负荷变化速率，以满足电网中负荷的波动需求，能够较好地配合可再生能源发电。随着高效燃烧技术、超低 NO_x 排放技术、高温高压适应性等领域的技术突破，氢燃气轮机发电的灵活性将进一步提高，为未来大规模应用奠定基础。氢燃气轮机发电的成本尚有较大的降低空间，要实现大规模发电，氢燃气轮机发电成本仍需进一步降低，以在市场中更具吸引力。

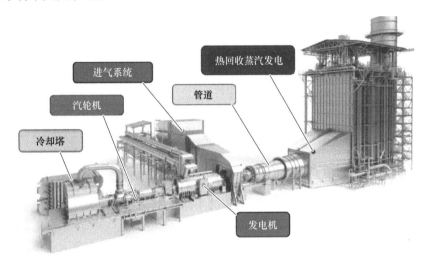

图 6-28   联合循环燃气轮机系统示意图

目前，国内外已经有多家企业和机构开展了氢燃气轮机的研发工作，包括通用电气、西门子、日立、三菱等公司。这些企业和机构在氢燃气轮机的设计、制造、测试等方面都取得了一定的成果[44]。然而，由于氢气的体积能量密度低，燃烧性能和燃烧速度过快等特点，氢气在燃气轮机中存在燃烧不稳定、局部过热和排放物中氮氧化物（NO_x）含量较高等问题，目前仍需解决这些问题以提高氢燃气轮机发电技术的普及和应用。

近年来，国内外对氢燃气轮机的典型示范项目见表 6-19。

表 6-19   国内外对氢燃气轮机的典型示范项目

项目名称	地点	项目简介	项目目标
广东东莞新能源示范基地	东莞市	国内首台燃气-蒸汽联合循环燃气轮机	利用氢气实现清洁发电和能源的绿色发展
天津航天长征世纪航空发动机有限公司	天津市	采用氢气轮机作为新一代燃气轮机的研究方向	推动氢气轮机技术的发展和应用
北京顶格新能源科技有限公司	北京市	致力于高效氢燃气轮机系统的研发和应用，具有高效率、低排放等特点	推广氢燃气轮机在分布式能源项目中的应用

（续）

项目名称	地点	项目简介	项目目标
德国杜塞尔多夫 Lausward 天然气能源站	德国杜塞尔多夫	该项目是以氢气为燃料的燃气轮机项目，具有灵活性和高效性	通过使用氢气作为替代能源支持德国向低碳能源转型
美国俄亥俄州 Long Ridge 氢气发电厂	美国俄亥俄州	该项目是大型天然气燃料发电厂，正在研究将氢气与天然气混合进行燃烧来发电	降低碳排放、提升能源效率及推进氢能技术在发电领域的应用
荷兰 Magnum 发电站	荷兰	该项目通过编程燃料电池和燃气轮机混合发电系统实现，以氢气为燃料	减少环境污染、提升效率并为荷兰实现氢气市场渗透提供实践经验

6.5.3　氢能发电重点突破方向

目前根据氢燃料电池和氢燃气轮机的不同技术现状，在大规模发电领域，氢燃气轮机发电技术更常被应用。氢燃气轮机充分利用氢气燃烧时产生的高温气体，推动气轮机旋转，进而带动发电机产生电能。这种方式在很大程度上类似于传统的燃气轮机发电，但使用氢作为燃料，排放清洁。氢燃气轮机能够提供较高的功率，很适合满足大规模发电需求。燃料电池虽然拥有较高的转换效率和环保优势，但目前其功率尺度相对较小，主要应用于小型分布式发电系统和交通运输领域。随着技术的进步，燃料电池在大规模发电领域的应用可能会增加，但目前来说，氢燃气轮机在大规模发电中的应用较多。在未来一段时间内，为满足大规模发电要求，对于氢燃气轮机发电技术的突破将是我们重点关注的方向。

氢燃气轮机发电技术的重点突破方向主要有以下四个方面：

1）提高效率：当前，氢燃气轮机的发电效率在 $35\% \sim 50\%$ 之间，选择更高效的热循环，如联合循环发电系统可以提高氢燃气轮机的热效率。同时开发高效的预混燃烧器和稳定的燃烧系统，以降低燃烧损失，也可以提高发电效率。为了实现高效燃烧和低 NO_x 排放，需要对氢燃烧器进行创新设计，以降低燃烧器的尺寸、重量以及燃气速度。例如，采用非传统的脉冲喷嘴设计，可以提高混合效率，降低 NO_x 生成。

2）提高灵活性：为满足电网中负荷的波动需求，提高发电的响应速度，需针对现有氢燃气轮机的技术限制，不断进行系统集成和优化。例如，通过在氢燃气轮机中引入燃气电池、热泵等技术，进一步提高氢燃气轮机的系统效率和可靠性。

3）降低成本：不断降低氢燃气轮机的发电成本，使氢燃气轮机成为可持续、大规模发电的竞争性选择。掺氢燃料更具活性和高燃烧速度，可能导致设备磨损和损坏，所以氢燃气轮机的运行和维护成本可能会略高，为减少燃烧过程中产生的高温对燃烧室的影响，可以优化燃烧室设计以实现更高的稳定性和耐久性，即开发能够承受高温的新型合金和陶瓷材料，降低设备磨损率，延长设备寿命以达到降低成本的目的。同时为实现最佳燃烧效果，需要进一步优化氧气与氢气的混合比例，通过调节控制混合燃料供应，降低轮机磨损和能耗，从而降低运行成本。

4）大规模发电：要想实现氢燃气轮机的大规模发电，需要进一步减少在氢燃烧过程中产生的 NOx，在研究超低 NOx 排放技术的过程中，对多种预混并燃技术需要进行进一步研究，如选择性催化还原（SCR）、临界湍流燃烧技术（LEAN）等，这些技术可以有效减少 NOx 的生成，降低了氢燃气轮机对环境的影响，在"双碳"背景下为氢燃气轮机实现大规模发电提供了技术保障。

总的来说，氢能发电技术已经取得了一定的发展，但仍然面临着若干挑战，如成本、效率、安全性、规模性等。未来需要继续加强技术研发，解决这些挑战，以促进氢能发电技术的广泛应用。这将有助于氢能发电逐渐替代传统化石燃料发电，为全球实现清洁能源转型做出贡献。

6.6　氢储能发展建议

（1）加快关键技术攻关

我国已经基本掌握了氢储能"制-储-运-发"产业链核心技术，但部分环节装备与国外先进水平仍存在一定差距。因此，亟须加快补齐高端氢能装备短板，突破关键核心技术：1）制氢方面，亟须突破关键核心技术，以提高制氢效率、降低成本，并探索新型催化剂、高效电解技术等创新途径；2）储氢方面，需要加快研发高容量、高效率的氢储存材料和技术，如先进的氢吸附材料、氢化物储氢材料等，以满足大规模氢能应用的需求；3）运氢方面，要提高抗氢脆材料技术，完善国家标准，并加快输氢管道建设，构建高密度、低成本、大规模的氢能运输网络；4）氢发电方面，需要加强氢燃料电池技术研发，提高燃料电池的效率和稳定性，探索新型催化剂和电解质材料，以实现高效、可持续的氢发电。

（2）有序扩大应用规模

氢储能规模化是制氢、储氢、运氢和氢发电等各系统成本下降的主要驱动因素。然而，受到高成本影响，氢储能的规模化应用需要分区域因地制宜开展：1）在高比例可再生能源地区，开展狭义"电-氢-电"氢储能项目规模化应用，作用于可再生能源消纳与大规模电力调峰；2）在燃料电池汽车示范城市群，开展"电-氢-交通"广义氢储能项目规模化应用，充当交通重点领域的燃料；

3）在化工富集区域，开展"电-氢-化工"广义氢储能项目规模化应用，充当氨、甲醇等化工产品的原料。

（3）完善政策激励机制

在氢储能产业发展初期，需要依靠政策激励机制实现"先立后破"。1）研究探索可再生能源发电制氢支持性电价政策。目前，我国仅有部分城市如成都、深圳等出台了相应的电解制氢补贴政策，国家层面的电价支持政策亟需出台；2）完善可再生能源制氢市场化机制，借鉴电化学储能市场化机制，探索独立氢储能直接参与电能量和电力辅助服务市场；3）健全覆盖氢储能的容量电价机制。大容量是氢储能的主要特点，容量电价机制可有效回收氢储能高额投资成本；4）鼓励新建光伏、风电机组等可再生能源发电项目，配置一定比例的氢储能设施。

参 考 文 献

［1］ Hydrogen Council. Hydrogen scaling up-A sustainable pathway for the global energy transition ［R］. 2017.

［2］ 中国氢能联盟. 中国氢能源及燃料电池产业白皮书 ［R］. 2019.

［3］ 韩世旺，赵颖，张兴宇，等. 面向碳中和的新型电力系统氢储能调峰技术研究 ［J］. 综合智慧能源，2022，44（9）：20-26.

［4］ 许传博，刘建国. 氢储能在我国新型电力系统中的应用价值、挑战及展望 ［J］. 中国工程科学，2022，24（3）：89-99.

［5］ 刘永前，王函，韩爽，等. 考虑风光出力波动性的实时互补性评价方法 ［J］. 电网技术，2020，44（9）：3211-3220.

［6］ 和萍，宫智杰，靳浩然，等. 高比例可再生能源电力系统调峰问题综述 ［J］. 电力建设，2022，43（11）：108-121.

［7］ 周晗，李正宇，徐俊辉，等. 我国可再生能源与盐穴氢储能技术耦合发电的分析与展望 ［J］. 储能科学与技术，2022，11（12）：4059-4066.

［8］ 孟祥飞，庞秀岚，崇锋，等. 电化学储能在电网中的应用分析及展望 ［J］. 储能科学与技术，2019，8（S1）：38-42.

［9］ 方琰蓁，侯正猛，岳也，等. 一种应用于氢能产业一体化的新型多功能盐穴储氢库 ［J］. 工程科学与技术，2022，54（1）：128-135.

［10］ 百人会氢能中心. 氢储能经济性分析及应用前景研究报告 ［R］. 北京：中国电动汽车百人会氢能中心，2021.

［11］ 杨勇平. 氢能，现代能源体系新密码 ［N］. 光明日报，2022-05-05（16）.

［12］ Laurent Saint Martin 等，思略特中国. 氢能源行业前景分析与洞察：借鉴欧洲经验，打造低碳氢经济 ［EB/OL］. 2021.

［13］ 房珂，周明，武昭原，等. 面向低碳电力系统的长期储能优化规划与成本效益分析 ［J/OL］. 中国电机工程学报：1-17 ［2023-05-13］.

［14］ 国家能源局. 2022 年全国电力工业统计数据［Z］.［2023-01-18］.

［15］ 鲁宗相，夏清，武丹琛. 对四川高温限电的深度思考——新型电力系统建设中如何抗灾保供?［R］. 成都: 清华四川能源互联网研究院，2022.

［16］ Hydrogen Council. Hydrogen scaling up—A sustainable pathway for the global energy transition［R］. Brussels: Hydrogen Council, 2017.

［17］ 工业和信息化部、财政部、商务部、国务院国有资产监督管理委员会、国家市场监督管理总局. 加快电力装备绿色低碳创新发展行动计划［Z］.［2022-08-24］.

［18］ Global Hydrogen Review 2022, IEA, Paris.

［19］ BUTTLER A, SPLIETHOFF H. Current status of water electrolysis for energy storage, grid balancing and sector coupling via power-to-gas and power-to-liquids: A review［J］. Renewable and Sustainable Reviews, 2018, 82: 2440-2454.

［20］ Hydrogenics. Renewable hydrogen solutions［EB］. 2016.

［21］ HUANG J B, BALCOMBE P, FENG Z X. Technical and economic analysis of different colours of producing hydrogen in China［J］. Fuel, 2023, 337, 127227.

［22］ 张文强，于波. 高温固体氧化物电解制氢技术发展现状与展望［J］. 电化学，2020，26（2）: 212-229.

［23］ 王明华. 新能源电解水制氢技术经济性分析［J/OL］. 现代化工: 1-11［2023-04-26］.

［24］ 王彦哲，欧训民，周胜. 基于学习曲线的中国未来制氢成本趋势研究［J］. 气候变化研究进展，2022，18（3）: 283-293.

［25］ Energy Transitions Commission. Making the hydrogen economy possible: accelerating clean hydrogen in an electrified economy［R/OL］.［2021-08-01］.

［26］ 闫伟，冷光耀，李中，等. 氢能地下储存技术进展和挑战［J］. 石油学报，2023，44（3）: 556-568.

［27］ 董长银，陈琛，周博，等. 油气藏型储气库出砂机理及防砂技术现状与发展趋势展望［J］. 石油钻采工艺，2022，44（1）: 43-55.

［28］ BARBARA U M, ANORZEJ P. Present and future status of the underground space use in Poland［J］. Environmental earth sciences, 2016, 75（22）: 1430.1-1430.16.

［29］ 周庆凡，张俊法. 地下储氢技术研究综述［J］. 油气与新能源，2022，34（4）: 1-6.

［30］ 蒲亮，余海帅，代明昊，等. 氢的高压与液化储运研究及应用进展［J］. 科学通报，2022，67（19）: 2172-2191.

［31］ 仲蕊. 电解水制氢阔步向前［N］. 中国能源报，2023-02-20（19）.

［32］ 李玲. 我国氢能大规模运输难题有解了［N］. 中国能源报，2023-04-24（3）.

［33］ 刘自亮，熊思江，郑津洋，等. 氢气管道与天然气管道的对比分析［J］. 压力容器，2020，37（2）: 56-63.

［34］ LI M, MING P W, HUO R, et al. Economic assessment and comparative analysis of hydrogen transportation with various technical processes［J］. Journal of Renewable and Sustainable Energy, 2023, 15（2）: 025904.

［35］ 林文胜，刘洪茹，许婧煊. 液氢和液态有机氢载体的氢运输链能效及碳排放［J］. 天

然气工业，2023，43（2）：131-138.

[36] 丁镠，唐涛，王耀萱，等. 氢储运技术研究进展与发展趋势［J］. 天然气化工—C1 化学与化工，2022，47（2）：35-40.

[37] 毛宗强. 氢能知识系列讲座（4）将氢气输送给用户［J］. 太阳能，2007（4）：18-20.

[38] DRIVE U S. Hydrogen Delivery Technical Team Roadmap［R］. California：Hydrogen Delivery Technical Team（HDTT），2017：14-16.

[39] WITKOWSKI A, RUSIN A, MAJKUT M, et al. Analysis of compression and transport of the methane/hydrogen mixture in existing natural gas pipelines［J］. International Journal of Pressure Vessels and Piping，2018，166：24-34.

[40] 王晓峰，蒲明，宋磊，等. 氢气与天然气长输管道设计对比探讨［J］. 油气与新能源，2022，34（5）：21-26.

[41] 张诚，檀志恒，晁怀颇. "双碳"背景下数据中心氢能应用的可行性研究［J］. 太阳能学报，2022，43（6）：327-334.

[42] HWANG J, MAHARJAN K, CHO H J. A review of hydrogen utilization in power generation and transportation sectors：Achievements and future challenges［J］. International Journal of Hydrogen Energy，2023，48（74）：28629-28648.

[43] 李星国. 氢燃料燃气轮机与大规模氢能发电［J］. 自然杂志，2023，45（2）：113-118.

[44] 林俐，郑馨姚，周龙文. 基于燃氢燃气轮机的风光火储多能互补优化调度［J］. 电网技术，2022，46（8）：3007-3022.

7.1 热储能技术的原理和特点

热储能是基于能量转化以热能的形式实现，是最简单、常见的一种储能方式。其主要应用在清洁供暖、光热电站储能和等离激元光催化等领域。热储能方式主要分为三类，分别是显热储热、相变储热和热化学储热。本章将主要概述三种储热技术的工作原理、储热材料和各自的特点。

7.1.1 显热储热

1. 显热储热的工作原理

显热储热是物质本身通过吸收或放出热量来改变自身温度而不改变形态从而进行热量存储的方式。如图 7-1 所示，当储热介质的温度升高时热能将被储存，而当储热介质的温度降低时热能将被释放。显热储热的热能可表示为

$$Q = mC_p\Delta T \tag{7-1}$$

式中，m 是质量，单位为 kg；C_p 是比热容，单位为 J/(kg·K)；ΔT 是蓄热（放热）过程中的温度变化量。

由表达式可知，储存的热量与储热材料的密度、体积、比热容和温度变化成正比。显热储热的换热过程可采用直接接触传热，所以蓄热（放热）过程相对比较简单。

2. 显热储热材料

显热储热按储热介质的物态可分为固体显热储热、液体显热储热和液-固联合显热储热。在表 7-1 中总结了常见的固体和液体显热储热材料和物性参数。

固体显热储热相较于其他两种显热储热方式具有较低的成本，但是存在热导率低的缺点。通常采用具有高比热容和高导热率的材料作为固体显热储热材料。

常见的固体显热储热材料包含镁砖、混凝土、岩石等，通常还会添加高导热组分，如石墨、氮化硼等来提高传热性能。

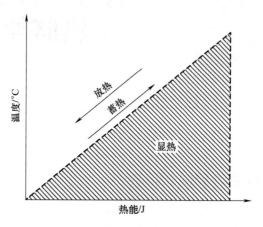

图 7-1 显热储热的工作原理

表 7-1 常见的固体和液体显热储热材料和物性参数

类型	储热材料	温度/℃	密度/ (kg/m³)	热导率/ [W/(m·K)]	比热容/ [kJ/(kg·℃)]	储热密度/ (kW·h/m³)
固体材料	镁砖	200~1200	3000	7.0	1.15	600
	混凝土	200~400	2200	1.5	0.85	100
液体材料	水	0~100	1000	0.59	4.2	35
	硅油	300~400	900	0.1	2.1	52
	矿物油	200~300	770	0.12	2.6	55
	硝酸盐	265~565	1870	0.52	250	250
	液态钠	270~530	850	71	80	80

液体显热储热材料包括水、导热油、熔融盐和液态金属等，相比于固体显热储热材料，其比热容更高。其中水是低温应用领域中最常使用的显热储热材料。水的优点是比热容高 [4.2kJ/(kg·K)]、成本低廉、易于获得，所以水是最适合家庭采暖、食品冷藏和热水供应类型应用的热储能材料。而导热油、液态金属、熔融盐等物质常应用于中高温领域。导热油是具有良好传热能力和热稳定性的有机流体。与水相比，导热油的优势在于大气压力下其气化温度更高，最高可达 250℃ 左右，且能在 12~400℃ 之间正常工作。这意味着水具有更高的 ΔT（吸/放热温度变化量），即更高的显热储热能力。但是导热油的比热容较低 [2.0kJ/(kg·K)]，且成本较高。当温度超过导热油的温度极限时，熔融盐是首选的传热流体和显热储热材料。熔融盐不仅价格低廉、易获得、无毒、不易燃，而且具有较高的比热容、高沸点和非常高的热稳定性（最高工

作温度可达 560℃左右）。在高温下，较高的沸点和热稳定性意味着可以维持更高的工作温度，从而提高朗肯循环的热力学效率。这也意味着更高的 ΔT 和更多的显热储热量。一些金属具有接近室温的低熔点，却有极高的沸点，一般称之为液态金属。液态金属的熔点和沸点差距很大，所以它们具有很高的 ΔT 和显热储热能力，且高的工作温度可以提高热力学循环效率，最高可达 50%。但是液态金属价格昂贵、容易腐蚀且有燃烧风险。

液-固联合显热储热是结合了固体和液体显热储热各种优势的储热方式，但是相对来说技术不够成熟，是目前的主要研究方向。

3. 显热储热的特点

显热储热具有技术成熟、运行方式简单、使用寿命长、价格低廉等优点，所以显热储热多用于工业窑炉、居民采暖、太阳能光热发电等领域，在国内外显热储热也都已实现商业化。同时，显热储热也存在储能密度低、储能时间短、储能系统较大、温度波动范围大等缺点。

7.1.2 相变储热

1. 相变储热的工作原理

相变储热是利用相变材料在相变过程中，吸收或放出相变潜热的原理来进行能量储存的技术。相变材料是指在温度不变的情况下改变物质状态并能够提供潜热的物质，其转变物质状态的过程称为相变过程，如图 7-2 所示。相变储热的储热量可表示为

$$Q = mc_{p,s}\Delta T_1 + mh_f + mc_{p,l}\Delta T_2 \tag{7-2}$$

式中，Q 为储热量；m 为相变材料的质量；$c_{p,s}$ 为固体状态下的定压比热容；ΔT_1 和 ΔT_2 为温差；h_f 为相变潜热；$c_{p,l}$ 为液体状态下的定压比热容。从式中可知，影响相变储热的主要因素有材料本身的比热容、相变潜热以及前后的温度差距。

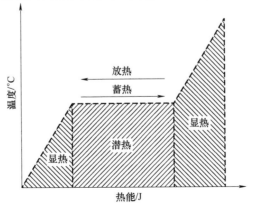

图 7-2 相变储热的工作原理

相变储热材料（PCM）可分为固-固 PCM、固-液 PCM、固-气 PCM 和液-气 PCM。其中，固-气 PCM 和液-气 PCM 由于相变后的气态体积较大，需要高压条件来储存，所以很少被使用。固-固 PCM 虽然在应用过程中没有气体产生，但其也存在部分应用缺陷，如储能密度低、潜热量小和导热性差等，所以在各种应用领域中出现相对较少。目前，PCM 的研究重点主要为固-液 PCM。

2. PCM

PCM 的种类划分见表 7-2。

表 7-2　PCM 的种类划分

划分方法	种类	典型 PCM	
按材料的相变温度进行划分	<100℃的低温 PCM	冰、水凝胶、结晶水合盐	
	100~250℃的中温 PCM	有机物、高分子和结晶水合盐材料	
	>250℃的高温 PCM	熔融盐和金属合金材料	
按材料的化学成分进行划分	有机 PCM	石蜡类烷烃、高级脂肪酸酯类、多元醇类和高分子化合物等有机物	
	无机 PCM	熔融盐、结晶水合盐、金属及其合金	
	复合型 PCM	有机 PCM 和有机 PCM 的复合物	增稠型复合 PCM
		有机 PCM 与无机 PCM 的复合物	胶囊型复合 PCM
		无机 PCM 与无机 PCM 的复合物	定型复合 PCM

按储热温度分类，PCM 可以分为高温 PCM、中温 PCM 和低温 PCM。高温 PCM 主要是指相变温度高于250℃的 PCM；中温 PCM 主要是指相变温度在100~250℃之间的 PCM；低温 PCM 主要是指相变温度低于100℃的 PCM。

按化学成分分类，PCM 可以分为无机 PCM、有机 PCM 和复合型 PCM。无机 PCM 中最为常用的是结晶水合盐类 PCM，其储热原理是在升温时脱除结晶水而使整个系统吸热，降温时结合结晶水而使整个系统放热，具有较大的溶解热和较固定的熔点，所以被认为是最常用的无机 PCM。有机 PCM 的储热原理是随着温度的不断变化，聚合物通过吸热或放热提供动力，使分子链之间和分子晶型之间发生转变，宏观表现为相态改变。复合型 PCM 指由几种 PCM 复合形成的二元或多元 PCM。复合型 PCM 将单一类型的 PCM 结合互补，充分发挥各自的优势，相互弥补不足之处。

复合型 PCM 的分类有：有机 PCM 与有机 PCM 的复合物、有机 PCM 与无机

PCM 的复合物、无机 PCM 与无机 PCM 的复合物。这是根据对复合中的单一 PCM 的类型进行归类总结而成。同样，也可以按复合型相变材料所解决的重点问题进行分类，分为增稠型复合 PCM、胶囊型复合 PCM、定型复合 PCM。其中，增稠型复合 PCM 的研究重点在相变材料的稳定性和过冷度上；胶囊型复合 PCM 的研究重点在相变材料应用过程中的泄漏、腐蚀、体积变化的问题；定型复合 PCM 的研究重点是将复合材料分为相变材料、骨架材料、添加物，并用不同比例和不同材料进行搭配，能够解决金属腐蚀、强化传热等问题。

3. 相变储热的特点

相比显热储热，使用 PCM 的潜热进行热储能不仅具有较高的储能密度、恒定的温度控制效果、较宽的相变温度选择范围，还具有在实际应用中设计灵活、装置简单和操作易控的优点。但是相变储热仍存在导热率低下、成本高、相变过程存在泄漏等问题。

7.1.3 热化学储热

1. 热化学储热的工作原理

热化学储热是利用化学变化中热量的吸收和释放来储存热能，可以实现热能长期储存、季节性储存。按过程机理差异，热化学储热可以分为吸附、吸收和反应三种类型。其中，吸附型是利用材料在吸附/解吸过程中的热能释放/吸收来储存热能；吸收型是基于被吸收物在吸收剂内的溶解或渗透过程伴随的热能释放/吸收来储热。与前两种热化学储热类型相比，反应型热化学储热系统储能密度更高，工作温度范围更宽，适用于大规模太阳能利用及电厂峰谷负荷调节。其原理是利用可逆热化学反应中分子键的破坏与重组来实现热能的存储及释放，反应通式为

$$C + \Delta H \leftrightarrow A + B \tag{7-3}$$

具体来说，如图 7-3 所示，正反应中储热材料 C 吸收热能转化成 A 和 B，热能通过该吸热过程存储起来；逆反应中，A 和 B 作为反应物混合后发生反应，转化为产物 C，同时释放热量。反应型热化学储热系统的储热量与化学反应程度、储热材料的质量和化学反应热有关。

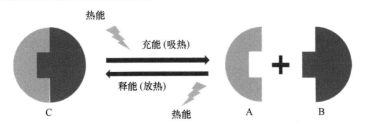

图 7-3 热化学储热的工作原理

2. 热化学储热材料

根据储热材料的不同，将目前常见的热化学储热体系分为金属氢化物体系、氧化还原体系、有机物体系、氢氧化物体系、氨分解体系和碳酸盐体系，这六种热化学储热体系的性能参数对比见表 7-3。

表 7-3 六种热化学储热体系的性能参数对比

热化学储热体系	代表性反应物	反应式	反应温度/℃	储能密度/$(kW \cdot h/m^3)$
金属氢化物体系	MgH_2、$NaMgH_3$	$MgH_2 + \Delta H \longleftrightarrow Mg + H_2$	$200 \sim 500$	580
氧化还原体系	BaO_2、Co_3O_4	$2Co_3O_4 + \Delta H \longleftrightarrow 6CoO + O_2$	$800 \sim 1000$	295
有机物体系	CH_4/H_2O、CH_4/CO_2	$CH_4 + CO_2 + \Delta H \longleftrightarrow 2CO + 2H_2$	$600 \sim 900$	7.7
氢氧化物体系	$Ca(OH)_2$、$Mg(OH)_2$	$Ca(OH)_2 + \Delta H \longleftrightarrow CaO + H_2O$	$400 \sim 800$	437
氨分解体系	NH_3、NH_4HSO_4	$2NH_3 + \Delta H \longleftrightarrow N_2 + 3H_2$	$400 \sim 700$	745
碳酸盐体系	$CaCO_3$、$PbCO_3$	$CaCO_3 + \Delta H \longleftrightarrow CaO + CO_2$	$700 \sim 1000$	692

金属氢化物体系中离子型金属氢化物是热化学储热领域的研究热点，其原理是位于元素周期表 d、f 区元素中的金属与 H_2 接触后将氢分子解析成氢离子，形成金属氢化物，这一过程中伴随着热效应。其中，MgH_2 相比于其他金属氢化物而言具有很高的储热密度（$580kW \cdot h/m^3$），是热化学储热领域主要的研究方向之一。氧化还原体系是利用金属氧化物发生氧化还原反应过程中伴随着热效应的原理实现能量的存储和释放，反应温度通常在 $800 \sim 1000$℃。该体系储能密度大、循环稳定性好，在太阳能光热发电领域应用前景广阔。有机物体系是利用高温下有机物的裂解、重整和气化反应储存热能，其中甲烷（CH_4）重整技术较为成熟，反应的热效应大，且甲烷分布广泛、反应简单，被认为是最具潜力的热化学储能材料之一。氢氧化物体系是利用无机金属氢氧化物受热分解时的热效应实现储能。已知的用于储能的氢氧化物体系包括 $Mg(OH)_2/MgO$、$Ca(OH)_2/CaO$ 等。该体系材料来源广、储能密度较大、反应速度快，但是反应过程中经过多次循环容易出现反应物烧结现象，降低反应物活性，这一问题仍需研究改善。氨分解体系是利用成熟的合成氨工艺伴随的热效应进行能量存储和释放，该体系反应容易控制、工艺成熟，但实现 N_2 和 H_2 大规模安全存储、提高产物转化率等问题仍需进一步研究以适应实际应用。碳酸盐体系基于二氧化碳捕集技术，利用碳酸盐受热分解过程的热效应实现储能。目前研究热点集中在 $CaCO_3/CaO$ 和 $PbCO_3/PbO$ 储能体系，该体系具有储能密度高、产物易分离、原料来源广泛等优点，是太阳能光热发电领域理想的热化学储能材料，但实现大规模实际应用，仍需研究改善反应的循环稳定性，解决二氧化碳存储等问题[6]。

3. 热化学储热的特点

热化学储热技术的储热密度极高，可在常温下无损失地长期储存热能，可以长距离运输，是太阳能转化和存储极有前景的形式。但热化学储热技术走向实际应用还存在一些问题，如技术尚不成熟、反应速率难以控制等，其效率、寿命、成本、安全性等需要进一步改善。

7.1.4 不同储热技术对比

显热储热、相变储热和热化学储热，这三种储热技术都具有各自的特点。三种储热技术对比见表 7-4。显热储热相较于其他两种储热形式技术更为成熟、运行方式简单、使用寿命长且价格低廉，但储热密度较低、储热时间短且放热过程的温度不稳定。相比于显热储热，相变储热的单位体积储热密度大，相变储热材料的比热容比显热储热的大 50~100 倍，所以使用相变储热技术可以实现更为紧凑的储热系统。且在相变温度范围内就能吸收（放出）较多的热量，所以吸热和放热过程中温度较为稳定。然而相变储热材料的导热性更差，有机相变材料如石蜡和酯具有易燃性且不能在塑料容器中储存和运输，同样，无机相变材料对金属容器具有腐蚀性。热化学储热在三种储热技术中储热密度最高（分别为显热储热和相变储热的 10 倍和 5 倍）、储热时间最长、热损失也最低。但是技术较为复杂、反应条件苛刻、不易实现，而且储能材料有一定的腐蚀性、系统寿命短。

表 7-4 三种储热技术对比

	显热储热	相变储热	热化学储热
体积储热密度/(kW·h/m³)	50	100	500
质量储热密度/(kW·h/kg)	0.02~0.03	0.05~0.1	0.5~1
储热时长	有限	有限	长期
运输距离	短距离	短距离	理论上无限
技术成熟度	商业化	中试	实验室阶段
热损失	有热损失	有热损失	无损失

7.2 热储能在电力储能中的应用路径

热能存储技术种类繁多，应用场景灵活多变，能够解决能量供求在时间和空间上不匹配的矛盾，是提高能源利用效率的有效手段。目前，随着电力负荷逐年增长，用电峰谷差值也会相应增大，会使得低谷电时段的电能造成极大的浪费，我国用电峰谷差率为 0.5~0.6，大力开发低谷电的利用储能已经成为必然。热能存储技术能够广泛用于电能替代、电力调峰、新能源消纳、工业余热回收再利用等多种领域，将在未来构建清洁低碳安全高效的能源体系、构建以新能源为主体的新型电力系统、保障电力系统安全稳定运行等方面发挥重要作用。

7.2.1　热储能在电能替代中的应用

为了保护环境，改善空气质量，2016 年国家八部委联合下发《关于推进电能替代的指导意见》，在文件中明确提出要尽快在北方推进利用"煤改电"的方式来清洁取暖。即在通过"煤改电"工程加快清洁能源应用的同时在其中加入储能系统，此种措施有助于在提高系统的年使用时间与使用寿命的同时降低系统的运维成本。因而，储能系统在国家清洁能源的改造项目中的应用愈加受到重视，商业推广日益广泛。

1. 应用原理

"煤改电"就是将平常利用燃煤采暖转变为采用电力等清洁能源采暖，即将火力发电使用的煤炭转换为电力。最通俗的理解就是把煤改成了电，以清洁采暖设备替代传统的燃煤锅炉。图 7-4 所示为典型的谷电蓄热供暖系统原理图。主要可由以下几个系统构成：电转热系统、蓄热机组、水泵系统、换热机组和控制系统。其工作原理是在谷电时段电转热装置工作，通过水泵把热水中产生的热量送入蓄热机组储存。在非谷电时段，水泵工作，放出蓄热机组中储存的热量，通过换热器把热量换到用户侧，为末端供暖。

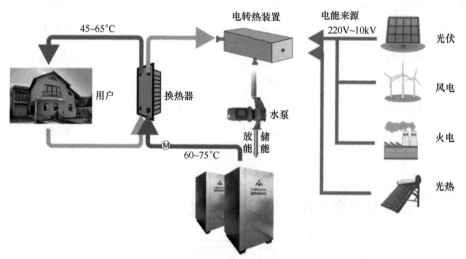

图 7-4　典型的谷电蓄热供暖系统原理图

2. 热能储存在电能替代中的技术分类

对于不同地区的电能替代项目，由于其所处环境及在循环过程中的温度区间不同，使用的储热材料和采用的储热方式也有所不同。在利用谷电蓄热的项目中，储热技术的解决方案可分为水蓄热、固体电蓄热、熔盐储热及相变储热。表7-5整理了近年来部分热储能供暖项目。

表 7-5　近年来部分热储能供暖项目

项目	年份	储热容量/MW	储热材料	温度/℃	技术路线
北京市房山储热型清洁供热项目	2016 年	109	蓄热砖	700~800	固体电蓄热
瓜州县清洁能源城市供暖项目	2017 年	12	水	80~95	高压电极锅炉+水蓄热
大连热电厂高压固体蓄热项目	2017 年	7	蓄热砖	700~800	高温固体蓄热电锅炉
沈阳模式蓝天工程铁西示范区项目	2017 年	40	熔融盐	300~400	固体蓄热电锅炉
北京热力熔盐蓄热清洁供热研究与示范项目	2018 年	16	熔融盐	200~500	熔盐储热
天津 SM 城市广场清洁供暖项目	2018 年	150	熔融盐	100~200	相变储热
富蕴县可可托海镇煤改电项目	2021 年	6	蓄热砖	—	固体蓄热电锅炉
崇礼区二道沟电厂煤改电项目	2021 年	194	水	60~95	固体蓄热电锅炉
高效相变蓄热供暖合同能源管理项目	2022 年	100	熔融盐	220~400	相变储热

通过利用风电低谷电能，采用电锅炉+水蓄热系统提供供暖的方式，有效破解了风、光电新能源弃风、弃光的难题，拓宽了新能源的吸收消纳方式。利用固体电蓄热的方式，采用低压低谷电蓄热设备和高压低谷电蓄热设备，不通过变压器，直接将高压电接入电蓄热设备，不仅能大幅降低运营成本，还可以起到移峰填谷的作用，蓄热效率因此得到了提高。利用熔盐储热，由于其具有熔点低、比热容大、使用温区广、占地面积小等优点，系统无冻堵风险，造价更低，安全性也更高。而天津 SM 城市广场清洁供暖项目通过采用高效相变储热技术，相比普通水箱，蓄热量可增加 2~3 倍。

3. 典型案例

2018 年 11 月 10 日，天津 SM 城市广场清洁供暖项目正式供暖，总供暖面积为 40 万 m²。在实施了全智能化清洁供暖后，充分利用夜间低价谷电，运行费用低至 15 元/(年·m²)，相对市政供暖，年节约达 1500 万元，采暖费节约达 70%，环保收益相当于年造林 15 万亩，系全球最大的商业地产谷电蓄能供暖项目。

该项目采用清洁谷电作为供暖热源，系统配置 72 台相变蓄热罐、13 台电锅炉和一套远程监控系统来实现供暖。测试期间，室外平均环境温度为 -1.9℃，而室内平均环境温度为 21.5℃，在平均蓄热温度为 107℃ 的条件下，供暖系统日平均供热量为 150.48MW·h，供暖系统日平均耗电量为 162.13MW·h，蓄热系统热效率为 92.82%。

7.2.2 热储能在太阳能热发电中的应用

太阳能热发电能够将太阳能转换为热能，是通过热功转换过程发电的系统。太阳能热发电较光伏发电具有低污染、高效率、规模大、单位装机成本低的特点。

1. 应用原理

太阳能热发电的基本过程涉及聚光、传热和热功转换等方面，太阳能通过热的形式转换成电能的过程中需要经过多个能量转换和传输。具体来讲，定日镜等聚热器将采集的太阳辐射热能汇聚到吸热器，低温熔盐罐内的熔融盐经熔盐泵输送到吸热器内吸热后进入高温熔盐罐，高温熔融盐进入蒸汽发生器中，产生过热蒸汽，驱动汽轮发电机运行发电，而熔盐温度降低后流回低温熔盐罐。从光—热—功转化过程来看，太阳能热发电主要包括以下三个过程：1）光的聚集与转换过程；2）热量的吸收、蓄存与传递过程；3）热功转换过程。太阳能热发电如图 7-5 所示。

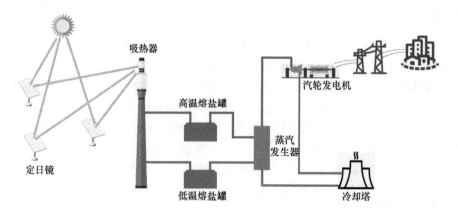

图 7-5 太阳能热发电

太阳能热发电系统中的热能存储系统可以平抑太阳能热发电中的波动,通过白天储存热能,高峰期释放发电,进而转移发电时间;实现电网削峰填谷,降低电网供电负荷;提高电站容量因子,实现24h连续供电。当太阳辐照强度较高时,部分高温热量将会通过换热器存储于高温储热罐中,当太阳辐照强度较弱时,高温储热罐中的热量将会被提取用于发电,以平衡太阳能的波动性对电力输出稳定性的影响。

2. 热能储存在太阳能热发电中的技术分类

按照聚能方式及其结构可以将太阳能热发电技术分为四大类,包括塔式、槽式、碟式和菲涅耳式。塔式系统具有热传递路程短、高温蓄热、综合效率高等优点,是未来太阳能热发电的主要技术。

表7-6整理了部分光热电站及其应用的储热系统的技术参数,通过表格可以看出,槽式和塔式光热电站是目前全球的主流技术路线,也是应用最成熟的两种技术路线。其中,槽式系统由于聚光系统简单、控制系统要求低、运行参数温度低,是最早商业化的技术路线。但是目前来看,随着新一代信息控制技术的成熟,塔式系统由于聚光比高、运行参数高、发电效率高、单位发电量造价低等优点,成为新增装机中的主力军。

表 7-6 部分光热电站及其应用的储热系统的技术参数

项目	年份	国家	类型	容量/MW	温度范围/℃	储热材料	储热方式	储热时长/h
Solar Two 光热电站	20世纪末	美国	塔式	10	290~565	熔盐	显热储热	3
Solana 光热电站	2013年	美国	槽式	280	280~400	熔盐	显热储热	6
中控德令哈电站	2018年	中国	塔式	50	290~565	熔盐	显热储热	7
首航敦煌光热电站	2018年	中国	塔式	100	290~565	熔盐	显热储热	11
青海共和光热电站	2019年	中国	塔式	50	290~565	熔盐	显热储热	6
敦煌50MW菲涅尔式光热电站	2020年	中国	菲涅尔式	50	290~550	熔盐	显热储热	15
希腊 MINOS 光热电站	建设中	希腊	塔式	50	290~565	熔盐	显热储热	5

熔盐储热等热能存储系统在光热电站的应用中具有极其重要的作用。在目前

现有的光热电站中，太阳盐（60%硝酸钠+40%硝酸钾）是目前多数光热电站所采用的储热材料，其熔点为220℃，最高工作温度可达600℃。熔盐储热在太阳能热发电领域应用广泛，熔盐既可以作为储热介质，也可以作为传热介质，以实现大功率、高效率的储释热。

3. 典型案例

中控德令哈50MW光热电站位于青海省海西州德令哈市的戈壁滩上（见图7-6），占地为2.47km²，是国家首批光热发电示范项目之一，该电站采用浙江可胜技术股份有限公司自主研发并完全拥有知识产权的塔式熔盐光热发电核心技术，95%以上的设备实现了国产化。同时，电站运行表现已通过德国独立工程咨询公司Fichtner的完整技术评估。

项目装机容量为50MW，配置7h熔盐储能系统，二元硝酸盐作为吸热、储热介质，熔盐用量为10093t，镜场采光面积为542700m²，吸热器中心标高为200m，冷罐直径为24m，高度为12m，热罐直径为25.2m，高度为12m。设计年发电量1.46亿kW·h，每年可节约4.6万t标准煤，同时减排二氧化碳气体约12.1万t，具有良好的经济效益与社会效益。

图7-6　中控德令哈50MW光热电站

7.2.3　热储能在火力发电灵活性改造和深度调峰中的应用

近年来，我国风、光等新能源发电装机容量不断快速增长，当新能源在电网中的比例不断增加时，与之相适应的调峰电力的需求也同样增加。在我国三北地区热电联产机组比重较大，而燃煤机组由于自身对符合变化的响应特性和以热定电的耦合运行方式，灵活性和调峰能力受到较大限制。因此，火力发电厂需要通过相应的改造，以提高火电机组运行灵活性和深度调峰的能力，使现有火电机组与新能源电力形成协作，进而提升电网对新能源电力大规模并网的消纳能力。

1. 应用原理

火电机组热储能灵活性改造和调峰技术，是将储热技术与燃煤机组进行结合以实现机组的"热电解耦"。在用电（用热）负荷较低时，将机组内过剩的热能通过汽轮机抽汽，或将电网中的电能转化为储能介质的热能存储起来，当用电（用热）负荷增加时，再将储能设备的热能释放出来，通过换热设备给用户侧供热或加热锅炉进水，提升机组的顶负荷能力和爬坡速度。与其他储能形式的电厂灵活性改造方法相比，热储能投资和运行成本低，可扩展性和安全性强。

不同于光热发电领域的高温高压蒸汽热能的存储与输出，火电厂热储能的需求是高温蒸汽热量输入或电能的输入，而输出中、低温蒸汽或热水，根据电力负荷调节各级抽汽量，从而快速调节汽轮机的输出功率。目前，汽轮机抽汽储热技术和电锅炉储热技术在国内外电厂的灵活性和调峰技术改造中已有广泛的应用，主要应用于热电厂供暖期的"热电解耦"。

火力发电厂以汽轮机抽汽的蒸汽为热源的热水储能技术，是在热电联产机组中，通过抽汽将采暖季供热过剩时蒸汽的热能存储到储热系统中，而当供热负荷增加时再通过储热系统的放热来供热。在电力负荷处于低谷阶段，减小锅炉燃烧负荷和汽轮机的出力，通过储热系统的放热，机组仍可保持低负荷工况运行；而当电力负荷处于高峰时，增加锅炉负荷，减少汽轮机抽汽量，增强机组电力的顶负荷能力。

另一种改造技术是由电极式锅炉提供热量来源，电极式锅炉储热调峰技术原理图如图7-7所示，电极式锅炉将电能直接转化为热能，该系统由电极式锅炉、蓄热罐、循环泵、板式换热器等设备组成。主要利用新能源电力在谷电时，通过高压电极式锅炉加热，将能量用储热罐存储起来，在峰电时减少汽轮机的抽汽量，增加机组的电力输出能力，供热负荷由电极式锅炉配套的储热罐承担。当电力来源为新能源电力时，电极式锅炉在提高了热电联产机组的灵活性和调峰能力的同时，也提升了新能源电力的利用率。

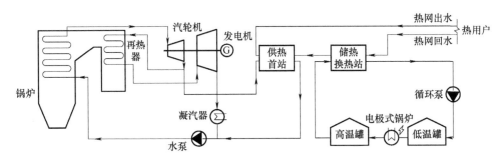

图7-7 电极式锅炉储热调峰技术原理图

2. 热储能技术在火力发电厂中的技术分类

目前，在火力发电厂的改造中应用较多的储热类型主要有热水储能、熔盐储能、相变储能和混凝土储能，近年来火力发电厂热储能改造项目信息见表7-7。

表 7-7 火力发电厂热储能改造项目信息

项目	年份	储能类型	热源	容量	储热方式
丹东金山热电有限公司（辽宁）	2017 年	高压电蓄热锅炉	厂电	260MW	固体储热
丰泰发电有限公司（内蒙古）	2018 年	抽汽换热	蒸汽	20MW	相变储热
大唐辽源发电厂（吉林）	2018 年	抽汽换热	蒸汽	储罐 26000m³	热水储热
斯德哥尔摩市市政热电厂（瑞典）	2018 年	电极式水蓄热锅炉	厂电	2×40MW	热水储热
施克堡电厂（丹麦）	2018 年	电极式水蓄热锅炉	厂电	30MW	热水储热
京能电力盛乐热电厂（内蒙古）	2019 年	电极式水蓄热锅炉	厂电风电	4×40MW	热水储热
调兵山煤矸石发电有限责任公司（辽宁）	2019 年	高压电蓄热锅炉	厂电	280MW	固体储热
华能丹东电厂（辽宁）	2020 年	抽汽换热	蒸汽	储罐 25700m³	热水储热
国家电投集团靖远第二发电有限公司（甘肃）	2021 年	电极式水蓄热锅炉	厂电	2×50MW	热水储热
国能龙华延吉热电公司（吉林）	2021 年	电极式水蓄热锅炉	厂电	2×40MW	热水储热
国信靖江电厂（江苏）	在建	电加热	厂电	2×660MW	熔岩储热

热水储能在国内外电厂改造中已有广泛应用，适用于热电联产用户侧的热水供热，以蒸汽为热源的热水储能系统改造成本较低，对热电联产机组低负荷和高负荷具有较强的调峰能力，但由于热水储能密度低，需要配备较大的储罐，改造时需占地较大，对受到厂区面积限制的热电厂改造来说比较困难。

熔盐储能由于可以承受较高温度的换热，材料比热高，热稳定性好，储能密度较高，所以适合汽轮机高压缸旁路或在再热器出口设置储热系统，但由于熔盐材料价格高，且由于高温蒸汽换热需要较高的压力，配备的换热器需要承受较大的压力，所以需要采用换热面积较大的厚壁换热器，改造成本较高。

相变储能在改造系统中较多使用无机盐混合物作为相变储热材料，由于相变储热材料在吸热和放热过程中温度变化范围较小，所以储能密度高，一般用于电厂回热系统的储能，在锅炉给水旁路配备中高温相变储热装置，在凝结水旁路配备低温相变储热装置，负荷调节速度快，由于储热装置设置不在抽汽侧，故不受供暖期的限制，可实现全年调峰。

混凝土热储能的温度范围广，可以实现高温高压蒸汽的储能换热，由于混凝土储能安全性好，储热温度较高，不仅适用于机组回热系统，也适用于热水供暖和工业蒸汽供热，而且混凝土价格低廉，改造成本低，储能密度高，故具有较高的改造潜力。

3. 典型应用

内蒙古丰泰发电有限公司 200MW 热电联产机组与供热首站之间新建一套大容量中温相变储热系统（见图 7-8），通过热电联产机组、供热首站和新建的热电解耦储热装置之间的协调控制，提升供热机组灵活性，使得热电联产机组能够更好地匹配风电间歇性、波动性的出力特性，从而提升了电网对风电相应的消纳能力。

图 7-8　内蒙古丰泰发电有限公司中温相变储热系统

该储热系统为 20MW·h 的中温相变储热，换热功率不低于 20MW，共配置 4 套相变储热装置，每台储罐储热容量为 5MW·h，传热功率为 5MW，储热介质为复合二元盐。该储热系统的换热装置为单进单出型换热器，换热介质采用闭式除盐水。该项目将汽轮机中压缸的蒸汽通过抽汽至储热装置，再通过调节储热装置的循环蓄热和放热，实现了热电联产机组的热电解耦，显著提高了整个机组的灵活性和调峰能力。

7.2.4　热储能在压缩空气储能中的应用

根据国务院《2030 年前碳达峰行动方案》，到 2025 年，我国新型储能装机容量将达到 3000 万 kW 以上，而中长时储能是实现双碳目标的最关键技术。压缩空气储能技术兼具布置灵活、建设周期短、寿命长、容量大等优点，是实现长时间尺度能量转移的优选技术方案。

1. 应用原理

对于传统的补燃式压缩空气储能电站，在储能过程中，空气经由压缩机加压，在冷却后进入储气装置储存；在释能过程中，高压气体需先进入燃烧室预热，再进入涡轮机做功产生电力。在这一过程中，不仅储能过程中空气的压缩热被白白浪费，还造成了释能过程的碳排放和环境污染。因此，研究人员逐步发展出先进绝热式压缩空气储能、等温式压缩空气储能、超临界压缩空气储能等新型技术。

以绝热式及超临界压缩空气储能为例，储能系统的储热/蓄冷原理图如图7-9所示。储热系统包括：压缩机的级间冷却器、膨胀机的级间再热器、储热换热介质、高温和低温储罐以及设备之间的管路、泵和阀门等。在储能过程中，导热油、水等换热介质从低温储罐中泵出至压缩机级间冷却器中，压缩机出口的高温空气被冷却，热能转移至储换热介质中并最终存储到高温储罐中；在释能过程中，将高温的储换热介质从储罐中泵出至膨胀机级间再热器，热能转移至空气中，储换热介质降温并最终回到低温储罐。另外，对于超临界液态空气储能技术，除了压缩热的存储和再利用之外，系统中还包含填充床储冷罐，可以对充放电循环中空气的液化和蒸发过程中的冷能进行存储和再利用。

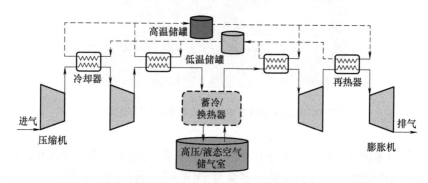

图7-9　绝热式及超临界压缩空气储能系统的储热/蓄冷原理图

2. 热储能技术在压缩空气储能中的技术分类

热储能在压缩空气储能系统中的应用主要在于压缩热的存储和再利用，因此，压缩热的温度品位决定了储热方式和储热材料的选择。对于绝热式及液态空气储能，如英国Highview公司的液态空气储能项目，其压缩机出口温度一般较高，所以通常采用导热油换热、高低温双罐的储热形式。对于等温式压缩空气储能系统，如Sustain X公司的等温压缩空气储能项目，系统的压缩和膨胀在一个活塞机构中实现，有充分的热交换时间和缓慢的压缩（膨胀）过程，因此会采用水作为储热介质。这是因为：常见易得；为流体，可随空气共同进入活塞机构；比热容大于空气，可实现近等温压缩；以液体方式喷射的情况下比表面积大，传热效率高。表 7-8 整理了部分利用储热技术的压缩空气储能项目信息。

表 7-8 部分压缩空气储能项目信息

项目	年份	类型	容量	储热材料	储热方式
Sustain X 兆瓦级等温压缩空气储能电站	2013 年	等温	1.5MW	水	单罐加压储水罐显热储热
Highview 西班牙液态空气储能项目	2021 年	超临界液态	50～350MW	导热油储热/岩石储冷	双罐显热储热/单罐填充床储冷
山东肥城压缩空气储能电站调峰项目	2021 年	绝热	10MW/100（MW·h）	导热油	双罐显热储热
江苏金坛盐穴压缩空气储能电站	2022 年	绝热	60MW/300（MW·h）	导热油	双罐显热储热
四川自贡大安压缩空气盐穴储能示范项目	2022 年	绝热	600MW	导热油	双罐显热储热
湖南岳阳硐室压缩空气储能电站	2022 年	绝热	300MW/1500（MW·h）	导热油	双罐显热储热
烟台海阳先进压缩空气储能储气系统项目	2022 年	绝热	200MW/1600（MW·h）	导热油	双罐显热储热
张家口先进压缩空气储能国家示范项目	2022 年	绝热	100MW/400（MW·h）	导热油	双罐显热储热
勉县先进压缩空气储能项目	2022 年	绝热	100MW/800（MW·h）	导热油	双罐显热储热

3. 典型案例

山东肥城压缩空气储能调峰电站项目的建设由中国科学院工程热物理所提供全部的技术支持，建设规模为 10MW/100（MW·h）。该项目充分利用肥城经济开发区地下丰富的盐穴资源，在电网负荷低谷时通过压缩机将空气压缩并通入盐穴腔体储存，电网负荷高峰时将高压空气释放驱动膨胀机做功并带动发电机发电，可实现电力系统调峰、调相、旋转备用、应急响应、黑起动等功能。

项目中，蓄热传热子系统采用了填充床颗粒储热方案，在研究阶段通过分析超临界空气的流动与传热特性，探索以岩石颗粒、不锈钢球、铝球等为储热介质的储罐中介质与流体间的相互作用规律和蓄热特性，最终研制出了压缩空气储能过程中高压、相变、超临界条件下的高蓄热性能和高传热性能堆积床储罐。储能电站主厂房及蓄热换热子系统图如图 7-10 所示。

图 7-10　储能电站主厂房及蓄热换热子系统图

7.2.5　热储能在卡诺电池储能中的应用

卡诺电池是一种基于储热技术的大规模长时储能技术。在储电过程中，电能驱动热泵循环将低温热"泵送"至高温热并存储起来；在放电过程中，利用存储的高/低热能驱动热机循环，将热能转化为机械能，进而驱动发电单元发电。相较于其他长时储能手段，卡诺电池无地理条件的限制，实现手段更加灵活多样，在未来将会有更广阔的发展空间。

1. 应用原理

热能的存储和转化是卡诺电池中最为重要的组成部分，以基于布雷顿循环的卡诺电池为例，如图 7-11 所示，其储热系统包括高温储罐和低温储罐及对应的管路和阀门。对于储电循环，外界输入的电能驱动压缩机对氮气、氩气等工作流体做功使其压力温度升高，然后，高温高压的工作流体通过填充床高温储罐，热能存储至高温储罐中；工作流体经过膨胀机，低温低压的工作流体通过低温储罐，冷能储存至低温储罐中。对于放电循环，工质在回路中反向流动，从高温储罐中提取热量从而获得膨胀做功的动力，并被低温储罐冷却，以减小压缩机功耗。

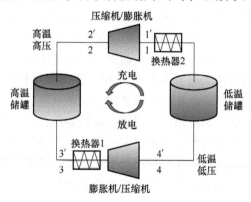

图 7-11　布雷顿循环卡诺电池储能原理

2. 热储能技术在卡诺电池储能中的技术分类

对于不同类型的卡诺电池，由于工作流体的种类及其在循环过程中的温度区间不同，使用的储热材料和采用的储热方式也有所不同，表 7-9 整理了部分卡诺电池储能项目信息。

通过表 7-9 可以看出，在卡诺电池中，储热技术的解决方案可分为显热储热、相变储热、热化学储热及两种或多种技术结合的混合储热方案。

表 7-9 卡诺电池储能项目信息

项目	年份	类型	容量	储热容量/时长	储热材料温度	储热方式
Isoentropic 公司储能项目	2012 年	布雷顿循环	2MW	16MW·h	碎岩石	填充床显热储热
Malta 公司热泵储能项目	2017 年	布雷顿循环	10~100MW	80~1000MW·h	熔融盐	相变储热
Camesa 公司卡诺电池储能示范项目	2019 年	蒸汽朗肯循环	5.4MW	130MW·h	火山岩/750℃	填充床显热储热
Energydome 公司 CO_2 热泵项目	2021 年	CO_2 朗肯循环	10~80MW	20~200MW·h	液态 CO_2 储冷/石块等储热	液态 CO_2 储罐/填充床显热储热
Future Bay 公司热泵储热项目	2021 年	有机朗肯循环卡诺电池	10kW 级	小时级	热水储热/相变材料储冷	显热储热/相变储冷
Siemens Camesa 公司热电储能项目	2021 年	蒸汽朗肯循环	100MW	24h	岩石 600℃	填充床显热储热
Echonge 公司热电储能项目	2021 年	CO_2 朗肯循环	25MW	250MW·h	沙子（热）/冰（冷）	双罐显热储热
1414Degree 公司热储能项目	2021 年	布雷顿循环	10MW~1GW	——	硅基合金1414℃	相变储热
Stiesdal 公司储能项目	2021 年	布雷顿循环	4MW	40MW·h	碎岩石	填充床显热储热

其中，对于基于布雷顿循环的卡诺电池，由于其高温储罐的运行温度较高（如 1414Degree 公司的布雷顿循环储能项目，储热温度超过 1400℃），往往采用填充床式的显热储热模式，使用石英砂、花岗岩、鹅卵石等廉价易得的固体储热材料，且储热材料常与工作流体有直接的热传递以获得更低的成本及更高的能量转换效率。

对于基于朗肯循环的卡诺电池，由于循环工质有了更多可选择的种类，如蒸汽朗肯循环、有机朗肯循环、CO_2 朗肯循环等，因此，储热方式和储热材料的选择更加灵活，如熔盐储热罐、加压水储罐、低温相变材料等。

对于基于热化学循环的卡诺电池，目前的研究还处于理论探索或实验室阶段，其利用的是 NaOH、LiBr 等水溶液的可逆吸脱附反应实现热量的存储和释放过程，从而产生低温蒸汽以驱动发电单元发电。

3. 典型案例

图 7-12 展示了 Camesa 公司于 2019 年在德国汉堡市设置的卡诺电池储能示范项目，该系统容量为 5.4MW，存储容量达 130MW·h，是德国最大的公共资金储能研发项目。

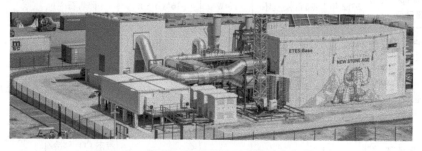

图 7-12　Camesa 公司卡诺电池储能示范项目

该系统应用了显热储热技术，利用填充床储罐，以火山岩作为储热介质，空气作为传热流体，储热温度最高可达 750℃。系统在低电价情况下通过电阻加热器对常温常压的空气加热，随后热空气直接与火山岩进行换热并储存，热能通常可存储数周时间。在放电过程中，可将热能用于蒸汽朗肯循环或其他高热需求场景。

7.3　热储能的关键技术及发展现状

近年来，伴随着大量可再生能源尤其是可再生电力的应用以及日益严峻的环境问题，高品位储能技术以及余热的高效回收利用越来越被人们所重视，这也为储热技术的进一步发展提供了机遇。然而，这些高品位储热技术的实际应用还会受到诸多方面的限制，如储热材料与储热装置的相容性问题、储热装置的优化传热问题以及储热系统的效率、成本及安全性问题等，只有从储热材料、储热装置和储热系统多个方面入手进行深入研究和探索才可能解决以上的问题并实现储热技术的推广应用。

7.3.1 储热材料

储热材料是目前储热技术研究中的重要方向,因而其在世界范围内的应用越来越受到重视。按照材料类型,储热材料可分为显热、相变、热化学储热材料,目前储热材料的研究多以显热储热材料和相变储热材料为重点,特别是具有高储热密度和应用了高温相变材料的紧凑型储热装置。在应用过程中,热能存储发展空间巨大,理想的储热材料需要兼具可靠安全、长寿命、低腐蚀性、低成本、高储热密度、高循环稳定性、长周期存储等特点。

显热储热材料是目前应用范围最广、安全性最高、成本最低的储热材料,在工业、建筑、太阳能热发电领域已有大规模的应用,但由于其储热密度低、自放热与热损问题突出、储/释热过程中温度变化大等缺点限制了其发展。目前主要应用的显热储热材料有各类熔盐、混凝土、硅质及镁质的耐火砖、硝酸盐铸钢及铸铁、导热油等物质。其中,熔盐价格较高,腐蚀性强,需要辅热防止凝固;混凝土导热系数不高,容易开裂,需增强传热性能;导热油价格较高,高温运行中易氧化、易结焦劣化。因此对于显热储热材料,增加材料的传热性能、储热密度和安全可靠性十分关键,寻找高稳定性、集成化材料也尤为重要。

目前在显热储热材料实际应用方面,国内外的显热储热技术多是以镁砖、混凝土等为原料,并已将材料投入市场进行商业化应用。在北京韩村河村,国网公司建成了首个集中电采暖试点示范项目,该项目结合固体蓄热式电锅炉,使用工作环境在 150~500℃ 的镁砖为储热材料,达到了 36MW·h 的储热能力并实现了良好的节能环保效果。除镁砖外,高温混凝土以及浇注陶瓷材料由于其来源广泛等特点,通常被用作颗粒床层的填充物与流体进行换热,已逐渐应用于太阳能光热电站并在应用中得到了广泛的研究。而在光热示范项目中,熔盐可以达到单日 10h 及以上的储热能力,储热规模往往可以达到几十至几百兆瓦之间,常见的应用于光热项目的熔盐有:二元熔盐(质量分数为 40% 的 KNO_3 和 60% 的 $NaNO_3$)、三元熔盐(质量分数为 53% 的 KNO_3、7% 的 $NaNO_3$ 以及 40% 的 $NaNO_2$)和其他各类低熔点的熔盐等。对于光热发电而言,二元熔盐的应用已较为广泛及成熟,我国首批光热发电示范项目之一的敦煌 100MW 熔盐塔式光热电站采用熔盐为储热介质,熔盐用量为 3 万 t,冷罐中熔盐平均运行温度为 290℃,热罐中熔盐平均运行温度为 565℃,可达到 11h 的储热时长。

相变储热材料具有高储能密度、应用过程没有化学反应发生、对自然环境危害较小等诸多优势。然而对于大多数的相变储热材料(尤其是有机类)而言,其导热系数通常较低,使得实际换热效果受到影响,因此需要增强其导热率,另外单一的储热材料也具有各自的缺点，解决这些缺陷往往需要采用多种复合技术，以提高其实际应用性能。目前主要的复合技术包括：包裹、封装、浸渍吸附、混合烧结等方法，大多聚焦以下三个主要方向：1）针对有机相变材料液态时泄漏的情况，研究材料的有效封装技术；2）针对有机相变材料低导热率的特性，研究有效导热增强的手段；3）针对增加有机相变材料多功能性，研究对相变材料进行功能填料的有效掺杂方法。

对于相变储热材料开发、改善和应用，目前国内外已逐步进入实用阶段，相变储热材料主要用于控制工业中关键器件温度、太阳能的吸收和储存、工业反应中的余热和废热利用等诸多方面。目前开发和研制复合技术下的相变储热材料是重要的研究方向，南京金合能源在新疆阿勒泰地区建成风电清洁供暖示范项目，采用复合相变储热材料，其相变温度为550℃，加热功率为6MW，达到了35MW·h的总蓄热量。全球能源互联网研究院采用自主研发的高温无机复合相变材料，相变温度为710℃，将储热技术与吸收式制冷技术相结合，实现苏州同里园区的冷热联供，加热功率为500kW，蓄热量为4MW·h，供热面积为5000m^2，供冷面积为2500m^2。从目前的探索和应用中可以看出，中高温相变储热材料具有较高的储热密度，有利于设备的紧凑化和微型化，但是由于其腐蚀性、与结构材料的兼容性、稳定性、循环使用寿命等问题都需要进一步的研究，因此相变储热材料的商业化道路仍需要进一步探索。

热化学储热材料的储热密度远高于其余两种，具有适用的温度范围较宽，对热能进行长期储存且几乎无热量损失，同时能够实现冷热复合储存等优势，但同时也面临着技术复杂、目前成熟度不足、储热材料对设备具有的腐蚀性、传热传质能力差和材料开发难等问题，且热化学储热材料应用过程中系统的搭建一次性投资大，安全性、转化效率、经济性等问题目前仍然难以寻求到合适的方案和技术路线，因此迄今为止大多数的热化学储热材料体系还处于早期研发阶段，仅有部分在中试规模的试验台上进行了研究和验证，距离规模化商业化仍然有很长一段距离。热化学储热材料的研究和应用需对反应速率和传热系统等关键技术进行优化设计与控制，实现化学反应系统与储热系统的结合以及中高温领域的规模应用也仍需要进一步研究。为推动材料的发展，目前对热化学储热材料的功能性提出了一些目标：材料在放热温度附近的反应热大、反应系数对温度敏感、反应速度快、反应剂稳定、对反应容器材料腐蚀性小等。对于热化学储热体系的研究主要集中在储热材料的改性与优化，包括在储热材料中掺入不同的添加剂改善储热材料的循环性能，开发腐蚀性小、副反应少、操作条件适宜的热化学储热体系，储热系统和反应器的设计和中试放大研究等方面。

目前，国内外也有多家企业着眼于储热材料的生产和研发，见表7-10。

表 7-10 储热材料的企业

企业名称	国家	储热材料类别
贺迈新能源	中国	−100~1000℃ 的纳米晶相变储能（热/冷）材料
金合能源	中国	复合相变储热/冷材料，可覆盖−150~1000℃
安兴高科新能源	中国	高效相变储能材料
盐湖股份	中国	熔盐介质
Azelio	瑞典	铝合金高温储热
Echogen Power	美国	砂岩储热
Kyoto Group	挪威	熔盐储热材料
EnergyNest	挪威	混凝土储热
SaltX	瑞典	纳米涂层盐热化学储热

7.3.2 储热装置及系统

1. 关键技术及发展现状

目前，已经得到广泛应用的储热装置根据其储热原理可分为显热储热装置和相变储热装置。其中依靠显热储热的有镁砖/混凝土储热装置、固体填充床储热装置、液体显热储热装置等，依靠相变储热的有填充床式、管壳式和板式储热装置等。

固体显热储热装置主要采用镁砖、混凝土等材料。混凝土储热装置是通过将换热管嵌入固体储热材料内部形成。在储热阶段，热流体沿换热管将热量传递到储热材料中；在释热阶段，冷流体沿相反方向从储热材料中吸收热能。混凝土储热装置由于其造价低、材料成本低、配置灵活、工作温度高等优势，在太阳能光热电站已有应用案例。但是，研究发现，存在着一定的不足，如释热阶段流体温度难以保持恒定；储存的热能在传递后才可被利用，导致能量品位降低；与双罐储热装置相比，混凝土储热材料利用率较低，储热材料消耗量更大。

固体填充床储热装置的基本工作原理是浮力分层原理，即允许储罐中顶部和底部区域的流体分离，整个装置从顶部开始储热，从底部开始释热。在储热过程中，热流体从罐体顶部进入，将热量传递给固体储热材料；在释热过程中，冷流体从罐体底部带走热量。填充床储热装置通常需要一个包含储热材料的密封结构，需要促进传热流体的均匀流动，以及需要承受较大的循环应力。目前，固体填充床储热装置的研究面临着一些问题，即如何减小斜温层厚度、如何填充提升储能容量、如何解决进口流体的不稳定性、如何进一步优化罐体材料和结构设计、如何提高填充颗粒稳定性等。

　　液体显热储热装置主要有单罐、双罐等，一般采用水、熔盐为储热材料。单罐储热装置是指热流体和冷流体都储存在一个罐中，在换热过程中，冷热流体在罐内接触，中间形成斜温层。在储换热过程中，冷流体被低温泵从罐体底部抽出，在外部加热后再由罐体顶部进入罐内，在此过程中，斜温层会上下移动。为了增加斜温层效应，避免冷热流体混合，一般会在罐内填充石英砂等材料，同时可以增加储热量，降低成本，相比于双罐大约能降低35%。

　　双罐储热装置由高温储罐和低温储罐组成，两个罐分别单独放置，一般可分为直接储热装置和间接储热装置。间接是指传热介质和储热材料不同，例如常采用导热油作为传热介质，采用熔盐作为储热材料，在两者之间设置换热装置，但也因此带来额外的热损失。直接储热装置是指传热介质和储热材料是一种物质，不设置换热器。双罐储热将热罐和冷罐分别放置，技术风险较低，在塔式太阳能光热发电系统中多采用直接储热的双罐系统，但双罐储热装置需要更多的储热材料，占地面积大，维护费用较高。

　　目前，国内研究应用最为广泛的相变储热装置主要包括填充床式、管壳式和板式相变储热装置三种。填充床式相变储热装置发展较为成熟，但由于其内部流动复杂和非线性相变的特征，其储热释热过程需要进一步的研究及优化。例如，多层填充床相比于单层具有不同的相变温度点和更高的出水温度，并具有更好的温度均匀性；储热单元球的结构尺寸对装置储热性能有很大的影响，完全相变的时间随尺寸增大而增大；相变区域自然对流和辐射在高温场景下影响到材料相变的快慢；质量流量和进口温度的改变会改变装置的储热效率等。

　　管壳式相变储热装置是相变储热技术中比较简单且成熟的装置，在工业上应用较为广泛。根据相变材料和传热流体位置的不同，主要分为两种，一种是将相变材料填充于内管之中，传热流体在内外管之间流动，另一种则相反，将相变材料填充于内外管间隙，传热流体在内管中流动。管壳式相变储热装置的关键技术在于如何进一步优化装置的结构，目前主要有添加翅片、内管偏心设置两种优化方案。添加不同结构的翅片，以及其不同的高度、比例、间隔均对相变过程有影响。将储热释热过程耦合后进行考虑，进行储热装置性能的综合优化，是未来重点的研究方向。

　　板式相变储热装置相对于其他类型的装置，具有结构紧凑、热损失较小、传热效率高的优势，但也存在着容易堵塞以及难以保证密封性的问题。在其传热优化设计中，主要考虑不同形状的换热板对装置的性能影响，常见的换热板类型有平板、锯齿形板、波纹板、梯形板等，通过板的形状设计，使流体在其中的速度和方向频繁改变，增强扰动，达到强化传热的目的。

　　总体来说，储热装置的性能主要取决于装置的结构及材料物性。进一步优化各种装置的结构，能一定程度上改善装置性能，但过于复杂的结构也会增加成本。将储热装置和储热材料耦合起来，分析两者的关联，从整体上提高性能，是未来的重要研究方向。

如上述 7.2 节，对于以热储能为能量存储形式的储能系统，其关键技术及发展各不相同。从全系统角度出发，其热储能装置并非技术难度最大或最为关键，例如压缩空气储能和火电灵活调峰。此处以太阳能热发电和卡诺电池储能为例进行简要介绍。太阳能热发电技术的核心为大幅度时变高聚光能流工况下的高效聚光-吸热技术。当前最新一代的太阳能热发电正朝着更高运行温度方向发展，因此储热装置形式要随着前端吸热形式的改进而发展。例如以吸热温度达上千摄氏度的固体颗粒吸热传热技术相符的快速充放热技术。

对于卡诺电池储能技术，当前尚处于实验中试发展阶段。随着包括氮气、二氧化碳甚至是氦气等新循环工质系统的逐步深入研究和开发，与这些工质进行高效储释热的储热形式也亟待研究，例如基于固态和液态储能性能的高低温储罐的设计、运行和调控技术。

2. 主要厂商及产品

国内外有多家公司从事储热装备的研发与生产，一些代表企业如下：

山东金喆新能源是从事储热（蓄冷）、燃气锅炉、余热回收、燃料电池储能等技术研发的公司，具备固体蓄热机组全链条生产能力，代表产品有板式换热机组、固体储热热水机组等。

西子清洁能源装备制造股份有限公司，致力于成为全球领先的清洁能源装备及解决方案供应商，相关代表性产品有立式熔盐储罐、卧式熔盐储罐等，代表案例有西子航空零碳智慧能源中心。

北京兆阳光热技术有限公司是一家从事太阳能热发电、工业蒸汽、热水供应的公司，包括研发及生产应用于上述场景的固体蓄热装置、耐高温固体混凝土蓄热装置。

美国 Preload 公司成立于 1930 年，是一家设计和建造储热罐、混凝土罐的公司，迄今已完成 3700 余个不同类型、尺寸的储罐。

Linde Gas 是一家总跨国气体公司，负责设计和制造应用于高温储热系统的各种类型的换热器（例如盘绕、板翅式）。目前该公司正在设计和提供基于熔融盐的大规模高温储热系统。

7.4　热储能经济性分析

储能系统生产成本主要包括蓄热材料、蓄放热装置以及运营成本等。各种热储能技术的实际运作成本都比初期投入成本低，目前的数据还非常有限，在德国的一项研究中评估了多个跨季节的储热项目,并指出这些工程的运营成本仅占总投入成本的 0.25% 左右,而维修成本则仅为 1% 左右。所以,尽管热储能技术的初期投入成本很高,但其实际运行和维修成本却较低,因此总体的经济效益也较高。

除了成本外,各类储热技术的经济性在很大程度上取决于具体应用和操作需求,包括储热周期和频率等。对于大型储热应用,容器和管道与储热介质的腐蚀问题是决定系统寿命、经济成本和运行安全的关键因素。在我国,每年因腐蚀造成的经济损失占国内生产总值的 3% ~ 4%。此外,对于所有类型的储热技术而言,单位投资成本随着系统规模的增加而呈现下降的趋势。

7.4.1 显热储热技术

对于显热储热技术,相比储热材料本身,相关组件和安装费用在总成本中均占有较高比例,投资成本主要来自系统装置和维修成本等,并且单位投资成本会随着储热容量的增大而显著下降。几种显热储热工程成本见表 7-11。

表 7-11 几种显热储热工程成本

工程	年份	储热技术	特点	投资成本
江苏国信靖江 660MW 煤电机组	2022 年	与煤电耦合的熔盐储热	大幅提升煤电机组调频、调峰性能,同时保障机组供汽安全	29 亿元
中广核阿里雪域高原 "零碳" 光储热电示范项目	2022 年	二元硝酸盐储热介质	100MW 光伏 + 100MW·h 电化学储能、50MW 光热	27.6 亿元
山东泰安 350MW 盐穴压缩空气储能示范工程	2022 年	低熔点熔盐	采用全球首创的低熔点熔融盐高温绝热压缩技术	22.3 亿元
摩洛哥 800MW 光热光伏混合电站 Noor Midelt 项目	2019 年	光伏发电+熔盐蓄热	世界上第一个将光伏、聚光太阳能与热能存储结合起来的太阳能项目	21 亿美元(总投资);0.4846 元/(kW·h)(高峰时段电价)

熔盐储热应用于光热发电+供热供气+火电灵活改造,效率低于 60%,寿命在 25 年左右,其成本包括熔盐材料本身的价格,以及熔盐泵、熔盐罐、蒸汽发生器、保温材料、玻璃等关键设备。熔盐储热的一次性投资规模较大,投资成本大约为 500 万元/(MW·h)。在不考虑能量损失的情况下,熔盐储热的度电成本约为 0.443 元/(kW·h),那么在 50% 的转化效率下,度电成本约为 0.886 元/(kW·h)(据《电化学与蓄热储能技术在可再生能源领域的应用》测算)。在清洁供热供气中,供

暖运行的成本根据峰谷电价的不同为 $13\sim18$ 元 $/m^2$。

7.4.2 相变储热技术

相变储热的系统成本显著高于显热储热，而且由于相变储热需要强化热传导技术及相应的设备使系统效率、蓄能容量等性能达到一定的标准，因此，除材料之外系统其他设备成本也相对较高。

相变储热技术成本在 $396\sim1570$ 元 $/(kW\cdot h)$ 之间。英国的相变储热技术还未完全进入商业阶段，其生产厂商的报价高达 $2058\sim2881$ 元 $/(kW\cdot h)$。从主要相变储热设备制造商的成本数据估算，中国相变储热系统初始投资成本为 $350\sim400$ 元 $/(kW\cdot h)$，装置本体的成本为 $220\sim250$ 元 $/(kW\cdot h)$，其中相变换热器和相变材料是影响储热装置成本的关键因素，合计约占储热装置总成本的 80%。几种相变储热工程成本见表 7-12。

表 7-12 几种相变储热工程成本

工程	年份	储热技术	特点	投资成本
日照交通能源发展集团办公楼相变储热清洁供暖项目	2022 年	波谷电价加热+相变储热	利用电网波谷时段低价电能向"热库"蓄热，在电网其他时段自动释放"热库"蓄热供暖	108 万元
潍坊市穆一村相变蓄热式供暖项目	2019 年	相变蓄热技术	仅使用晚上的低谷电，运行成本低；项目运行过程中无任何污染物排放，兼具环保效益	120 万元
青海省果洛州班玛县高海拔地区复合相变蓄热清洁供暖项目	2018 年	复合相变蓄热	利用空气作为循环工质，结合变频风机的运行实现热能的稳定可控输出，克服恶劣的自然条件	1070 万元
北软双新科创园储能供暖项目	2017 年	光伏+相变储热	配备智能化控制系统，实现热量调节，精细化调节蓄/释热量，实现精准供热	50 万元

以上四个项目都是利用相变储热技术进行供暖，实现能源的高效利用，在保证效率的同时减少环境污染。另外，相变储热技术的应用场景也非常广泛，大到地区小到居民楼、办公楼都能够得到应用，根据不同场景的需要，采用合适的相变储热技术和供热策略。

7.4.3 热化学储热技术

热化学储热技术目前仍然处于研究阶段，成本也非常昂贵，还不具备商业化条件，在实际应用中也还存在着许多技术问题，如一次性投资大、系统整体效率偏低、设备造价高等。

7.4.4 不同储热技术对比

三种储热技术中，显热储热技术最成熟、成本最低，主要是因为显热蓄热材料，如水、砂石、混凝土或熔盐等成本较低，盛放这些储热介质的罐以及相关蓄放热设备的结构也较为简单。相变储热技术还处于商业化的早期阶段，而热化学储热技术仍处于实验室研究阶段，设备造价和维护成本较高。相变储热和热化学储热与显热储热相比，其成本显著提高，因为材料成本较高，提高了系统的总成本。大多数中高温相变储热和热化学储热在未来很长一段时间内都面临着降低成本的压力。

7.5 热储能领域的相关政策

随着光伏、风电等新能源发电的进一步推广，热储能日益受到相关行业的关注。近年来支持热储能发展的政策越来越多，热储能前景一片大好。

国外发达经济体的储能政策主要聚焦实现储能技术的重大突破、建立具有全球竞争力的储能产业。例如，2020 年 12 月，美国能源部（DOE）发布了一份《储能大挑战路线图》报告，该报告涵盖热储能技术在内的七种储能技术，分别讨论了每种储能技术的发展现状，并介绍了它们在适用市场中的当前和预期需求。2021 年美国还颁布《储能税收激励和部署法案》修订法案来为储能系统提供投资税收抵免，符合条件的包括压缩空气、抽水蓄能、氢储能、热储能等多种储能技术。

我国以国家发展改革委和国家能源局为主的政府部门，颁布了一系列推动热储能技术与产业发展的国家层面的政策，主要内容包含大力推进太阳能热发电和风光热互补等系统的发展，鼓励加入热储能模块对燃煤电厂进行改造，重点对热储能技术和材料进行优化设计研究，加快推进热储能供热和发电示范应用，积极开发储电、储热、储冷等多类型、大容量、低成本、高效率、长寿命储能产品及系统等方面。此外，各省主管部门根据国家印发的《"十四五"新型储能发展实施方案》，也相继出台了促进热储能技术与产业发展的地方层面的政策，主要内容包含加紧开展热储能等多元储能技术路线研究示范、积极布局热储能等其他创新储能产业、灵活将太阳能与热储能等技术结合实现复合型采暖系统的应用、积极探索将热储能应用于低碳能源消纳的技术模式和商业模式等方面。为此，本节汇总了近年来国内热储能方面的相关政策。

国家层面和地方层面的热储能相关政策分别见表 7-13 和表 7-14。

表 7-13　国家层面的热储能相关政策

政策名称	发布时间	发布部门	相关内容
《关于深入推进黄河流域工业绿色发展的指导意见》	2022 年 12 月	工业和信息化部、国家发展改革委、住房城乡建设部、水利部	鼓励青海、宁夏等省、区发展储热熔盐和超级电容技术，培育新型电力储能装备
《"十四五"可再生能源发展规划》	2022 年 6 月	国家发展改革委、国家能源局、财政部、自然资源部、生态环境部、住房城乡建设部、农业农村部、中国气象局、国家林业和草原局	有序推进长时储热型太阳能热发电发展。在青海、甘肃、新疆、内蒙古、吉林等资源优质区域，发挥太阳能热发电储能调节能力和系统支撑能力，建设长时储热型太阳能热发电项目，推动太阳能热发电与风电、光伏发电基地一体化建设运行，提升新能源发电的稳定性可靠性
《"十四五"新型储能发展实施方案》	2022 年 1 月	国家发展改革委、国家能源局	到 2025 年，新型储能由商业化初期步入规模化发展阶段，具备大规模商业化应用条件。开展热（冷）储能等关键核心技术、装备和集成优化设计研究。推动长时间热（冷）储能等新型储能项目建设，促进多种形式储能发展，支撑综合智慧能源系统建设
《"十四五"现代能源体系规划》	2022 年 1 月	国家发展改革委、国家能源局	因地制宜建设天然气调峰电站和发展储热型太阳能热发电，推动气电、太阳能热发电与风电、光伏发电融合发展、联合运行
《"十四五"能源领域科技创新规划》	2021 年 11 月	国家能源局、科学技术部	研发钠离子电池、液态金属电池、钠硫电池、固态锂离子电池、储能型锂硫电池、水系电池等新一代高性能储能技术，开发储热蓄冷、储氢、机械储能等储能技术

（续）

政策名称	发布时间	发布部门	相关内容
《2030 年前碳达峰行动方案》	2021 年 10 月	国务院	在绿色低碳科技创新行动中提到，要加快先进适用技术研发和推广应用，其中包括推进熔盐储能供热和发电示范应用
《关于加快推动新型储能发展的指导意见》	2021 年 7 月	国家发展改革委、国家能源局	坚持储能技术多元化，推动锂离子电池等相对成熟新型储能技术成本持续下降和商业化规模应用，探索开展储氢、储热及其他创新储能技术的研究和示范应用
《关于加快建立健全绿色低碳循环发展经济体系的指导意见》	2021 年 2 月	国务院	要求加快发展太阳能发电和风力发电，安全发展核电，要推广燃煤电厂超低能耗改造，鼓励发展储电、储热等储能系统
《关于促进储能技术与产业发展的指导意见》	2017 年 9 月	国家发展改革委、财政部、科学技术部、工业和信息化部、国家能源局	集中攻关包括相变储热材料与高温储热技术及储能系统集成技术在内的储能技术和材料、试验示范一批包括大容量新型熔盐储热装置在内的具有产业化潜力的储能技术和装备。支持在可再生能源消纳问题突出的地区开展可再生能源储电、储热等多种形式能源存储与输出利用；推进风电储热等试点示范工程的建设
《中国制造 2025—能源装备实施方案》	2016 年 6 月	国家发展改革委、工业和信息化部、国家能源局	技术攻关太阳能热发电蓄热系统关键设备：高温高效率吸热材料（金属、陶瓷、涂层材料），百兆瓦级高温熔盐吸热器，万立方级蓄热熔盐储罐，高温高扬程大流量熔盐泵

（续）

政策名称	发布时间	发布部门	相关内容
《能源技术革命创新行动计划（2016—2030年）》	2016年6月	国家发展改革委、国家能源局	研究分布式能源系统大容量储热（冷）等方面的储能技术，重点在50MW级储热的风光热互补混合发电系统等方面开展研发与攻关。研究高温（≥500℃）储热技术，开发高热导、高热容的耐高温熔盐、复合储热材料的制备工艺与方法。研究热化学储热等前瞻性储热技术，探索高储热密度、循环特性良好的新型材料配对机制；突破热化学储热装置循环特性
《关于推进"互联网+"智慧能源发展的指导意见》	2016年2月	国家发展改革委、国家能源局、工业和信息化部	鼓励建设与化石能源配套的电采暖、储热等调节设施。开发储电、储热、储冷、清洁燃料存储等多类型、大容量、低成本、高效率、长寿命储能产品及系统

表 7-14　地方层面的热储能相关政策

政策名称	发布时间	发布部门	相关内容
《四川省能源领域碳达峰实施方案》	2023年1月	四川省发展改革委、能源局	加快推进地热资源勘探开发，探索开展地热发电试点；研发熔盐储能供热和发电、飞轮储能、高温相变材料储热等关键技术
《山东省新型储能工程发展行动方案》	2022年12月	山东省能源局	推广熔盐储热、固体蓄热等热储能技术，探索提升传统火电调节性能。加强高精度长时间功率预测、智能调度控制等技术应用，推动风光火储一体化运行，探索多能互补发展新模式

（续）

政策名称	发布时间	发布部门	相关内容
《江苏省"十四五"新型储能发展实施方案》	2022 年 8 月	江苏省发展改革委	推动我省新型储能技术多元化发展，促进技术成熟的锂离子电池、压缩空气储能规模化发展，支持液流电池、热储能、氢储能等技术路线试点示范
《浙江省"十四五"新型储能发展规划》	2022 年 6 月	浙江省发展改革委、能源局	开展多元储能技术路线研究示范。开展固态锂离子电池等新一代高能量密度储能技术试点示范。拓展储热、储冷等应用领域。结合系统需求推动多种技术联合应用，开展复合型储能试点示范
《浙江省能源发展"十四五"规划》	2022 年 5 月	浙江省人民政府	积极探索发展新型储能设施，试点建设氢储能和蓄冷蓄热储能等项目，建成一批电源侧、电网侧和用户侧的电化学储能项目
《河北省"十四五"新型储能发展规划》	2022 年 4 月	河北省发展改革委	发展多元化技术：百兆瓦级压缩空气储能关键技术，百兆瓦级液流电池技术，钠离子电池技术，兆瓦级超级电容器、热（冷）储能等
《广东省能源发展"十四五"规划》	2022 年 3 月	广东省人民政府	推动"大容量、低成本、长寿命、高安全、易回收"储能电池制造，积极布局大容量储热（冷）、物理储能等其他创新储能产业，推进广州、深圳等地储能生产制造、科研创新产业链集聚发展
《青海省"十四五"能源发展规划》	2022 年 2 月	青海省人民政府	着力建设现代化盐湖产业体系，构建钾盐资源循环利用产业链，推进盐湖化工向锂电、特种合金、储热、耐火阻燃等新材料领域拓展

（续）

政策名称	发布时间	发布部门	相关内容
《甘肃省"十四五"能源发展规划》	2022 年 2 月	甘肃省人民政府	推动储能电站、光热电站等示范工程建设，加强多种能源与储水、储热、储气设施集成互补，构建面向高比例可再生能源的基础设施智能支撑体系。加强风电、光热发电、熔盐储热材料、储能等关键技术研发与示范，推进多种能源互补协调运行
《河北省城市市政基础设施建设"十四五"规划（供水、供热、燃气)》	2021 年 10 月	河北省住房和城乡建设厅	推进储热技术研究应用，积极探索将储热应用于低碳能源消纳的技术模式和商业模式，加强相关政策支持，促进储热设施项目建设。加强太阳能与常规能源的融合应用。将太阳能与燃气、电动热泵、储热等技术相结合，实现热水、采暖复合系统的应用，鼓励在条件适宜地区的民用及公共建筑上推广太阳能采暖系统

7.6 热储能的未来发展趋势

7.6.1 热储能不同技术发展路线

相较于相变储热和热化学储热，显热储热技术在储热规模、效率、成本、技术成熟度和工程应用等方面具有较大的优势，是目前最为成熟的储热技术。但是显热储热技术存在储能周期较短、能量密度较低等问题，限制了其未来发展。显热储热技术未来的发展趋势是对显热储热材料进行改性以提高储热性能，提高其工作温度范围以提高储能密度；优化显热储热系统的结构、运行参数等以提高其储能效率。

相变储热技术经过多年发展，技术已经日趋成熟，但仍存在许多问题亟需研究解决。目前，相变储热材料存在易泄漏、过冷、易发生相分离、腐蚀性强等许多制约相变储热材料应用和发展的因素。相变储热材料的未来发展趋势是开发新型复合相变材料，改善相变储热材料的物理性能，提高相变材料的循环稳定性，降低存储成本；发展相变材料的封装技术，包括胶囊封装和金属罐封装技术，解决相变材料的腐蚀、泄漏等问题。

热化学储热是储热密度最大的储热方式，可以在未来实现季节性长期存储和长距离运输，并且可实现热能品位的提升。热化学储热的技术和工艺过于复杂，存在如反应条件苛刻、储能体系寿命短、储能材料对设备的腐蚀性大、产物不能长期储存等问题，使得热化学储热技术的技术成熟度最低。其从实验室验证到商业推广还有很长的一段路要走。针对以上问题，热化学储热的发展趋势主要是以下几点：1) 开发合适的热化学储热材料体系，应具备反应可逆性好、腐蚀性小、无副反应等优点；2) 热化学储热系统中热化学反应速率与传热性能的良好匹配以提高储能效率。

7.6.2 热储能发展规模预计

据国际可再生能源署（IRENA）于 2020 年发布的储热专项报告《创新展望：热能存储》预测，到 2030 年，热储能的全球市场规模将扩大三倍，储热装机容量将由 2019 年底的 234GW·h 增长至 2030 年的 800GW·h 以上。由长时储能委员会与麦肯锡合作发布的报告《Net-zero power：Long duration energy storage for a renewable grid》测算指出，到 2040 年，在没有热储能的情景下，全球部署的长时储能总装机容量将扩大 1~3TW，而在有热储能的情景下，全球部署的长时储能的总装机容量将扩大到 2~8TW，这意味着未来 20 年间，热储能的装机规模将增长 1~5TW。具体来说，随着热储能不同技术的逐渐成熟，不同储热技术的应用场景也将逐渐扩展。其中，在短期内，新一代熔融盐储热的工作温度范围将提高至 700℃，储热性能将进一步提升，凭借着较高的技术成熟度及其在聚光太阳能热发电中的广泛应用，以熔盐储热为代表的显热储热技术将在十年内快速增长，成为热储能规模增长的主要技术形式，据预测，到 2030 年熔盐储热的装机规模将达到 491~631GW·h 之间。此外，高能量密度的相变储热技术和热化学储热将显著提高储热系统的储能效率，从中长期来看具有较大的发展前景。其中，随着低温 PCM 的成本降低和技术改进有助于其在冷链、供冷和建筑等行业得到广泛应用，而储热温度更高的高温 PCM 和热化学反应储热系统也将在太阳能热发电、供热和建筑等领域发挥重要作用。

参 考 文 献

[1] 李拴魁，林原，潘锋. 热能存储及转化技术进展与展望 [J]. 储能科学与技术，2022，11 (5)：1551-1562.

［2］ FARAJ K, KHALED M, FARAJ J, et al. A review on phase change materials for thermal energy storage in buildings: Heating and hybrid applications ［J］. Elsevier, 2021, 33: 101913. 1-101913. 31.

［3］ 姜竹, 葛志伟, 马鸿坤, 等. 储热技术研究进展与展望 ［J］. 储能科学与技术, 2022 (9): 11.

［4］ 闫霆, 王文欢, 王如竹. 化学吸附储热技术的研究现状及进展 ［J］. 材料导报, 2018, 32 (23): 4107-4115+4124.

［5］ 何雅玲. 热储能技术在能源革命中的重要作用 ［J］. 科技导报, 2022, 40 (4): 2.

［6］ 曾智勇, 董华佳, 周厚国. 储能在 "煤改电" 中的应用 ［J］. 绿色科技, 2019 (8): 5-6.

［7］ 张继皇, 薛祝亮, 杨强, 等. 相变蓄热技术在商业建筑供暖中的应用 ［J］. 供热制冷, 2017 (2): 4-6.

［8］ 关书伟. 谷电、太阳能设备加热与熔盐蓄热的集中供暖技术应用 ［J］. 住宅与房地产, 2017 (5): 256-260.

［9］ 罗巨财, 仇丽华. 相变储能技术在谷电蓄热供暖中的应用研究 ［J］. 建筑工程技术与设计, 2018, 18 (2): 28-35.

［10］ 王飞. 利用谷电蓄热供暖技术的分析与探讨 ［J］. 城镇建设, 2019, 24: 30-33.

［11］ 蔡运罡. 低谷电蓄能供暖系统的应用探讨 ［J］. 科技创新与应用, 2017 (2): 3-5.

［12］ 吴鸣, 梁国强. 储热技术在太阳能工程领域的应用研究 ［J］. 节能与环保, 2016 (11): 60-62.

［13］ 成昊, 徐丽, 叶芬. 太阳能热发电用储热材料的研究进展 ［J］. 山东化工, 2019, 48 (9): 116-117.

［14］ 纪军, 何雅玲. 太阳能热发电系统基础理论与关键技术战略研究 ［J］. 中国科学基金, 2009, 23 (6): 331-336.

［15］ 侯玉婷, 李晓博, 刘畅, 等. 火电机组灵活性改造形势及技术应用 ［J］. 热力发电, 2018, 47 (5): 8-12.

［16］ 肖欣悦, 奚正稳, 罗银恒. 新型储换热系统在热电联产电厂灵活性改造中的应用 ［J］. 河北电力技术, 2021, 40 (2): 44-46.

［17］ 甘益明, 王昱乾, 黄畅, 等. "双碳" 目标下供热机组深度调峰与深度节能技术发展路径 ［J］. 热力发电, 2022, 51 (8): 1-8.

［18］ OLIVIER D, GUIDO F F, ADITYA P, et al. Carnot battery technology: A state-of-the-art review ［J］. Journal of Energy Storage, 2020, 32.

［19］ NOVOTNY V, BASTA V, SMOLA P, et al. Review of Carnot Battery Technology Commercial Development ［J］. Energies, 2020, 15: 647.

［20］ LIANG T, VECCHI A, KNOBLOCH K, et al. Key components for Carnot Battery: Technology review, technical barriers and selection criteria ［J］. Renewable and Sustainable Energy Reviews, 2022, 163.

［21］ 葛志伟, 叶锋, MATHIEU L, 等. 中高温储热材料的研究现状与展望 ［J］. 储能科学

与技术，2012，1（2）：89-102.

[22] 韩广顺，丁红胜，黄云，等. 套管式相变储热单元储热换热性能的研究［J］. 热能动力工程，2016，31（2）：14-20+134.

[23] 鹿院卫，杜文彬，吴玉庭，等. 熔融盐单罐显热储热基本原理及自然对流传热规律［J］. 储能科学与技术，2015，4（2）：189-193.

[24] HE Y L，QIU Y，WANG K，et al. Perspective of concentrating solar power［J］. Energy，2020，198：117373.

[25] 李亚溪，李传常，白开皓，等. 热储能技术及其工程应用［J］. 长沙理工大学学报（自然科学版），2022，19（3）：1-19.

[26] 全球首套与煤电耦合的熔盐储热示范工程成功投运，［EB/OL］.［2022-12-16］.https://www.chplaza.net/article-9343-1.html.

[27] 西藏阿里"零碳"光储热电示范项目带电成功，新华社，［EB/OL］.［2022-12-12］.https://www.chu21.com/html/chunengy-17101.shtml.

[28] 熔盐储热+压缩空气储能！全球首创低熔点熔融盐高温绝热压缩技术启动示范，ESPlaza 长时储能网，［EB/OL］.［2022-09-29］.https://www.cspplaza.com/article-22195-1.html.

[29] 全球首个！摩洛哥 800MW 光伏光热混合发电项目将利用光伏电力蓄热，CSPPLAZA 光热发电网，［EB/OL］.［2020-04-29］.https://www.cspplaza.com/article-17864-1.html.

[30] 研报｜熔盐储热：光热电站的配储系统，光大证券，［EB/OL］.［2022-09-17］.http://www.cnste.org/html/fangtan/2022/0917/9498.html.

[31] 熔盐储热：长时储能赛道的潜力路线，CHPlaza，［EB/OL］.［2022-08-16］.https://www.chplaza.net/article-8829-1.html.

[32] Innovation outlook：Thermal energy storage［R］. International Renewable Energy Agency，2020. https：//www. irena. org/publications/2020/Nov/Innovation-outlook-Thermal-energy-storage.

[33] 公告：日照交通能源发展集团办公楼清洁供暖改造项目相变蓄热装置，故宫文案馆，［EB/OL］.［2022-10-10］.https://www.163.com/dy/article/HJB3H5RQ0553VXG4.html.

[34] 运行成本约 15 元/m² 潍坊市穆一村相变蓄热式供暖项目投运，iGreen，［EB/OL］.［2019-01-23］. https://igreen. org/index. php？m = content&c = index&a = show&catid = 18&id=11805.

[35] 青海省果洛州班玛县高海拔地区复合相变储热清洁供暖项目调试并投入运行，CHPLAZA，［EB/OL］.［2018-11-13］.http://www.cnste.org/html/xiangmu/2018/1113/4061.html.

[36] 应用范围极广+指导政策出台：相变储能技术将迎发展风口？，CSPPLAZA 光热发电网，［EB/OL］.［2017-10-17］.https://www.cspplaza.com/article-10715-1.html.

[37] 碳交易网. 完善新型储能价格形成机制的思考及建议［EB/OL］.［2021-09］.http://www.tanjiaoyi.com/article-34549-2.html.

[38] 北极星储能网. 美国能源部发布"储能大挑战"报告［EB/OL］.［2022-04］.https://news.bjx.com.cn/html/20220425/1220495.shtml.

[39] 北极星储能网. 美国储能行业已经提供6万个就业岗位 [EB/OL]. [2021-03]. https://news.bjx.com.cn/html/20210312/1141422.shtml.

[40] 国家发展改革委, 国家能源局. "十四五"新型储能发展实施方案（发改能源 [2022] 209号）[EB/OL]. [2022-02]. https://www.ndrc.gov.cn/xwdt/tzgg/202203/t20220321_1319773.html? code=&state=123.

[41] 汪翔, 陈海生, 徐玉杰, 等. 储热技术研究进展与趋势 [J]. 科学通报, 2017, 62 (15): 1602-1610.

[42] 林浩楠. 相变储热材料的研究进展 [J]. 冶金与材料, 2021, 41 (6): 41-42.

[43] 郅慧, 高立营, 苏伟光. 热化学储热技术与研究现状 [J]. 齐鲁工业大学学报, 2022, 36 (5): 24-31.

[44] 邢闯, 刘立强, 闫绍华, 等. 化学储热研究进展 [J]. 材料科学, 2021, 11 (2): 88-97.

[45] Innovation outlook：Thermal energy storage [R]. International Renewable Energy Agency, 2020. https://www.irena.org/publications/2020/Nov/Innovation-outlook-Thermal-energy-storage.

[46] Net-zero power：Long duration energy storage for a renewable grid [R]. LDES Council, 2021.

重力储能

8.1　重力储能的基本原理

重力储能属于机械储能，其储能介质主要为固体物质和水。重力储能的基本原理是基于高度落差对储能介质进行升降，从而完成储能系统的充放电过程。

1）当以水为重力储能介质时，因为水的流动性强，水介质型重力储能系统可以使用密封性较好的管道、竖井等结构，其选址的灵活性和储能容量受地形和水源限制，在自然水源附近更易建成大规模的储能系统。

2）当以固体物质为介质时，固体重物需要选择密度较高的物质，例如金属、水泥、石砂等，从而实现相对较高的能量密度，固体重物型重力储能主要借助山体、地下竖井、人工构筑物等结构。

新型重力储能可以通过多种路径实现，国外在19世纪末已有抽水蓄能电站；我国重力储能应用相对较晚，于1968年建成第一座小型混合式抽水蓄能电站。重力储能种类多样，不同类型的重力储能其应用场景也不同。目前，根据重力储能的介质以及高度差，主要有以下四种储能类型：新型抽水蓄能、基于构筑物高度差的重力储能、基于山体落差的重力储能和基于地下竖井的重力储能。

水介质储能系统主要采用发电-电动机和水泵涡轮机进行势能和电能转换，一般通过水阀、发电-电动机的电流等参数进行控制以实现充放电过程。固体重物型的储能系统主要利用起重机、缆车、有轨列车、绞盘、吊车等结构实现对重物的提升和下落控制，功率变换系统主要包括发电-电动机以及机械传动系统，通过发电-电动机的电流等参数进行控制以实现充放电过程。

与其他储能系统一样，重力储能会出现能量损耗，例如摩擦损耗、电机损耗、变流损耗等。储能介质在完成释能下放时也将保留一部分的动能，该部分动能也将形成储能系统的损耗。因此，可以将重力势能储能的整体效率 ζ_s 定义为发电期间提供给消费者的能量 E_g 与储能期间消耗的能量 E_p 之比。重力储能的发展历程如图 8-1 所示。

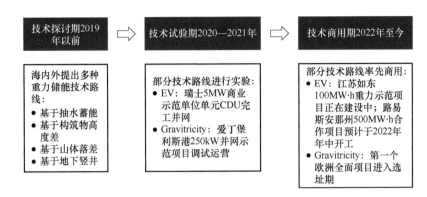

图 8-1 重力储能的发展历程

重力储能作为一种物理储能方式,其系统本质安全、选址灵活,同时具有零自放电率、储能容量大、放电深度高等优势,近年来受到了国内外越来越多的关注。

8.2 重力储能的特点及优势

重力储能具有容量大、清洁环保、原理简单、转化效率高、响应迅速、高安全、高寿命等优势,能够用于大规模可再生能源并网、电网侧电力辅助服务等长时段能源管理。与风电等间歇性能源耦合利用后,重力储能技术可以根据电网需要有效平稳风电场整体供电性能,实现电网对风电场的调度,解决大规模电力峰谷问题。

新型重力储能下游应用场景广泛,补全了现有储能技术的不足。与锂电池储能相比:

1)在成本方面,重力储能度电成本相对较低。

2)在储能时长方面,储能时长更长,相对更能满足下游应用场景的储能需求。

3)在效率方面,储能塔等项目与锂电池储能差距较小,在温度层面重力储能的效率相对于锂电池更加稳定。

4)在安全方面,重力储能属于机械储能,无自燃以及爆炸等安全隐患。

与抽水蓄能相比,新型重力储能的类型多样,因此选址限制较少且不完全依赖于水源。重力储能方案种类多样:①基于不同的地形可选取不同的重力储能方案,其中包括基于抽水蓄能、构筑物高度差、山体落差、地下竖井的方案。②响应时间。各重力储能方案响应时间跨度较大（从小于 1s 到大于 10s），不同重力储能方案可满足不同的响应需求。重力储能与其他储能技术参数对比见表 8-1，重力储能与其他储能技术的应用范围如图 8-2 所示。

表 8-1 重力储能与其他储能技术参数对比

储能类型	价格/[元/(kW·h)]	响应速度	能量转换效率	优缺点
锂离子	1000~4500	ms	85%~98%	能量密度大、寿命短
氢储能	30000	ms	40%~50%	资源丰富、效率低、成本高
超导储能	6000~90000	ms	75%~90%	响应快、放电时间短、成本高
超级电容	9500~13500	ms	60%~90%	能量密度低、响应快、成本高
飞轮储能	2000~45000	ms	80%~90%	功率密度高、自放电率高
压缩空气	1000~2500	>10s	41%~75%	选址受限、响应慢、效率低
抽水蓄能	500~1500	>10s	65%~75%	选址受限、影响地形环境、技术成熟
重力储能	300~1000	s	80%~90%	效率高、寿命长、成本低

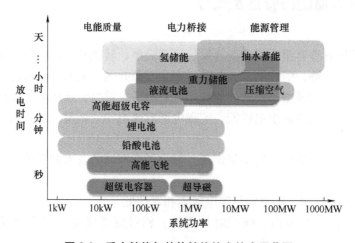

图 8-2 重力储能与其他储能技术的应用范围

总而言之，相比于飞轮储能、压缩空气储能、电化学储能，重力储能优势更多，具体包含以下几点：

1）安全环保。无论是在重物运输还是在机械发电过程中，重力储能都是利用物理原理，不涉及化学反应，几乎没有有害物质排放。而且电站建设一般都依托于废弃矿井或高塔，对自然环境影响小。

2）适应性强。就目前相对成熟的储能塔重力储能技术而言，更多利用向上空间，对土地面积要求不高。同时，采用混凝土块蓄能模式，不涉及水、石头等自然资源，因此，不需要临山或依水而建，在选址上具有更好的适应性。

3）寿命长。发电循环寿命长、成本低。以储能塔为例，其重物以混凝土或当地材料为主材，或者利用其他再生材料，能循环使用数十年，运行过程中重物损耗小。

4）成本较低。由于重力储能电站可利用废弃矿井、废弃高塔为建筑主体，同时蓄能重物也可以采用再生资源，因此建造成本较低。并且，在电站运行过程中不易受自然环境变化的影响，重物势能在储存期间能量不会流失。若取材利用合适，重物成本可以大大降低。待技术发展成熟后，重力储能发电的成本相对较低。综上所述，重力储能电站在度电成本和综合效率上均具有优势。

5）时间长且无自放电问题。重力储能电站上、下仓扩展相对容易，重物势能储存期间不会有损失，具备长时间储能的便利条件和先天优势。

当然，作为目前尚未完全成熟的技术，重力储能技术也存在一定的劣势：

1）容量规模小。限于技术的制约，目前已落地的重力储能项目最大功率为100MW，低于电化学储能和压缩空气储能，和抽水蓄能相比更是相形见绌。

2）个别技术建设及运维复杂。以目前最成熟的混凝土砌块储能塔来看，在运行过程中需要不断上下吊装大型混凝土块，无论对高塔本身还是周边安全都会产生一定的风险。

3）发电稳定性。还是以混凝土砌块储能塔为例，因混凝土块围绕高塔向上堆叠，堆叠高度的不同使得每个混凝土块蕴含的势能不同，在向下释放时起吊时间也不同。因此，如何保证发电稳定性还需要不断进行技术完善。

8.3　重力储能的主要技术路径

8.3.1　基于流体及微型固体颗粒的重力储能

由 Heindl Energy、Gravity Power、EscoVale 这几家公司在 2016 年先后提出的一种可视为重力储能方式的新型抽水蓄能，称为活塞水泵结构，如图 8-3 所示。该方式利用活塞的重力势能在密封良好的通道内形成水压进行储能和释能，Gravity Power 公司于 2021 年开始在巴伐利亚建设兆瓦级示范工程。这些结构的具体原理是用圆柱状的活塞嵌放在形状相同的储水池中，有富余电力时，泵会把水压入储水池中，此时岩石活塞就会被水压提起，即电能转化成了重力势能。而当电网需要电能供应时，闸门会打开，此时活塞下降，挤压储水池中的水流经泵来发电，此时重力势能会转化成电能。活塞水泵的储能原理相同，根据储能容量分为以下几种：Gravity Power Module（GPM）、Hydraulic Hydro Storage（HHS）和 Ground Breaking Energy Storage（GBES）。GPM 系统使用直径为 30~100m 的活塞，轴深为 500~1000m，功率密度为 191kW/m^3，目标提供 40MW/160（MW·h）~1.6GW/6.4（GW·h）电量，效率据称可达 75%~80%，平准化储能成本约为 0.38 元/(kW·h)，功率密度高，适合城市中小功率储能。HHS 和 GBES 系统储能容量设计大于 1GW·h，效率据称可达 80%，平准化储能成本为 0.58~1.2 元/(kW·h)，储能容量大，适合大规模储能。

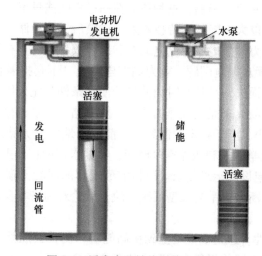

图 8-3　活塞水泵储能系统示意图

　　该类技术的储能容量取决于活塞的质量以及活塞能被抬升的高度，可以实现电网等级的长时间（6~14h）储能，能量转换效率据称可以达到 80% 左右，并且可以反复使用，为电网削峰填谷、消纳可再生能源提供了新的途径。这项技术最大的难点在于活塞与水池壁之间以及活塞自身的密封使其足以抵抗水压，并且只能建造在地质足够坚硬的地区。虽然难以达到抽水蓄能电站的储能规模，但这种储能系统对水的需求只有抽水蓄能的 1/4，占地面积更小、能量密度更大。

　　活塞水泵储能系统有以下特点：①利用活塞的重力势能在密封良好的通道内形成水压进行储能和释能；②根据活塞的质量以及被抬升高度的改变，可以改变其储能容量，从而实现电网级的长时间储能。该储能系统容量可调，水量需求较少，可灵活应用于城市中小功率储能和大规模储能。相对于传统的抽水蓄能用水量更少、选址更加灵活。尽管相对于传统抽水蓄能选址更为灵活，但是该项储能技术只能建造在地质坚硬的地区，因此大规模应用仍受阻碍。

　　2011 年，物理学教授 HorstSchmidt-Böcking 博士（法兰克福歌德大学）和

GerhardLuther 博士（萨尔大学）提出了一种新的抽水蓄能系统的想法，该系统应放置在海床上，将利用大水深的高水压将能量储存在空心体中。海上储能（StEnSea）项目是一种新型抽水蓄能系统，旨在海上储存大量电能。

目前，StEnSea 储能系统发展进程缓慢，仍处于项目试验阶段。IWES 已完成 StEnSea 储能系统 1∶10 的基于水深 100m 的博登湖试点测试，项目可行性已获证实。IWES 后续将会进行 1∶3 的 StEnSea 储能项目测试，并将结果和方法转移到 700m 的计划深度。

从建造方面来看，StEnSea 储能系统的主要难点为球体建造较大、安装条件苛刻。①球体：全尺寸球体（直径为 30m）的建设和组装难度较大。目前，针对球体建设和组装问题，HTS 提出并获得了模板系统的专利，该系统可以在水中制造球体。整个球体将在连续过程中用纤维混凝土一起浇铸成整体，以消除接缝导致潜在泄漏的风险。②安装条件：StEnSea 安装条件相对较为苛刻，需要同时满足水深（700~800m）、坡度（<1°）、距离等要求。根据 IWES 统计，2017 年安装区域面积排名第一的国家是美国，可安装面积为 10226km²，占总面积的 9%，装机容量为 74854GW·h。中国可安装区域面积小于 3307km²，占总面积的比例低于 3%。根据我国国情，符合安装条件的区域较少。2017 年全球 StEnSea 系统安装面积 Top10 如图 8-4 所示。

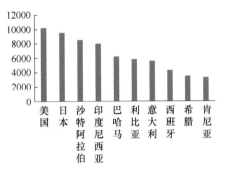

图 8-4 2017 年全球 StEnSea 系统安装面积 Top10（km²）

从容量和效率来看，全尺寸 StEnSea 储能系统的容量为 20MW·h，功率为 5~6MW，效率为 65%~70%。

StEnSea 海下储能系统如图 8-5 所示，StEnSea 海下储能安装条件见表 8-2。

表 8-2 StEnSea 海下储能安装条件

指标	参数
水深	600~800m
坡度	≤1°
不适合地貌	海底裂谷、峡谷、悬崖
距电网距离	≤100km
距维修基地距离	≤100km
距安装基地距离	≤500km

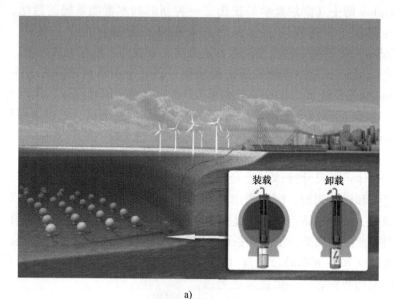

a)

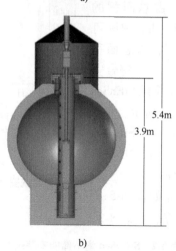

b)

图 8-5　StEnSea 海下储能系统

a）海下储能系统示意图　b）博登湖试点测试球体结构

海下储能系统的特点为：①利用海水静压差通过水泵-水轮机进行储能和释能；②合理利用海洋空间，适合用于沿海大规模储能。我国用电负荷大多为沿海地区，海上风电场建设加速，沿海地区储能需求或将迎来爆发期。此种储能的难点在于中空球体的制造、海底系统的加固以及海面沟通的电缆和管道的架设。

目前，海下储能系统尚处于测试阶段，从短期来看难以实现商用；从中长期来看在我国是否能够大规模应用海下储能的主要矛盾为安装条件是否能够相对降低。

　　西安热工研究院有限公司在 2021 年提出了一种基于微型固体颗粒的重力储能及发电系统，如图 8-6 所示。该系统包括布置于位置低处的释能料仓和位于高处的储能料仓，储能料仓底部通过释能带轮连接释能料仓顶部，储能料仓底部安装发电功率调节阀，释能料仓底部安装储能功率调节阀，储能带轮通过变速轮一与电动机相连；释能带轮通过变速轮二与发电机相连。该系统利用微型固体颗粒实现重力储能及发电过程，发电负荷调节连续、稳定、无冲击、调节速率快。

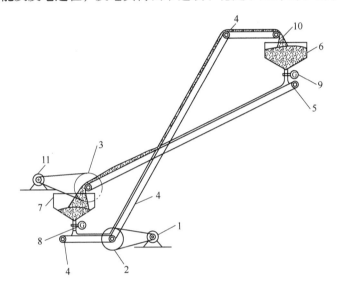

图 8-6　基于微型固体颗粒的重力储能及发电系统

1—电动机　2—变速轮一　3—变速轮二　4—储能带轮　5—释能带轮　6—储能料仓

7—释能料仓　8—储能功率调节阀　9—发电功率调节阀

10—微型固体颗粒　11—发电机

8.3.2　基于构筑物高度差的重力储能

　　瑞士重力储能公司 Energy Vault 在 2018 年底公布了其创意重力储能装置模型，如图 8-7 所示。由六台吊塔合一体为中心，在生产的电能盈余的时候，把多余的电能用来驱动吊塔，把重达 35t 的混凝土方砖吊起，并垒起 120m 的高塔；然后在电力匮乏时，吊塔把混凝土块放下，在其下落的过程中由重力驱动，吊塔连接的发电机会被带动，从而快速且大量地持续发电。该储能方式就是通过重力势能和电力电能的相互转化，实现像电池一样的储能功能，帮助不稳定的太阳能光伏和风电更好地并网。

图 8-7　Energy Vault 重力储能装置模型

　　凭借这一独特技术，Energy Vault 获得了日本软银集团 1.1 亿美元投资，并于 2019 年在印度部署了第一台 35MW·h 的系统，如图 8-8 所示。这个储能系统包含一台超大型六臂式起重机，以及大量重达 35t 的混凝土块。混凝土砖塔的容量可达 35MW·h、峰值功率可达 4MW，起重机在 2.9s 的时间里就能发电并且往返一次的能源效率据称能够达到 90%。该系统可持续以 4~8MW 功率连续放电 8~16h，实现对电网需求的高速响应，官网宣称该技术平准化成本约为 0.32 元每度电。

图 8-8　Energy Vault 在印度建设的 35MW·h 重力储能系统

　　从建造方面来看，储能塔能量密度较小、占地面积大、外部环境影响、建造污染等问题均有待解决。

　　1）储能塔能量密度：单个储能塔能量密度相对较低，针对此问题可以通过多储能塔多模块拼凑解决。Energy Vault 推出的 EVx™ 产品平台（见图 8-9）引入了高度可扩展的模块化架构，整体储能系统容量有望扩展到数 GW·h。

2）占地面积：储能塔占地面积较大，Energy Vault 的储能项目采用 25MW 储能容量，其占地面积达 2 英亩$^\ominus$（约 8000m²）。因此，短期应用将主要集中于土地资源丰富的地区，例如，作为风光大基地的配套储能项目。

3）外部环境影响：储能塔塔吊技术要求较高，水泥块位置误差要求为毫米级。针对该问题，EVx™ 产品平台可提高重力储能系统应对恶劣条件的能力。

4）建造污染方面：浇筑水泥块释放大量二氧化碳，单座储能塔需要上千块水泥块。根据中国水泥网计算，

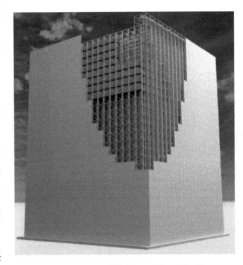

图 8-9　EVx™ 产品平台示意图

每生产 1t 水泥熟料将会排放 1t 二氧化碳。因此，储能塔建造的碳排放或将影响其布局进程。目前，储能塔主要以水泥为主，但是后期有望通过其他密度较高的物质进行替代，从而降低浇筑水泥所带来的碳排放。

从系统容量和效率来看，储能塔效率高，持续放电时间长。以 2019 年印度 35MW·h 储能系统为例，其峰值功率可达 4MW，起重机在 2.9s 内可达到最高功率，其往返一次的能源效率能够达到 90%。该储能塔可持续以 4~8MW 功率连续放电 8~16h。

从成本来看，成本大幅低于电化学储能，且有望进一步降低。根据 Energy Vault 公司测算，储能塔技术平准化成本约为 0.32 元/（kW·h）。目前，主要降本路径是对密度较高的废料重铸，替代水泥重力块。

基于储能塔选址灵活以及可集约化、大规模的特点，储能塔将是新型重力储能导入市场的先锋。重力储能市场目前属于蓝海市场，短期内竞争格局尚未形成。储能塔相对于其他重力储能项目落地进度更快，储能塔大规模推广的可能性较大，主要应用场景为土地资源丰富的发电侧。

徐州中矿大传动与自动化有限公司于 2017 年提出了利用支撑架和滑轮组提升重力储能的方案（见图 8-10），并采用定滑轮组和减速器以减少电机成本，该方案适合用户侧低成本、小功率储能，很难实现大规模储能。

上海发电设备成套设计研究院有限责任公司于 2020 年提出了一种利用行

$\ominus$　1 英亩 = 4046.856m²。——编辑注

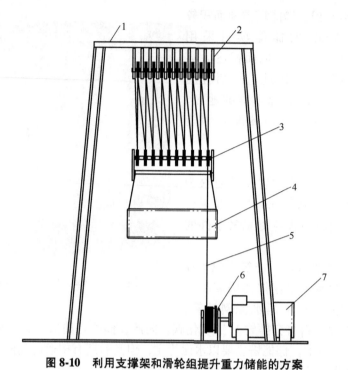

图 8-10　利用支撑架和滑轮组提升重力储能的方案

1—支撑装置　2—定滑轮组　3—动滑轮组　4—重物　5—钢丝绳　6—滚筒　7—电动机

吊和承重墙堆叠重物的方案（见图 8-11），其空间利用率高，储能密度大。利用构筑物高度差储能选址灵活且易于集成化和规模化，但必须确保建筑稳定以及对塔吊、行吊的精度控制，吊装机构、滑轮组和电机的整体效率也有待提升，如何在室外环境做到毫米级别的误差控制是制约这种技术发展的关键问题。

　　基于构筑高度差的重力储能各方面优势显著，选址制约相对较小。以储能塔为例，储能塔是利用起重机将混凝土块堆叠成塔的结构，并通过混凝土块的吊起和掉落进行储能和释能。储能塔具有选址灵活、能源效率较高、可长时间连续功率放电、响应速度快等优点。因此，该系统足以满足电网侧调峰的需求。破除基于构筑高度差的重力储能系统发展制约的关键在于克服外部环境影响，保证做到毫米级别的误差控制。

8.3.3　基于山体落差的重力储能

　　美国 ARES 公司于 2014 年提出了一种机车斜坡轨道系统，机车在轨道上上坡下坡进行储能和释能，2020 年在内华达开始施工建设（见图 8-12）。该技术已在加州特哈查皮的一个试点项目中测试成功，其首个商业部署正在内华达州帕伦

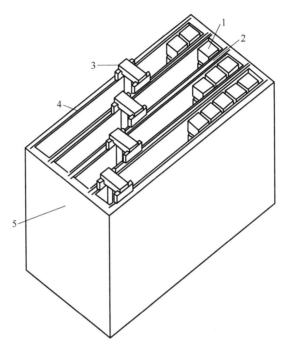

图 8-11　利用行吊和承重墙堆叠重物的方案
1—质量块　2—承重墙　3—行吊　4—轨道　5—围墙

图 8-12　ARES 公司项目试验车

普市开发，并将与加州电网连接。这个储存系统将使用一个由 210 辆货车组成的车队，总重为 7.5 万 t，在 10 条长度为 9.3km、平均坡度为 7% 的轨道上，电动机带动链条将这些货车拖到山顶。当需要电力时，车辆被送回山下，当它们下落时，链条带动发电机发电。ARES 宣称，这座储能系统可以提供持续 15min 50MW 的电力，效率可达 75%~86%。这种储能系统利用了山地地形和轨道车辆，可以实现室外环境下大容量储能，但平整山坡的土建成本较高，链条传动平稳性差，易磨损，还需要进一步的结构优化。

从建造方面来看，该类型储能系统可选择地点相对较少。IWES 认为，最佳的储能参数为：铁路线长度在 13~18km 之间，平均坡度为 4°~8°，距离变电站或输电线路小于 48km 等（见表 8-3）。美国内华达州面积约为 28 万 km²，根据 ARES 统计，内华达州拥有超过 20 个轨道机车储能系统装机地点。

表 8-3　轨道机车储能系统选址参数

参数	参考值
铁路线长度	13~18km
变电站或输电线路距离	<48km
平均坡度	4°~8°

从容量和效率来看，机车斜坡轨道系统容量相对较高，可达 5MW~1GW。以内华达项目为例，轨道机车能以 50MW 的功率持续放电 15min~10h。由于机车质量过大以及与铁轨摩擦导致能量损耗较大，因此转化效率相对较低为 78%~80%。ARES 内华达项目参数见表 8-4。

表 8-4　ARES 内华达项目参数

参数	参考值
铁路线长度	9.3km
海拔差	610m
坡度	平均为 7.05°，最高为 8°
功率	50MW
列车数量（合计）	7 列
列车载重	1223t

从成本来看，ARES 所提出的储能系统初始成本较高。ARES 储能系统的建造需要平整土地，从而导致初始成本较高。大型 ARES 初始投资成本约为 1500 美元/(kW·h)〔约 9000 元/(kW·h)〕。

初始投资成本过高以及转化效率较低是阻碍轨道机车储能系统大规模应用的关键问题。

奥地利 IIASA 研究所于 2019 年在 ENERGY 杂志上发表了一种山地缆绳索道结构，缆绳吊起吊落重物进行储能和释能。该储能系统 MGES 由两个平台连接而成，每一个平台都由一个类似矿山的砂砾储存站和一个正下方的加砂站组成。阀门将沙石填放入筐内，然后通过起重机和电机电缆将其运送到高海拔平台。当沙石被运回山下时，储存的重力势能被转化为电能。与抽水蓄能电站等传统的长期蓄水方法相比，MGES 对环境的影响很小。该系统储能容量设计为 $0.5 \sim 20 MW \cdot h$，发电功率为 $500 \sim 5000 kW$，储能平准化成本为 $0.323 \sim 0.647$ 元/$(kW \cdot h)$。这种储能系统利用了天然山坡，使用砂砾作为储能介质可以减少建造成本，但缆车运载能力较低，室外环境对缆车运行影响较大，如何实现稳定高效率的能量回收是此系统的研究难点。

从储能系统建造来看，存在选址要求较高、影响景观等问题。一方面，MGES 储能系统需要大量的砂石，对地质要求较高，高原和峡谷的地质可能难以承受砂石所带来的额外重量，因此应用场景有所局限；另一方面，该储能项目需要依山而建，因此对于景观影响较大。

从储能容量以及效率来看，MGES 装机容量为 $0.5 \sim 20 MW$。长期储存潜力较大，但雨季地势较低的储存点储能能力受影响。根据 IIASA 测算，MGES 在以 $2 m/s$ 的速度运行时可以存储和产生 $0.88 MW$；当速度为 $5 m/s$ 时 $2.21 MW$；当速度为 $10 m/s$ 时 $4.41 MW$。因此存储速度越快，存储周期越低。MGES 高度越高，储能潜力越大，存储周期越长。

从成本来看，MGES 储能系统成本跨度较大，整体略低于电化学储能。MGES 装机容量成本为 100 万 $\sim$ 200 万美元/MW（0.6 万 $\sim$ 1.2 万元/kW）；LCOE 成本为 $50 \sim 100$ 美元/$(MW \cdot h)$ [$0.323 \sim 0.624$ 元/$(kW \cdot h)$]。

MGES 项目长期储存潜力较大，与山区风力发电配合较好。主要应用场景适合储存需求小于 20MW、储存周期较长的电网侧。MGES 与主流储能项目成本对比见表 8-5，MGES 系统概念图如图 8-13 所示，MGES 项目不同参数储能情况见表 8-6。

表 8-5 MGES 与主流储能项目成本对比

储能形式	装机容量成本/ （美元/MW）	年储存成本/ [美元/$(MW \cdot h)$]	容量/MW
抽水蓄能	$0.4 \sim 1$	$5 \sim 50$	$100 \sim 2000+$
压缩空气储能（地下）	$0.86 \sim 1.2$	$67 \sim 190$	$10 \sim 500+$
低温能量储能	$1 \sim 2.8$	$250 \sim 300$	$10 \sim 500+$
锂离子电池	$0.25 \sim 0.6$	$500 \sim 1300$	$1 \sim 10$
MGES	$1 \sim 2$	$50 \sim 100$	$0.5 \sim 20$

表 8-6　MGES 项目不同参数储能情况

重物质量/t	速度/(m/s)	短期储能/MW	高度/m	长期储能/MW·h	存储周期/天
5000	2	0.88	200	17658	11.1
			500	44145	27.8
			1000	88290	55.6
			2000	176580	111.1
	5	2.21	200	17658	4.4
			500	44145	11.1
			1000	88290	22.2
			2000	176580	44.4
	10	4.41	200	17658	2.2
			500	44145	5.6
			1000	88290	11.1
			2000	176580	22.2

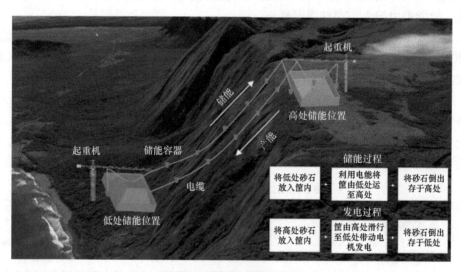

图 8-13　MGES 系统概念图

2014 年，天津大学提出了利用斜坡轨道和码垛机进行重力势能储能的构想（见图 8-14）。在高、低两平台之间铺设倾斜铁轨，使用绞盘拖拉缆绳带动拖车，并使用码垛设备和电动发电一体机来提高整体储能效率。

中国科学院电工研究所于 2017 年提出了两种重载车辆爬坡储能方案，一种是采用永磁直线同步电机轮轨支撑结构，电动发电都通过直线电机完成；另一种

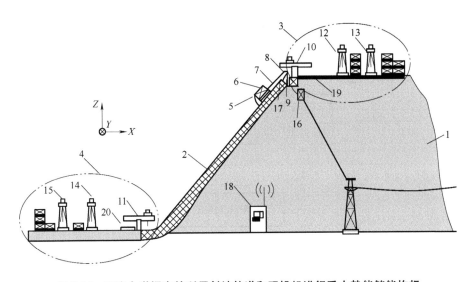

图 8-14　天津大学提出的利用斜坡轨道和码垛机进行重力势能储能构想

1—山体　2—连续铁轨　3—高海拔堆垛平台　4—低海拔堆垛平台　5—拖车　6—标准化重块
7—缆绳　8—缆绳绞盘　9—电动发电一体机　10、11—转载设备　12、13、14、15—码垛机
16—变压器　17—电动辊子　18—控制系统　19、20—自动小车

是利用多个电动绞盘拉拽车辆，分段储能。当铁路轨道运载车辆储能系统需要存储能量时，铁路轨道运载车辆储能系统通过调度控制系统向变流器发出控制指令，从电网吸收能量，由牵引电机轨道驱动运载车辆行进，将运载车辆由下游车辆停放车站牵引至上游车辆停放车站，从而增加所储存的运载车辆势能。当铁路轨道运载车辆储能系统需要释放能量时，将运载车辆由上游车辆停放车站牵引至下游车辆停放车站，牵引电机轨道工作于发电机状态，所发出的电能通过变流器回馈电网。铁路轨道运载车辆储能系统如图 8-15 所示。

中电普瑞电力工程有限公司于 2020 年提出了利用传送链提升重物的方案，减少了能的中间变换环节，可长时间连续工作。

哈尔滨工业大学于 2021 年提出了一种新型大规模高效重力储能系统（见图 8-16），该储能系统主要包括高位平台、电动机、发电机、变频器、控制开关、缆绳、绞盘、若干条输送轨道、低位收集场地和若干标准小车。高位平台和低位收集场地之间沿斜坡铺设上行和下行 2 条轨道，其中 2 条轨道在高位平台上螺旋闭合，在收集场地中平面闭合。电动机、发电机以及 2 套缆绳和绞盘分别安置于斜坡上 2 条轨道和高位平台上下层交汇边缘处，2 套缆绳和绞盘分别与电动机和发电机连接。标准小车置放于输送轨道上，在电力富余时，通过缆绳由电动机拖动沿上行轨道从低位收集场地拉升到高位平台上层；在需要发电时，由高位平台下层沿下行轨道下滑至低位收集场地并通过缆绳拖动发电机发电。系统运行

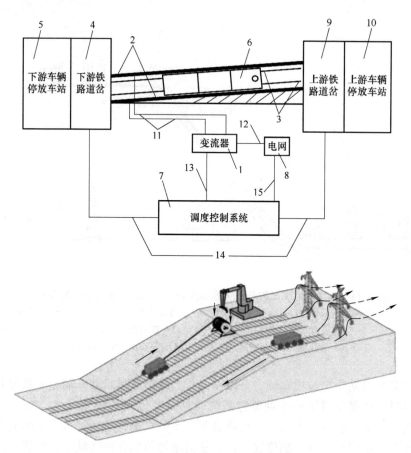

图 8-15　铁路轨道运载车辆储能系统

1—变流器　2—牵引电机轨道　3—铁路轨道　4—下游铁路道岔　5—下游车辆停放车站
6—运载车辆　7—调度控制系统　8—电网　9—上游铁路道岔　10—上游车辆停放车站
11、12—电气接口　13、14、15—电缆

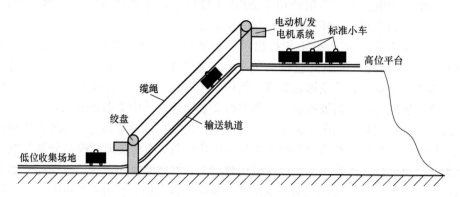

图 8-16　新型大规模高效重力储能系统

时，通过控制开关来控制电动机与发电机的具体工作情况。该系统结构简单，可
实现模块化设计，便于组装，选址灵活，输送轨道坡度及小车数量可根据需要调
整；利用山体落差进行储能，系统建设成本低、维护方便、能量转换效率高、可
靠性和稳定性好，可以实现更大规模的重力储能。

基于山体落差的重力储能结构能够降低安全风险，可以实现连续大规模储
能。该类型储能系统对环境影响小，利用重物储能和释能，且没有坍塌风险，结
构稳定，易实现大规模安全储能。但是，该类型储能系统前期建设成本较高，且
需要依靠山地地形，因此其发展受到一定程度的制约。但特别适合我国干旱少
雨、可再生资源丰富的西部地区，有非常可观的应用前景。

8.3.4　基于深坑、矿井的重力储能

苏格兰 Gravitricity 公司提出了一种使用废弃钻井平台，利用绞盘吊钻机进行
储能的机构。Gravitricity 利用废弃钻井平台与矿井，在 150~1500m 长的钻井中
重复吊起与放下 16m 长、500~5000t 的钻机，通过电动绞盘，在用电低谷时将钻
机拉升至废弃矿井，用电高峰时再让钻机笔直落下，进而"释放"存储起来的
能量，该系统可以控制重物的下落速度从而改变发电时间和发电功率。该公司声
称此系统可以在 1s 之内快速反应，使用寿命长达 50 年，效率最高可达 90%。储
能容量可自由配置 1~20MW，输出持续时间为 15min~8h。Gravitricity 预计在属
于封闭式深水港的利斯港口打造示范工程，建设成本约 100 万英镑，目标建成
4MW 级全尺寸重力储能系统。这种储能技术在封闭的矿井中工作，减少了自然
环境的影响，安全系数较高。如何提高电动绞盘的工作稳定性，减少重物的旋转
晃动以及固定等问题是研究的重点。Gravitricity 公司废弃钻井储能如图 8-17 所
示，Gravitricity 爱丁堡项目相关参数见表 8-7。

表 8-7　Gravitricity 爱丁堡项目相关参数

参数	数值	单位
功率	250	kW
重物数量	2	件
重物质量	25	t/件
高度	7	m
反应时间	<1	s

从储能系统建造来看，存在竖井开发成本较高以及废弃矿井资源利用可行性
待验证等问题。利用废弃矿井开发地下竖井重力储能系统，可降低整体开发成

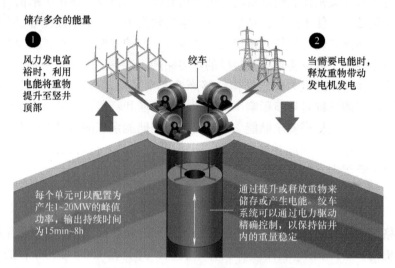

储存多余的能量

① 风力发电富裕时，利用电能将重物提升至竖井顶部

绞车

② 当需要电能时，释放重物带动发电机发电

每个单元可以配置为产生1~20MW的峰值功率，输出持续时间为15min~8h

通过提升或释放重物来储存或产生电能。绞车系统可以通过电力驱动精确控制，以保持钻井内的重量稳定

图 8-17　Gravitricity 公司废弃钻井储能

本，解决竖井开发成本过高的问题。我国废弃矿井资源丰富，根据中国工程院统计，我国山西省、河北省、黑龙江省、云贵川地区和新疆维吾尔自治区近十年关闭矿井数量分别约为 3810 座、764 座、1116 座、4642 座和 1400 座。地下竖井储能系统开发节奏相对较慢，但未来发展潜力较大。基于我国废弃矿井资源情况，该储能系统开发成本有望大幅降低。

葛洲坝中科储能技术公司于 2018 年提出了利用废弃矿井和缆绳提升重物的方案（见图 8-18），解决了废弃矿井长时间不使用的风险和浪费问题，也降低了重力储能系统的建设成本。但深井吊机的载重能力有限，重物和机组受井口尺寸限制，长绳索提升重物的形变、旋转摆动问题仍待优化，废弃矿井资源有限，选址不够灵活，还有瓦斯泄漏等安全隐患。

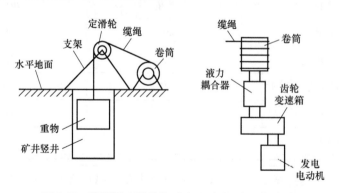

图 8-18　葛洲坝中科储能"废弃矿井+缆绳"方案

8.3.5　混合重力储能系统

华能集团于 2020 年提出了一种重力压缩空气储能系统（见图 8-19），兼具了压缩空气储能能量密度高和重力储能布置灵活的优点。

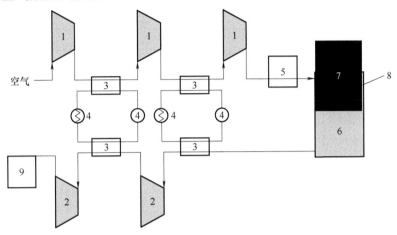

图 8-19　华能集团重力压缩空气储能系统
1—空气压缩单元　2—空气膨胀单元　3—储热装置　4—换热装置　5—废热利用换热器
6—储气室　7—重块　8—密封装置　9—发电装置

西安热工研究院于 2021 年提出了一种新能源发电结合电池及重力储能的系统（见图 8-20），新能源可直接充电至重力储能系统从而减小电力传输损耗，避免了单个重力储能模块的频繁启停对系统运行的影响。

8.3.6　各类重力储能技术汇总及对比

各类重力储能技术发展情况汇总见表 8-8，各种重力储能技术对比见表 8-9。

表 8-8　各类重力储能技术发展情况汇总

储能类型	代表企业	主要参数	提出时间	研发进程	特点
基于流体及微型固体颗粒					
活塞水泵	Heindl Energ、Gravity Power	可提供 40MW/160（MW·h）~1.6GW/6.4（GW·h）电量，效率可达 75%~80%，平均化储能成本约为 0.38 元	2016 年	2021 年开始建设兆瓦级示范工程	优点：储能容量大，可以实现电网等级的长时间储能（6~14h），储能效率高，可以达到 80% 左右　难点：活塞与水池壁之间以及活塞自身的密封使其足以抵抗水压，并且只能建造在地质足够坚硬的地区

（续）

储能类型	代表企业	主要参数	提出时间	研发进程	特点
基于流体及微型固体颗粒					
海底储能	IVES	储能容量为 20MW·h，功率为 5～6MW，效率为 65%～70%	2016 年	水上测试	优点：合理利用海洋空间，适合沿海地区的大规模储能，利于海上水上侧风电、潮汐能的消纳利用 难点：难以进行空球体制造、海底系统加固及与海面沟通的电缆和管道的架设
基于构筑物高度差					
储能塔	Energy Vault	容量为 35MW·h，峰值功率可达 4MW	2017 年	2022 年开始商用	优点：运营成本低，持续时间长，可利用本地废弃物实现可持续生产，选址灵活 难点：在室外环境难做到毫米级别的误差控制
支撑架	徐州中矿大支撑架公司	—	2017 年	提出方案	优点：采用定滑轮组和减速器减少电机成本 难点：在室外环境难做到毫米级别的误差控制
称重墙	上海发电设备成套设计研究院	—	2017 年	提出方案	优点：空间利用率高，储能密度大 难点：在室外环境难做到毫米级别的误差控制
基于山体落差					
轨道机车	ARES、哈工大	可提供持续 15min、50MW	2014 年/2022 年	首个商业部署正在开发	优点：利用山地地形和轨道车辆实现室外环境下大容量储能 难点：平整山坡的土建成本高，链条传动平稳性差、易磨损
斜坡缆车	IIASA	—	2019 年	提出方案	优点：利用天然山坡、使用砂砾作为储能介质以减少建造成本 难点：缆车运载能力较低，室外环境对缆车运行影响较大

（续）

储能类型	代表企业	主要参数	提出时间	研发进程	特点
基于山体落差					
绞盘机	天津大学	—	2014年	构想	优点：使用电动发电一体机提高整体储能效率 难点：未形成可操作方案
直线电机	中科院、哈工大	—	2017年/2022年	构想	优点：采用永磁直线同步电机轮轨支撑结构 难点：未形成可操作方案
基于深坑、矿井					
地下竖井	Gravitricity	使用寿命为50年，效率最高为90%，储能容量可自由配置1~20MW·h，输出储蓄时间为15min~8h	2016年	2022年商用项目开始选址	优点：减少自然环境的影响，安全系数较高 难点：电动绞盘的工作稳定性、重物的旋转晃动以及固定问题
矿井缆绳	葛洲坝中科储能技术公司	—	2018年	提出方案	优点：解决废弃矿井长时间不使用的风险和浪费问题，降低系统建设成本 难点：深井吊机的载重能力有限，废弃矿井资源有限，选址不够灵活，存在瓦斯泄漏等安全隐患

表8-9 各种重力储能技术对比

类型	储能密度/$(kW \cdot h/m^3)$	功率	容量	效率（%）	寿命/年	响应时间/s	适用场合
海下储能	—	5~6MW	20MW·h	65~70	—	>10	海洋空间
活塞水泵 GPM	1.6	40MW~1.6GW	1.6~6.4GW·h	75~80	30+	>10	城市中小功率储能
活塞水泵 HHS/GBES	—	20MW~2.75GW	1~20GW·h	80	40+	>10	地质坚硬地区
储能塔 Energy Vault	>1	4MW	35MW·h	90	—	2.9	可灵活选址
轨道机车 ARES	>1	50MW	12.5MW·h	75~86	40+	秒钟级	山地地形
斜坡缆车 MGES	>1	500kW	0.5MW·h	75~80	—	秒钟级	山地地形
地下竖井 Gravitricity	>1	<40MW	1~20MW·h	80~85	50+	秒钟级	废弃矿井

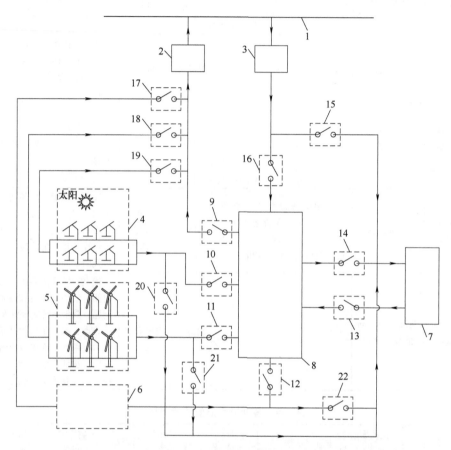

图 8-20 西安热工研究院新能源发电结合电池及重力储能系统

1—电网 2—逆变器及升压变压器模块 3—变压器及整流器模块 4—太阳能新能源发电模块 5—风电新能源发电模块 6—其他新能源发电模块 7—重力储能模块 8—电池储能模块 9—电池储能模块至电网放电开关 10—太阳能新能源发电模块至电池储能模块充电开关 11—风电新能源发电模块至电池储能模块充电开关 12—其他新能源发电模块至电池储能模块充电开关 13—重力储能模块至电池储能模块充电开关 14—电池储能模块至重力储能模块充电开关 15—电网至重力储能模块充电开关 16—电网至电池储能模块充电开关 17—其他新能源发电模块至电网放电开关 18—风电新能源发电模块至电网放电开关 19—太阳能新能源发电模块至电网放电开关 20—太阳能新能源发电模块至重力储能模块直接充电开关 21—风电新能源发电模块至重力储能模块直接充电开关 22—其他新能源发电模块至重力储能模块直接充电开关

8.4 重力储能的关键技术

重力储能作为一种能量型储能方式，由于起动时间较慢，难以提供电网惯性，但其储能容量大、出力时间长、单位能量成本低，可以精确跟踪电网调度指令，提升电网二次调频容量。重力势能储能联合其他功率型储能形式（如飞轮储能、超级电容器储能）可以有效解决新能源并网带来的频率、电压不稳定问题，也可以削峰填谷，解决新能源发电出力和需求不匹配的问题。

目前，有学者将液压式重力储能与光伏电站结合形成混合系统，通过重力储能对光伏的功率补充和剩余电能存储实现系统发电功率和负荷平衡；或采用不同的算法实现重力储能和风电场的容量配置与输出优化以实现稳定并网，缓解新能源发电的不确定性。但重力储能装置因其工作特性存在一定的时间间歇，并且单次释能时间较短，需要频繁启停才能实现长时间的发电供能。所以单重物的重力储能因其间歇性和波动等问题可能存在储能与放能不及时、不充分，造成电能的浪费。

为确保重力储能输出功率能够稳定并网，国内外学者提出利用多种储能方式结合构建综合储能系统；国外有学者研究利用超级电容补偿重力储能中重物加速和制动所需动能，再利用控制系统吸收重物下降过程中产生的特性功率浪涌，实现重力储能输出功率的有效控制与并网；国内有学者提出将重力储能与液流电池等结合，提出了以重力储能系统为主导，以化学电池为补充的分时分段控制策略，实现输出功率稳定且便于调节，避免单独使用重力储能模块的频繁启停，提高各组件寿命。由于重力储能的输出功率范围较大，所以需要为重力储能补偿较大容量的电池储能，以满足其不间断满功率输出的需求。但是化学电池本身存在能量密度较低、循环放电次数较少、寿命较短、可能造成环境污染、对于极端环境的适应性较差等问题。这些不足会造成整个储能系统的成本较高，维护更换的代价较大，不利于重力储能技术大规模投入建设运行。

在动力系统方面，根据重力储能系统高载重、低速率的特点，低速大扭矩永磁同步电机是较好的电机选择。对于重力储能系统用低速大扭矩永磁同步电机的控制要求精度较高，转速稳定，负载转矩恒定，控制电路简单，故选用 $i_d = 0$ 的矢量控制方法。网侧变流器控制策略主要是保证直流母线电压保持稳定，进行电压定向的矢量控制策略，采用直流母线电压外环、网侧电流内环的双闭环控制方法，以保证直流母线电压稳定。

根据目前发展情况，要实现规模化、产业化开发重力储能电站，仍有较多困难需要克服，主要为以下几点：

1）开发电网储能级别的重力储能电站需要一定的容量规模，相关硬件设备需要响应快、调节灵敏。如何稳定、高效运行是研制势能转化设备需要解决的重点之一。

2）重力储能电站上下仓分别高位、低位独立布置，使得占地较大，这也直接影响重力储能电站的土地占用、空间利用等情况，直接影响项目成本，需重点研究和规划。

3）材料和选址应发挥最优效应。重力储能电站的重物数量较大，重物材料采用混凝土为主材较为合适，同时还应该尽量利用已有废弃材料或就地取材，如建筑垃圾、砂石等，以降低对环境的不利影响，还能大幅降低成本。另外，在风力发电站附近，将现场处理、加工废弃的风机作为重物，也是一种可选择的方式。

8.5 重力储能经济性分析

截至 2030 年，新型重力储能市场规模有望超 300 亿元。2021 年，我国储能市场累计装机量为 43.44GW。其中抽水蓄能占比为 86.48%，电化学储能占比为 11.79%（见图 8-21）。2021 年新增储能装机量约为 7.39GW·h，其中抽水蓄能为 5.26GW·h，占比为 71.13%，电化学储能为 1.84GW·h，占比为 24.93%（见图 8-22）。抽水蓄能装机量占比下滑趋势明显，电化学储能装机势头较猛。新型重力储能解决了抽水蓄能选址困难依靠地势的缺点，同时安全性方面相比于电化学储能更高一筹。新型重力储能或将成为未来重要的储能技术之一。

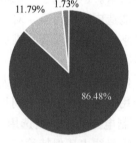

图 8-21　2021 年我国储能市场
累计装机规模占比情况

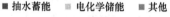
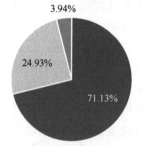

图 8-22　2021 年我国新增储能
装机量占比情况

1）储能市场累计装机容量：根据国家能源局测算，截至 2025 年和 2030 年，我国风光装机量将分别达到 1200GW 和 1600GW。根据国家能源局的政策，我国新能源强制配储比例为 10%~20%，配储小时数为 2~4h。随着国家消纳指标的提高以及电力市场化改革进程的加速，我国新能源配储比例以及配储小时数将逐步提高。我们预测，2025 年和 2030 年我国储能装机容量将分别为 255GW·h 和 755GW·h。

2）重力储能渗透率：目前以储能塔为代表的重力储能处于产品导入阶段，技术仍有待验证。我们认为，2025 年重力储能渗透率有望达到 5.5%。2025 年重力储能性能获得验证，重力储能渗透率有望大幅提升。2025 年后，随着重力储能持续降本，国内储能技术突破。我们预测，2030 年重力储能渗透率或有望达到 15%。

3）重力储能单 GW·h 成本：目前根据 Energy Vault 公司数据，储能塔成本约为 3 元/（kW·h）。储能塔降本路径相对清晰，后续有望通过规模化生产以及改变重力块材料进行降本。2022—2025 年，由于规模化尚未形成，降本速度较缓，因此假设每年降本为 2%。2025 年以后，重力块材料有望替换，且规模效应逐步凸显，降本幅度加大。

从短期看（截至 2025 年），重力储能市场规模有望突破百亿元（见表 8-10）。重力储能处于市场发展初期，根据目前商业化进程来看，前期将以储能塔为主。从长远来看，新型重力储能市场规模有望超 300 亿元。经过前期技术验证，重力储能技术得到认可，且技术更为成熟。储能塔降本有望加速，重力储能的市场占有率或有望大幅增长。

表 8-10　重力储能市场规模测算

	2022 年	2023 年	2024 年	2025 年	2026 年	2027 年	2028 年	2029 年	2030 年
中国储能市场累计装机容量/GW·h	120	150	190	255	330	420	525	635	755
中国储能市场新增装机容量/GW·h	20	30	40	65	75	90	105	110	120
中国重力储能装机量占比	0.50%	1.00%	2.50%	5.50%	7.50%	9.50%	11.50%	13.50%	15.00%
中国重力储能新增装机容量/GW·h	0.1	0.3	1	4	6	9	12	15	18
中国重力储能累计装机容量/GW·h	0.1	0.4	1	5	11	19	31	46	64
中国重力储能单 GW·h 成本/亿元	30	29	29	28	28	27	25	23	21
中国重力储能市场规模测算/亿元	3	9	29	101	155	228	306	347	378

在 2019 年之前，重力储能主要是一种理论构想，经过了两年的技术试验期之后，它在 2022 年有望走向产业化的初期。初具规模后，产业链上游将以建设原材料（水泥、金属、钢铁等）和装备为主，中游为储能系统集成商，下游应用分布在发电侧、电网侧以及用户侧。而中游储能系统集成商或将成为重力储能产业链主角。

上游原材料价格稳定，重力储能建设设备供给充足。重力储能上游为基建原材料以及机械设备。重力储能需要用到金属、水泥等能量密度较高的物质作为重物，因此所选择的材料以及设备均属于基建类。基建类大宗原材料价格大都处于区间内波动，大幅上涨情况较少。此外，根据 2021 年数据，我国起重机出口量远高于进口量，因此可以判断我国起重机产量充足，足以满足国内需求。

产业链中游为重力储能产业链的重点，主要由储能系统安装商和运维商组成。重力储能系统安装方面：重力储能对于控制要求较高，储能系统安装存在一定的技术壁垒，以"基于高度差的重力储能"为例，该项目对于建筑的稳定性要求较高，且在运行过程中需要对吊塔和行吊进行精准控制，因此，处于中游的储能系统安装商的技术水平将直接影响该储能项目的运行情况；重力储能系统运维方面：重力储能系统运维提高储能项目充放电效率，以"海下储能系统"为例，储能系统位于海洋内，对于该储能系统中空中球体、海缆以及管道的维护均有一定的技术壁垒。

下游应用可围绕发电侧、电网侧、用电侧全方位打开。发电侧：风力电站以及光伏电站等新能源发电比例上涨，发电侧配储需求强烈；电网侧：电力供应以及需求不匹配，叠加新能源发电无法供应稳定电力，电网侧为应对用电峰谷，保证电网电力供应需求相对平稳，导致储能需求爆发；用电侧：峰谷价差拉大，导致用电端套利空间逐步打开，工商业以及户用储能意识增强。

8.6 国家在重力储能领域的相关政策

近几年来，从国家到地方各级政府密集出台了一系列储能利好政策。例如，2022 年 3 月 21 日，国家发展改革委、国家能源局发布《"十四五"新型储能发展实施方案》，提出到 2025 年，新型储能从商业化初期向规模化发展转变，到 2030 年，实现新型储能全面市场化发展。

当前，国内大规模储能项目陆续启动，储能技术进步迅猛。同时，调峰、调频辅助服务和峰谷电价套利是当前我国电化学储能最主要的收益渠道，储能产业呈现蓬勃发展的良好局面。Wood Mackenzie 表示，受到《"十四五"新型储能发展实施方案》的推动，我国将持续主导亚太储能市场，预计到 2031 年需求将超过 400GW·h。我国储能发展历程如图 8-23 所示，我国 2022 年新发布储能产业发展的相关政策见表 8-11。

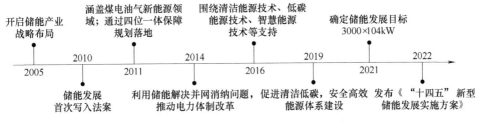

图 8-23　我国储能发展历程（2005—2022 年）

表 8-11　我国 2022 年新发布储能产业发展的相关政策

政策名称	发布时间	政策目标
《能源碳达峰碳中和标准化提升行动计划》	2022 年 10 月 9 日	加快完善新型储能标准体系，有力支撑大型风电光伏基地、分布式能源等开发建设、并网运行和消纳利用
《关于进一步推动新型储能参与电力市场和调度运用的通知》	2022 年 6 月 7 日	新型储能可作为独立储能参与电力市场；鼓励新能源场站和配建储能联合参与电力市场；充分发挥独立储能技术优势提供辅助服务，由相关发电侧并网主体、电力用户合理分摊等
《"十四五"可再生能源发展规划》	2022 年 6 月 1 日	明确新型储能独立市场主体地位，完善储能参与各类电力市场的交易机制和技术标准，发挥储能调峰调频、应急备用、容量支撑等多元功能，促进储能在电源侧、电网侧和用户侧多场景应用
《关于促进新时代新能源高质量发展的实施方案》	2022 年 5 月 30 日	完善调峰调频电源补偿机制，加大煤电机组灵活性改造、水电扩机、抽水蓄能和太阳能热发电项目建设力度，推动新型储能快速发展
《电力可靠性管理办法（暂行）》	2022 年 4 月 25 日	积极稳妥推动发电侧、电网侧和用户侧储能建设，合理确定建设规模，加强安全管理，推进源网荷储一体化和多能互补
《完善储能成本补偿机制助力构建以新能源为主体的新型电力系统》	2022 年 4 月 13 日	聚焦储能行业面临的成本疏导不畅等共性问题，综合考虑各类储能技术应用特点、在新型电力系统中的功能作用和提供的服务是否具有公共品属性等因素，研究提出与各类储能技术相适应，且能够体现其价值和经济学属性的成本疏导机制，为促进储能行业发展创造良好的政策环境，从而引导提升社会主动投资意愿

（续）

政策名称	发布时间	政策目标
《"十四五"能源领域科技创新规划》	2022年4月2日	发布了先进可再生能源发电及综合利用技术、新型电力系统及其支撑技术、能源系统数字化智能化技术等5大技术路线图
《2022年能源工作指导意见》	2022年3月29日	健全分时电价、峰谷电价，支持用户侧储能多元化发展，充分挖掘需求侧潜力，引导电力用户参与虚拟电厂、移峰填谷、需求响应
《"十四五"现代能源体系规划》	2022年3月22日	加快新型储能技术规模化应用。大力推进电源侧储能发展，合理配置储能规模，改善新能源场站出力特性，支持分布式新能源合理配置储能系统
《"十四五"新型储能发展实施方案》	2022年3月21日	到2025年，新型储能由商业化初期步入规模化发展阶段，具备大规模商业化应用条件。电化学储能技术性能进一步提升，系统成本降低30%以上。到2030年，新型储能全面市场化发展

8.7 重力储能的未来发展趋势

在全球大力发展清洁绿色能源理念的引导下，主要经济体均提出了大规模的新能源装机目标，储能行业同样受到了多国政府的激励。近年来，储能市场快速增长，主要集中在美、中、欧，其他地区也有不同规模的发展，市场潜力巨大。2021年以来，受全球能源紧张的影响，储能行业发展加速，截至2021年底，全球已投运电力储能项目累计装机规模为209.4GW。储能作为电力市场重要的组成部分，作用越来越大，尤其是在新能源电力占比逐年提高的环境下，大力发展储能成为共识。未来多年，储能需求将保持高增长。

我国储能市场规模方面，截至2021年底，我国已投运电力储能项目累计装机规模为46.1GW，占全球市场总规模的22%，同比增长30%。其中，抽水蓄能的累计装机规模最大，为39.8GW，同比增长25%，所占比重与去年同期相比再次下降，下降了3个百分点；市场增量主要来自新型储能，累计装机规模达到5729.7MW，同比增长75%。

2021年，我国新增投运电力储能项目装机规模首次突破10GW，达到10.5GW，其中，抽水蓄能新增规模8GW，同比增长437%；新型储能新增规模首次突破 2GW,达到 2.4GW,同比增长 54%;新型储能中,锂离子电池和压缩空气均有百兆瓦级项目并网运行,特别是后者,在 2021 年实现了跨越式增长,新增投运规模为 170MW,接近 2020 年底累计装机规模的 15 倍。

重力储能类型多样,选址相对灵活。发电侧:从光伏来看,储能塔布局灵活。因此,集中式与分布式电站均可配套,且安全系数相对较高。集中式光伏方面,尽管储能塔功率以及储能密度较小,但是可以通过多个储能塔组成大型电站的储能系统。分布式光伏方面,分布式光伏以工商业和户用为主。从选址来看,工商业分布式大多在工业园区以及城市中,因此土地资源相对紧缺。储能塔占地面积相对较小。从安全性来看,工业园区以及城市中储能对于安全要求更高,储能塔作为机械储能,安全性相对于电化学储能较高。从风电来看,储能塔、山地缆绳索道、海下储能等新型重力储能均可应用。海上风电方面,目前我国海上风电大多处于近海,且靠近用电负荷。海下储能可以充分利用海洋资源。海下储能的结构相对于抽水蓄能更为合理。随着海上风电的崛起,近海储能需求有望上涨。

新型重力储能性能突出。在效率方面,目前的储能技术中电化学储能对于地理位置要求相对较低,但电化学储能受温度影响严重。当电化学储能电站处于温度较低的地区,其效率远不如新型重力储能系统的效率。以 LFP 电池为例,当温度低于 0℃,LFP 电池充放电效率大幅下降。安全性方面,新型重力储能安全性高于电化学储能。一方面,由于电池充放电存在不稳定因素,导致电化学储能安全性相对较低。近年来,电化学储能相关安全事件频发。根据阳光工匠光伏网不完全统计,2022 年 1~5 月,全球共有 16 起电化学储能事故。尽管国家加强对于电化学储能电站的要求,但其仍存在较大的安全隐患。另一方面,由于化学储能需要增加消防成本,将提高整体的储能成本。相比之下,作为机械储能的新型重力储能安全性相对较高,安全成本较低。2017—2022 年 5 月全球电化学事故次数统计如图 8-24 所示。

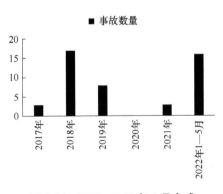

图 8-24 2017—2022 年 5 月全球电化学事故次数统计

新型重力储能成本相对较低,储能经济效应凸显。1)发电侧:集中式电站方面,尽管目前国家强制配储,但是在配储质量以及储能效果方面仍有提升的空间,主要原因是电化学储能成本较高。电化学储能对于电站属于成本项,因此储能装机积极性较低,储能电站质量较差。分布式方面,价格敏感度高,储能成本是其重要考虑因素。目前,分布式强制配储趋势逐步确立。2）电网侧：应用新型重力储能，电力辅助成本有望降低。目前我国电力辅助市场机制仍处于打造中，尚不明确。因此，电网侧储能成本向下传导难度较大，电网侧储能建设进度相对较为缓慢。

面对能源短缺与环境污染问题，我国大力推行走持续发展道路。在电力系统中，开发利用可再生能源发电已成为行业发展的共识和必然趋势。随着可再生能源利用前景的扩大，其发电的特性也显现出来。如发展最大的风力发电，有随机性、间歇性和波动性等特征，这些特征给风电大规模并网、运行带来了困难与挑战。储能技术的发展可以有效降低风电、光伏发电、热电的电网约束，加入储能装置后，能吸收电网过剩能量和补充电网缺乏能量，以改善风力发电的波动性，让其平滑稳定地对电网出力。对于山区的风电场配合的储能技术，山体储能是一种新型、有创新性的储能技术，将结合风力发电地理位置的特点，更好推进山区的开发利用。在可持续发展准则和生态平衡的前提下，加强对荒山、废弃山及重物石块的利用，实现资源利用的最大化。

作为国内重力储能的先行者，中国天楹公司深度绑定供需两端，大力发展重力储能业务。2021年11月，中国天楹与如东县政府签署了《新能源产业投资协议》，并于2021年12月与Energy Vault等合作方签订了中国境内首个100MW·h重力储能项目战略合作协议。位于江苏省如东县的该储能项目将采用Energy Vault的重力储能技术，是我国首个储能示范项目。

在资源日益匮乏，环境日益恶化的今天，人类对能源的利用方式和利用效率在不断改进，储能也正是人们在不断探索、优化的技术之一。重力储能正是近年来才出现的新技术，也许在未来，在大城市郊区耸立的高塔，不是水塔，不是烟囱，不是电视塔，而是一座座重力储能电站。

第9章

9

移动长时储能

9.1 移动长时储能概述

9.1.1 移动长时储能简介

    论及移动长时储能，便需优先了解移动储能的概念。移动储能即为应用在移动场所的储能技术。移动储能的消费场景大致分为三类：其一是便携储能。便携储能与便携设备应用关联甚密，此类储能消费场景趋于一般情况的类型，便是为移动电子设备户外应用提供电能存储支持。如手机、计算机等智能设备，民众出差、旅行期间对便携储能设备存有相当的应用需求，而移动储能技术及相关设备便可满足此类需求[1]。便携储能消费场景同样涵盖应急备灾场景，在天灾发生的环境背景下，太阳能发电设备可协助民众生产电能，而与之共同组成发电系统的移动储能设备，便是相对必存的系统组成。其二是房车储能。房车储能中铅酸电池组成的储能系统应用相对普遍，现在房车生产市场中已实现大范围的普及应用。根据房车大多数应用场景及未来长时间应用的续航需求，房车备用发电机太阳能电池板的配备也逐渐呈现出多样的发展境况。此场景消费需求较大，房车储能场景或将成为推动移动储能向长时储能方向发展的主要引导。其三是家庭储能。这一储能场景指向的需求主要存在于国外。时下国外多地电费价格昂贵，且电网的稳定性也有待进一步提升。在国外利用移动储能设备实现家庭电能存储的发展规模日益壮大，现同样受到国内外民众及相关设备生产厂商的关注[2]。

    而长时储能系统，指的便是可持续放电时间区间在 5～1000h 之间的储能系统。须知，长时储能需求本身便是建立在能源供应转移之上，能源供应转移进一步延展到移动储能层面，便进一步促成移动长时储能的诞生。长时储能系统应用支持力较大，而移动储能设备可提升能源应用支持范畴及支持形式灵活度，"移动"及"长时"的结合本身便是一种"强强合并"。结合上述移动储能消费场景的分析，可意识到未来移动储能发展潜力丰厚，家庭应用、房车应用及应急应用储能相关市场蓄势待发，长时储能技术的添加，是为移动储能设备未来发展积蓄更多潜力，为各种场景提供更加稳定、可靠能源支持的主要发展选择与丰富储能系统内构组成的主要倾向。时下，移动储能设备应用的主要市场为户外，此类场景也是验证移动储能在长时方向进阶发展落实境况的优选场景[3]。

9.1.2 移动长时储能政策分析

随着近年移动储能行业发展形势的日益严峻，移动长时储能政策的颁布，呈现出不一样的发展变化。以广东省这一外贸及各行业发展相对突出的大省为例，此省于 2022 年 8 月召开了充电宝质量提升暨便携储能第二次标准研讨会，诸多储能企业参加了此次会议。针对《便携式储能电源通用技术要求》这一标准文件所提及与便携式储能产品标准化生产相关的各项内容，省内储能企业纷纷表示会严格遵循，更基于此类内容提出诸多便携式储能电源产品创新生产探索的相关见解。标准文件提出，便携式电源的能量保持能力应依照标准进行预处理，且依照规定充电结束后，将对应电源置于环境温度为 23±2℃ 的条件下放置 28 天，并按照制造商标识的交流输出电压和电流条件放电至截止，可实际输出不低于标准制造商表示输出能量的 90%。标准文件更协同提出电池循环寿命的相关信息，无论是能量保持能力，还是电池循环寿命，这类属性都关乎便携式储能设备的应用时长。回顾整篇标准文件，除却此类内容，其更多提及的便是储能电源的输出、输入，可见，对于移动储能设备而言，相较于常规应用以外，长时间使用的保障，便是仅次于应用规格需重点关注的标准约束点。在此基础上，移动长时储能发展相关政策的后续推出，也显得相对符合大发展的整体需求。

近年，我国出台诸多对移动长时储能发展存有支持效力的政策。2022 年 8 月 25 日，工业和信息化部公开征求对《关于推动能源电子产业发展的指导意见（征求意见稿）》的意见，其中提到了新型储能电池领域。此次发展指导意见征求对新型储能发展提出了研究突破超长寿命高安全型电池体系、研究大规模大容量高效储能、交通工具移动储能等技术的要求，相当于直接明确了当前能源电子产业市场对移动长时储能产品及相关技术的迫切需求。意见文件更表示需支持新技术及新产品在终端市场落实应用，政策的支持也给予移动长时储能产品未来普及应用以相应支持。回顾以往，自 2017—2021 年，我国接连颁布的《关于加快推动新型储能发展的指导意见》《2030 年前碳达峰行动方案》《关于加强储能标准化工作的实施方案》等政策文件，均给予移动长时储能发展以政策环境保障。对应行业市场发展，将以技术及设备生产革新为动力，结合近年多行业企业均奔赴"双碳"目标，积极落实与之相关发展规划的社会大环境，移动长时储能的高质量发展也将走向更为宽广的舞台。

9.1.3 移动长时储能与移动电源车的对比分析

移动电源车又称为发电车及应急电源车，常见的移动电源车构成是在二类汽车基础上添加厢体和发电机组以及电力管理系统，其主要应用于电力、通信、工程抢险等如发生供能停止问题便会形成严重影响的各类场景。移动电源车在配备基础通行支持设备时会保持较强的越野性，以保证汽车行驶性能可适应各种崎岖的路面。移动电源车同样适宜在高温、低温、沙尘弥漫的各类环境中给予供能支持，对各类野外工程作业的支持效力十分明显[4]。通过多年的应用发展，移动电源车自身操作简便、稳定性高、维护性上乘、供能噪声较低等应用优势已充分呈现。一般涉及应急供电及户外作业等工作场景时，第一时间想到的往往是移动电源车。移动电源车应用的为柴油发电机组，车体内部保留人性化的操作空间。操作人员可在车内实现发电操作，且车厢内的维修、保养空间同样充足，操作间配备诸多设备设施，可令操作人员拥有良好的工作环境。车内同样会配备消防灭火器、应急灯及接地线，为移动电源车的多场景应用安全提供保障。移动电源车同样存有诸多规格类型，常见的规格上至 800~1000kW 区间，下至 50~80kW 区间，对应车体的大小也存有差异。移动电源车的发电机组安装底座为机底油箱结构，油箱储油多需支持机组运行 8h 以上。可见，移动电源车存有诸多应用优势，但其本身应用需借助存有驾驶及发电操作人员的技术能力支持，且整体发电机组现场占据空间相对较大，依旧存在空间范围无法支持其应用的场景。

移动长时储能设备则更加轻便，借助长时储能技术支持，其同样可支持多种设备、多种场景的用电需求[5]。以东莞市小龙虾电子科技有限公司自主研发的 X600 户外储能电源为例（见图 9-1），此类电源电芯为磷酸铁锂材质，属于汽车级电池材质。此类电源不仅持久耐用，还可提供 12V、9V、5V、3V 直流电输出。电源配备 Type-C 接口，更配备多种类型输出接口，可支持手机、计算机、摄影器材、无人机、便携式呼吸机、医疗设备等户外作业、旅行应用设备的电力供应。此移动储能电源支持太阳能储能输入，对于电能输出更针对不同输出需求存有相应的过载及短路保护保障。小龙虾 X600 户外储能电源内置风扇，可实现智能控温，其主机尺寸为 300mm×155mm×300mm，重量为 6.5kg，外观由黑色与橙色组成，量轻且时尚，可满足民众户外移动电源的应用需求。东莞市小龙虾户外储能电源 X600 技术参数如图 9-2 所示。

此类移动长时储能设备可支持户外作业，更加适宜居家旅行、野外探险和露营野炊。尽管其支持应用的场景不如移动电源车丰富，但其应用便捷度及小空间场景的适用度明显优于移动电源车[6]。

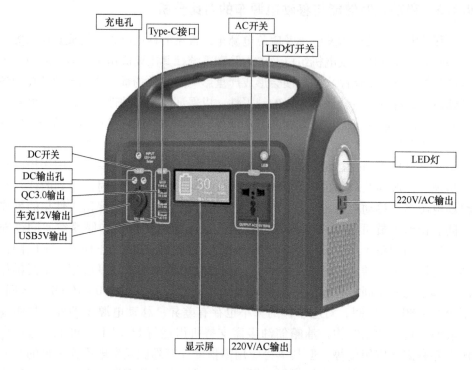

图 9-1　东莞市小龙虾 X600 户外储能电源产品图

项目名称	技术参数
纯正波逆变器	12V600W
折叠太阳能板	18V120W 尺寸：520mm×370mm×60mm
太阳能控制器	12V10A
USBA口输出	USB1+USB2 5V/2.1A
Type-C口输出	18W
QC3.0输出	18W
DC12V输出	100W
点烟头输出	120W
AC输出/功率	AC 110V/240V/60Hz-50Hz；AC 600W
LED灯输出	3W (LED灯有4个档位)
风扇	12V0.3A 智能温控
工作温度	−10~52℃

图 9-2　东莞市小龙虾户外储能电源 X600 技术参数

9.1.4　移动长时储能的研发及技术核心简述

移动长时储能相关的研发已受到相关领域人士的重点关注，在 2022 年 11 月 2 日，ECES 2022 第一届电化学储能产业创新论坛及商业峰会在我国杭州召开（见图 9-3），国内数家电化学储能产业关联企业、招商投融资机构及科研院所齐聚一堂，在众多媒体代表的协同参与下，共同推动此次电化学储能发展研讨盛会顺利启航。

图 9-3　ECES 2022 第一届电化学储能产业创新论坛及商业峰会

便携式储能行业的需求在近年飞速增长，此行业发展也吸引了多方入局，过往移动储能设备的研发，多朝向"轻量化""发电低噪"等方向推行。对于储能设备基础性能及电池安全的提升也一直处于研发的重点关注列之中。一般来说，移动长时储能设备既需适宜家庭、城市环境使用需求，也需存有应对户外多变天气的基础外壳及内构配备。因此，针对一体成型外壳质量、防水、防尘及质量检测中的研发同样处于持续推进当中。支持移动长时储能设备研发的核心技术之一，便是 DSP 数控高频双向逆变技术，参与此次盛会的"移族"移动储能系统的墨子（M）系列便是应用了此类技术，协同搭配防尘、防水的一体化机身框架与结构，重新构建了产品的整体形态。此类技术的应用使移动储能设备的运行发热情况得到了有效的缓解，运行期间机身运转声音较低，相对接近于静音状态。在低于 1200W 系列时，系统更实现了"无声运行"[7]。

以往的储能技术主要分为热储能、电储能以及氢储能，而电储能则又分为电化学储能及机械储能。支持移动长时储能的储能技术便属于电化学储能。电化学储能系统由储能变流器、能量管理系统、电池管理系统及电池组组成，电池组是此类储能系统的重要组成，成本占比较高。就以往电池类型分析，锂离子电池、铅蓄电池及钠硫电池在储能设备市场中相对常见[8]。其中，锂离子电池更是在国外急停储能市场中占据主导地位。为进一步满足时下移动长时储能研究发展需求，着重探究及启用新式储能电池相对必要。其中，大圆柱磷酸铁锂电池便是时下支持移动长时储能发展得出有效成果的电池类型，相关生产技术及未来其他新式优质类型电池的生产技术，同样可称为支持移动长时储能研发的核心技术。

9.1.5 移动长时储能产业链现状

移动长时储能市场的产业链由上游主体——"储能设备及储能电池"、中游主体——"移动式储能系统品牌"及下游主体——"消费者及关联网购平台"组成。上游主体指向各类原材料，即移动储能系统组装需应用到的电芯、BMS 与EMS、电子元器件、逆变器、太阳能板等。储能电池生产厂商众多，放眼海内外，我国在电池生产占比为 83%。且整体移动储能系统结构中电池占整体生产成本结构的 60%，剩余的则有 BMS 成本占比 5%，EMS 成本占比 10%，PCS 成本占比 20% 以及其他部件成本占比 5%。随着移动长时储能系统应用电池电芯材质的变换，以往锂电池厂商占据移动储能产业链上游主体主要位置的境况或会发生改变。将关注目光归至"移动储能产品厂商"所处的产业链中游阶段，可了解到国内外存有诸多移动储能产品生产的优秀企业。在便携储能领域，华宝新能、正浩科技等品牌的表现相对卓越；在家庭储能领域，LG 化学、鹏辉、宁德时代，SAMSUNG SDI 等企业更是其中的佼佼者。将分析目光归至国内，公牛、卡儿酷、纽曼、华美兴泰、华为等企业都在移动储能产业中进行了一定的发展探索。随着优质产品的研发及销售带动，移动长时储能产业链进一步扩张，下游的销售渠道——各大电商平台同样为此产业市场的蓬勃发展给予相应助力。国外市场以亚马逊为主，乐天市场等线上销售平台为辅为更多民众、企业、组织提供移动储能产品的购买渠道，国内则由淘宝、京东、网易考拉、苏宁易购等平台作为中坚力量为相应产品销售给予支持[9]。

9.1.6 移动长时储能在全球的应用占比分析

据艾媒咨询新近发布《2022—2023 年全球移动储能分析与投资机遇分析报告》显示，未来 2026 年美国或将成为户外活动领域移动储能最大需求市场，其需求量将达到 600 万台，将占据全球应用需求的 44.3%。而在移动长时储能电源应用的另一大领域——应急用电领域，日本凭借其地震等自然灾害高发特性，或将成为此方向移动长时储能的主要市场，其需求量将达到 330 万台，占据全球相关需求量的 28.6%。反观发展至今的全球便携储能设备消费市场规模，自 2019 年展开相关统计计算，2019 年本身存有 3.8 亿美元的全球市场消费规模，随后数年的数据依次为 2020 年 12.1 亿美元，2021 年 31.5 亿美元。结合延续的需求预测分析，可知 2022 年预测全球移动储能设备消费市场规模为 59 亿美元，随后数年的推测数据依次为 2023 年 93.4 亿美元，2024 年 129.9 亿美元，2025 年 180.3 亿美元，2026 年 250 亿美元。此类预测分析凭借移动储能设备自身应用适配性广，对新时代电力需求市场消费痛点匹配精准，以及对多类常用和重要电子电气设备供电支持的全面性，尽管从同比增长角度分析，全球移动储能设备的消费市场规模扩张速度会逐渐下降，但在此类设备功能、性能创新发展的支持下，其全球消费市场的扩张速度或会呈现出不一样的变化趋势，仍存有提升的可能。协同延展了解我国移动储能发展的社会需求，其主要关联新能源汽车的户外用电。结合我国 2019—2026 年移动储能出货量及产值预测，可了解到在全球推动移动储能产业发展的未来预警下，我国相关企业也将充分利用"相关供给市场发展基础布局初步形成"的发展形势，积极开发性能、质量、安全性优越的移动长时储能产品，力争抓住新机遇，探索潜在的产品销售空间。

9.1.7　移动长时储能国内外主要生产商

华宝新能源股份有限公司（Hello Tech）成立于 2011 年（见图 9-4），其秉承"绿色能源无处不在"的企业使命，力争在储能及移动式家庭储能新品领域展开相关研发探索，并集中打造了"Jackery 电小二"（见图 9-5）及"Geneverse"（见图 9-6）两大全球品牌，其可称为国内移动长时储能产品生产领军企业。华宝新能源在线上线下及境内境外销售渠道打通层面进行了一系列探索，并构建了 M2C 的数字化全价值链商业模式，其生产产品的全球销量已经超过 200 万台。自 2020 年，华宝新能源的移动储能产品连续选入亚马逊最畅销产品，其国外品牌影响力也呈现出持续提升的优良发展趋势。2020 年，其收购了日本株式会社 Housedog，尝试延展日本家庭储能领域的发展探索。同年，其建设了 Jackery Australia，尝试进军澳洲的移动储能市场。至 2022 年，华宝新能源集中研究家庭储能，期望在此领域延展出更多的发展成果。

GoalZero 作为第一个推出便携式太阳能的企业，其在移动长时储能行业同样占有举足轻重的地位（见图 9-7）。其在 2009 年推出 ESCAPE150，更在后续的 2010 年接连开发出 Extreme Ranger350 这一产品，巩固了自身在移动储能市场领域的地位。2017 年，GoalZero 公司推出第一个便携式锂离子储能产品 Yeti Lithium，2021 年，其更是推出了 Yeti 1000X 便携式发电站和 Yeti Core（1000c）。可见，GoalZero 公司不仅在移动储能及移动长时储能产品研发中占据足够的"先机"，更时刻奋斗在新式产品研发的第一线。从某种角度观之，其不仅是移动长时储能领域的领头企业，更是众多同行业企业中最具创新探索精神及提供众多研究成果的行业发展支持型企业。

我们的使命

让绿色能源无处不在

我们的愿景

成为全球消费者最信赖的绿色能源品牌

核心价值观

客户至上、开放创新、简单高效、团结协作

华宝新能源成立于2011年，从2015年开始布局技术难度大、附加值高的便携储能及配套产品，集研发、生产、品牌及销售于一体，致力于满足人们生活水平提高及户外休闲和居家生活用电力的新需求。秉承"让绿色能源无处不在"的企业使命，华宝新能源率先开创了便携储能和移动式家庭储能新品类，并打造了Jackery电小二、Geneverse两大全球品牌。经过数年的耕耘，华宝新能源已发展成为全球便携储能垂直领域的领军品牌。公司的便携储能产品多年来持续入选亚马逊平台最畅销产品(Best Seller)，获得CNET、纽约时报等全球超百家权威媒体和机构认可，"线内+境外""线上+线下"的多元销有渠道，销品及市占均全球领先。

华宝新能源高度重视研发创新，在储能领域拥有多项核心技术、公司及其子公司拥有专利254项(其中发明专利31项)。同时，公司是国内便携储能行业标准的主要起草单位，来源广东省太阳能科学工程技术研究中心。广东省科技进步二等奖等众多荣誉奖项。凭借出色的产品设计、公司累计获得德国红点至交誉奖、汉诺威工业(IF)设计奖、国际消费类电子产品展览会(CES)创新奖等国际设计大类大奖21项，产品设计实力得到了国际工业设计领域的广泛认可。先进制造、以创新技术、先进制造、全方位实现为驱动、打造链接全世界消费者的领先消费级储能品牌，为全球数亿用户提供物超所值的绿色能源产品和服务，坚定落实国家双碳战略，成为全球消费者最信赖的绿色能源品牌。

图 9-4　华宝新能源股份有限公司简介

Jackery电小二
全球户外电源销量领先

来源：欧睿信息咨询（上海）有限公司，基于2021年全球户外电源发售渠道销量（台）计。户外电源定义为内置高能量密度锂离子电池，自身可储备电能且可提供稳定交流/直流电压输出的多功能便携式储能电源，于<2022/08>完成调研。

100+家全球权威媒体及机构推荐

图 9-5　Jackery 电小二荣誉简介

Geneverse家庭储能

Geneverse家庭储能品牌2020年首款产品HomePower ONE正式面世，2021年HomePower 2系列上线kickstarter众筹平台引起强烈反响，2022年HomePower Pro系列两款新品发布。

我们的产品经过精心设计、全面测试和严格认证，并提供行业领先的售后保修，让您安心、放心；我们利用最先进的电池材料和制造工艺，在不损害我们宝贵环境的情况下同时实现高效能；我们努力为全球数百万家庭和社区提供可靠的、可持续的和多功能的太阳能发电机和家庭备用电源解决方案。Geneverse, power your home.

图 9-6　Geneverse 家庭储能

安克创新科技股份有限公司（Anker Innovation）成立于 2011 年，其以创新技术及智能硬件为核心，在移动电源研究方面同样展开了一定的探索（见图 9-8）。

目标零差异

**最广泛的
生态系统**

发电站、太阳能电池板、家用和车川集或套件、膨胀水箱和照明设备。没有人有更强大的产品组合。

**同类最佳
服务**

我们位于美国的现场服务团队提供最高水平的技术和客户支持。

**高级设计
和体验**

从铝底盘发电站到我们产品的即插即川电缆，一切都集成到我们的移动应用程序中，便于在世界任何地方使用。

**我们回馈
社会**

12年来，我们一直优先考虑救灾、社区赋权和人道主义任务。

**建成
持续**

这里没有脆弱的塑料外壳。我们最畅销的金属发电站能够经受住时间的考验。

**安全性
第一**

我们的发电站设计有5个安全级别，仅包括1级电池。双层结构可防止过电压和短路。

图 9-7 GoalZero 的不同之处

图 9-8 安克创新科技股份有限公司的诞生

2009 年，其成立 Fantasia，迈出移动储能探索的第一步。2012 年深圳研发中心成立，此中心本身为安克创新公司充电事业部的前身，研发中心关联的各类事项也为后续充电研究发展提供了相应助力。2013 年，安克创新公司首创 PowerIQ 技术，发展至 2022 年，此项"全时功率分配技术"已经发展至"4.0"版本。区别于市面上多口充电器"一刀切"的固定功率分配策略，"PowerIQ4.0"技术则可实现动态监控充电设备的具体功率要求，提升设备充电速率。此项技术可实现"每秒检测"及"每三分钟自动调整"功率，可显著减少设备充电应用时间。2020 年，安克创新公司的五款产品成功登陆苹果商店，更收获了全球销量破千万的好成绩。2021 年，安克创新已经成为全球第一数码充电品牌，广受国外用户的喜爱。2022 年，针对移动长时储能发展需求的响应，安克创新公司落实中、大功率研发团队的升级，将户外储能及户用光伏储能系统产品研究作为未来发展的核心产品研发布局。

9.2　移动长时储能供电技术

9.2.1　移动长时储能供电技术简述

移动长时储能供电技术主要涉及便携储能电源结构技术、电池模组安全技术、电源管理系统技术、锂电池组能量均衡系统技术、储能电源模块化技术及并联大功率输出技术。便携储能电源结构技术针对便携储能电源过电流保护，保证电源内单个电芯发生故障后可及时触发熔断。电池模组安全技术本身关联电芯封装能力的保持。此类技术要保证电芯单体存有防振及防挤压的足够空间，更要保证电池能实现有效的散热，减少电池组放电遭受的负面影响。为实现此类问题的把控，应在电芯单体敏感位置设置温度传感器，以实时了解温度变化的情况，及时发现导致移动储能电池应用故障的影响因素。电源管理系统技术，是提升电源内部安全运行保护质效的相关技术[10]。移动长时储能设备需延展在温度、湿度情况不一环境中使用的适用广度，因此需利用电源管理系统技术提升整体设备对特殊环境的应对能力，应着重应对高温、潮湿环境，更应实时监测电信号，保护电路，这部分是支持供电的重点技术。锂电池组能量均衡系统技术可解决电芯单体电压不平衡问题，从而提升能量均衡效率。储能电源模块化技术，是侧重电气设备插头综合适用度的技术，此类技术支持移动储能设备供电需求提供可适配插座，无需额外添加新的插孔。此类技术更支持移动储能设备灵活调整电芯数量，更协助调整太阳板组合，更新移动储能电源的输入及输出效能。并联大功率输出技术支持多台便携储能设备实现并联，从而控制多条设备的电流误差。

从整体分析角度而言，移动长时储能供电技术追求安全、能量均衡及自主搭配选择。其中安全及能量均衡归属基础层次，而自主搭配选择则是激励移动储能电池向民众需求迎合角度发展，力争在供电服务提供层面给予消费者更多选择，协同为自身带来更多引导产品差异化发展的探索可能性。未来，根据长时储能需求引导的电芯材质创新应用探究，也将在一定程度上改变相关供电技术的组成结构。针对未来可能出现的新式供电技术，存有移动储能用电需求的民众、企业及组织同样持有相应的期待[11]。

9.2.2　移动长时储能供电研发误区

结合移动长时储能未来供电发展需求分析，磷酸铁锂电池或成为移动储能电池的开发主流路线。但回顾以往，以及当下部分公司的移动储能产品的开发，依旧未能明确锂离子电池的主流开发探索侧重。时下储能电池技术路线涵盖锂离子、铅蓄电池和液流电池三类。在这三类电池的研究应用探索中，人们发现锂磷酸铁锂电池存有循环寿命较长及应用安全性较高的优势。国外诸如特斯拉等移动储能研究企业也意识到此类境况，逐步从三元锂路线转向铁锂研究路线。前期研究三元锂技术路线的公司主要为特斯拉、LG、三星、Sony 等大企业。在以往的研究中，三元锂在部分国外项目、小型工商企业及家庭储能等方面的应用研究得出了一定的成果，但此类电池在大储能应用中的安全性一直在验证当中。时下执行铁锂技术路线研究的除特斯拉外，还有 LG、EVE、CATL、比亚迪、中航、海基、力神等企业。这些企业对铁锂电池应用的探究主要关联电网级储能，市场容量在 500MW 以上。而派能、Alpha、FOX、ATL、Dyness 等公司则倾向于家用为主，电站级别的应用较少，由此可见其应用局限。此外，微宏动力及银隆这两家公司展开钛酸锂电池 LTO 的研究，这类锂离子电池相对适宜公交系统应用，但专用特性过于强烈，相关研究同样呈现出一定的局限性。苏州星恒展开锰酸锂电池的研究，此类电池在二轮车行业的电池应用实现了出货量第一的发展目标。在液流电池这一大储能电池研究方向中，全钒液流、锌溴液流和氢溴液流这三类电池研究技术路线则是北京普能世纪着重研究的内容。此类电池应用寿命较长，循环使用可行性较高。但此类电池应用成本较高，或暂不适宜全面推广。除却上述电池外，还有超级电容及梯次电池这类其他类型的储能电池，现有 Maxwell、蜂巢等工作展开与之相关的技术路线研究，此类电池适宜大倍率充放电，具备高循环寿命，适宜低温环境应用。上述电池路线开发研究在研发目标及研发延展方面都存在不同的误区探究问题。针对未来主流发展的磷酸铁锂电池技术路线研究，现仅有宁德、派能等公司在进行钠离子、锰铁锂电池的研发与测试，此方向的技术路线或将在未来得到进一步完善。无论是家庭储能还是户外储能，都将以磷酸铁锂、钠离子、锰铁锂电池为未来研究新路径，得出更加贴合主流移动长时储能供电需求的研究成果。

9.2.3 移动长时储能供电稳定性及能耗比

移动长时储能供电相对稳定，且通过能耗比分析后亦可发现此类设备的应用优势。以宁德时代公司储能电池超长寿命技术相关探索为例，其开发的储能电池利用钝化阴极、低锂耗阳极、仿生自修复电解液及集片尾结构设计，令电池实现寿命补偿式应用循环。宁德时代旗下户外系统解决方案电池寿命探究实现了12000 次循环，并切实推动全生命周期阳极锂离子补偿技术在储能领域工业化生产中的应用。在保证供电稳定性层面，宁德时代在电芯制造层面进行了降低缺陷率探索，此公司利用人工智能对加工步骤展开分析，将电芯制造常见的百万分之一缺陷率降低至十亿分之一，更利用云计算及边缘计算等技术协同提升了电池的生产速度，公司的劳动生产率也因此提升了 75%，能源消耗降低了 10%。至 2021 年 7 月，宁德时代发布了第一代钠离子电池，此类电池存有低温性能、超快充、高能量密度、高集成及高安全特性，能量密度略低于 LFP 电池，并利用 BMS 控制电池 AB 解决方案，下一代电池能量密度或将突破 200W·h/kg，并计划在 2023 年形成相关产业链。在供电稳定性比较层面，此处延展中科海纳及钠创新能源两家公司锂离子电池产品进行新能源对比。宁德时代电池能量密度第一代为 160W·h/kg，快充性能为 15min 达 80%，低温性能为零下 20℃达 90%。中科海纳钠离子电池能量密度为 145W·h/kg，快充性能为 23min 达 90%，低温性能为零下 20℃达 90%，循环次数大于 4500 次。钠创新能源公司钠离子电池能量密度为 160W·h/kg，快充性能及低温性能并无相关数据，但可循环次数大于 5000 次。

　　此处以宁德时代储能电芯参数为例，分析数据可知其移动长时储能电源的能耗比，其 280A·h 容量的电芯充电和放电的倍率是 0.5/1；500A·h-3ULFP 电芯容量为 100A·h，其充/放电倍率为 1；26A·h 容量电芯的充/放电倍率为 0.5；20A·h 容量典型的充/放电倍率为 1。宁德时代公司储能电池采用铁锂路线，其 20~280A·h 多规格典型均存有全周期高收益及足够的安全保障，其 2022—2023 年储能电芯出货量达到 45.0/65GW·h，全球占比为 38.4%/37.1%，以其移动长时储能供电电池作为此类电池稳定性及能耗比分析参考，相对具有说服力。

9.2.4　移动长时储能供电解决的痛点分析

　　分析移动长时储能供电解决痛点，应将分析视角优先置于国外。须知，欧美国家的电价逐年攀升，且近年新型冠状病毒肺炎疫情及俄乌冲突的世界背景下，各国天然气应用成本呈现显著提升境况，电价成本也在短期内随之呈现上涨情况。某种程度来说，新时代背景下的能源危机已经初步呈现，国外用电成本持续上涨的发展趋势明显[12]。且从另一角度分析，美国、加拿大乃至同为亚洲国家的韩国人均用电量远超于我国。而欧洲地区的德国以及澳大利亚 2020 年人均用电量更是远超中国人均用电量。在用电需求迫切及电价上升的环境中，可再生能源及移动储能需求也随之发生变化。

　　国外部分国家受极端天气影响，其国内电网协调能力不佳，民众用电稳定性也相对较差[13]。以美国为例，尽管美国为经济发达国家，其电网系统却相对老旧。且美国国内各州管理系统相对独立，在全国供电优化发展层面难以实现高效的协调。在 2020 年，美国因恶劣天气及突发情况促成停电的时长达到了 373h。放眼全球，各国因天灾及电网故障造成的大规模停电状况，进而造成重大影响事件的发生概率相对引人瞩目。移动长时储能供电可解决应急用电及家庭储能用电需求，对此类影响问题的缓解及预防存有协助、支持的应用效果。

受应用需求影响，国外各国纷纷出台移动市场储能供电技术研究及相关设备生产支持的政策。随着政策的接连落地，更多国家的商业资源流向移动长时储能行业及研究领域之中。美国给予高于5000W·h储能系统最高30%的投资税收减免政策支持，政策一直持续到2026年。日本经济产业省给予装设锂电子电池的家庭及商户以66%的费用补贴。澳大利亚则直接给出电池储能支持计划，计划中存有补助金提供计划，持有优惠卡的民众每千瓦时补助600美元，其他民众则为每千瓦时补助500美元。瑞士给予太阳能设备安装以30%的安装补贴。德国巴伐利亚州为每个容量3kW·h以上的储能系统提供500欧元的补贴。迎合政策展开移动储能技术发展及应用的探索，也利于国内一般民众、企业、组织经济市场重新呈现蓬勃发展之势，并共同朝向良性发展方向奔赴。

9.2.5 移动长时储能供电国内外需求简析

受俄乌冲突影响，俄罗斯天然气供应大幅度减少，欧洲2022年能源危机由此爆发，此地区储能需求也随之日益提升。在电价高涨的时代大背景下，欧洲对传统化石能源高度依赖的问题呈现于表面。从欧洲石油、天然气对外依赖程度较高，且多数能源来自俄罗斯这一能源问题分析，欧洲各国应及时意识到建立独立能源才能保证自身能源供给较为稳定。欧盟电力系统高度市场化，电力产权流动的参与方涵盖发电厂及供应商两方。发电厂负责供应电力，供应商则通过终端消费者签订供电协议的形式为消费者供电。且欧盟电力价格利用采用边际定价机制，即依照供需平衡点对应的电源价格进行统一定价。这类定价机制难以防御风险，在特殊时代背景下，过高的电价便会因各种极端的情况而接连得出。家用储能作为小型储能电池的代表类型，其集成的内核技术本身应用要求并不高，其在整体欧洲移动长时储能供电市场的竞争力为产品设计及相关市场的延展开发。产品设计关联储能逆变器的适配，需依照客户需求设计定制产品。结合特殊时代背景，移动长时储能基础供电及多元化设计需求的上涨，也属于情理之中[14]。

美国电力市场落实过一定的改革，但美国国内整体的供电能源分布不均，国内电力能源企业也呈现多元化发展趋势，最终导致美国境内的用电供给稳定性及电价均存有差异。在分布式光伏、备电等多种需求的延展下，移动长时储能的需求也受此类引导实现了进一步发展。在此环境下，美国境内电网投资意愿较低，配备的电网设备相对老旧，停电事故频发。陈旧的电网设施面临着供电可靠性的挑战，在落实抢修电网并恢复运行方面，移动长时储能同样可支持户外抢修工作，帮助美国境内电力主干网架恢复运行。在此需求满足的发展道路上，美国大储能市场机制也需要从多个角度进行完善，如确立储能电站市场主体地位，降低门槛吸收更多小容量储能系统进入市场，而后再明确回报机制，完善市场交易体系。相较于欧洲，美国储能独立主体地位并不明确，在后续发展中延展辅助储能市场发展的服务，或存有阻碍。从实际角度分析，美国的家庭储能产品应用以本土品牌为主，后续中国供应商占比逐步提升。

9.3　移动长时储能大圆柱磷酸铁锂电池

9.3.1　大圆柱磷酸铁锂电池介绍

大圆柱电池本身相较于小型圆柱电池尺寸有所增加，单体电池容量更高。而以磷酸铁锂材料为主的大圆柱电池在家用储能市场的应用更展开了相对强烈的发展攻势。国内的中比新能源、时代联合、鹏辉能源等企业均陆续推出了面向家用储能市场的大圆柱磷酸铁锂电池。其中，时代联合利用其独立完善的研发团队，成功研发了"60 系列"大圆柱磷酸铁锂电池（见图 9-9），其研究并首创的 15道离子电池生产工艺，简化了此类产品的生产工艺流程，降低了人为因素促成的电池产品质量安全隐患，其生产的大圆柱磷酸铁锂电池已广泛应用在工程机械、汽车、新能源储能等领域。以其"60 系列"大圆柱磷酸铁锂电池分析为例，其采用自主研发的压力安全阀系统，既可利用水分防止进入的操作解决圆柱电池常见的"膨胀"问题，还可自动平衡电池内外气压。"60 系列"大圆柱磷酸铁锂电池应用的全极耳端面焊接设计，使其拥有更低的内阻，减小升温概率。大圆柱磷酸铁锂电池适应多种移动长时储能设备需应用的场景，有效解决多种安全问题，并尽力实现大幅节省生产耗能的应用目标。"60 系列"电池的优势如图 9-10所示。

图 9-9　时代联合"60 系列"大圆柱磷酸铁锂电池

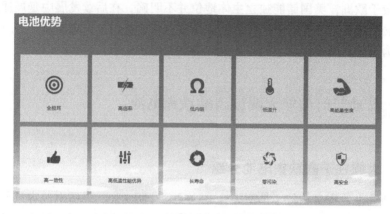

图 9-10 "60 系列"电池的优势

此外,"46 系列"大圆柱电池同样在乘用车市场中进行发展攻势,在主流技术路线位置的争取上开启了新一轮竞争探索之旅。因家用储能系统向 5~20kW·h 迭代发展,储能系统对应用电池的整体容量、便携需求、应用功率及寿命均提出了新的要求。进一步延展需求分析,可知家用储能市场主要是对电池电芯的灵活串联提出了不同的要求。在迎合此类发展需求层面,圆柱电池可实现灵活成组的优势优先显现出来。而以磷酸铁锂电池材料为主的大圆柱电池以其优异的应用成本、性能、循环安全方面的优势,优先占据了移动长时储能设备生产应用的主要应用位置。大圆柱电池规格较多,尚未形成主流型号。且部分家庭储能应用的大圆柱电池在规格上存有差异,这种现象出现的原因,主要在于相关市场尚未对生产产品规格形成统一的标准。在规格型号尚未规范化的当下,家庭储能应用电芯的定制化要求也相对较多,因此优先适配不同场景应用的产品生产需求,才是大圆柱磷酸铁锂电池在现阶段需优先关注的事项。

9.3.2 大圆柱磷酸铁锂电池技术简述

大圆柱磷酸铁锂电池应用的主要技术,便是全极耳技术。在相当长的一段时间内,圆柱电池因其尺寸及容量存在可用场景受限问题。电池尺寸做大,大电流充放电过程中也会产生显著的欧姆热,如电池温度不断提升,或将造成散热困难问题,最终影响电池的整体充电速率。而利用全极耳技术生产的电池,能利用激光技术将电芯极片与集流盘进行连接,令极片和盖板之间的过电能力给予电池整体过电流能力以辅助支持,从而降低电池发热程度,突破大圆柱电池的应用困境。全极耳技术可在结构设计方面给予应用改善支持。在结构设计方面,全极耳设计给予大圆柱电池单独的泄压装置及适用外壳材质的巧妙应用,使得电池在应用场景中实现零热扩散,可保障大圆柱电池包装整体安全及电池全生命周期品质。这一层面的应用价值，依旧是对电池发热问题的有效管理。

9.3.3 大圆柱磷酸铁锂电池的优势与劣势

大圆柱磷酸铁锂电池的应用优势主要展现在高安全、低产热、低成本、结构稳定、生产效率高等方面。高安全指的是磷酸铁锂材料自带的安全性，此类材料不仅应用成本低，且具有相对良好的循环性，可支持移动长时储能设备的多场景应用需求。低产热在全极耳技术分析中有所提及，受电池结构的影响，大圆柱磷酸铁锂电池内阻较低，不易发热，因此也不需要额外的冷却系统[15]。低成本指的是电池材料成本低。结构稳定则是指电池存有金属外壳，适宜多种场景应用，且软包圆柱电池结合全极耳技术应用，也不会额外产生电池膨胀的问题。生产效率高指的是大圆柱电池自身生产技术相对成熟，可实现大规模生产，并有效降低电池的制造成本。从实际应用角度观之，大圆柱磷酸铁锂电池应用安全性是有保障的。其充电时间较短，瞬间功率同样能给予用户相对较好的体验，在低温情况下同样可实现充电及放电，电池使用寿命也足以支持移动长时储能设备及相关设备的应用。抛开大圆柱磷酸铁锂电池的规格，单论圆柱磷酸铁锂电池的应用优点，更存有事故形成时，可轻松实现单体控制的优势。此外，磷酸铁锂电池同样存有环保的应用优势。其符合欧盟 RoHS 规定，是绿色环保类型电池。为支持未来我国移动长时储能设备进入欧美市场，利用磷酸铁锂电池可充分满足对应地区市场环境的环保需求[16]。

大圆柱磷酸铁锂电池的应用劣势，可从磷酸铁锂电池本身的应用缺点角度进行延展分析，首先，磷酸铁锂制备阶段的烧结过程中，氧化铁存在形成单质铁的概率。而单质铁本身会引起电池微短路，从而影响电池的正常使用。且磷酸铁锂本身存在应用性能上的缺陷，使此材质的电池在低温情况的性能较差。一般来说，大圆柱磷酸铁锂电池能实现−10℃的充电及−20℃的放电，这也是此类电池支持应用的低温上限。

9.3.4 大圆柱磷酸铁锂电池的行业应用

大圆柱磷酸铁锂电池在行业中的应用，可着重参考时代联合公司。时代联合在 2021 年参加了锂电行业金鼎奖的评选（见图 9-11）。其提出大圆柱磷酸铁锂电池可应用于电动汽车、电动低速车、电动仓储车、电动工程机械、电动船及储能等领域。

电池产品有 60.8V/73.6V、50A·h/100A·h 两种规格，主要应用于三轮车及低速车；51.2V、50A·h/100A·h 主用应用于基站储能；332.8V、450A·h 主要应用于电动船；537.6V、450A·h 主要应用于牵引机车；582.4V、600A·h 主要应用于太阳能光伏板清洗车；537.6V、540A·h 主要应用于磁悬浮作业车。

图 9-11 2021 年锂电行业金鼎奖评选

时代联合"60 系列"大圆柱磷酸铁锂电池如图 9-12 所示,应用案例如图 9-13
所示。

　　而亿纬锂能公司则将大圆柱磷酸铁锂电池主要应用在两轮车领域之上。时下
电动两轮车行业呈现需求快速增长,为缓解相应行业产能不足所带来的市场供货
压力,亿纬锂能公司分别在自身两处工厂中进行了产能扩建,并将自身电动汽车
领域应用的圆柱电池转至电动自行车领域进行应用开发。亿纬锂能是国内小牛电
动车主力电芯的供应商之一,其提供的便是 18650 圆柱电池。

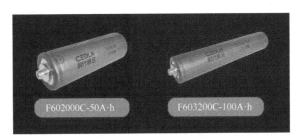

图 9-12　时代联合"60 系列"大圆柱磷酸铁锂电池

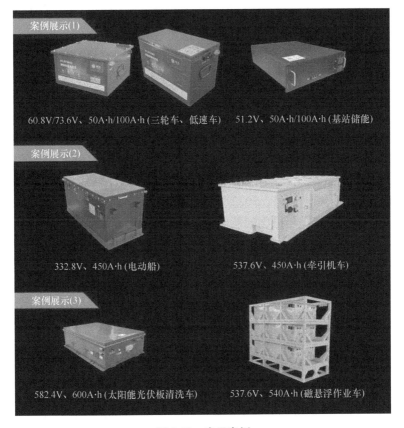

图 9-13　应用案例

9.3.5　大圆柱磷酸铁锂电池国内外主要生产商

国外厂商多注重三元锂电池的生产，能满足家庭储能需求且具有品牌优势的公司主要有特斯拉及 LG 化学等。此类公司起步较早，借助自身品牌优势在国外市场占据绝大多数的市场份额。但大圆柱磷酸铁锂电池的生产相对较少。国内生产大圆柱磷酸铁锂电池的生产商有上文提及的时代科技、亿纬锂能，还有派能科技及比克电池有限公司，接下来便一一展开介绍。

湖南时代联合新能源有限公司是一家专注于"60系列"大圆柱锂离子电池及系统研发、生产、应用的绿色能源生产商和服务商。公司注册资金20000万元，坐落于湖南省邵阳市。时代联合公司拥有独立完善的研发团队，研发项目涉及电芯、BMS及电池系统，涵盖从材料、电芯到梯次利用的全产业环节，拥有技术专利100余项。在国际上首创15道锂离子电池生产工艺，不仅全面地简化了生产流程，而且极大地降低了手动加工对质量的干扰，为生产高品质的电芯创造了优良的环境。研发创新型的低压力安全阀系统，可自动平衡电池内外气压，有效解决传统电池膨胀问题，安全可靠性覆盖电池全生命周期，为公司产品在新能源储能、工程机械、汽车、船舶等领域的应用上保驾护航。其作为"60系列"大圆柱磷酸铁锂电池的创领者，及国际首创15道锂离子电池生产工艺的公司，始终秉承环保行事理念，为国内新能源行业发展的推进提供了相当的助力。其"60系列"大圆柱磷酸铁锂电池产品获得了GB/T 31485—2015《电动汽车用动力蓄电池安全要求及试验方法》、GB/T 31486—2015《电动汽车用动力蓄电池电性能要求及试验方法》、GB/T 31484—2015《电动汽车用动力蓄电池循环寿命要求及试验方法》等安全认证，系列产品存有F602000C-50A·h、F602000S-50A·h、F603200C-100A·h三种型号。2022年12月7~8日，时代联合"60系列"大圆柱电池更是获取了2022年中国储能电池十强的殊荣。

亿纬锂能是高能锂一次电池供应商，成立于2001年，并于2009年10月在深圳创业板上市，是首批28家创业板企业之一。亿纬锂能经历了21年的发展，现已成为具有全球竞争力的锂电池平台公司，同时拥有消费电池与动力电池核心技术和全面解决方案，产品广泛应用于物联网、能源互联网领域。其生产的大圆柱电池具有高能量长续航、结构设计新颖、超级快充及较强安全性的应用优势。同时，其同样满足个别公司的定制要求，提供的服务更显人性化。亿纬锂能拥有较强的研发实力，其拥有从材料、电芯、BMS到系统的联动研发平台，汇聚电化学、材料、机械、电子电气、仿真等跨学科综合研发团队，通过智能化研发仿真、设计、管理软件，打造更安全、更可靠、更高性能的全系列产品。亿纬锂能拥有三千人以上的研发人员，在圆柱电池生产方面，其拥有超高倍率技术及高比能技术两大技术优势。在质量保证方面，亿纬锂能产品满足欧盟RoHS标准，更通过了多项国际认证，其品质理念涵盖八个极度认真，即极度认真消灭粉尘、极度认真消灭毛刺、极度认真消灭虚焊、极度认真绝不漏液、极度认真防止水分、极度认真养好草木、极度认真做好项目、极度认真做好策划，由此可见其应对电池产品生产的优秀态度。

派能科技是 2009 年 2 月成立的，前身是法国电信集团北京研发中心的语音合成研究组，是一家 SaaS 软件服务供应商，其专注于储能电池系统领域的公司。其生产的产品系列极其丰富，产品应用范围涉及工商业、电网、数据中心、通信基站等。此外，其产品同样适用于家庭储能。需注意的是，派能科技是一家以磷酸铁锂为技术路线的企业。派能科技产品采用模块化设计，易于安装和扩展，智能化电池管理系统可自动适配 5～1500V 不同等级电气环境，灵活满足从家用 kW·h 等级到电网 MW·h 等级的储能需求，支持为各类场景提供一站式储能解决方案。同时，派能科技产品与全球主流储能变流器品牌实现兼容对接，支持系统中任意模块的热替换和热扩容，可根据电池运行状态自动调整充放电功率，也可根据用户需求和使用策略自动设置系统参数。派能科技自身的企业文化，便是"融合（Integration）、创新（Innovation）和客户至上（Clients First）"，派能科技专注锂电池储能产品开发和应用，提供领先的锂电池储能系统综合解决方案。公司垂直整合储能锂电池研发生产、BMS 研发、系统集成三大核心环节，以高性能储能锂电池和先进 BMS 技术为核心，以市场需求为导向，为用户提供先进储能产品。

比克电池有限公司位于广东省深圳市龙岗区，成立于 2001 年，是一家集锂离子电池、电动汽车、电池回收三大核心业务为一体的国际领先的新能源企业。比克圆柱电池产品涵盖 18650、26650、26700 等型号电芯，应用范围包括数码产品及新能源汽车等领域。2022 年中国电动汽车百人会论坛的动力电池分论坛上，比克电池的副总裁樊文光先生表示，未来大圆柱电池将呈现出中高端电动车选择的最优解，其表示，在动力电池市场形成了三分天下的局面，性能便是决定大圆柱电池在中高端电动车应用领域脱颖而出的重要影响因素。圆柱电池电芯安全性较高，利用结构设计，完成定向泄压，缓解电池发热问题，保证电池的热安全，才是需要着重执行生产升级探索的主要内容。比克电池有限公司存有"46 系列"及"26 系列"全极耳大圆柱电池产品，前者在往年便开始实现样品的批量交付，后者则以铝壳电芯为主。大圆柱电池未来发展应用存在挑战与机遇。樊文光表示，比克电池有限公司会根据对客户需求的了解及行业信息的判断进行发展探索，比克电池有限公司或将在未来几年利用两阶段的冲刺，在国内及国际市场上追求扩充 80GW·h 的电池产能。

国内多家大圆柱磷酸铁锂电池生产商均追求提升自家此类电池产品的循环应用寿命及能量密度，力争缩短充电用时以提升电池整体的充电效率。在实际应用方面，大圆柱磷酸铁锂电池在多领域应用的优秀经验也值得各生产商相互借鉴。未来至 2026 年，或将有更多的优质电池产品横空出世。期望我国大圆柱磷酸铁锂电池生产商届时依旧存有足够的行业竞争实力，为国内外移动长时储能更具影响力的发展推行助力。

参 考 文 献

[1] 李建林，黄健，许德智. 移动式储能应急电源关键技术研究 [J]. 浙江电力，2020，39（5）：10-11.

[2] 付国强. 智能化储能式可移动应急电源系统的研究与设计 [D]. 北京：华北电力大学，2015.

[3] 郭振. 移动储能应急电源系统的研究与应用 [D]. 杭州：浙江工业大学，2020.

[4] 杨艺云，张阁，彭建华，等. 基于智能化储能式应急电源系统的设计研究 [J]. 电源技术，2016，40（1）：153-156.

[5] 包润民. 风光沼移动电源车的设计与研究 [D]. 北京：华北电力大学，2018.

[6] 赵越. 移动储能系统设计开发及参与配电网扰动平抑策略研究 [D]. 秦皇岛：燕山大学，2020.

[7] 梁斌，刘广军，裴泽全，等. 移动储能设备远程监控系统的设计与实现 [J]. 机电一体化，2017（2）：42-46.

[8] 林飞武，吴文宣，蔡金锭，等. 移动式储能装置在季节性负荷侧的应用研究 [J]. 电力与电工，2013，339（1）：1-16.

[9] 叶海涵，陈武，郝文波，等. 一种多能源接入储能移动方舱的电压控制方法 [J]. 浙江电力，2021，40（4）：72-81.

[10] 全国电力储能标准化技术委员会. 移动式电化学储能系统技术要求：GB/T 36445—2018 [S]. 北京：中国标准出版社，2018.

[11] 全国电力储能标准化技术委员会. 电化学储能系统接入电网技术规定：GB/T 36547—2018 [S]. 北京：中国标准出版社，2018.

[12] 陈中，刘艺，陈轩，等. 考虑移动储能特性的电动汽车充放电调度策略 [J]. 电力系统自动化，2020（2）：77-85.

[13] 王闪闪，赵晋斌，毛玲，等. 基于电动汽车移动储能特性的直流微网控制策略 [J]. 浙江电力，2020（20）：50-53.

[14] 李靖霞，纪陵，左建勋，等. 基于遗传算法的移动储能车调度方案优化及应用 [J]. 浙江电力，2020（3）：50-53.

[15] 贾龙，胡泽春，宋永华，等. 储能和电动汽车充电站与配电网的联合规划研究 [J]. 中国电机工程学报，2017（1）：73-83.

[16] 翁晓勇，谭阳红. 考虑移动储能有功时空支撑的不对称配电网负荷恢复策略 [J]. 电网技术，2021（4）：1463-1470.

第10章

二氧化碳储能

10

10.1 二氧化碳储能背景分析

10.1.1 全球气候变暖

据统计，20 世纪末全球平均气温比 18 世纪 50 年代的平均气温上升了 0.85℃，海平面上升了 14cm，全球气候变暖问题持续引发人们的担忧。抛开自然诱因之外，人类活动所造成的大量温室气体排放是导致气候变化的主要原因，其中 CO_2 是最主要的温室气体。

为了应对全球气候变暖，国际社会致力于团结广大发达国家和发展中国家，共同努力减少温室气体的排放，这期间诞生了几个重要的公约协定。1992 年签署的《联合国气候变化框架公约》，是世界上第一个为全面控制 CO_2 等温室气体排放，以应对全球气候变暖给人类经济和社会带来不利影响的国际公约。1997 年制定的《京都议定书》，是《联合国气候变化框架公约》的补充条款，提出对 HFCs 等温室气体的淘汰方案，其目标是将大气中的温室气体含量稳定在一个适当的水平。2015 年通过的《巴黎协定》，为目前全球应对气候变化做出行动安排，即各方将共同加强应对气候变化威胁，使全球温室气体排放总量尽快达到峰值，以实现将全球气温控制在比工业革命前高 2℃ 以内，并努力控制在 1.5℃ 以内的目标[1]。

10.1.2 碳达峰与碳中和

2020 年 9 月 22 日，习近平主席在第七十五届联合国大会上宣布，中国力争 2030 年前 CO_2 排放达到峰值，努力争取 2060 年前实现碳中和目标，并在气候雄心会议上进一步宣布，到 2030 年，中国单位国内生产总值 CO_2 排放将比 2005 年下降 65% 以上，非化石能源占一次能源消费比重将达到 25% 左右，森林蓄积量将比 2005 年增加 60 亿 m^3，风电、太阳能发电总装机容量将达到 12 亿 kW 以上。

一次能源的使用占全球温室气体排放量的 70% 以上，"双碳"目标的实现必然要求能源结构的变革[2]。降低碳排放主要从两方面入手，一是降低化石能源使用比例，大力推广可再生能源，例如太阳能、风能、水能、氢能等；二是依靠植物碳汇吸收大气中的 CO_2，对于高能耗、高排放的工业用户过量排放的 CO_2，碳捕集与封存（Carbon Capture and Storage，CCS）技术成为唯一路径。

CCS 技术包括 CO_2 的捕获、运输和封存这三个阶段。将 CO_2 气体在燃烧前或燃烧后从化石能源中分离出来，通过压缩液化来减小 CO_2 的体积，该过程称为 CO_2 的捕获；将捕获的 CO_2 通过车辆或管道输送到存储地点，该过程称为 CO_2 的运输；将 CO_2 存储到指定的地点（一般为地下洞穴、盐穴、含水层、气层和油层以及煤层等），该过程称为 CO_2 的封存过程[3-4]，CCS 技术流程图如图 10-1 所示。

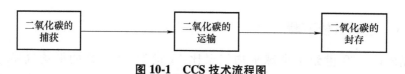

图 10-1　CCS 技术流程图

在 CCS 执行过程中，为了降低技术的经济成本，我国提出了碳捕集、利用和封存（Carbon Capture，Utilization and Storage，CCUS）技术。相比于 CCS 技术，CCUS 技术提出对捕获的 CO_2 开展资源化及工质化利用，而不是单纯的封存，从而带动产业积极性，提高捕集经济效益，CCUS 技术流程图如图 10-2 所示。

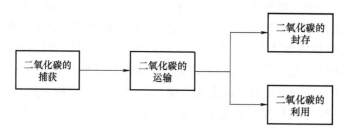

图 10-2　CCUS 技术流程图

CO_2 作为一种工业气体，有着广泛的用途，已经广泛用于制冷、供热、发电、化工、食品、医疗和低温等领域。而且 CO_2 作为自然工质，其 ODP = 0，GWP = 1，具有良好的环保特性，受到了国内外专家学者和企业用户越来越多的关注。因此，将 CO_2 与储能相结合，有机结合 CO_2 工质特性和减排利用两大优势，使得二氧化碳储能成为新型储能技术领域一条可行的发展路径。

10.2　二氧化碳储能技术原理

10.2.1　二氧化碳的优良物性

CO_2 是最典型的自然工质，且具备作为热力学循环工质的许多独特物性，这也是其在各个领域被广泛应用的原因，主要包括：

1）环保性。CO_2 的 ODP 为 0，不会破坏臭氧层；它的 GWP 为 1，是 GWP 指数的基本单位工质，它的使用正好回收了工业过程排放的废气，从生命周期 GWP 来说，CO_2 作为循环工质是对温室效应有利的。

2）价格低廉。CO_2 在自然环境中数量巨大，大约占大气的 0.04%，而且来源广泛，容易取得。CO_2 又是很多工业工程的废气，价格十分低廉，也就不用过多考虑储能设备 CO_2 的泄漏。

3）安全性和惰性。CO_2 无毒、不可燃、不爆炸、无刺激性，安全等级为 A1，在储能系统应用时完全没有类似于剧烈化学反应的安全风险；同时，CO_2 是一种惰性气体，对用于系统设备的常见材料（金属、塑料和橡胶等）具有相当好的兼容性。

4）热力学性质优良。CO_2 特别是超临界二氧化碳（SCO_2）具有优良的热力学性质：黏度小、密度大、导热性能好，系统寄生能耗也相对较低[5-6]。CO_2 临界压力与临界温度分别是 7.39MPa 和 31.4℃，临界点相对容易到达。CO_2 换热的温度滑移大等优点可以通过逆流换热设计，从而使系统产生较高温度的热水，提高储能系统储热效率。CO_2 三相图和不同压力下 CO_2 定压比热容随温度的变化如图 10-3 所示。

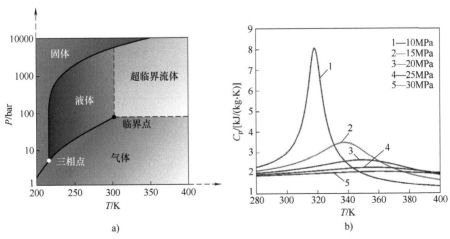

图 10-3　a）CO_2 三相图；b）不同压力下 CO_2 定压比热容随温度的变化

5）储能密度较大。基于常规储能设计参数，表 10-1 展示了不同压力和对应温度下空气和 CO_2 的储能密度对比，可以看出，相同状态和压力下 CO_2 储存密度均大于空气，其中液态储存时最高，从而使得二氧化碳储能系统具有较高的储能潜力。

表 10-1　不同压力和对应温度下空气和 CO_2 的储能密度对比

储能工质名称	压力/MPa	温度/℃	密度/(kg/m^3)	状态
空气	1	30	11.52	气态
	1	−196	887.49	液态
	10	30	283.74	超临界态
	20	30	269.81	超临界态
CO_2	1	30	18.35	气态
	1	−40	1117.20	液态
	10	40	628.61	超临界态
	20	40	839.81	超临界态

10.2.2　二氧化碳储能的工作原理

二氧化碳储能是在压缩空气储能和 Brayton 循环的基础上提出的，以 CO_2 作为储能系统工作介质，通过多级绝热压缩、等压加热、多级绝热膨胀和等压冷却等过程实现，但由于 CO_2 工质的特殊性，系统为封闭式循环，系统设备和参数设置也和压缩空气储能有较大差异。

图 10-4 展示了二氧化碳储能系统原理图，系统主要由高低压储罐、压缩机、透平和蓄热蓄冷单元组成，蓄热蓄冷单元主要包括再冷器、再热器、蓄热罐和蓄冷罐。其工作原理可分为储能阶段和释能阶段两个过程。储能时，低压储罐中的低压液态 CO_2 经过蓄冷换热器吸热气化，再经过（多级）压缩机压缩至超临界

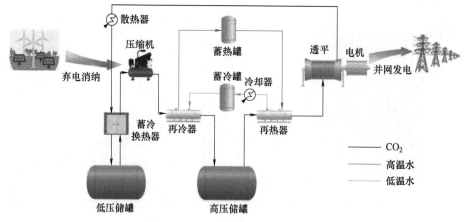

图 10-4　二氧化碳储能系统原理图

状态，同时通过再冷器吸收压缩热并通过蓄热介质将热量储存在蓄热罐中，最后将超临界态/液态 CO_2 储存在高压储罐中，即将电能以热能和势能形式储存；释能时，高压储罐中的 CO_2 经过再热器升温，再进入透平中推动透平发电，同时再将再热器出口的低温蓄热介质冷量储存在蓄冷罐中，末级透平出口的 CO_2 再经过冷却器和蓄冷换热器冷却至液化状态，最后储存在低压储罐，即将热能和势能转化为电能输出。

二氧化碳储能系统一般采用压缩热回收利用代替传统压缩空气储能系统中的燃料补燃，避免了化石能源依赖；同时压缩机与透平分布设置，从而能够灵活控制系统储能、释能工况调节，减少机组启停切换时间；二氧化碳储能系统中多采用多级压缩和多级膨胀，最大储能压力可达 $20\sim25MPa$[7]，同时通过中间冷却和中间再热使压缩机和透平近等温运行，提高了系统循环效率；二氧化碳储能系统可根据可再生能源消纳、电网调峰调频、用户侧削峰填谷等应用场景，满足数小时甚至数十天的储能周期需求，且具有较长的运行寿命。

10.2.3　二氧化碳储能技术分类

如图 10-5 所示，二氧化碳储能技术按照储能形式、介质储存形式、系统工

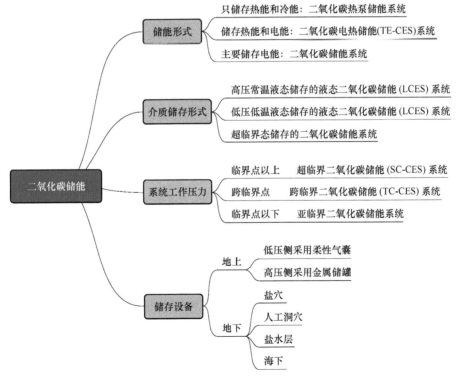

图 10-5　二氧化碳储能技术分类

作压力和储存设备可以细分为不同种类，但基本上都采用无需补燃的自回馈式储能技术，具体形式随着使用条件具有不同的优势和劣势。接下来将对目前研究及应用相对较多的二氧化碳电热储能（Thermo-electrical Carbon Dioxide Energy Storage，TE-CES）、跨临界二氧化碳储能（Transcritical Carbon Dioxide Energy Storage，TC-CES）、超临界二氧化碳储能（Supercritical Carbon Dioxide Energy Storage Systems，SC-CES）、液态二氧化碳储能（LCES）和新形式二氧化碳储能集成技术展开具体介绍。

10.3 二氧化碳电热储能

10.3.1 工作原理

将 CO_2 作为工质并应用于储能系统最早是在 2012 年由瑞士洛桑埃尔科尔理工大学的 Morandin 教授提出[8]，他设计了一种基于热水蓄热、冰浆蓄冷的二氧化碳电热储能系统，并基于换热器网络编写了系统优化算法。如图 10-6 所示，该系统的工作原理是：在储能过程中，电能驱动热泵系统压缩机将 CO_2 压缩至超临界态，并将 CO_2 内能通过蓄热罐进行储存，即将电能以热能形式储存；在释能过程中，CO_2 吸收蓄热器热能，再进入膨胀机做功，即将热能转化为电能输出。

二氧化碳电热储能系统在蓄热端进行显热交换，CO_2 处于单相区；在蓄冷端进行潜热交换，CO_2 处于两相区。因此，系统换热过程具有较好的热匹配性。由于液态水的高热容、高流动性特性，且成本较低，相比于其他常见蓄热介质，在储能系统蓄换热过程中被广泛使用。

10.3.2 研究现状和应用案例

基于上述系统，韩国学者 Kim 等人[9]分析了压缩机、膨胀机效率、压力比、冷热罐流量等参数对系统循环效率的影响，发现热罐中水的质量和温度越高，等温 TEES 系统的循环效率越高，系统最大循环效率可达 74.5%；等温膨胀的压力比可以在最高循环温度下充分提高，且内部耗散造成的㶲损失低于等熵情况。

瑞士苏黎世 Ewz 公司于 2013 年建设了 Auwiesen 二氧化碳电热储能电站（见图 10-7）。该电站基于已有 Auwiesen（220 kV/150 kV）和 Aubrugg（150 kV/22 kV）两座变电站，提供电力并网和生物质废热，同时可通过热力管线供热。Auwiesen 热电储能电站储能容量为 1MW，储能时间为 6h，释能时间为 3h，最大循环效率为 40%~45%，二氧化碳循环压力为 3~14 MPa，储热温度最高为 120 ℃，储热罐总容量达上千立方米[10]。

356

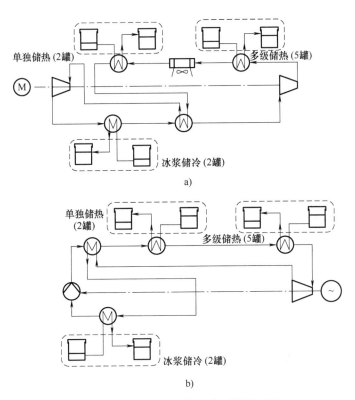

图 10-6　二氧化碳电热储能系统原理图

a) 储能过程　　b) 释能过程

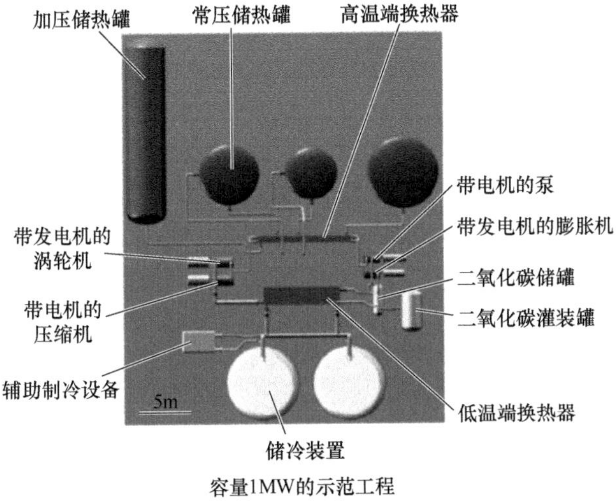

图 10-7　Auwiesen 二氧化碳电热储能电站示意图[10]

10.4 跨临界二氧化碳储能和超临界二氧化碳储能

10.4.1 工作原理

基于压缩空气储能系统的研究与应用，以 CO_2 为工质引入压缩气体储能系统中，根据系统透平出口压力，可具体分为跨临界二氧化碳储能和超临界二氧化碳储能系统，若透平出口压力低于临界压力称为跨临界二氧化碳储能系统，若高于临界压力则称为超临界二氧化碳储能系统。目前，关于这两种系统的研究相对较多，主要研究机构包括中国科学院理化技术研究所、中国科学院工程热物理研究所、华北电力大学、西安交通大学等，但主要还停留在系统理论设计和性能分析阶段。

10.4.2 研究现状和应用案例

1. 研究现状

北京大学 Zhang 和 Wang[11] 研究了基于热水蓄热的跨临界和超临界二氧化碳储能系统。如图 10-8 所示，这两种系统本质上没有区别，跨临界二氧化碳储能系统相较于超临界二氧化碳储能系统另外设计了压缩前预热器，目的是使低压储罐中液态 CO_2 在进入压缩机前完全气化，而超临界二氧化碳储能系统低压储罐中 CO_2 本身就处于超临界态，可直接进入压缩机。研究发现系统以 1MW 释能功率输出时，跨临界运行 CO_2 工质流量为 38.52kg/s，循环效率为 60%，储能密度为 $2.6\ kW \cdot h/m^3$；超临界运行 CO_2 工质流量为 6.89kg/s，循环效率为 71%，㶲效率为 71.38%，储能密度为 $23\ kW \cdot h/m^3$。

中国科学院理化技术研究所 Hao[12] 提出了一种基于液态、超临界双相储存的跨临界二氧化碳储能系统，如图 10-9 所示，该系统主要由二氧化碳高、低压储罐（HPT、LPT）、压缩机（C1～C4）、透平（T1～T3）、蓄冷换热器（CSHE）和蓄热蓄冷子系统组成，蓄热蓄冷子系统主要包括冷交换器（CE1～CE4）、热交换器（HE1～HE3）、蓄热水罐（HWV）和蓄冷罐（CWV）。跨临界二氧化碳储能系统中低压二氧化碳和高压二氧化碳分别处于亚临界和超临界状态，所以存在跨临界转换过程。

储能时，低压储罐中的低压液态二氧化碳经过阀门 V1 节流降压（1-2），然后在蓄冷换热器吸热气化（2-3），再经过四级压缩机逐步压缩至超临界状态（3-4，5-6，7-8，9-10），同时通过四级冷交换器吸收压缩热（4-5，6-7，8-9，10-11），并通过蓄热介质将热量储存在蓄热水罐中，最后将超临界状态二氧化碳储存在高

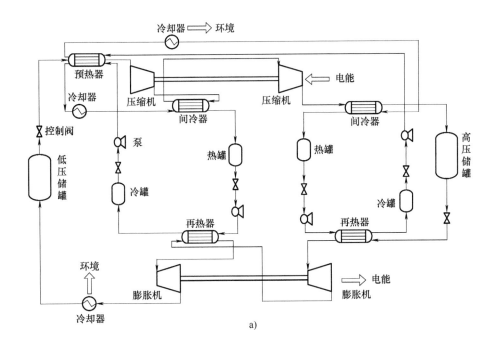

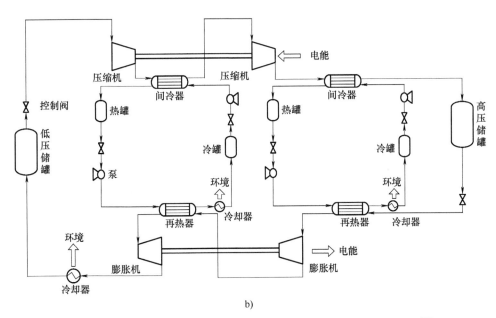

图 10-8　跨临界二氧化碳储能系统和超临界二氧化碳储能系统原理图[11]

a）跨临界二氧化碳储能系统　b）超临界二氧化碳储能系统

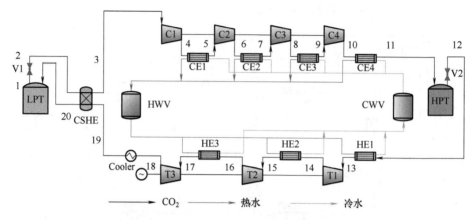

图 10-9 跨临界二氧化碳储能系统原理图[12]

压储罐中（11）；释能时，高压储罐中的超临界二氧化碳经过阀门 V2 稳压（11-12），再依次经过三级热交换器吸收储存的压缩热量将二氧化碳升温（12-13，14-15，16-17），随后依次进入三级透平中推动叶轮发电（13-14，15-16，17-18），降温后的蓄热介质继续储存在蓄冷水罐中，末级透平出口的二氧化碳再经过冷却器和蓄冷换热器冷却至常温液化状态（18-19-20），最后返回低压储罐。该系统的优势是极大减少了系统的储存容积和占地面积，研究结果表明，系统在设计工况下的循环效率为 53.8%，储能密度为 $21.1kW \cdot h/m^3$，热利用效率为 77.9%；储能压力对不同级数的压缩机和透平具有不同的影响规律；当储能压力从 12MPa 提升至 26MPa 时，储能密度不断增大，但循环效率逐渐降低，并在 24MPa 存在拐点；通过降低储能压力至 12MPa，可获得最大循环效率为 55.6%；释能压力的提升有利于提高循环效率，但需要注意储能密度的选取。

　　结合参考文献［13-14］的研究结果，图 10-10 对比了传统压缩空气储能系统、先进绝热压缩空气储能系统、跨临界二氧化碳储能和超临界二氧化碳储能系统在释能功率均为 1MW 工况下的循环效率和能量密度数据。可以发现，跨临界二氧化碳储能的循环效率高于传统压缩空气储能系统，但略低于先进绝热压缩空气储能系统，其储能密度均高于传统压缩空气储能系统和先进绝热压缩空气储能系统；而超临界二氧化碳储能系统的循环效率最高，且其储能密度远高于其他三种系统。因此，虽然超临界二氧化碳储能系统比压缩空气储能系统额外增加了低压储存设备用于释能过程透平出口 CO_2 存储（对于超临界二氧化碳储能系统此时 CO_2 仍处于超临界态），但由于其工质整体储存容积需求较低，所以仍具有较高的储能密度。

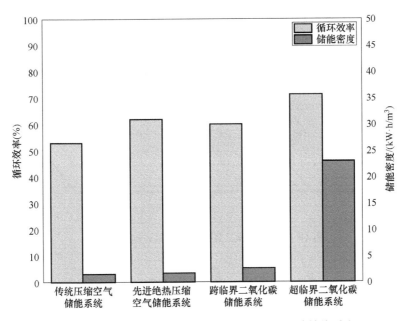

图 10-10　不同二氧化碳储能和压缩空气储能系统性能对比

由于二氧化碳储能系统高压侧压力较大（一般为 10~25MPa），因此对于高压侧储存容器提出了较严苛的要求，一般性钢制压力容器往往不能满足安全要求，并且为了使系统释能工况稳定，压力容器设计时容积需要有相当部分的富裕量，这样就导致较大的材料成本投入，影响二氧化碳储能系统的整体经济效益。因此，有学者提出结合二氧化碳封存技术，采用地下储库（硬岩穴、盐穴、废弃煤矿井、咸水层、海下等）来储存高低压二氧化碳。

华北电力大学刘辉[15]、何青[16]、郝银萍[17]分别对使用地下双储气室的二氧化碳储能系统进行了研究。其中，参考文献［17］提出了一种基于地下储气室的跨临界二氧化碳储能系统，如图 10-11 和图 10-12 所示，系统分别以 1700m 深和 100m 深的地下咸水层作为高低压储气室，同时使用热泵系统储热，提高了储热温度。研究结果显示，系统循环效率、储能效率及储热效率分别为 66%、58.41% 和 46.11%，此外，探讨了压缩机和透平绝热效率对系统性能的影响规律，研究还验证了以水为蓄热介质时系统性能最佳。

2. 应用案例

2021 年，意大利 Energy Dome 公司在意大利撒丁岛建设了世界上第一个二氧化碳储能项目，规模为 2.5MW/4（MW·h）。该系统在充电过程中，二氧化碳气体被储存在一个密封的穹顶中，通过使用多余的电力将其压缩成液体，此时压缩过程中产生的热量也会被捕获并储存起来供以后再次使用；在放电过程中，储

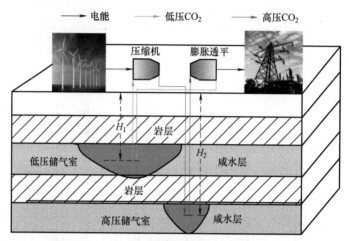

图 10-11　跨临界二氧化碳储能系统地下储气室

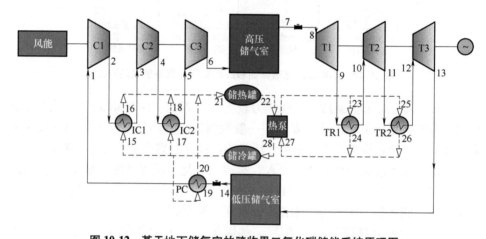

图 10-12　基于地下储气室的跨临界二氧化碳储能系统原理图

C—压缩机　　T—透平　　IC1—级间冷却器 1　　IC2—级间冷却器 2

PC—预冷器　　TR1—级间再热器 1　　TR2—级间再热器 2

存的热量被用来再次蒸发液态二氧化碳，此时二氧化碳就会升温、蒸发和膨胀，转动涡轮机并发电。该公司宣称其二氧化碳储能系统将在未来几年实现 $50 \sim 60$ 美元/（MW·h）［$340 \sim 410$ 元/（MW·h）］的度电成本，这将比锂离子电池低两倍多。另外，该公司已经计划在 2025 年底前完成一个 20MW/200（MW·h）的大规模长时储能系统。Energy Dome 二氧化碳储能系统原理图如图 10-13 所示。

2022 年 8 月，中国首个二氧化碳储能验证项目在四川省德阳市投运，规模为 10MW/20MW·h，该项目由东方电气集团东方汽轮机有限公司建设。其工作原理基本和 Energy Dome 公司相同，但创新性地使用柔性气囊储存低压侧

CO_2。四川德阳二氧化碳储能系统航拍图如图 10-14 所示。

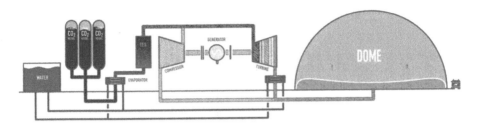

图 10-13　Energy Dome 二氧化碳储能系统原理图

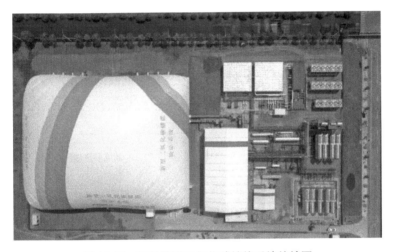

图 10-14　四川德阳二氧化碳储能系统航拍图

　　针对以上两套二氧化碳储能实验装置来看，其技术路线基本相同，都是通过压缩机将电能以二氧化碳势能和蓄热工质热能形式储存，再通过透平发电，其共同特征是低压侧 CO_2 设计压力均为常压，容积较大，都采用了较大容积的储气装置，所以一定程度上也受到地理面积的限制。

　　2023 年 8 月，中国科学院理化技术研究所和长沙博睿鼎能动力科技有限公司在河北省固安县建成了国内首套 100kW 级二氧化碳储能示范验证系统（见图 10-15）。该系统针对稳态进气压缩/膨胀、多级蓄热、液态存储相变机理等关键技术开展攻关，通过低压储气压力调控避免了大容积气体储存。系统设计储能效率为 55%，热回馈效率在 85% 以上。

图 10-15　河北省固安县 100kW 级二氧化碳储能示范验证系统

10.5　液态二氧化碳储能

10.5.1　二氧化碳液化技术

1. 二氧化碳相图

二氧化碳具有固态、液态和气态三种相态，图 10-16 所示为二氧化碳的相图。其临界点参数分别为 7.38MPa 和 31.4℃，三相点的压力和温度分别为 0.52MPa 和 −56.6℃。在三相点和临界点之间的温度区间，加压降温可实现二氧化碳气体的液化。当前实现二氧化碳液化主要分为低温低压和常温高压两种工艺流程，正好对应于 LCES 系统高压侧和低压侧二氧化碳液化的实际需求。

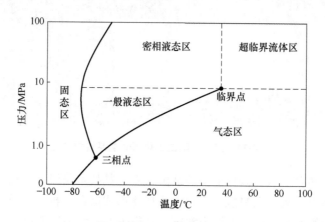

图 10-16　二氧化碳的相图

2. 低温低压液化法

由相图可知，随着液态二氧化碳（Liquid Carbon Dioxide，LCO_2）温度的降低，其对应的饱和蒸气压也随之降低，因此可通过降温降低其液化压力。二氧化碳的低温低压液化工艺是指将处于常压下的气相二氧化碳加压至 2MPa 左右，对应的温度大约为 −20℃，然后采用制冷机组吸收其潜热，致其液化。图 10-17 所示为二氧化碳低温低压液化的工艺流程图。

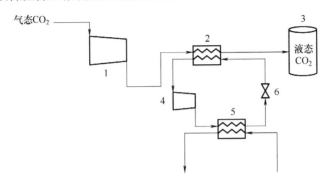

图 10-17 二氧化碳低温低压液化的工艺流程图
1—二氧化碳压缩机 2—冷凝蒸发器 3—液态二氧化碳储液罐
4—制冷压缩机 5—冷凝器 6—节流阀

该工艺液化压力低，设备耐压要求低，安全性强，一次性投资少，运输更加方便。但需要专门的制冷机组，当前常用制冷工质有 R502、R22、丙烷和氨等。储液罐始终处于低温状态，运行费用高，系统较为复杂。

当前，低温低压液化法的研究热点集中在制冷环节。常见的液化流程有级联式、膨胀式和混合制冷剂式。有学者研究了低温液化二氧化碳的级联式液化分离流程和 N_2 膨胀液化分离流程，采用 Aspen Hysys 软件分别对这两种流程进行模拟分析，结果显示，N_2 膨胀液化分离流程简便灵活，设备紧凑，操作比较简单，但是功耗较大；级联式液化分离流程由多级循环串联工作，减少了过程中的不可逆传热，功耗较低，但系统流程复杂，投资成本较高，因而增加系统中各级制冷循环之间的合理匹配和系统的整体密封性至关重要[18]。混合制冷剂由多种沸点不同的制冷剂组成，在蒸发器中吸热后，制冷剂按照沸点由低到高依次蒸出，实现连续变温制冷，满足液化过程温度匹配，目前已被广泛应用在天然气液化流程上[19]。有学者针对采用制冷剂直接液化二氧化碳的流程进行模拟分析，并探究了液化压力对液化功耗的影响。结果表明，随着液化压力的提高，液化总功耗降低，且降低的幅度逐渐减小。

3. 常温高压液化法

常温高压液化工艺是通过提高压力，使气态二氧化碳在常温下转变为液态。液化后的二氧化碳储存在压力为 15MPa、容积为 38~42L 的高压钢瓶中。图 10-18 所示为二氧化碳常温高压液化的工艺流程图。

相较于低温低压液化法，常温高压液化法无需专门的制冷机组，运行费用低，系统简单，CO_2 储罐在常温下工作。但系统及储罐耐压要求高，一般需要多级压缩，一次性投资高，运输费用高。有学者采用 Aspen Hysys 软件分别对低温

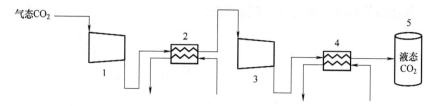

图 10-18　二氧化碳常温高压液化的工艺流程图
1——一级压缩机　2——一级冷却器　3——二级压缩机
4—二级冷却器　5—液态二氧化碳储液罐

低压液化和常温高压液化两种工艺流程进行了模拟分析。结果表明常温高压液化耗能更低,对于低温液化,提高液化压力可以降低功耗,而对于高压液化,提高液化压力则增加了功耗[20]。

10.5.2　液态二氧化碳储能的工作原理

液态二氧化碳储能系统在释能侧和储能侧分别采用高低压储罐以液态存储 CO_2,同时结合蓄能装置存储热能和冷能,可大大提高系统循环效率和能量密度。以一级压缩、一级膨胀的系统为例,液态二氧化碳储能系统原理图如图 10-19 所示。

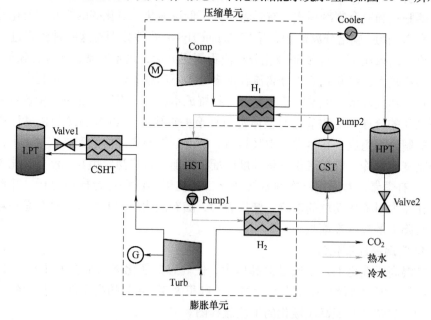

图 10-19　液态二氧化碳储能系统原理图
LPT—低压侧 CO_2 储罐　HPT—高压侧 CO_2 储罐　Valve1/Valve2—节流阀　CSHT—蓄冷液化单元
Comp—压缩机　H_1—间冷器　Turb—膨胀机　H_2—再热器　Cooler—冷却器
HST—热水储罐　CST—冷水储罐　Pump1/Pump2—泵

液态二氧化碳储能系统主要由压缩单元、膨胀单元、存储单元和蓄冷蓄热单元组成。压缩单元由一级或多级压缩机及相应的级间冷却器组成。膨胀单元由一级或多级膨胀机及相应的级间再热器组成。存储单元采用高低压储罐分别存储压缩后的高压液态二氧化碳和膨胀后的低压液态二氧化碳。蓄热子单元吸收并存储压缩热，在膨胀阶段用于加热二氧化碳工质，提升做功能力。蓄冷子单元在储能环节吸收并存储低压液态二氧化碳的冷量，使其蒸发气化，在膨胀环节释冷以液化膨胀机出口的二氧化碳。

系统运行原理如下：

储能环节：储存在低压侧 CO_2 储罐中的 LCO_2 经蓄冷液化单元气化升温后，进入压缩机被压缩至超临界状态，同时利用常温水吸收压缩热并将热量储存在热水储罐中，然后超临界二氧化碳经冷却器冷却液化后储存在高压侧 CO_2 储罐中。

释能环节：高压侧 CO_2 储罐中的 LCO_2 经稳压阀调节压力后，进入加热器蒸发气化并进一步升温，然后进入透平中膨胀推动发动机发电。其中加热器热量来自于储存的压缩热，热水释放热量后进入冷水储罐。膨胀机出口的二氧化碳进入蓄冷液化单元，释放热量液化后进入低压侧 CO_2 储罐。

10.5.3　研究现状和应用案例

在液态二氧化碳储能系统中，相较于高压态，低压态（约 1MPa）的二氧化碳液化更加困难。许多学者对如何实现液态二氧化碳储能系统低压侧的二氧化碳高效液化展开了大量的研究。主要有采用混合储能工质、二氧化碳自冷凝、采用液态天然气液化二氧化碳提供冷源、利用蓄冷换热器液化二氧化碳这四种方式。

相较于纯二氧化碳，混合储能工质具有更高的临界温度和更低的临界压力，从而减少了液化能耗，提升了系统的安全性和运行效率。此外，混合工质具有温度滑移特性，可实现换热过程良好的温度匹配，降低换热损失[21]。青岛科技大学的刘旭等人[22]提出了一种新型的基于二氧化碳混合物的液态储能系统。选择了两种有机工质 R32 和 R161 与 CO_2 混合，建立了该系统的热力学模型并进行了关键参数分析。结果显示：采用 $CO_2/R32$ 混合物时，最佳的冷却温度为 42℃，系统的循环效率为 57.65%，采用 $CO_2/R161$ 混合物时，最佳冷却温度为 45℃，系统的循环效率为 50.54%。

但当前混合工质临界特性随组分变化规律尚不清晰，尚无标准化的工质筛选体系。且有关混合工质在储能系统中的研究尚不充分，大多仍采用传统氟利昂工质与二氧化碳混合，存在一定的环境危害，难以大规模推广应用。在未来，探究更多自然工质混合物组合，深入研究其特性变化规律及其在储能系统中的应用可能是解决液态二氧化碳储能系统工质液化储存难题的一大方向。

采用二氧化碳工质自冷凝方式，系统无需输入额外冷源，可通过涡旋管、喷射器等机械元件实现。如图 10-20 所示，西安交通大学的 Zhao 等人[23] 提出一种采用涡旋管实现二氧化碳自冷凝的液态二氧化碳储能系统。储能过程二氧化碳被压缩至 30MPa，经环境水即可冷却至液态。释能过程二氧化碳膨胀至约 6MPa，进入涡旋管分成三股流，饱和液体、饱和蒸汽和过热蒸汽。饱和液体直接储存在低压侧 LCO$_2$ 储罐中，而另外两股流股混合并重新压缩到涡轮机出口压力。冷却后再次进入涡旋管，实现自冷凝过程。在设计条件下，系统循环效率、㶲效率和能量密度分别为 53.45%、61.83%和 5.43kW·h/m^3。

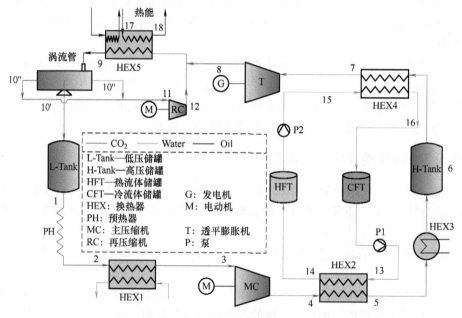

图 10-20　采用涡旋管实现 CO$_2$ 自冷凝的液态二氧化碳储能系统[23]

青岛科技大学的 Liu 等人[24] 提出一种与跨临界布雷顿循环、电热能蓄能和喷射器冷凝循环相结合的新型液态二氧化碳储能系统（见图 10-21）。储能过程二氧化碳被压缩至约 25MPa，冷却成液态后进入高压 LCO$_2$ 储罐中储存。释能过程膨胀机出口的二氧化碳先经换热器释放部分热量后进入喷射器，同时副压缩机出口的二次流也进入喷射器，经历混合和扩散。出口处的二氧化碳流体利用环境水冷却后再通过节流阀膨胀为气液两相流，其中饱和液体进入低压 LCO$_2$ 储罐中，饱和蒸汽再依次进入副压缩机和喷射器二次流通道。喷射器背压约为 8MPa。采用喷射器冷凝，冷却温度可以远高于二氧化碳的冷凝温度，从而拓宽系统的操作范围，并且无需外部冷源。

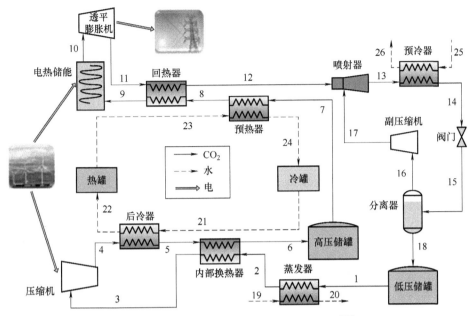

图 10-21　一种新型液态二氧化碳储能系统[24]

　　然而，无论是采用涡旋管或喷射器实现二氧化碳的自冷凝，还是直接利用环境冷水或常规冷凝器，系统的运行压力都过高，存在安全隐患。且系统构造复杂成本较高，不适宜大规模应用。

　　常压下液态天然气（LNG）的沸点为-162℃，因此 LNG 中储存大量冷能，被广泛用来液化气体。西安交通大学的吴毅等人[25]提出了一种以 LNG 为冷源的超临界二氧化碳（SCO_2）-跨临界二氧化碳（TCO_2）冷电联供系统，采用 TCO_2 循环作为底循环对再压缩式 SCO_2 循环进行余热回收，并采用 LNG 为冷源对工质进行冷凝。对系统进行分析，结果表明使用 LNG 作为冷源，降低了 TCO_2 循环的冷凝温度，提高了低温回收热效率，在给定的条件下系统的热效率为 54.47%。此外也有学者提出结合低温填充床结构，使用 LNG 提供外部冷源实现二氧化碳的低温捕集，该方案被证明是具有竞争力的[26-27]。

　　但是 LNG 的温度约为-162℃，而低压侧 CO_2 液化温度约为-40℃，大温差换热造成了 LNG 冷烟的严重损失，一般可以考虑结合兰金循环、数据中心冷却等其他单元以提升系统整体效能。此外 LNG 的利用很大程度上依赖于外部环境，其长途运输无疑又增加了成本。因此在液态二氧化碳储能系统中应用 LNG 作为冷源的经济性较低、灵活性较差。

　　对于液态二氧化碳储能系统，膨胀机出口的二氧化碳需要释放热量实现液化，压缩机进口前的二氧化碳又需要吸收热量实现气化。因此，采用高效蓄冷器实现二氧化碳冷能的吸收、存储和释放无疑是一种有效途径。

当前采用双侧液相存储的液态二氧化碳储能系统仍然停留在研究阶段，尚未发现有成熟的实际应用案例，主要难点正是在于如何高效经济地实现储能侧的二氧化碳液化过程。在当前的几种主流技术路线中，采用蓄冷器是较为经济的一种。该方式技术成熟，系统结构简单，无需额外冷源的输入，在释能阶段利用蓄冷材料吸收 CO_2 的热量使其液化，在储能阶段释放热量加热 CO_2 使其气化。在实际应用中，可根据 CO_2 工质的温度需求设计多级蓄冷以减小换热温差，降低㶲损，提升系统性能。

10.6　二氧化碳储能关键设备和技术

10.6.1　压缩单元设备和技术

压缩机是二氧化碳储能系统中非常重要的设备。由于储能压缩过程一般将 CO_2 压缩至超临界状态，所以该系统中的压缩机也成为超临界压缩机，而且一般是离心式压缩机。

针对超临界二氧化碳（SCO_2）压缩机的研究，国外各高校与科研院所开展时间较长，研究较为全面、深入。美国桑迪亚实验室、日本东京工业大学以及韩国先进科学技术研究所已有设计完成并投入实验系统中使用的 SCO_2 压缩机设备。其他起步较晚的研究机构则对各种类型的 SCO_2 压缩机的内部流动特性、变工况特性等进行了大量机理性研究，提高了热力设计模型及数值计算模型精度，为 SCO_2 压缩机在布雷顿循环中的应用奠定了良好的基础。国外其他科研机构针对 SCO_2 离心压缩机的机理研究，近年来呈现逐渐增多的趋势。MIT 的 Lettieri C. 等人[28]对低速度系数的 SCO_2 离心压缩机的设计进行了研究，发现在这一情况下采用有叶扩压器可以提升压缩机的效率。KAIST 的 Kim S G 等人[29]对 SCO_2 离心压缩机进行了全三维数值模拟，包括扩压器及蜗壳，发现使用 k-ω SST 模型模拟 SCO_2 运行条件与临界点相距较远时比较准确，随着压缩机运行工况更加接近临界点，数值结果与实验数据的偏差变得明显。赵航等人[30]完成了 SCO_2 离心压缩机的设计，并采用有限元方法研究了 SCO_2 离心压缩机叶轮应力数值变化的特点，揭示了流体作用力对叶轮应力和形变的大小及分布的影响，并研究了不同加工材料对压缩机叶轮应力分布的影响，为 SCO_2 离心压缩机叶轮的选材提供了一定的参考。

当前，SCO_2 离心压缩机的热力设计研究已经较为完善，能够较好地削减压缩机叶轮入口的跨临界两相流现象，但更为符合实际运行情况的热力设计方法仍需要深入研究；在气动分析研究中，发现叶轮主叶片及分流叶片的前缘、扩压器前缘以及叶顶间隙区域均存在难以根除的跨临界流动，此处 SCO_2 工质较大的物性变化可能导致压缩机气动性能的不稳定，采用无叶扩压段以及选用合适的扩压器型线能够有效削弱跨临界区域，提高其气动性能，但如何完善地控制叶轮进口处的跨临界流动则需要进一步深入研究；在 SCO_2 压缩机的实验研究及实际运行过程中，轴承及密封结构的可靠性十分重要，完善压缩机及其辅件的设计是确保其气动性能的要素，这方面的深入研究同样具有重要意义。

10.6.2 膨胀单元设备和技术

二氧化碳储能系统中的膨胀机一般指透平膨胀机，当 SCO_2 工质用于透平部件时，其优良特性主要表现在：功率密度高，体积小；黏性小，气动效率高；工作温度低（与燃气轮机相比），材料选择范围大。因此，近年来，关于 SCO_2 作为工质使用在透平机械设备中的研究呈现逐年增多的趋势。图 10-22 给出了 SCO_2 透平与蒸汽及氦气透平的尺寸对比，可以看出，在相同的功率等级下，SCO_2 透平的尺寸远低于蒸汽及氦气透平，结构紧凑，使用于布雷顿循环中可以同时节省制造费用与占用空间[31]。

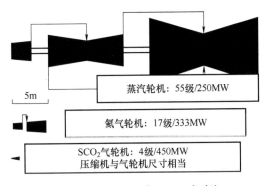

蒸汽轮机：55级/250MW

氦气轮机：17级/333MW

SCO_2气轮机：4级/450MW
压缩机与气轮机尺寸相当

5m

图 10-22 不同工质透平尺寸对比

SCO_2 透平研究的主要步骤如下：热力设计、型线设计、气动分析、结构优化、强度振动校核、轴向推力校核和结构终设计。美国桑迪亚实验室、日本东京工业大学以及韩国先进科学技术研究所已有设计完成并投入实验系统中使用的 SCO_2 透平设备。SCO_2 透平的设计中，通常采用能够满足出口气流角要求的后弯式叶片。图 10-23 所示为美国桑迪亚国家实验室的 SCO_2 透平叶轮及喷嘴实物图，其向心透平叶轮即采用了后弯式叶片[32]。中国核动力研究设计院的王俊峰等人[33]提出了一种以 SCO_2 为工质的透平发电机组，采用透平与高速发电机同轴的结构，透平部分与高速发电机部分通过齿密封和干气密封相连通，

图 10-23 SCO_2 透平叶轮及喷嘴实物图

实现了对外部环境的零泄漏。SHI D B 等人[34]对一台 200kW 的 SCO_2 向心透平进行了热力设计和型线设计，确定喷嘴及叶轮形状，并进行了气动分析，达到了较高的效率。

综上所述，SCO_2 向心透平的热力设计研究还需进一步深入，以得到更为符合二氧化碳储能系统实际运行情况的热力设计方法；在国内外研究的气动分析过程中，SCO_2 工质在叶轮叶片尾缘处膨胀至临界压力附近，工质发生了较大的物性变化，在 SCO_2 向心透平叶轮叶片尾缘低压区域产生工质的跨临界现象，导致气动性能不稳定。目前，如何对叶轮叶片进行结构优化，削弱跨临界现象，进一步提高其气动性能、功率及效率，有待进一步研究；在 SCO_2 透平的实际运行过程中，轴承及密封结构的可靠性十分重要，完善透平及其辅件的设计是确保其气动性能的要素，这方面的深入研究具有重要意义。

10.6.3　蓄/换热单元设备和技术

热能储存（Thermal Energy Storage，TES）技术这一概念的提出主要是解决热能供需之间存在的时间、空间差距和损失等问题的，它可以辅助解决生产过程中对于热能的收集、储存和利用。将 TES 技术引入二氧化碳储能系统，作为二氧化碳储能系统中的关键环节，其性能对系统的效率有着重要的影响。压缩热和透平废气余热的回收利用不仅省去了化石燃料的使用，还提高了系统中能量综合利用的效率，同时具备了冷能/热能供能的多能联供应用场景。故而，TES 系统的研究及优化设计，是未来二氧化碳储能面向大规模和商业化应用发展的重要方向之一。

二氧化碳储能系统中的蓄热单元的主要作用为：在压缩储能阶段，冷却高温压缩二氧化碳并回收压缩二氧化碳中的热能，将收集的热量存储起来；在膨胀释能阶段，将储存的热量与透平排气余热一起用于加热待进入透平做功的高压二氧化碳。蓄热系统主要包括压缩过程的冷却换热器、膨胀过程的加热换热器、蓄热介质以及存储蓄热介质所需的蓄热器。

1. 换热器特性和关键技术

压缩二氧化碳与换热介质的热交换是在换热器中完成的，其性能决定了对高温压缩二氧化碳的冷却效果和热能回收的效率，是连接气体存储子系统和热能存储子系统的桥梁，作用至关重要。换热器可以分为非紧凑型换热器和紧凑型换热器，主要以传热面积体积比（传热面积密度）和水力直径区分[35]。紧凑型换热器具备较大的传热面积密度而结构体积相对小，换热效果好，但水力直径小，压降相对大，且往往对流体的清洁度要求比较高[36]。

管壳式换热器是应用最广的换热器，属于一种非紧凑型换热器，适用的压力温度范围宽，仅仅受结构材料的限制。但是管壳式换热器水力直径大，导致其换热面积体积比（传热面积密度）较小。板式换热器属于紧凑型换热器的一种，板框式/密封板式换热器是将许多矩形金属板压合密封在一起组成的，能够达到较高的换热有效度，但是受到密封材料和板片强度的限制，密封板式换热器能够承受的最大压力通常不超过 3MPa，实际运行压力往往不高于 1MPa，最大工作温度不超过 260℃，通常低于 150℃[37-38]。为了克服上述传统密封板式换热器的缺陷，发展了多种其他类型的板式换热器以实现更大的温度压力工作范围。此外还有板翅式换热器、管翅式换热器等诸多类型的紧凑型换热器。

　　图 10-24 所示为不同换热器的一般水力直径和传热面积密度范围。传热面积密度越大换热器结构越紧凑，达到同样换热效果时换热器所需要占据的空间越小，但同时水力直径通常越小，产生的压降越大。图 10-25 所示为不同换热器适用的压力和温度范围。这在二氧化碳储能系统中属于约束性指标，气体侧压力较大，而液体侧压力较小[39-40]。管壳式换热器适用范围覆盖图中的所有压力和温度范围，图中没有标识。大部分板式换热器仅能在较低温度和较低压力的条件下应用，板翅式、板壳式、印制电路板式和 Marbond 换热器能够用于较高温度和压力范围[41]。

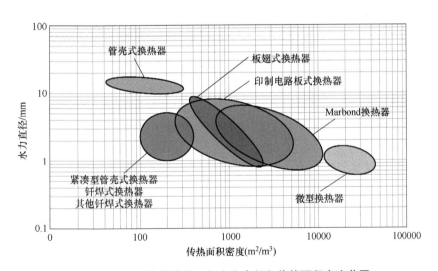

图 10-24　不同换热器的一般水力直径和传热面积密度范围

　　因此，在换热器选型时要根据二氧化碳储能系统中的 CO_2 流量、各段压缩机排气温度和压力来确定，并权衡换热效果和换热器内流体压降。对大型二氧化碳储能系统而言，流体流量大，更倾向于选择较大水力直径的换热器，如管壳式换热器。对于小型二氧化碳储能系统而言，则更倾向于应用紧凑型换热器。

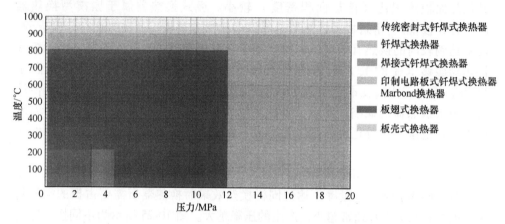

图 10-25　不同换热器适用的压力和温度范围

2. 蓄热系统设备和技术

在二氧化碳储能系统中，一般以蓄热方式对 TES 系统进行分类，不同的蓄热方式的蓄热机理和储存方式各不相同，主要包括：显热蓄热、潜热蓄热和热化学蓄热的方式，各种蓄热方式具有其各自的优缺点以及不同的适用情况。目前显热蓄热和潜热蓄热在压缩气体储能系统中都有应用，而热化学蓄热虽具有广泛的发展前景，但仍处于理论阶段，尚未有研究将其与压缩气体储能结合，因此只讨论显热蓄热和潜热蓄热在储能系统中的应用。

（1）显热蓄热

显热蓄热是指利用物质的显热特性对热能进行储存和释放的蓄热方式。双罐液体蓄热和填充床固体蓄热是目前压缩气体储能系统中常用的两种显热蓄热技术。双罐液体蓄热采用水、无机盐、导热油以及其他比热容较大的液体作为蓄热介质。填充床蓄热采用岩石、陶瓷、混凝土等固体小颗粒作为蓄热介质[42]。

双罐式换热流体的蓄热原理为：将高温和低温蓄热介质分别储存在两个不同的罐体中，冷热流体随储能和释能的过程在系统中循环，采用间接接触式换热的方法通过换热器进行热量的传递，循环动力由循环泵提供。采用双罐式换热流体蓄热方式的压缩二氧化碳储能系统结构图如图 10-26 所示。采用双罐式换热流体蓄热可以获得平稳的温度输出，有利于储能系统运行的稳定性，双罐式换热流体蓄热因其技术成熟、成本低廉、系统简单等优点被广泛地应用于实际示范工程中，也是目前压缩二氧化碳储能系统普遍采用并且研究较多的一种方式。但导热油在高温下易分解、易燃易爆，而水沸点低容易蒸发。因此双罐式换热流体蓄热技术适合中低温蓄热，从而限制储能系统单位功输出以及储能密度提高[43]。

填充床蓄热的原理为：采用填充床同时作为换热和蓄热装置。填充床是一种

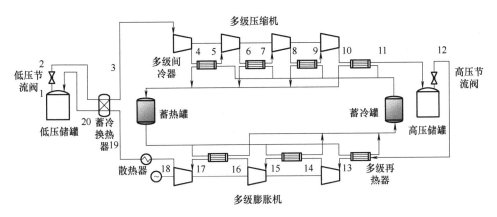

图 10-26　采用双罐式换热流体蓄热方式的压缩二氧化碳储能系统结构图

内部填充有所选蓄热材料颗粒的容器，储能和释能时空气直接流过填充床，与填充床内蓄热材料的表面接触后直接进行热量的传递，即直接接触式换热，其系统原理图如图 10-27 所示。填充床蓄热将换热和蓄热装置结合，系统简单，具有结构紧凑、传热速率高、良好的压力和温度耐受性以及材料价格低廉的特点，更重要的是填充床蓄热具有更宽广的温度适用区间，使其适用于不同品位的热源。

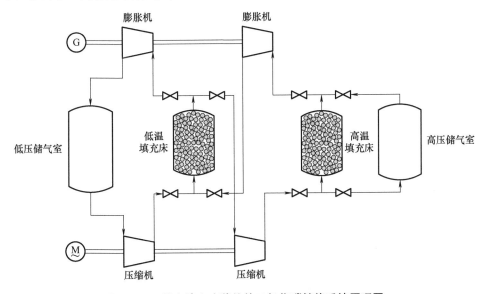

图 10-27　带有填充床蓄热的二氧化碳储能系统原理图

（2）潜热蓄热

潜热蓄热是指利用物质相变特性来实现热能储存和释放过程，相比于显热蓄热，潜热蓄热的蓄热能力强，蓄热量大，并且吸收和释放热量时其温度保持不变。潜热蓄热的原理与双罐式换热流体蓄热的原理相似，系统结构相似，均采用间接接触式换热，不同之处在于前者是使用特定的相变材料作为蓄热材料，在换热蓄热过程中，相变材料流经换热器，通过温度变化和状态变化进行热量传递。图 10-28 所示为一种采用熔融盐作为相变蓄热材料的压缩二氧化碳储能系统。

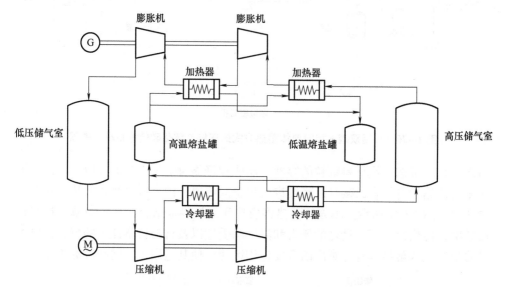

图 10-28　采用熔融盐作为相变蓄热材料的压缩二氧化碳储能系统

目前压缩二氧化碳储能系统中大多数采用显热蓄热的方式，因为水比热容大、价格低廉等优势，多采用水蓄热技术，系统结构采用双罐式换热流体蓄热单元，可以获得平稳的温度输出，有利于储能系统运行的稳定性。

大型蓄热器多采用双罐式蓄热分布储存高温和低温流体，但大型双罐占地较大且大大增加了应用成本。实际上在单罐中同样可以分布存储高温和低温流体，因为热流体和冷流体密度不同，两者之间会形成一个温度跃层，称为斜温层。热流体分布在上层，冷流体分布在下层，通过斜温层的上、下移动来进行储热放热，这种蓄热系统为单罐蓄热系统又叫单罐斜温层蓄热系统。

图 10-29 所示为单罐斜温层蓄热系统储放热过程的示意图，在储热过程中，热流体从顶部被充入储罐中，这将取代储罐中现有的冷流体，迫使它从底部流出来。在放热过程中，热流体从罐顶排出，经过能量提取循环，然后以冷流体的形式返回罐的底部。在斜温层储罐中，冷热流体的分层放置对流混合，因此可以最大限度地利用单个储罐。用较低成本的固体填料材料取代部分储热流体，可节省额外的成本。单罐斜温层蓄热最主要的优势是：取消第二个罐体能够减少 35%的成本，而且，和冷热流体混合的单一罐体相比，斜温层的效率提高了 40%[44]。

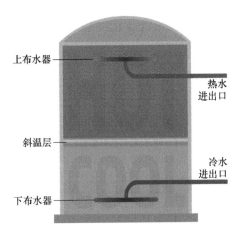

图 10-29　单罐斜温层蓄热系统储放热过程的示意图

10.6.4　液化单元设备和技术

对于液态二氧化碳储能系统，二氧化碳的液化关键在于其内能的转移。以储能侧二氧化碳液化为例，在储能环节，二氧化碳首先和相变材料换热，释放潜冷实现气化，再利用甲醇进一步加热至常温，随后可进入压缩单元。与此同时相变材料释放热量，完成液-固相变。在释能环节，膨胀机出口的二氧化碳首先利用低温甲醇吸收显热，再利用相变材料吸收潜热，实现液化，进入低压 LCO_2 储罐中储存。与此同时相变材料吸收热量，完成固-液相变。涉及的主要设备是换热器。在该过程中，减小换热温差，提高换热效率是提升蓄冷液化效率进一步提高整个液态二氧化碳储能系统循环效率的关键。

目前，常用的固液相变传热强化技术大致可分为两类：增强等效导热系数和增大传热表面积。

1. 增强等效导热系数

通常以相变材料为基础，浸渍高导热率的多孔材料，通过纳米颗粒的分散来提高相变材料的导热系数，从而提高蓄热系统的性能。纳米粒子封装相变材料强化换热是目前最先进的方法，但是该技术的制作成本很高，推广性很低，热稳定性较差，而且技术难度非常大。常用的多孔材料主要是高导热性的金属泡沫和天然多孔材料。

2. 增大传热表面积

为了增大传热面积，同时解决相变材料的渗漏问题，通常会采用封装技术。封装技术分为宏封装和微封装，宏封装是将相变材料封装于具有一定形状的容器之中，制成特定的储热装置。微封装即微胶囊方法，采用某些聚合物或无机物等材料为壳材，将相变材料包覆其中，既可避免相变材料在固-液相变过程的泄漏，还可从微观层面增大传热面积、提升传热效果[45]。另一方面则是采用添加肋片的方式来增加扩展表面，通过添加不同形式的肋片结构，优化肋片参数，使得换热器整体传热热阻最小，换热性能最佳。

10.7 二氧化碳储能性能评价方法

10.7.1 技术性指标

对于二氧化碳储能系统，其主要的技术性评价指标有系统循环效率η_{rt}、系统储热效率η_{hs}、储能密度ρ_{es}、系统㶲效率η_{ex}。

η_{rt}是指释能过程总输出功与储能过程总输入功之比，可用于衡量储能系统部件的热力性能，如式（10-1）所示：

$$\eta_{rt} = \frac{W_{outlet}}{W_{inlet}} = \frac{P_T \times t_d}{P_C \times t_c} \tag{10-1}$$

式中，W_{outlet}为释能过程总输出功；W_{inlet}为储能过程总输入功；P_T为输出功率；P_C为输入功率；t_d为释能时间；t_c为储能时间。

η_{hs}是指释能过程级间再热器对外输出的热量与储能过程级间冷却器收集的热量的比值，可用于衡量储能系统蓄热系单元的热量利用程度，如式（10-2）所示：

$$\eta_{hs} = \frac{\Sigma q_{TR}(i) \times t_d}{\Sigma q_{IC}(i) \times t_c} \tag{10-2}$$

式中，$\Sigma q_{TR}(i)$是各级再热器中二氧化碳吸收的热量之和；$\Sigma q_{IC}(i)$是各级间冷却器二氧化碳释放的压缩热之和。

ρ_{es}是指释能阶段系统净输出功率与液态储罐总储存体积之比，如式（10-3）所示：

$$\rho_{es} = \frac{W_{outlet}}{V_{hst} + V_{lst}} = \frac{P_T \times t_d}{V_{hst} + V_{lst}} \tag{10-3}$$

式中，V_{hst}、V_{lst}分别是储罐1和储罐2的体积。

系统㶲效率η_{ex}为

$$\eta_{ex} = \frac{E_{P,tot}}{E_{F,tot}} \times 100\% \tag{10-4}$$

式中，$E_{P,tot}$为系统对外界输出的总㶲，单位为kJ/kg。

10.7.2　经济性指标

评价压缩二氧化碳储能系统的经济性指标有度电成本C_g、静态投资回收期N_{ts}、动态投资回收期N_{td}、投资收益率 ROI、净现值 NPV、内部收益率 IRR 等。

度电成本C_g是指系统每生产 $1kW \cdot h$ 电量所需要的运行成本，也称为平均发电成本，可用于评价发电系统的经济性，如式（10-5）所示：

$$C_g = \frac{C_{AN,n}}{P_{e,n} t_d d_a} \tag{10-5}$$

式中，C_g为度电成本，单位为元/$kW \cdot h$；$C_{AN,n}$为第 n 年发电支出成本，单位为元；$P_{e,n}$为系统第 n 年发电功率，单位为 kW；t_d为日发电时长，单位为 h；d_a为年运行天数，单位为天。

静态投资回收期N_{ts}是指不考虑货币时间价值情况下，用投资方案所产生的净利润补偿全部投资成本所需要的最短时间，如式（10-6）所示：

$$\sum_{n=0}^{N_{ts}} (CI_n - CO_n) = 0 \tag{10-6}$$

式中，N_{ts}为静态投资回收期，单位为年；CI_n为系统第 n 年的现金流入金额，单位为元；CO_n为系统第 n 年的现金流出金额，单位为元。

动态投资回收期N_{td}是指综合考虑货币的时间价值时储能系统投资成本全部收回所需要的时间，如式（10-7）所示：

$$\sum_{n=0}^{N_{td}} \frac{CI_n - CO_n}{(1 + BY)^n} = 0 \tag{10-7}$$

评价项目可行与否的标准为项目投资回收期是否小于或等于基准投资回收期。若电站项目具有可投资性，应满足下式：

$$\begin{cases} N_{ts} \leqslant N_B \\ N_{td} \leqslant N_B \end{cases}$$

式中，N_{td}为项目动态回收期，单位为年；N_B为基准投资回收期，单位为年；BY 为项目基准收益率，单位为%。

投资收益率 ROI 是指投资项目在正式建成并有生产能力后的年均利润总额与方案总投资的比率，是一种评价投资方案经济性的静态指标，如式（10-8）所示：

$$ROI = \frac{EBIT}{C_{IS}} \times 100\% \tag{10-8}$$

式中，EBIT 是储能系统年平均利润总额。

净现值 NPV 是指全面考虑系统投资项目生命周期内货币的时间价值和现金流量的时间分布情况后，项目按照行业的基准收益率将项目全寿命周期内各年的净现金流量折算到开发项目起始点的现值之和，如式（10-9）所示：

$$NPV = \sum_{n=0}^{N} \frac{CI_n - CO_n}{(1 + BY)^n}$$ （10-9）

式中，CI_n 为系统第 n 年的现金流入金额，单位为元；CO_n 为系统第 n 年的现金流出金额，单位为元；N 为寿命期，单位为年；BY 为项目基准收益率，单位为%。

项目的净现值反映该技术方案在项目全寿命周期内的盈利能力。若净现值大于或等于 0，表示该项目能够满足基准收益率要求的盈利水平，项目投资具有可行性；反之，说明项目不满足基准收益率要求的盈利水平，不具备投资潜力。

内部收益率 IRR 是指项目的净现值等于零时的折现率，即年资金流入总额与年资金流出总额相等、净现值等于零时的折现率。其用来衡量投资的预计未来收益率，是反映系统投资项目获利能力的动态评价指标，该指标越大越好，如式（10-10）所示：

$$\sum_{n=0}^{N} \frac{CI_n - CO_n}{(1 + IRR)^n} = 0$$ （10-10）

其中，当项目的内部收益率大于或等于基准收益率时，证明项目的现金流入量大于现金的流出量，该投资项目是可行的。反之则表示项目在周期完成时存在亏本的可能性较大。该指标对投资回收期较长的项目显得尤为重要。

10.8 二氧化碳储能多元应用集成技术

10.8.1 耦合 CCUS 的二氧化碳储能技术

可再生能源本身存在的若干问题制约了可再生能源消费占比的提高，如并网困难、发电资源分布不均、转化效率较低等。为缓解上述可再生能源使用过程中存在的难题，提出 CO_2 捕集利用-可再生能源发电调峰耦合的设想，系统示意图如图 10-30 所示。该技术以燃煤电厂捕集的 CO_2 作为可再生能源发电厂的"中继介质"。CO_2 是联结燃煤电厂和可再生能源（风能、太阳能、地热能等）发电厂的关键。该耦合技术通过 CO_2 压缩储能、CO_2 转化为甲酸等高能量化合物以及 CO_2 作为携热介质等手段实现燃煤电厂捕集的 CO_2 在可再生能源发电厂的有效利用，以期解决风能、太阳能发电厂在有利发电条件下发电量过剩、不利发电条件下发电量不足，以及开发地热能过程中水资源消耗量巨大的难题。

该系统以燃煤电厂捕集的 CO_2 作为可再生能源发电厂的压缩储能介质。在可再生能源发电厂发电量过剩时，利用过剩的发电量将附近燃煤电厂捕集并输运过来的 CO_2 压缩至 CO_2 储罐中储存，使发电厂过剩电能储存在压缩 CO_2 中。当可再生能源发电厂的发电量处于低谷、无法满足电网需求时，以储罐中压缩 CO_2 推动汽轮机叶片旋转，从而推动发电机转子运转完成发电，实现发电量的补充，满足电网发电需求。值得注意的是，在 CO_2 压缩储能系统运行前，需要通过燃煤电厂 CO_2 捕集系统捕集大量的 CO_2 作为循环工质流体。当储能系统开始运行之后，对 CO_2 的需求量会有所降低，但是由于泄漏等因素，系统本身会产生 CO_2 的损耗，所以仍需要定期从 CO_2 捕集系统中补充 CO_2。在 CO_2 压缩储能系统运行后，由于对 CO_2 的需求降低，燃煤电厂捕集的 CO_2 可用于满足其他用途，如 CO_2 合成化学品等。此外，风能、太阳能电厂在有利发电条件下的过剩发电量可为光催化转化或电化学转化 CO_2 提供能量来源，使 CO_2 转化为甲酸、甲醇等高能量化合物，实现过剩发电量的储存[46]。

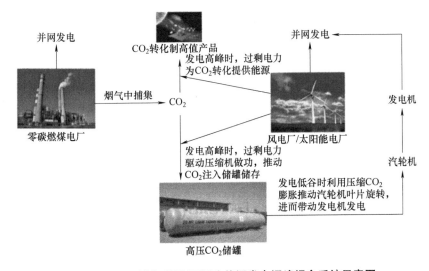

图 10-30 CO_2 捕集利用-可再生能源发电调峰耦合系统示意图

10.8.2 基于分品位用能的二氧化碳储能技术

1. 二氧化碳储能——火电机组耦合

电网的主要调峰任务由火电机组承担，而电场中设备的使用寿命和运行成本因此受到了极大的影响，将压缩二氧化碳储能与热电联产机组耦合，在用电负荷低而热负荷高时，多余的电能驱动压缩机压缩储能，而压缩热则给热用户供热；用电负荷高而热负荷低时，储气室中的高压空气输出至膨胀机做功发电。

我国大型供热机组（大于 200MW）多采用抽凝式供热方式，其抽汽一般来自中压缸末级。中压缸抽汽温度为 200~300℃，而热用户回水温度为 130℃，较大的换热温差会在热网加热器处产生极大的不可逆㶲损失。当热负荷减少时，必须采取节流等措施来降低蒸汽参数,这些措施会产生较大的㶲损失,且这部分损失占机组发电量的 4%~7%。在热电解耦的同时将抽凝式供热机组的这部分能量回收,将大大提高总系统效率。

二氧化碳储能系统作为大规模物理储能形式之一,具有容量大、储能周期长、寿命长、易于调节等特点,能够实现对热与电的按需存储和利用,是实现燃煤式火电厂热电联产机组热电解耦、可再生能源消纳的有效办法。因此,将压缩二氧化碳储能与热量联产机组耦合时的引入方式与机组热电负荷进行深度高效集成,取消储能系统中的冷热水罐,可明显降低投资和占地面积。

2. 二氧化碳储能——太阳能耦合

常规的二氧化碳储能系统充分利用了二氧化碳在压缩过程中产生的压缩热,将其收集起来并加以储存,不再使用化石燃料燃烧来加热释能阶段的二氧化碳,而是在释能阶段利用储存的压缩热加热高压二氧化碳,避免了污染物的排放,同时减少了系统的能量损失。然而,仅仅通过用压缩过程释放的热量来加热膨胀阶段的高压二氧化碳,并不能使进入膨胀机的高压二氧化碳达到理想的温度,也就无法使二氧化碳在膨胀机中输出更多功,同时由于蓄热系统的冷却换热器和加热换热器效能一定,其实际换热效果并不能完全达到理论最大换热,所以蓄热介质从二氧化碳中吸收的热量和向二氧化碳释放的热量均小于理论最大值,这样用于加热二氧化碳的热量更少。

为了使压缩二氧化碳储能系统的储能效率进一步增加,考虑使用外加热源进一步加热用于膨胀做功的高压二氧化碳,从而进一步提高膨胀机入口前高压二氧化碳的温度的方法。太阳能作为"取之不尽、用之不竭"的可再生新能源,具有清洁无污染,储存量大,安全可靠,不受开采、运输条件的限制等优点,并且目前开发、利用太阳能的技术比较成熟,太阳能可以直接收集作为热源使用,易于实现太阳能能量能级的合理匹配,是一种理想的外加热源。由于太阳能具有间歇性和不确定性,而 CCUS 系统中的蓄热系统恰恰可以克服太阳能这一缺点,在 CCUS 系统上耦合太阳能可以结合两者的优点,提高膨胀入口二氧化碳温度,增大膨胀机输出功,进而提高 CCUS 系统的效率。

参考文献 [47] 提出了一种利用太阳能光热系统补热的液态二氧化碳储能系统,如图 10-31 所示,该系统在透平入口前引入额外的光热热源,在透平出口设置回热器回收 400℃二氧化碳的余热,从而提高了透平进口温度。与常规液态空气储能系统相比,该系统具有较高的循环效率和㶲效率。但需要注意的是,该系统需要控制太阳能热量的波动以减小对液态二氧化碳储能系统透平进口温度稳定性的影响。

在耦合了太阳能辅热子系统后,二氧化碳储能系统的装置增多,尤其是释能过程中对膨胀机进口前高压空气的加热过程更加复杂。太阳能辅热子系统的加入

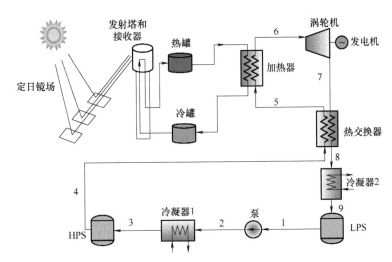

图 10-31　利用太阳能光热系统补热的液态二氧化碳储能系统原理图

使得二氧化碳储能系统可以利用太阳能集热器内的热量，并在释能阶段先于蓄热子系统加热从储气室内流出的二氧化碳，从而使得系统整体效率进一步得到提升。有学者对比分析常规二氧化碳储能系统和耦合太阳能辅热的二氧化碳储能系统性能，发现尽管在耦合了太阳能辅热后新系统的蓄热介质的吸热量和放热量有所下降，但是系统的冷热罐温度均大幅度高于常规二氧化碳储能系统，且新系统的输入功更小，而储能效率、耦合储能效率和相互热效率均更高。

10.9　二氧化碳储能技术的发展前景

我国对压缩空气储能技术的研究虽然起步较晚，但随着国家政策支持和相关成果落地，已经实现了从技术追赶到技术领先的重大转变。同时，二氧化碳储能作为一种新型压缩气体储能技术，凭借其储能工质物性优良、系统性能稳定、流程设备紧凑等优势，近年来已经成为国内外相关学者的研究热点，具有较好的发展前景。

二氧化碳储能技术的发展趋势将以解决高压储存设备依赖、关键涡轮机械设备开发和"源-网-荷-储"多场景应用为导向，结合 CCUS 和 CO_2 工质化利用技术进步，逐步实现从概念设计，到实验验证，再到工程示范，最后实现技术的应用推广。在技术研发上，将主要集中在电动、气动、热动等系统复杂动态过程设计和机制研究、高参数旋转叶轮机械动力学设计和开发以及系统集成控制等方面。在面向多场景应用方面，一是"新能源+储能"模式，根据可再生能源出力禀赋实现并网匹配及持续、稳定清洁电力输出；二是大型电网辅助模式，参与电网调峰、调频、调相、黑起动、旋转备用、多能联供等场景，维护地区供电稳定，提高电网鲁棒性；三是用户侧微型电站模式，对于高电耗和高排放工业用户，建设微型二氧化碳储能系统，通过峰谷电价增加经济效益；四是能源互联网模式，充分发挥二氧化碳储能系统储能、储热、储冷特性，通过建立分布式能源站将化石能源、可再生能源、电用户、冷热用户等多品位能量单元统一管理，实现区域多能互补协同运行，促进新型能源利用体系发展。

10.10 结论及展望

面对着全球能源结构转型压力和大规模清洁物理储能技术应用的紧迫需求，二氧化碳储能技术是一种储能效率高、不受地理条件限制、本征安全、成本低且行业吸引性高的新型清洁物理储能技术。本章介绍了典型二氧化碳储能系统的工作原理和主要性能评价指标，梳理了不同形式二氧化碳储能系统的研究和发展现状，介绍了二氧化碳储能系统关键设备和技术，给出了二氧化碳储能系统性能评价方法，最后针对二氧化碳储能技术后期研究和应用面临的重点方向和发展前景做了展望。

总体来说，目前针对二氧化碳储能技术的研究还处于理论创新和示范应用阶段。后续还需要进一步完善二氧化碳储能的基础研究，强化理论论证，积累系统整体设计和试验项目运行经验，并进一步明晰系统全局优化方法和动态运行机制，为二氧化碳储能技术的工程示范和产业化推广奠定基础。值得关注的是，二氧化碳储能技术的发展态势日趋完善，截至 2024 年第一季度，已经有 100MW 级二氧化碳储能项目在规划建设中，这也显示了我国在二氧化碳储能技术上的国际领先优势。科技的发展不会停止，随着国内外学者的不断研究与创新，二氧化碳储能必将朝着高性能、低成本、规模化、多应用场景的方向发展，从而为未来可再生能源为主的能源体系和多能源协同互补网络提供重要解决方案。

参 考 文 献

[1] 高凛.《巴黎协定》框架下全球气候治理机制及前景展望 [J]. 国际商务研究，2022，43（6）：54-62.

[2] CHRISTOPHER J QUARTON, SHEILA S. The value of hydrogen and carbon capture, storage and utilisation in decarbonising energy: Insights from integrated value chain optimisation [J]. Applied Energy, 2020, 257.

[3] FRAGKOS P. Assessing the role of carbon capture and storage in mitigation pathways of develo-

ping economies [J]. Energies, 2021, 14 (7).

[4]　TAPIA J F D, LEE J Y, OOI R E H, et al. A review of optimization and decision-making models for the planning of CO_2 capture, utilization and storage (CCUS) systems [J]. Sustainable Production and Consumption, 2018, 13: 1-15.

[5]　CHAE Y J, LEE J I. Thermodynamic analysis of compressed and liquid carbon dioxide energy storage system integrated with steam cycle for flexible operation of thermal power plant [J]. Energy Conversion and Management, 2022, 256: 115374.

[6]　KANTHARAJ B, GARVEY S, PIMM A. Thermodynamic analysis of a hybrid energy storage system based on compressed air and liquid air [J]. Sustainable energy technologies and assessments, 2015, 11: 159-164.

[7]　CHAE Y J, LEE J I. Thermodynamic analysis of compressed and liquid carbon dioxide energy storage system integrated with steam cycle for flexible operation of thermal power plant [J]. Energy Conversion and Management, 2022, 256: 115374.

[8]　BUDT M, WOLF D, SPAN R, et al. A review on compressed air energy storage: Basic principles, past milestones and recent developments [J]. Applied Energy, 2016, 170: 50-68.

[9]　KIM Y, SHIN D, LEE S, et al. Isothermal transcritical CO_2 cycles with TES (thermal energy storage) for electricity storage [J]. Energy, 2013, 49: 484-501.

[10]　FAUCI R L, HEIMBACH B, KAFFE E, et al. Feasibility study of an electrothermal energy storage in the city of Zurich [C]//Electricity Distribution (CIRED 2013), 22nd International Conference and Exhibition on IET, Stockholm: IEEE, 2013: 1-5.

[11]　ZHANG X R, WANG G B. Thermodynamic analysis of a novel energy storage system based on compressed CO_2 fluid [J]. International Journal of Energy Research, 2017, 10 (41): 1487-1503.

[12]　HAO J H, et al. Thermodynamic analysis of a transcritical carbon dioxide energy storage system [C]. 2022 The 7th International Conference on Power and Renewable Energy.

[13]　GUO H, XU Y J, CHEN H SH, et al. Thermodynamic characteristics of a novel supercritical compressed air energy storage system [J]. Energy Conversion and Management, 2016 (115): 167-177.

[14]　ZHAO P, DAI Y P, WANG J F. Performance assessment and optimization of a combined heat and power system based on compressed air energy storage system and humid air turbine cycle [J]. Energy Conversion and Management, 2015 (103): 562-572.

[15]　刘辉. 超临界压缩二氧化碳储能系统热力学特性与热经济性研究 [D]. 北京: 华北电力大学 (北京), 2017.

[16]　何青, 郝银萍, 刘文毅. 一种新型跨临界压缩二氧化碳储能系统热力分析与改进 [J]. 华北电力大学学报 (自然科学版), 2020, 47 (5): 93-101.

[17]　郝银萍. 跨临界压缩二氧化碳储能系统热力学特性及技术经济性研究 [D]. 北京: 华北电力大学 (北京), 2021.

[18]　曹文胜, 鲁雪生, 顾安忠, 等. 降低空气中 CO_2 浓度的低温液化法 [J]. 低温与超导,

2006, 34 (1): 14-16+43.

[19] SONG Q I, ZHANG J P, ZHEN Z, et al. Development of natural gas liquefaction processes using mixed refrigerants: a review of featured process configurations and performance [J]. Journal of Zhejiang University-SCIENCE A, 2019, 20 (10): 727-780.

[20] 张萍. 二氧化碳液化及输送技术研究 [D]. 山东: 中国石油大学 (华东), 2008.

[21] 舒歌群, 高媛媛, 田华. 基于分析的内燃机排气余热 ORC 混合工质性能分析 [J]. 天津大学学报, 2014 (3): 218-223.

[22] 刘旭, 杨绪青, 刘展. 一种新型的基于二氧化碳混合物的液体储能系统 [J]. 储能科学与技术, 2021, 10 (5): 1806-1814.

[23] ZHAO P, XU W P, GOU F F, et al. Performance analysis of a self-condensation compressed carbon dioxide energy storage system with vortex tube [J]. Journal of Energy Storage, 2021, 41: 102995.

[24] LIU Z, LIU Z H, YANG X Q, et al. Advanced exergy and exergoeconomic analysis of a novel liquid carbon dioxide energy storage system [J]. Energy Conversion and Management, 2020, 205: 112391.

[25] 吴毅, 王旭荣, 杨翼, 等. 以液化天然气为冷源的超临界 CO_2-跨临界 CO_2 冷电联供系统 [J]. 西安交通大学学报, 2015, 49 (9): 58-62+146.

[26] SONG C H F, LIU Q L, DENG S H, et al. Cryogenic-based CO_2 capture technologies: State-of-the-art developments and current challenges [J]. Renewable and Sustainable Energy Reviews, 2019, 101: 265-278.

[27] MUHAMMAD B, MOHAMAD A B, ABULHASSAN A, et al. Thermodynamic data for cryogenic carbon dioxide capture from natural gas: A review [J]. Cryogenics, 2019, 102: 85-104.

[28] LETTIERI C, BALTADJIEV N, CASEY M, et al. Low-flowcoefficient centrifugal compressor design for supercritical CO_2 [J]. Journal of Turbomachinery, 2014, 136 (8): 081008.

[29] KIM S G, LEE J, AHN Y, et al. CFD investigation of a centrifugal compressor derived from pump technology for supercritical carbon dioxide as a working fluid [J]. Journal of Supercritical Fluids, 2014, 86: 160-171.

[30] 赵航, 邓清华, 王典, 等. 超临界二氧化碳离心压缩机应力数值分析 [C]//高等教育学会工程热物理专业委员会第二十一届全国学术会议论文集——工程热力学专辑. 天津: 中国高等教育学会工程热物理专业委员会, 2015: 7.

[31] 黄彦平, 王俊峰. 超临界二氧化碳在核反应堆系统中的应用 [J]. 核动力工程, 2012, 33 (3): 21-27.

[32] WRIGHT S A, RADEL R F, VERNON M E, et al. Operation and analysis of a supercritical CO_2 Brayton cycle [R]. Livermore, California: Sandia National Laboratories, 2010.

[33] 王俊峰, 黄彦平, 昝元峰, 等. 一种以超临界二氧化碳为工质的透平发电机组: 中国, ZL201620803188. 8 [P]. 2016-07-28.

[34] SHI D B, LI L L, ZHANG Y Y, et al. Thermodynamic design and aerodynamic analysis of

supercritical carbon dioxide turbine〔C〕//Proceedings of the 2015 International Conference on Electromechanical Control Technology and Transportation. Paris：Atlantis Press，2015：41-44.

[35] 李永亮，金翼，黄云，等. 储热技术基础（Ⅱ）——储热技术在电力系统中的应用〔J〕. 储能科学与技术，2013，2（2）：165-171.

[36] 刘纪阳. 换热器发展现状与未来趋势研究综述〔J〕. 中国设备工程，2022（21）：261-263.

[37] 张通，梅生伟，蔺通，等. 一种压缩空气储能系统压缩侧换热器布置结构及换热方法〔P〕. 江苏省：CN112595147A，2021-04-02.

[38] 朱学良，李彦，朱群志. 相变储热换热器技术研究进展〔J〕. 上海电力大学学报，2022，38（5）：443-449.

[39] 杜文静，赵浚哲，张立新，等. 换热器结构发展综述及展望〔J〕. 山东大学学报（工学版），2021，51（5）：76-83.

[40] 牛骁，何立勇，张绍志. 非对称板式换热器发展综述〔J〕. 建筑节能，2018，46（12）：100-104.

[41] 邱丽霞，郝艳红. 火电厂低低温烟气处理系统烟气余热利用研究〔J〕. 能源与节能，2014（7）：184-186.

[42] 姜萍，赵振家. 压缩空气储能填充床储热特性研究〔J〕. 华北电力大学学报（自然科学版），2015，42（4）：83-88.

[43] LI P，IIU Q，IIAN Z，et al. Thermodynamic analysis and multi-objective optimization of a trigenerative system based on compressed air energy storage under different working media and heating storage media〔J〕. Energy，2022，239：122252.

[44] WANG M，ZHAO P，YANG Y，et al. Performance analysis of a novel energy storage system based on liquid carbon dioxide〔J〕. Applied Thermal Engineering，2015，91：812-823.

[45] 张向倩. 相变储能材料的研究进展与应用〔J〕. 现代化工，2019，39（4）：67-70.

[46] 张力为，甘满光，王燕，等. 二氧化碳捕集利用-可再生能源发电调峰耦合技术〔J〕. 热力发电，2021，50（1）：24-32.

[47] XU M J，WANG X，WANG Z H，et al. Preliminary design and performance assessment of compressed supercritical carbon dioxide energy storage system〔J〕. Applied Thermal Engineering，2021，183：116153.